普通高等教育电子信息类"十三五"规划教材

北京联合大学"十二五"立项规划教材

电路分析基础

主　编　王　源

参　编　赵梦晗
　　　　电路课程慕课及混合式教学团队

西安电子科技大学出版社

内容简介

  本书共十一章，分为四个部分。第一部分为直流电路分析，包括：第一章 电路与电路定律，第二章 电阻电路的等效变换，第三章 电阻电路的一般分析，第四章 电路定理。第二部分为动态电路分析，包括：第五章 一阶电路。第三部分为交流电路分析，包括：第六章 正弦稳态电路的分析，第七章 含有互感电路的分析，第八章 三相电路，第九章 非正弦周期电流电路。第四部分为运算电路分析，包括：第十章 拉普拉斯变换与二端口网络。本书第十一章含有理想运算放大器电路的分析，作为综合分析，是全书的归纳总结，涵盖了直流电路分析、动态电路分析、交流电路分析和运算电路分析四个部分。书中的重点章节，均列举了详尽的工程案例与电路仿真实例，部分章节还结合电路仿真软件 PSPICE 进行讲解。此外，本书还编写了各个章节的实验及其仪器仪表的使用，旨在提高学生的实践动手能力，这对于工程专业学生的学习是至关重要的，同时方便教师的教学。

  本书可作为普通本科、城市型本科、应用型本科以及高等职业教育等电类各专业学生学习电路分析课程的教材，也可作为工程技术人员和电子电路爱好者学习电路分析知识的参考书。

图书在版编目（CIP）数据

电路分析基础/王源主编. 一西安：西安电子科技大学出版社，2019.6
ISBN 978 - 7 - 5606 - 5057 - 9

Ⅰ. ① 电…　Ⅱ. ① 王…　Ⅲ. ① 电路分析　Ⅳ. ① TM133

中国版本图书馆 CIP 数据核字 (2018) 第 294451 号

策　　划　刘玉芳
责任编辑　刘玉芳　毛红兵
出版发行　西安电子科技大学出版社(西安市太白南路 2 号)
电　　话　(029)88242885　88201467　邮　编　710071
网　　址　www.xduph.com　　　电子邮箱　xdupfxb001@163.com
经　　销　新华书店
印刷单位　咸阳华盛印务有限责任公司
版　　次　2019 年 6 月第 1 版　2019 年 6 月第 1 次印刷
开　　本　787 毫米×1092 毫米　1/16　印　张　27.5
字　　数　657 千字
印　　数　1～3000 册
定　　价　64.00 元
ISBN 978 - 7 - 5606 - 5057 - 9/TM

XDUP 5359001 - 1

＊＊＊如有印装问题可调换＊＊＊

前　言

　　笔者在编写《实用电路基础》(机械工业出版社，2004 年)一书时，就引用了叶圣陶大师所述"教师当然须教，但尤宜致力于'导'。导者，多方设法，使学生逐渐自求得之，卒底于不待教师教授之谓也。"来表达编者的理念。编写本书时，更加强调了对学生自主学习能力的培养，特别注意讲解内容时由浅入深，易于理解；详简结合，易于教学。即要尽量适合学生自主学习，力争使理解力比较薄弱、基础比较差的学生在学习本书时也能做到基本无障碍学习，无师自通。建议使用本书的教师要注重引导学生自主学习部分内容，不局限于教师的课堂教学，使学生建立创新意识。特别是有些院校学生基础较弱，大部分学生的自主学习意识过低，仍旧处于应试教育下的思维模式，即从主观上完全依赖于教师的课堂教学和对教师指定教材的模仿式学习，不敢开展独立的、个性化的、具有创新意识的学习，这样长此以往是不利于人才质量提升的。同时，由于学生自主学习的能力较差，也影响了教师更深层次的教学改革。例如，发现性学习、研究性学习、工程应用或实际应用性学习等，不容易展开，一些教学方法改革的初衷良好，却不幸演变成了放羊式教学，不得不放弃又回到了原点。解决这类问题迫切需要从教材的编写上就注重引导学生建立起较强烈的自主学习的意识，课堂上教师有意识地指导、组织学生对教材的自主学习，使学生独立获取更多的知识。最终通过主动自觉的自主学习，学生可以获取绝大部分知识，学习水平大幅度提升。

　　当前 MOOC 幕课(大规模开放在线课程)及 SPOC(小规模不开放在线课程)方兴未艾，学生可以在课外在线学习相关课程，课上在老师的指导下进行各种形式的讨论和深入学习，这种将在线学习和课上研讨相结合的混合式教学为学生的自主学习提供了有效手段。本书编者结合本书制作了 MOOC 幕课，未来线上幕课、线下教材、课上研讨及深入讲解相互配合，为以学生为中心的自主学习提供有效的平台。

　　由于一些传统的大学电路课程通用的经典教材，讲解比较抽象、难度比较大，与普通本科院校的教学目标以及学生的认知能力不太相符，不利于这类学生自主学习，也给教师的教学带来一定的困难。本书根据这些实际情况在编写时进行了彻底的改进，既继承了这些经典教材传统的、好的地方，同时针对理解力和学习基础比较薄弱的学生的特点，在基本和中等内容上进行了充分的补充讲解，更利于学生理解，是本书独具的特点。例如，率先加入了实际应用或工程应用的实例、仿真应用的实例，把理论知识与实验融合在一起等。本书编写时本着易于理解、易于教学的原则，对于绝大部分传统的重要内容给予了详尽、细致的讲解。有些也很重要或者可选内容，鉴于学时有限，教师在课堂上可能没有时间详细讲解，唯有鼓励学生自主学习。还有些内容，现在可能已不是很重要了，只要了解即可，对于这些内容，将其整合在例题及相关知识中，使学生了解其基本内容，使自主学习能够逐步深入下去，例如将回路法糅合在具体例题中，将二端口网络整合在拉普拉斯变换的网络函数中，将图论基础知识提前至电路的一般方法中，等等。

　　本书的编写充分参考了 2011 年高教社出版的教育部高等学校电子电气基础课程教学

指导分委员会编写的《电子电气基础课程教学基本要求》。"教学基本要求"中电路类课程分为"电路理论基础"课程教学基本要求和"电路分析基础"课程教学基本要求，前者针对电子电气信息类专业，后者针对电子信息工程和通信工程类专业。"电路理论基础"课程教学基本要求比"电路分析基础"课程教学基本要求的内容略多，个别内容要求较高，但大部分内容和要求一致。本书编写时对两个版本的交叉内容进行了细致入微的详细讲解，个别要求不一致的内容以要求高的为准。考虑到大部分院校目前电路课程学时较少，对少数非基础内容基本上无暇顾及，因此本书中对于"电路理论基础"课程教学基本要求中属于近代电路的"矩阵方程的列写"和"分布参数电路"这两部分内容，前者简化处理，后者没有收录。这两部分内容属于电子电气信息类专业，在"电路分析基础"课程教学基本要求中没有要求。但对矩阵理论中的基础内容，如图论的基础知识予以保留，这部分内容也是"电路分析基础"课程教学基本要求中的可选内容。本书还把运算放大器部分归纳为专门的一章放到最后，作为全书的总结，涵盖直流电路、交流电路、动态电路和运算电路的分析。二端口和图论的基本概念提前至直流电路部分讲解，以利于教学。本书还特别注重电路分析与后续课程模拟电路的衔接，对于模拟电路后续课程用到的电路分析课程中的知识，本书或者予以说明和专门讲解，或者把模拟电路与电路分析相关的知识点整合在一起讲解，以利于对电路分析知识点的理解，及其在模拟电路中的应用。

本书获得北京联合大学校级十二五规划教材立项，对此编者对学校教务处和智慧城市学院给予本书出版的重视表示衷心感谢。同时特别感谢西安电子科技大学出版社的编辑们，对本书的出版给予的信任和大力支持。

本书各章节由城市智慧学院电子科学系王源副教授编写，实验部分和附录 A 由工科综合实验教学示范中心赵梦晗实验员编写，附录 C 由机器人学院自动化系王珏副教授和工科中心赵梦晗实验员共同编写。工科中心吉素霞老师、刘建国工程师和谢忠屏工程师参与了书中全部实验的试做和仪器仪表的调试。电子科学系刘佳、吕彩霞等教师使用了本书的试用稿，并提出了宝贵的意见。电子科学系江余祥、吕彩霞、刘佳、章学静、吴晶晶，以及通信系陈婷婷、陈晓丹等主讲电路分析基础课程的教师参与了部分例题和习题的编写与试做工作，在此一并表示感谢。

本书各章配有 PPT 及全部仿真实例，如有需求可到西安电子科技大学出版社网站下载。本书慕课"电路分析基础与应用实例"在中国大学 MOOC 平台上线，欢迎广大读者在线学习。编者希望教师们使用本书时结合翻转课堂开展混合式教学，培养学生的自主学习能力，实现以学生为中心，教师为指导的先进的教学模式。

对于本书不妥之处希望大家谅解和批评指正，相关建议和要求可发送至电子邮箱：xxtwangyuan@buu.edu.cn，以便于今后的修订。

王　源
2018 年 12 月

目　录

绪　论

一、电路课程的性质

电路课程的先修课程主要有大学物理电学部分、微积分、线性代数等。通过学习电路课程，学生能够掌握电路中的相关定律、定理以及电路的基本分析方法，为后续电子与电气信息类各专业课程储备必要的分析和求解电路的知识。电路课程是高等学校电子与电气信息类专业重要的技术基础课，是所有电类强、弱电专业的必修课。电路课程作为必修技术基础课程的专业包括：电气工程及其自动化、自动化、计算机科学与技术、通信工程、电子信息工程、生物医学工程、电气工程与自动化、信息工程、网络空间安全等。

在科学技术发展过程中，电路理论与众多学科相互影响，相互促进。在工程技术和生活实际中，电路理论更是应用广泛。从简单的照明电路到复杂的电力系统；从单个的手提电话到卫星通信网络和互联网，无不与电路理论相关联。可以说，只要是涉及电能的产生、传输和分配的地方，就有电路理论的应用，而在信息生产、传递和处理的绝大多数场合，都有电路理论的应用。电路理论，已经和人们的生活不可分割。

电路理论是电气工程和电子科学技术的主要理论基础，是一门研究电路分析和网络综合与设计基本规律的基础工程学科。所谓电路分析，是在给定电路和已知参数的条件下，通过求解电路中的电压和电流而了解电网络的特性；而网络综合是在给定电路技术指标的情况下，设计出电路并确定元件参数，使电路的性能符合设计要求。因此，电路分析是电路理论中最基本的部分，电路分析课程是学习电路理论的入门课程，被列为电类各专业的技术基础课，特别是和后续的同为技术基础课的模拟电子技术、数字电子技术、信号与系统和自动控制原理这几门课程关系最为密切，是这些课程的理论基础。

二、电学发展史

电路理论伴随着电学的发展，历经 200 多年，各个时代的伟人层出不穷，大事连连。了解波澜壮阔的电学发展史，有利于激发学生的学习兴趣、学习动力和创新思维。

公元前 600 年前后，希腊人发现通过摩擦琥珀可吸引羽毛，用磁铁矿石可吸引铁片。希腊七贤之一，哲学家泰勒斯看到这一现象，并进行了一番思考，认为万物皆有灵，磁铁矿石能吸铁，磁铁矿石有灵。希腊商人从波罗的海沿岸进口琥珀，用来制作手镯和首饰，他们也知道摩擦琥珀能够吸引羽毛，但是他们认为那是神灵或者魔力的作用。公元前的中国古人认为空中的打雷和闪电都是神的行为。打雷就是雷公在天上敲大鼓，闪电就是电母用两面镜子把光射向下界。这些解释都是不科学的，但是开创了人类发现磁与静电的先河。

早在公元前 2500 年左右，中国古人就已经知道了天然磁石，并在战国时期（公元前475 年—公元前 221 年），将磁石做成勺子形状，放在铜盘里用于指示方向，那时指南针叫作司南。13世纪初，人们把磁铁矿石加工成针形，放到秸秆里，使之能漂浮在水面上，这就是最早的航海罗盘。到了14世纪初，人们又制成了用绳子把磁针吊起来的航海罗盘。1492年，哥伦布使用这种航海罗盘，发现了美洲新大陆。1519年，麦哲伦也是用这种航海罗盘，发现了环绕地球一周的航线。从人们在公元前认识到摩擦琥珀起电能够吸引羽毛这一现象起，在很长时间里对电磁知识的了解都没有什么进展。直到15世纪英国伊丽莎白女王的御医吉尔伯特，对磁进行了研究，并在1600年写了一本《论磁学》的书。书中指出，地球本身就是一块大磁石，并且论述了罗盘的磁倾角问题。同时，他也对摩擦琥珀吸引羽毛的现象进行了研究。他发现这种现象不仅存在于琥珀上，还存在于硫磺、树脂、玻璃、水晶、钻石等物质上。到了现在，人们已经知道了，毛皮、绒布、陶瓷、火漆、玻璃、纸、丝绸、琥珀、金属、橡胶、硫磺、赛璐珞等都是摩擦起电物质系列。为了做静电实验，吉尔伯特还设计了一种叫作贝鲁索留姆旋转器的老式验电器。他主张研究方法应该以实验作为基础，而不仅仅只靠思考。他说到做到，在这一点上，吉尔伯特可以说是近代科学研究方法的开创者。

相比之下，人们对雷电的认识更早一些。在亚里士多德时代，人们对雷电的认识就比较科学了，认为雷的发生是由于大地上的水蒸气上升形成雷雨云，雷雨云遇到冷空气凝缩而变成雷雨，同时伴随强光出现。直到亚里士多德之后很久的1708年，英国人沃尔揭示了雷是由静电产生的。后来人们也认识到，闪电是电荷的轨迹。1748年，富兰克林基于同样的认识，设计了避雷针。他还于1747年提出，摩擦起电有正电和负电两种，正是他给出了静电中的正电和负电这两个名字。1746年，莱顿大学教授纽森布鲁克发明了一种存储静电的瓶子，这就是后来很有名的"莱顿瓶"。纽森布鲁克原本想像把水装入瓶子里那样把电装进瓶子里，他首先往瓶子里装上水，然后将一根金属丝的一头安装在玻璃棒上，另一头通到瓶子的水里。就在他的手接触到瓶子和玻璃棒的一瞬间，被重重地"电击"了一下。据说，他曾说过，即便国王命令他再做这个可怕的实验，他也不做了。1752年6月，富兰克林效仿在莱顿瓶里蓄电，做了一个用风筝把导线放到雷雨云里去的实验，试图验证雷雨云中的静电，结果发现雷雨云有时带正电，有时带负电的现象。这个有名的风筝实验，后来还被很多科学家效仿。1753年7月，俄罗斯科学家利赫曼在做风筝实验时，不幸遭电击身亡。1700年以后，电击疗法一度很流行，被用来治疗疾病。意大利博洛尼亚大学教授伽伐尼，在解剖青蛙时发现，手术刀一碰到青蛙腿上的肌肉，肌肉就痉挛。当时正是电击疗法盛行的时代，于是他认为青蛙肌肉痉挛的原因是电，他把它叫作"动物电"，并于1791年发表了论文《动物电》。意大利帕维亚大学教授伏打，在重做伽伐尼青蛙实验的过程中，对"动物电"产生了疑问。经过进一步研究，于1800年发表了论文《论不同异电物质接触起电问题》，阐明了两种不同金属接触带电的现象。通过用各种金属进行实验，他认为锌、铅、锡、铁、铜、银、金、石墨是一个金属系列。当这个金属系列中的两种金属相互接触时，系列中排在前面的金属带正电，排在后面的金属带负电。他把铜和锌作为两个电极，置于稀硫酸中，从而制成了伏打电池，电压的单位"伏（特）"就是用他的名字命名的。1820年，丹麦哥本哈根大学教授奥斯特，在一篇论文中公布了他的一个发现：把伏打电池连接在导线两端，在导线边上放上一个磁针，结果磁针马上发生了偏转，至此，人们发现了电能生磁。同年，法国的安培发现了关于电流周围产生磁场的方向问题的安培定律，电流的单位"安（培）"就是以他的名字命名的。随后的1831年，法拉第发现了具有划时代意义的电磁感应现象，电磁学得到了飞速发展。另一方面，关于电路的研究也在进行。先是 1820 年，欧姆发现了导线两端的电压与其中的电流成正比的欧姆定律；然后 1849 年基尔霍夫又发现了关于电路网络的基尔霍夫电流定律和基尔霍夫电压定律，从而确定了电工学，并为后来的电气工程打下了基础。至此，人们已经发现了磁、静电、电磁感应等现象，发明了电池，随后电学的发展更加迅猛。

古代人们发现，当琥珀等与金属摩擦后，金属并不会带电。金属与金属接触或其他带电体与金属接触，甚至还没有触碰到，金属就能带电，但一旦分离开，金属便立即不再带电。金属这种与众不同的行为，说明金属是一种特殊性质的材料，用现在的科学知识解释，当然很简单：金属内部有大量可以移动的电子，即自由电子，一旦与其他物质摩擦，局部丢失或增添的电子会很快得到及时补偿或吸收，从而达到新的平衡，故摩擦后金属不会呈现带电状态。但是金属与其他带电体触碰，哪怕还没有接触到，金属内部自由电子受到其他带电体的吸引或排斥作用，致使局部不是电子聚集就是消散，呈现感应带电状态。但是一旦把其他带电体移开，自由电子马上恢复均匀分配状态，整个金属不再带电。由于当时人们不了解金属的构造，更不知道电子的存在，他们认为任何物质均是由正电流体和负电流体组成的，两种电流体数量相等，在系统中守恒，故整个物体呈电中性。玻璃和毛皮等内部的正、负电流体不能自由运动，要经过摩擦才能分开，从而带电，而金属内部的电流体可以自由运动，或被吸引或被排斥，从而使金属呈感应带电状态。1729 年，格雷把电流体不能自由运动的材料称为绝缘体，把电流体可以自由运动的材料称为导体。随着科学的进步，人们认识到导体中真正存在的是电荷而不是所谓的电流体，但是格雷对材料的分类是正确的，即当时人们已经认识到了导体的存在，金属就是一种导体。后来人们又发现大地、水和人体都是导体，只是导电的程度不同而已。发现导体的意义重大，没有导体就没有后来的电气工程，更谈不上电子学。前面说过，奥斯特做过的接上伏打电池的导线其边上的磁针发生偏转的实验，引起了很多科学家的兴趣。法国物理学家安培做了进一步的实验，他把导线绕成很多圈，形成一个螺线管，并用它代替奥斯特实验中的环形导线重做奥斯特实验。结果发现，通有电流的螺线管的作用几乎同磁棒一模一样，若把钢针放到该螺线管内，钢针就会变成磁针。1820 年，安培提出了一个大胆的设想："电流有磁效应，即便是磁铁，产生磁效应的真正原因也是电流，只不过这些电流是在磁棒材料内部而已。"现在这个观点已被证实。至此，人们已经认识到电荷的运动产生电流，电流伴随磁效应，磁与电流是统一的，磁可以由电流产生。奥斯特和安培实验说明，两个通有电流的电线圈之间有相互作用力，利用这种作用力，可以设计电动机。1820 年，第一台直流电动机诞生。电动机的诞生，开创了电气工业新时代。1831 年，俄罗斯的西林格根据奥斯特的实验，把线圈和磁针组合起来，发明了电报机，这就是电报的开始。既然电能生磁，那么磁能不能生电呢？科学家们都在思考这个问题。1831 年，英国化学家和物理学家法拉第做了一个著名的实验——电磁感应实验，这个实验证明了磁也能生电。

法拉第的电磁感应实验分两个步骤，首先他用串入一个检流计的导线把一个螺线管短路，然后将一个磁棒插入螺线管，检流计检测出短路线里有电流，当磁棒停止不动时，短路线里的电流也消失了。这说明磁场变化时，在螺线管里感应出电流，但是螺线管两端是短路的，短路线两端没有电位差，那么感应电流又是怎么被驱动的呢？法拉第认为，磁场变化感应出的是电位差而不是电流。为了证明这个设想，法拉第又做了另一个实验。他把短路线断开，这时是不会有电流的，然后将磁棒插入和拔出螺线管，结果发现螺线管两端有电位差。如果把短路线接通，短路线里出现电流。这说明磁场变化感应出的是电位差，而不是电流，是感应电位差产生的感应电流，人们把感应电位差称作感应电动势。由此，法拉第证明了磁也能生电。法拉第电磁感应定律可以归纳如下："只要线圈中的磁场变化就能在线圈两端感应出电动势。导体切割磁力线或者磁力线切割导体，都会在导体两端产生感应电动势。"发电机的工作原理就是法拉第电磁感应定律。

1840 年前后，惠斯通已开始考虑海底电缆的问题。1845 年，英吉利海峡海底电报公司成立，开始了从英国到加拿大，跨过多佛尔海峡到达法国的海底电缆敷设工程。1851 年，最早的加来多佛尔海底电缆敷设完毕，并成功地实现了通信。现在世界的大海里仍遍布着用于通信的电缆。

我们现在可以从电视上看到世界各个地区发生的各种事情，这都归功于人类发现了电磁波。1888 年，德国的赫兹做了最早的电磁波实验，弄清了电磁波和光一样具有直线传播、反射和折射现象，频率的单位赫（兹）就是以他的名字命名的。意大利的马可尼读了赫兹的电磁波实验文章后，于 1895 年研制出了最早的电磁波无线电装置，并在大约 3 公里的距离内进行了莫尔斯信号通信的实验，实验成功后，他创办了无线电报和信号公司。1899 年，跨越多佛尔海峡的无线通信成功。1901 年，又成功地在距离英国 2700 公里的纽芬兰收到了莫尔斯信号。要实现无线通信，首先要产生稳定的高频电磁波。达德尔采用线圈和电容器构成的电路产生了高频信号，但频率不高，只有不到 50 Hz，电流也较小，只有 2～3 A。1903 年，荷兰的包鲁森利用酒精蒸汽电弧放电，产生了 1 MHz 的高频波。彼得森又对其进行了改进，制成了输出功率达到 1 kW 的装置，其后德国制造出了机械式高频发生器，美国的特斯拉和费森登、德国的戈尔德施米特等人开发出了用高频交流机产生高频波的方法等。1906 年，美国通用电气（GE）公司的亚历山德森制成了 80 kHz 的高频信号发生装置，首次成功地进行了无线电话实验。用无线电话传送语音，并且要收听它，这就需要有用于发送高频信号的发生装置和用于接收的检波器。费森登在 1913 年设计了一种外插式接收装置，并试验成功。达德尔设计出了以包鲁森电弧发送器为发送装置、以电解检波器为接收装置的受话器，但是由于当时都是采用火花振荡器，噪声很大，所以虽然实验阶段很成功，但离实用化还很远。要想使产生的电波稳定，接收到的噪声小，那还要等到电子管的出现。

电子管的发明是按照二极管—三极管—四极管—五极管的顺序开发出来的。1883 年，爱迪生发现从电灯泡的热灯丝上飞溅出来的电子把灯泡的一部分都熏黑了，这种现象被称为爱迪生效应。1904 年，英国人佛来明受到"爱迪生效应"的启发，发明了二极管并用它来进行检波。1907 年，美国的 D·弗雷斯特在二极管的阳极和阴极之间加了一个叫栅极的电极，构成了三极管。这种三极管既可用于放大信号电压，也可配以适当的反馈电路产生稳定的高频信号，可以说是一个划时代的电路元件。三极管经过进一步的改进，能够产生短波、超短波等高频信号。此外，三极管的控制栅极具有控制阴极电子流的功能，随后的阴极射线管和示波器与此有密切的关系。由于当时的真空技术尚不成熟，所以三极管的制造水平也不高，但是在反复的改进过程中，人们知道了三极管具有放大作用，终于拉开了电子学的序幕，振荡器也从马可尼火花装置发展到三极管振荡器。1915 年，英国的郎德在三极管的控制栅极与阳极之间又加了一个电极，称为帘栅级，其作用是解决三极管中流向阳极的电子流中有一部分会流到控制栅极去的问题。1927 年，约布斯特在阳极与帘栅极之间又加了一个电极，称作抑制栅，发明了五极管。这个新加的电极的作用，是为了抑制四极管中电子流撞到阳极上时阳极产生二次电子发射。1934 年，美国的汤姆森通过对电子管进行小型化改进，发明了适用于超短波的橡实管。1937 年，发明了不用玻璃而采用金属的 ST 管。1939 年，发明了经过小型化后的 MT 管。

第二次世界大战后，由于半导体技术的进步，电子学得到令人瞩目的发展。1948 年，美国贝尔实验室的肖克来、巴丁、布莱特发明了用半导体材料制作的晶体管。这种晶体管使用了两根金属丝与低掺杂锗半导体表面接触，称为点接触型晶体管。这种半导体器件使得人们能够对固体单晶内部的两种载流子进行控制，从而实现电流和电压的放大功能，三位科学家因此获得了 1956 年的诺贝尔物理学奖。1949 年，开发出了结型晶体管，在实用性方面前进了一大步。1956 年，开发出了制造 P 型和 N 型半导体的扩散法，它是在高温下，将杂质原子渗透到半导体表层的一种方法。1960 年，开发出了外延生长法，并制成了外延平面型晶体管。外延生长法是把硅晶体放在氢气和卤化物气体中来制造半导体的一种方法。半导体技术的这些发展，推动了集成电路的诞生。

大约在 1956 年，英国的达马就从晶体管原理预想到了集成电路的出现。1958－1959 年，美国德克萨斯仪器公司的科尔比和仙童半导体公司的诺依斯共同发明了集成电路。他们把许多器件、电路元件和连接线做在同一片小硅片上，大幅度缩小了电子系统的体积，降低了功耗，提高了可靠性，减少了成本，科尔比因此获得了 2000 年诺贝尔物理学奖。1961 年，德克萨斯仪器公司开始批量生产集成电路。集成电路把具有某种功能的，包含元器件和连接导线在内的整个电路制作在半导体晶体里，电路和器件的合一意味着人们有能力将整个电子系统全部集成到一片小硅片上。1971 年，Intel 公司制成了微处理器芯片，并广泛应用于包括计算机在内的各种电子系统中，从而引发了信息工业的深刻革命。集成电路发展到现在已经达到了器件、电路和系统的合一，进入了系统芯片（SoC）时代。到了 2007 年，Intel 公司采用 45 纳米工艺制成了 4 核微处理芯片 Xeon，其上集成了超过 8 亿个晶体管，主时钟工作频率超过 3 GHz。利用这种芯片可以制作专业水平的电影，可以通过 Internet 传送电视等视频信号，也可进行实时的视频和通话，因此，这种芯片是典型的 SoC。

1799 年，伏打在铜片与锌片之间夹入一层浸透盐水或碱水的厚纸，再把它们一层一层相间叠放在一起，制成了"伏打电堆"。"电堆"的意思是，把许多单个电池单元高高地相间堆在一起。从铜片和锌片上分别引出导线，发现两条导线一条带正电，另一条带负电，彼此间有电位差。伏打把这两条导线短路，放电过程会持续进行。短接的导线会发热，如果导线较细还会熔化。对于短路放电过程中损失的电荷，电池会源源不断地补充新电荷，使短路后的正、负电极保持一定的电位差。伏打电池和短路线所构成的回路，是人类历史上第一个电路。

一次放电完成后，不能再用的电池称为一次电池。伏打对伏打电堆做了改进，制成了伏打电池。1836 年，英国的丹尼尔在陶瓷桶里放入阳极和氧化物，制成了与伏打电池相比能够长时间提供电流的丹尼尔电池。1868 年，法国的勒克朗谢公布了勒克朗谢电池。1885 年（明治 18 年），日本的尾井先藏发明了尾井干电池，它是一种把电解液吸附在海绵里的特殊电池，具有运输方便的特点。1917 年，法国的费里发明了空气电池。1940 年，美国的鲁宾发明了水银电池。

放完电，还能够充电再用的电池称为二次电池。1859 年，普郎泰发明了能够反复充电使用的铅蓄电池，其结构是在稀硫酸中装有铅电极，这是最早的二次电池，现在汽车里使用的就是这种类型的电池。1897 年（明治 30 年），日本的岛津源藏开发出了具有 10 A·h 容量的铅蓄电池，并用他名字的字头 GS 作为商品名称投放市场。1899 年，瑞典的容纳制成了容纳电池。1905 年，爱迪生制成了爱迪生电池。这些电池的电解液，都用的是氢氧化钾，后来就被称为碱性电池。1948 年，美国的纽曼发明了镍镉电池，这是一种能充电的干电池，是具有划时代意义的电池。1939 年，英国人格罗夫发现氧和氢的反应中有电能产生，并由实验证明了燃料电池的可能性，从外部给阳极一侧送入氧，给阴极一侧送入氢，就能够产生电和水。1958 年，英国剑桥大学制成了 5 kW 的燃料电池。1965 年，美国 GE 公司成功地开发出了燃料电池，这个电池就安装在 1965 年的载人宇宙飞船双子星 5 号上，用于供给宇航员饮用水和飞船电能。1969 年，登上月球的阿波罗 11 号飞船上，也使用了燃料电池作为飞船的内电源。1873 年，德国人西门子用硒和铂丝制成了光电池，照相机曝光计中所用的就是这种硒光电源。

太阳能电池又称为"太阳能芯片"或"光电池"，是一种利用太阳光直接发电的光电半导体薄片。它只要满足一定照度的光照条件，瞬间就可输出电压及在有回路的情况下产生电流，在物理学上称为太阳能光伏（Photovoltaic，PV），简称光伏。太阳能电池是通过光电效应或者光化学效应直接把光能转化成电能的装置，以光电效应工作的晶硅太阳能电池为主流，而以光化学效应工作的薄膜电池湿式太阳能电池则还处于萌芽阶段。早在 1839 年，法国科学家贝克雷尔（Becqurel）就发现，光照能使半导体材料的不同部位之间产生电位差，这种现象后来被称为"光生伏特效应"，简称"光伏效应"。1954 年，美国科学家恰宾和皮尔松在美国贝尔实验室首次制成了实用的单晶硅太阳能电池，诞生了将太阳光能转换为电能的实用光伏发电技术。这种元件当太阳光或灯光照到它的 PN 结上时，就能产生电能，被广泛用于人造卫星、太阳能汽车、钟表、台式计算器等。提高这种元件转换效率的研究与开发工作，一直都在进行之中。现在光伏发电已被世界各国广泛应用，中国光伏发电的装机容量规划为 2020 年达到 20 GW。

截至 2015 年底，中国光伏发电累计装机容量达到约 4300 万千瓦，超过德国成为全球第一，中国已经成为世界上最大的利用光伏发电的国家。农村很多地区的家庭利用太阳能发电，除了供自己家庭使用外，多余的电能还能存储起来并入公共电网，用于其他地区的供电。

英国化学家戴维把 2000 个伏打电池连在一起，进行了电弧放电实验。戴维的实验是在正负电极上安装上木炭，通过调整电极间距离使之产生放电而发出强光，这就是电用于照明的开始。1860 年，英国人思旺把棉线碳化后做成灯丝装入玻璃泡里，发明了炭丝灯泡。由于当时的真空技术不高，点灯时间一长，灯丝就会在灯泡里氧化烧掉。1865 年，施普伦格尔为研究真空现象而发明了水银真空泵。思旺得知后，利用这一技术于 1878 年把玻壳内的真空度提高，同时又对灯丝进行了改进。他把棉线用硫酸处理，然后再碳化，最后公布了思旺灯泡，思旺的白炽灯曾在巴黎万博会上展出。1879 年，美国的爱迪生把白炽灯的寿命成功地延长到了 40 个小时以上。1880 年，爱迪生发现竹子能做灯丝，若干年后，他用日本八幡的优质竹子制造出了灯丝。1882 年，他在伦敦和纽约成立了爱迪生电灯公司，制造这种竹灯丝灯泡。1886 年（明治 19 年），日本东京电灯公司成立，一般的家庭开始用上了白炽灯泡。1910 年，美国的库利奇发明了钨丝灯泡。1913 年，美国的兰米尔发明了充气钨丝灯泡。1925 年，日本的不破橘三发明了内壁磨砂灯泡。1931 年，日本的三浦顺一发明了双螺旋钨丝灯泡。正是由于这种不断的探索，今天的人们才能享受到白炽灯照明的日常生活。1902 年，美国的休伊特在玻壳内装入水银蒸汽，发明了弧光放电汞灯。由于这种灯可以发出紫外线，所以常作为杀菌灯使用。现在广泛使用于广场照明和道路照明的高压汞灯发出的光是一种混合灯光，包括水银电弧放电的光和紫外线照在涂敷于玻壳内壁的萤光材料上所发出的光。1932 年，荷兰飞利浦公司开发出了波长为 590 nm 单色光的钠灯，这种灯广泛用于道路、隧道照明。1938 年，美国的纽曼发明了现在广泛使用的荧光灯，这种灯通过用水银电弧放电发出的紫外线，照射涂敷在灯管内壁的不同萤光粉而发出不同颜色的光，通常白色荧光灯用的最多。最早应用半导体 PN 结发光原理制成的 LED 光源，问世于 20 世纪 60 年代初，当时所用的材料是 GaAsP，发红光。1969 年开发出第一盏 LED 灯（红色），1976 年开发出绿色 LED 灯，1993 年开发出蓝色 LED 灯，1999 年开发出白色 LED 灯。2000 年 LED 应用于室内照明，LED 的开发是继白炽灯照明发展历史一百多年以来的第二次革命，是继爱迪生发明电灯泡以来，重新开始的巨大光革命。LED 照明灯，主要是以大功率白光 LED 单灯为主。LED 太阳能路灯、LED 投光灯、LED 吊顶灯、LED 日光灯都已经可以批量生产，越来越多 LED 节能灯已经进入平常百姓家。

电动机的起源是 1820 年奥斯特所发现的电能生磁的电磁作用。1831 年法拉第发现的磁能生电的电磁感应，则是发电机和变压器的起源。1832 年，法国人毕克西发明了手摇式直流发电机，其原理是通过转动永磁体使磁通发生变化，从而在线圈中产生感应电动势，并把这种电动势以直流电压形式输出。1866 年，德国的西门子发明了自励式直流发电机。1869 年，比利时的格拉姆制成了环形电枢，发明了环形电枢发电机。这种发电机是用水力来转动发电机转子的，在经过反复改进后，这种发电机于 1874 年得到了 3.2 kW 的输出功率。1882 年，美国的戈登制造出了输出功率达 447 kW、高 3 米、重 22 吨的两相式巨型发电机。由于爱迪生坚持只做直流方式的发电机，所以美国的特斯拉在爱迪生公司时，就把两相交流发电机的专利权卖给了西屋公司。1896 年，特斯拉的两相式发电机在尼亚加拉发电厂开始运行，3750 kW、5000 V 的交流电一直送到 40 km 外的布法罗市。1889 年，西屋公司在俄勒冈州建设了发电厂，1892 年成功地将 15 000 V 电压送到了皮茨菲尔德。1834 年，俄罗斯的亚科比试制出了由电磁铁构成的直流电动机，1838 年这种电动机曾开动了一艘船，电动机电源用了 320 个电池。此外，1836 年美国的达文波特和英国的戴比德逊也造出了直流电动机。由于这些电动机都以电池作为电源，所以都未能广泛普及。1887 年特斯拉两相电动机，作为实用化感应电动机的发展计划开始启动。1897 年西屋公司制成了感应电动机，设立了专业公司致力于电动机的普及。两相交流电是用四根电线输电的技术。德国的多渤罗沃尔斯基在绕组上找到了窍门，即从绕组上每隔 120°的三个地方引出抽头，得到了三相交流电。1889 年，他利用这种三相交流电的旋转磁场，制成了功率为 100 W 的三相交流电动机。同年，多渤罗沃尔斯基又开发出了三相四线制交流接线方式，并在 1891 年的法兰克福输电实验(1500 VA 三相变压器)中获得了圆满成功。

发电端在往外输送交流电时，先要把交流电压升高，到了用电端再把送来的交流电压降低，因此变压器是必不可少的。1882 年，英国的吉布斯获得了"照明与动力用配电方式"专利，其内容就是将变压器用于配电，当时所用的变压器是磁路开放式变压器。西屋公司引进了吉布斯的变压器，经过研究于 1885 年开发出了实用的变压器。在此前一年的 1884

年，英国的霍普金森制成了闭合回路变压器。

随着电学的发展，电路理论也在不断地发展。1853 年，汤姆逊（即开尔文勋爵）采用电阻、电容和电感的电路模型分析了莱顿瓶的放电过程，得出电振荡频率。同年，亥姆霍兹提出电路中的等效发电机定理。1850—1855 年，欧洲建成了英国、法国、意大利、土耳其之间的海底电报电缆。电信号经过远距离的电缆传送，产生了信号的衰减、延迟、失真等现象。1854 年汤姆逊发表了电缆传输理论，并分析了这些现象。1857 年，基尔霍夫考虑到架空传输线与电缆不同，得出了包括自感系数在内的完整的传输线及电流方程式，称为电报员方程或基尔霍夫方程。至此，包括传输线在内的电路理论基本建立起来了。1880 年，英国人 J 霍普金森提出了形式上与欧姆定律相似的计算磁路的定律。19 世纪末，交流电技术的迅速发展促进了交流电理论的建立。1893 年，C P 施泰因梅茨提出分析交流电路的复数符号法（相量法），采用复数表征正弦方式的交流电，简化了交流电的计算。瑞士数学家 J R 阿尔甘提出的矢量图，也成为分析交流电路的有力工具。这些理论和方法，都为此后电路理论的发展奠定了基础。

法拉第认为电磁间的相互作用是一种"临近效应"，并以有限的速度向外延拓，直至充满整个空间，故这种作用是通过某种媒质传递的，法拉第称这种媒质为"场"。英国数学家和物理学家开尔文，进一步发展了法拉第的思想，他认为电磁现象与弹性现象类似，在空间甚至真空中，处处充满着一种连续的、没有质量但有弹性的媒质，称为"以太"。可见，开尔文的"以太"就是法拉第的"场"，相互作用是在"场"中传播的，即在"以太"中传播的。人们发现在电力和电信系统中，长线电路的许多现象用电路观点是无法解释的，线上的电流和电压似乎是以波的形式传播的。基尔霍夫研究了电扰动在长线上的传播，发现其传播速度等于光速。苏格兰物理学家麦克斯韦深受法拉第、开尔文和基尔霍夫的影响，总结了当时所发现的种种电磁现象的规律，将它描述成为麦克斯韦方程组。麦克斯韦认为，电磁现象在"场"中的传播，酷似电压和电流在长线中的传播，但缺少一个和法拉第电磁感应定律相对应的方程。既然磁场变化能感应出电场，同样也应有电场变化感应出磁场，于是大胆地提出位移电流的假设。补充了这个方程后，可以导出电磁现象不仅是距离的函数还是时间的函数，它们之间的作用以波的形式传播，其速度等于光速。麦克斯韦预见了电磁波的存在，为电路理论奠定了坚实的基础。德国物理学家赫兹为了证明麦克斯韦预言的电磁波的存在，做了一个有趣的实验。他发现在感应线圈进行火花放电时，放在附近的线圈也发生放电，他认为这是共振效应。接着，赫兹又在距离感应线圈足够远的地方放置了一个共振偶极子，结果当感应线圈放电时，那个偶极子也放电，由于距离足够远，因此只可能是电磁波起了作用。1888—1889 年，赫兹公布了他的实验，证明了电磁波的存在和麦克斯韦方程的正确性。进入 20 世纪，英国工程师 O 亥维赛提出阻抗的概念，还提出了求解电路瞬态过程的运算方法。1918 年，福台克提出了对称分量法，这一方法简化了不对称三相电路的分析，至今仍为分析三相交流电机和电力系统不对称运行的常用方法。1920 年，G A 坎贝尔和 K 瓦格纳研究了梯形结构的滤波电路。1924 年，R M 福斯特提出电感电容二端网络的电抗定理，此后便建立了由给定频率特性设计电路的网络综合理论。1925 年，英国人贝尔德首先发明电视，几乎同时，美国无线电公司的工程师滋沃雷金发明了电视显像管。1933 年，他利用真空二极管、三极管和显像管发明了最早的电视机，1936 年，黑白电视机问世。电子管的发明推动了电子电路技术的迅速发展。1932 年，瑞典人 H 奈奎斯特提出了由反馈电路的开环传递函数的频率特性，作为判断系统稳定性的依据。1945 年，美国人 H

W 伯德出版了《网络分析和反馈放大器》一书，总结了负反馈放大器的原理，由此形成了分析线性电路和控制系统的频域分析方法，并得到了广泛的应用。从 20 世纪 30 年代起，电路理论已形成为一门独立的学科，建立了各种元器件的电路模型，成功地利用电阻、电感、电容、电压源、电流源等几种理想元件，近似地表征了成千上万种实际电器装置。到 20 世纪 50 年代末，电路理论在学术体系上基本完善，这一发展阶段称为经典电路理论阶段。20 世纪 60 年代以后，由于新型电路元件的出现和计算机的冲击，电路理论在深度和广度上均得到了巨大的发展，又经历了一次重大的变革。因此，20 世纪 60 年代以后的电路理论称为近代电路理论。近代电路理论的主要特点之一是吉尔曼将图论引入电路理论之中，这为应用计算机进行电路分析和集成电路布线与版图设计等研究提供了有力的工具。特点之二是出现了大量新的电路元件、有源器件，如使用低电压的 MOS 电路、摒弃电感元件的电路、进一步摒弃电阻的开关电容电路等。当前，有源电路的综合设计正在迅速发展中。特点之三是在电路分析和设计中应用计算机后，使得对电路的优化设计和故障诊断成为可能，大大提高了电子产品的质量，并降低了成本。

电路理论是当代电气工程和电子科学技术的重要理论基础之一。电路理论与电磁学、电子科学与技术、通信工程、电气工程、自动控制、计算机科学与技术等学科相互促进、相互影响。经历了一个多世纪的漫长发展后，电路理论已经成为一门体系完整、逻辑严密、具有强大生命力的学科领域。进入 21 世纪以来，物联网及智慧城市正在蓬勃发展，机器人与人工智能时代已经来临，电路理论的应用将更加广泛，这也必然促使电路理论进一步发展。

第一章　电路与电路定律

本章介绍了电路的基本概念，如理想电路元件与电路模型，电压、电流的参考方向，吸收和发出功率的表达式与计算方法，理想电阻元件、理想电压源、理想电流源与受控源的概念与特性。讲述了由于元件的性质对元件的电流与电压造成的约束，以及由于支路的连接分别对支路电流与支路电压造成的约束，即基尔霍夫定律，包括电流定律与电压定律。还介绍了电路的计算机辅助设计（电路 CAD）的概念。

第一节　实际电路与电路模型

一、实际电路

在工农业生产、交通运输、电子信息和日常生活等诸多领域，都会遇到各种各样的由电路器件（如二极管、晶体管等）和电路元件（如电感器、电容器、电阻器等）构成的电路或电力系统，这就是实际电路。实际电路是为完成某种预期的用途而设计、安装和运行的。电路由供电装置（电能和电信号的发生器，即电源）、用电设备（即负载）和中间环节（即连接导线、控制开关等）三个基本部分组成。由于负载中的电压、电流是在电源的作用下产生的，即对电源这种激励作用的回应，因此形象地把电源称作激励，把由它产生的电压和电流称作响应。有时根据激励和响应的因果关系，把激励称作输入，响应称作输出。

有些实际电路是十分庞大和复杂的，可以延伸到数百公里以外，例如用于电能的产生、传输和分配的电力系统以及通信系统等。有的电路可以局限在几个平方毫米以内，例如集成电路芯片可能小到不大于指甲盖，但在上面却有成千上万个晶体管相互连接成为一个复杂的电路或系统。当今，超大规模集成电路的集成度越来越高，在同样大小的硅片上，可容纳的元器件数目越来越多，可达数百万乃至数十亿。前述电路无论尺寸大小，都是比较复杂的，但有些电路也是非常简单的，例如手电筒就是一个很简单的电路。

实际电路的作用主要有两个。一是能量的转换、传输和分配。例如，水能、热能、核能通过发电机转化为电能，而电能又通过输电线和变压器传输分配给工厂、农村和千家万户所使用的用电设备，如电动机、照明设备、电热器等。其中电动机将电能转化为机械能，照明设备将电能转化为光能和热能，电热器将电能转化为热能，这样就构成了一个复杂庞大的电路或系统。二是传输和处理各种电信号，如语音信号、图像信号和控制信号等，通过电路把施加的信号（激励）变换或"加工"成为所需要的输出（响应）。收音机或电视机的调谐电路是用来选择所需要的信号的，而由于收到的信号很微弱，所以需要专为放大信号用的放大电路。调谐电路和放大电路的作用就是处理激励信号，使之成为所需要的响应。

电路又常称为网络，确切地说是电网络，因为网络的概念更宽，包括交通网络、供水网络、供热网络等。现在又广泛使用系统这一概念，系统是由相互连接、相互制约、相互作用的各个部分组成的具有一定整体和综合的统一体,因此电路也是一个系统。电力网络又称为电力系统。不过系统的概念比电路要更加广泛,常涉及更多方面的物理过程,甚至社会现象。

二、理想电路元件与电路模型

实际电路中的元器件在工作时会产生多种电磁现象。这些电磁现象包括提供电能量、储存电场能量、储存磁场能量、消耗电能量等。若分析一个实际器件时考虑其中所有的电磁现象,那将无法建立器件变量间的数学方程,即由于过于复杂而无法建立器件的数学模型。实际上,电路分析并不直接对实际电路进行研究,而是研究由实际电路中抽象出来的所谓实际电路的电路模型。实际的电路器件虽然具有多种电磁特性,但一定会有一种是最重要的,其他相对为次要的。我们把器件中这种最重要的电磁特性抽象出来,假想有一种电路元件只具有这种确定的电磁特性,把它称作理想电路元件。因此理想电路元件是从实际电路器件中抽象出来的、理想化的假想元件,并具有精确的数学定义。例如,理想电阻元件只消耗电能,理想电感元件只储存磁场能量,理想电容元件只储存电场能量,理想电压源、电流源只提供电能量等。在分析实际器件时,不必将所有的电磁特性全部考虑,只要考虑其中一种或几种主要的就可以很精确地描述这种器件了。这样,在一定假设条件下,可以用足以反映实际电路器件中的电磁性质的理想电路元件或它们的组合来近似模拟实际电路中的器件,称这种理想电路元件或它们的组合为实际电路器件的电路模型。把这些实际器件的电路模型用理想导线(设其无内电阻)按实际电路的连接形式连接起来近似代替实际电路,就构成了整个实际电路的电路模型。图 1-1(a)所示电路为一简单的干电池供电照明电路,图 1-1(b)是其电路模型。其中用理想电压源和理想电阻的串联组合作为干电池的电路模型,用理想电阻作为小灯泡的电路模型,用理想导线代替连接导线。

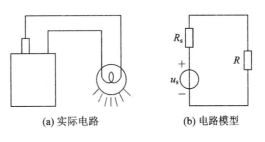

(a) 实际电路   (b) 电路模型

图 1-1 实际电路与电路模型

用理想电路元件或它们的组合来模拟实际器件就是建立其物理模型(简称建模)。建模时需要考虑工作条件,并按不同精度的要求把给定工作情况下的主要物理现象及功能反映出来。例如,在直流(变量不随时间变化)情况下,一个电感线圈可以用一个理想电阻元件代替;在低频情况下,就要用一个理想电阻和一个理想电感的串联组合来代替;在高频情况下,还应计及导体表面的电荷作用,即电容效应,所以其电路模型是一个理想电阻元件串联一个理想电感元件再和一个理想电容元件并联的组合。电路模型取得恰当不恰当,直接影响到对实际器件模拟的精度,需要专门的研究,本书不涉及。实际上,电路分析研究的不是实际电路,而是其电路模型。今后本书所谈论的电路均指由这种理想电路元件所构成的电路模型,而非实际电路。

电路理论研究电路中发生的电磁现象,并用电流、电荷、电压、磁通等物理量描述其中的过程。电路理论主要用于计算电路中各器件端子的电流和端子间的电压,一般不涉及内部发生的物理过程。在实际器件的电路模型中,各理想电路元件的端子是用"理想导线"连接起来的,根据端子的数目,理想电路元件可分为两端、三端和四端元件等。

当实际电路的几何尺寸远小于其工作时所产生的电磁波的波长时，所发生的电磁现象是集中在电气器件内部的，电磁波沿电路的传输是在瞬间完成的，这时的电气器件称作集中参数电气器件。由此可对在这样的条件下抽象出来的理想电路元件作出假定：流入两端元件的一个端子的电流一定等于从另一端子流出的电流，两端子间的电压为单值量。此时亦称其为集中(参数)元件，由集中元件构成的电路称为集中电路，并可用集中元件及其组合模拟实际的电路器件和电路部件，用集中电路近似代替实际电路。当实际电路的尺寸与工作波长接近时，就不能用集中电路的概念。例如，在有线通信或电力传输中使用架空线或电缆传递信号或电能量，在 50 Hz 工频情况下，架空线的波长为 6000 km。对在这一频率下工作的实验室设备来说，其尺寸远小于这一波长，可以按集中电路处理。但对远距离输电线来说，当其长度为 1500 km 时，就达到了 1/4 波长，这时就必须考虑到电场、磁场沿线分布的现象，不能按集中电路来处理，而需要用分布(参数)电路的概念进行分析。本书只讨论集中电路的分析，分布电路的分析读者可参考有关书籍。

电路理论是一门研究电路分析与电路设计(网络综合)的基础工程学科。电路分析是讨论如何在已知电路结构和电路参数的情况下，验证电路是否满足给定的性能指标；而网络综合是研究如何构造一个电路，使其满足给定的性能指标。学习电路分析就是为电路设计打基础。本书的主要内容是电路分析，探讨电路的基本定律和定理，并讨论各种计算方法，为学习电气技术、电子和信息技术、自动化技术等打下必要的理论基础。

三、电路 CAD

电路 CAD(Computer Aided Design)即电路的计算机辅助设计，是现代电路的分析与设计方法。电路 CAD 的核心是电路 CAA(Computer Aided Analysis)，即电路的计算机辅助分析，也称电路仿真或电路模拟。电路 CAD 是用编制好的计算机程序或软件对电路进行分析、计算与设计。简单的电路 CAD 流程如图 1-2 所示。

用电路 CAD 软件对电路进行分析与计算，是现代电路工程技术人员必备的素质。电路 CAD 包括电路原理图绘制 CAD、电路仿真 CAD、印制电路板制作 CAD 及可编程逻辑控制器 CAD(数字电路系统设计专用，现多称为 EDA，即电子设计自动化)等。本书将在后续各章节介绍电路模拟软件 PSPICE 在电路分析中的应用。

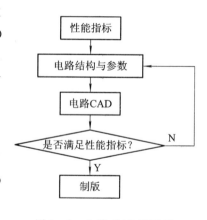

图 1-2　电路 CAD 流程图

第二节　电流和电压的参考方向

在电路分析中，电流和电压的实际方向可能是未知的，也可能是随时间变化的。因此在涉及某个元件或某部分电路的电流和电压时，需要指定电流和电压的参考方向。

一、电流的参考方向

图 1-3 所示电路代表电路的一部分，其中方框表示某一两端元件。电流 i 流过该元件

时，其实际方向要么从 A 到 B，要么从 B 到 A，这时可选定其中任一方向作为电流的参考方向，它不一定是电流的实际方向，只是作为假想的实际方向。指定了电流的参考方向，电流 i 便成为了代数量。若用实线箭头代表电流 i 的参考方向，虚线箭头代表电流 i 的实际方向，在图 1-3(a)中，电流的参考方向与实际方向相同，此时电流 i 为正值，即 $i>0$；在图1-3(b)中，电流的参考方向与实际方向相反，此时电流 i 为负值，即 $i<0$。电流的参考方向除了用实线箭头表示之外，也可以用双下标表示。例如，i_{AB} 代表电流的参考方向是由 A 到 B，如图 1-4 所示。设定了电流的参考方向，就可根据电流的正、负来判断实际方向。在图 1-5(a)中，设元件电流 i 的参考方向从 A 指向 B，它的波形如图 1-5(b)所示。在前半个周期中，即 $t_1 \leqslant t < t_2$ 时，由于 $i>0$，所以电流的实际方向与参考方向一致，即此时电流 i 的实际方向由 A 指向 B；在后半个周期中，即 $t_2 \leqslant t < t_3$ 时，由于 $i<0$，所以电流的实际方向与参考方向相反，即电流 i 的实际方向此时由 B 指向 A。

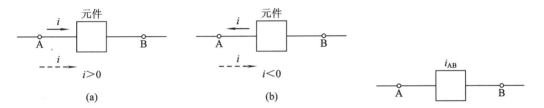

图 1-3　电流的参考方向　　　　　　　　图 1-4　电流参考方向的双下标表示法

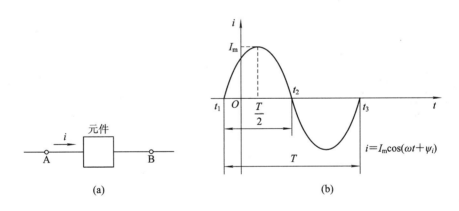

图 1-5　电流实际方向的判断

二、电压的参考方向

在图 1-6(a)中，A 端的电位高于 B 端的电位，若用"＋"号表示高电位端，称为正极；用"－"号表示低电位端，称作负极。规定由高电位端（正极）指向低电位端（负极）的方向为电压的方向，用箭头表示，如图 1-6(b)所示。电压的实际方向不是由 A 指向 B，就是由 B 指向 A，有时很难判断，因此需要指定电压的参考方向。任意选定其中一个方向作为电压的参考方向，它不一定是电压的实际方向，只是假想的实际方向。一般用实线箭头表示电压的参考方向，如图 1-7(a)所示，用虚线箭头表示电压的实际方向，如图 1-7(b)所示。也可用电压的参考极性代替参考方向，参考极性即假想的实际极性。任意指定元件的一端的参考极性为"＋"，另一端的参考极性为"－"，用实线"＋"、"－"号表示，真实极性则用虚线"÷-"、"---"号表示，分别如图 1-7(a)、(b)所示。与对待电流一样，当选定了电压的参考方向后，电压 u 就成为了代数量。若电压的参考方向与实际方向相同，电压值为正，即 $u>0$；反之，若参考方向与实际方向相反，则电压值为负，即 $u<0$。这两种情况分别如图 1-8(a)、(b)所示。

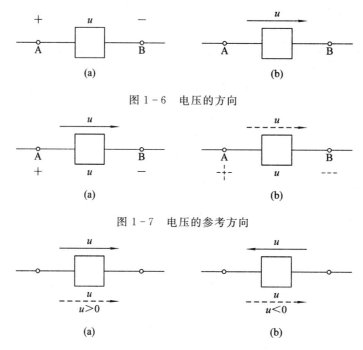

图 1-6　电压的方向

图 1-7　电压的参考方向

图 1-8　电压 u 为代数量

电压的参考方向也可用双下标表示。例如，u_{AB} 表示电压的参考方向由 A 指向 B，如图 1-9 所示。

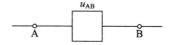

图 1-9　电压参考方向的双下标表示法

三、电压与电流的关联参考方向和非关联参考方向

当设一个元件两端的电压的参考方向与流过它的电流的参考方向一致时，称电压与电流为关联参考方向，如图 1-10(a)所示；否则称电压与电流为非关联参考方向，如图 1-10(b)所示。

(a) 关联参考方向　　　　　　　(b) 非关联参考方向

图 1-10　电压与电流的关联和非关联参考方向

在图 1-11(a)中，N 表示电路的一部分，它有两个端子与外电路连接，电流 i 的参考方向由电压 u 的正参考极性端流入，从负参考极性端流出，两者的参考方向一致，所以是关联参考方向；图 1-11(b)所示电流和电压的参考方向是非关联的。

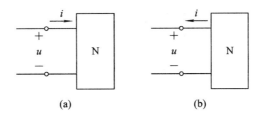

图 1-11　部分电路电压与电流参考方向的关联性

四、国际单位制(SI)中各变量的单位

在国际单位制(SI)中，电流的单位为 A(安培，简称安)，电荷的单位为 C(库仑，简称库)，电压的单位为 V(伏特，简称伏)。SI 中规定用来构成十进倍数和分数单位的词头常用的有如下几种：

$1G(吉)=10^9$，$1M(兆)=10^6$，$1 k(千)=10^3$，$1 m(毫)=10^{-3}$，$1 \mu(微)=10^{-6}$，$1 n(纳)=10^{-9}$，$1p(皮)=10^{-12}$。

例如，$1 \mu A(微安)=10^{-6}A$，$2 kV(千伏)=2 \times 10^3 V$，$1 pF(皮法)=10^{-12}F(法拉)$。

第三节　功率和电能

功率和电能的概念与计算是非常重要的，这是因为电路在工作状态下总伴随着电能与其他形式能量之间的相互转换，同时电气设备、电路部件本身都有功率的限制。电流、电压和功率的量值限额，称作额定值，即额定电流、额定电压和额定功率。在使用时要注意电流或电压值是否超过额定值，过载(超过额定值)会使设备或部件损坏，欠载(低于额定值)时则功率不足，造成设备或部件不能正常工作。

一、电能

当正电荷从元件上电压的正极经元件运动到电压的负极时，电场中电场力对电荷做正功，这时电荷失去电能，元件吸收电能。例如，电阻元件中电流的实际方向总是和电压的实际方向一致的，即正电荷总是从正极通过电阻流向负极。众所周知，电阻元件是吸收电能的，它把电能转化为热能。反之，当电荷从元件上电压的负极经元件流向正极时，电场力做负功，电荷获得电能，元件发出电能。例如，干电池在电路中，其内部正电荷总是从它的负极流向正极，即电流从干电池的正极流出，这时干电池是作为供电装置的，即发出电能。所以，当元件的电流和电压的方向一致时，元件吸收电能，反之元件发出电能。

从 t_0 到 t 的时间内，元件吸收的电能可根据电压的定义(A、B 两点的电压在量值上等于电场力将单位正电荷由 A 点移动到 B 点时所做的功，即 $u=dW/dq$)求得为

$$W = \int_{q(t_0)}^{q(t)} u \mathrm{d}q$$

由于 $i = \dfrac{\mathrm{d}q}{\mathrm{d}t}$，所以

$$W = \int_{t_0}^{t} u(\xi)i(\xi)\mathrm{d}\xi \tag{1-1}$$

式中，u 和 i 都是时间的函数，并且是代数量。设 u 与 i 为关联参考方向，当 $W > 0$ 时，元件吸收电能，当 $W < 0$ 时，元件发出电能。

二、功率

功率是电能量对时间的变化率(导数)，由式(1-1)可知，元件吸收的电功率 $p(t)$ 为

$$p(t) = \frac{\mathrm{d}W}{\mathrm{d}t}$$

即

$$p(t) = u(t)i(t) \tag{1-2}$$

当 $p > 0$ 时，元件吸收电能，即吸收功率；当 $p < 0$ 时，元件释放电能，即发出功率。

当电流的单位为 A，电压的单位为 V 时，电能的单位为 J(焦耳，简称焦)，实际中常用千瓦小时(kW·h，俗称度)来表示电能。

$$1\ \mathrm{kW \cdot h} = 3.6\ \mathrm{MJ}$$

当时间的单位为 s(秒)时，功率的单位为 W(瓦特，简称瓦)。除此之外，常用单位还有 kW(千瓦)、MW(兆瓦)和 mW(毫瓦)等。

在指定了电压和电流的参考方向后，应用式(1-2)求功率时，应注意下列原则：

(1) 当元件上电压与电流为关联参考方向时，应设功率 p 为吸收功率，可以写成 $p_{吸}$。当计算出的功率 $p > 0$ 时，元件确实吸收功率；反之，当 $p < 0$ 时，元件实际发出功率。

(2) 当元件上电压与电流为非关联参考方向时，应设 p 为发出功率，可以写成 $p_{发}$。当算出的功率 $p > 0$ 时，元件确实发出功率；反之 $p < 0$ 时，元件实际吸收功率。

若一个元件吸收功率为 100 W，也可以认为其发出功率为 -100 W。同理，若一个元件发出功率为 100 W。也可以认为它的吸收功率为 -100 W，这两种说法是一致的。

图 1-12(a)所示电路中，已知电流 i 的参考方向由 A 指向 B，其数值为 2A，设元件发出功率，且 $p = -4$ W，这时可判断电压的参考方向应由 B 指向 A，如图 1-12(b)所示。经计算，电压 $u = p/i = -4/2$ V $= -2$ V < 0，所以电压的实际方向与其参考方向相反，即从 A 指向 B，如图 1-12(b)中虚线箭头所示。

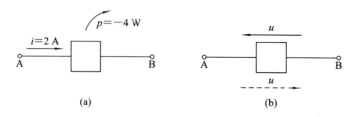

(a)　　　　　　　　　　　(b)

图 1-12　功率与电压、电流之间的关系

图 1-13(a)所示电路中，已知电压的参考方向由 A 指向 B，其大小为 2 V，设元件吸收功率，且 $p = 4$ W，这时可判断电流的参考方向由 A 指向 B，如图 1-13(b)所示。经计算，$i = p/u = 4/-2$ A $= -2$ A < 0，所以电流的实际方向与其参考方向相反，即由 B 指向

A，如图 1-13(b)中虚线箭头所示。

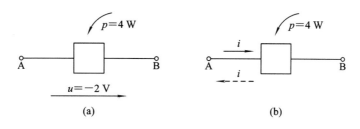

图 1-13　功率与电压、电流之间的关系

第四节　电阻元件

电路元件是组成电路的最基本单元，它通过端子与外部相连接。元件的特性用与端子有关的物理量描述。电路元件除可分为两端、三端或四端元件等，还可分为无源元件和有源元件，线性元件和非线性元件，时不变元件和时变元件等。

电路分析中，两端理想电路元件主要有理想电阻元件、理想电感元件、理想电容元件、理想电压源和理想电流源。本节将介绍理想电阻元件，其他元件将在后续章节中陆续讲述。

一、电阻

电阻器、灯泡、电加热炉、电烙铁等实际电路部件在一定条件下可以用理想两端线性电阻元件作为其电路模型(本书以后将理想两端线性电阻元件简称电阻元件)。电阻元件的电磁特性就是消耗电能，把电能转化为热能。电阻元件端子间的电压和电流取关联参考方向，在任何时刻它两端的电压和电流关系服从欧姆定律，即有

$$u = Ri \tag{1-3}$$

电阻元件的图形符号如图 1-14(a)所示。式中 R 称为电阻，当电压的单位为 V，电流的单位为 A 时，电阻 R 的单位为 Ω(欧姆，简称欧)。式(1-3)表示电阻元件的电压和电流关系为线性关系，电压与电流成正比例，这种伏安关系是由于电阻元件的性质对其电压与电流造成的约束关系，所以式(1-3)也称作约束方程。由于式(1-3)画在 u-i 平面上为一过原点的直线，因此称电阻元件为线性元件，称这条直线为电阻元件的伏安特性(曲线)，如图 1-14(b)所示，其中这条直线的斜率 $\tan\alpha$ 为电阻元件的电阻 R，即有

$$\tan\alpha = R = \frac{U}{I}$$

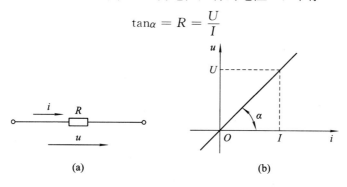

图 1-14　电阻元件及其伏安特性

　　直线上每一点的电阻均一样，为常数。若这条直线的位置不随时间的变化而变化，称电阻元件为线性时不变电阻元件，即线性定常电阻。若直线的位置随时间的变化而改变，则称电阻元件为时变电阻元件。本书只讨论线性定常电阻，所以本书中"电阻"这个术语以及它的相应符号 R，一方面表示一个电阻元件，另一方面也表示此元件的电阻这个参数。

　　非线性电阻元件的伏安特性不是一条通过原点的直线。非线性电阻元件的电压、电流关系一般可写为

$$u = f(i) \quad 或 \quad i = h(u)$$

　　例如，二极管就是一个非线性电阻元件，其图形符号及伏安特性如图 1-15 所示。图中二极管两端电压，若 A 端比 B 端电位高，伏安特性为正向特性，在第一象限；若 A 端比 B 端电位低，则伏安特性为反向特性，在第三象限。电阻元件的伏安特性在第一、三象限是完全一样的，对于原点对称，具有双方向性；二极管的伏安特性在第一、三象限是不一样的，对原点不对称，不具有双方向性。

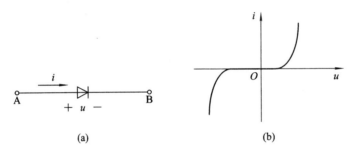

图 1-15　二极管及其伏安特性

二、电导

　　由式(1-3)得到

$$i = \frac{u}{R} \tag{1-4}$$

令 $G = 1/R$，称为电阻元件的电导，单位为 S(西门子，简称西)。于是式(1-4)变为

$$i = Gu \tag{1-5}$$

R 和 G 都是电阻元件的参数。

三、电阻元件的开路和短路性质

　　当一个电阻元件两端的电压无论为何值时流过它的电流恒为零值，这时称电阻元件为"开路"。开路的伏安特性在 u-i 平面上与电压轴重合，它相当于 $R = \infty$ 或 $G = 0$，如图 1-16(a)所示。当流过一个电阻元件的电流无论为何值时，它两端的电压恒为零值，这时称电阻元件"短路"。短路的伏安特性在 u-i 平面上与电流轴重合，它相当于 $R = 0$ 或 $G = \infty$，如图 1-16(b)所示。如果一段电路的一对端子 a、b 之间呈断开状态，如图 1-17(a)所示，这相当于 a、b 之间接有 $R = \infty$ 的电阻，此时称 a、b 处于"开路"状态。如果把这对端子 a、b 置于短路状态，如图 1-17(b)所示，这相当于 a、b 之间接有 $R = 0$ 的电阻。

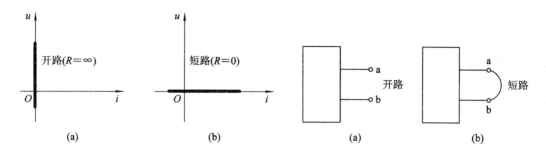

图 1-16　电阻元件的开路和短路伏安特性　　　图 1-17　一段电路开路或短路的状态

四、电阻元件的功率与电能

当电阻元件的电压 u 和电流 i 取关联参考方向时，电阻元件吸收的功率为

$$p = ui = Ri^2 = \frac{u^2}{R} = Gu^2 = \frac{i^2}{G} \tag{1-6}$$

式中，R 和 G 都是正实常数，所以功率 p 总是大于或等于零的。故电阻元件是一种无源元件及耗能元件。

电阻元件从 t_0 到 t 的时间内吸收的电能为

$$W = \int_{t_0}^{t} Ri^2(\xi) \mathrm{d}\xi$$

电阻元件把吸收的电能一般转换成热能消耗掉。

由于电流、电压和功率之间有一定关系，所以在给出额定值时，三者不必全部给出，灯泡、电烙铁等通常给出额定电压和额定功率，而电阻器除给出电阻的额定阻值外，还给出额定功率。例如，一个额定电压 220 V、额定功率 100 W 的灯泡，可计算出其灯丝电阻为

$$R = \frac{U^2}{P} = \frac{220^2}{100}\Omega = 484\ \Omega$$

若按每天用 5 h，一个月按 30 天计，则一个月该灯泡消耗掉的电能为

$$W = Pt = 100 \times 5 \times 30 \times 10^{-3}\ \mathrm{kW \cdot h} = 15\ \mathrm{kW \cdot h}$$

第五节　电压源和电流源

电压源和电流源是从实际电源中抽象出来的具有确定的提供电能电磁特性的两端理想元件。实际电源有电池、发电机和信号源等。

常见实际电源，像发电机、蓄电池一类的电源，工作原理接近电压源，其电路模型是电压源和电阻的串联组合；像光电池一类的电源，工作时的特性比较接近电流源，其电路模型是电流源与电阻的并联组合。

一、电压源

两端理想电压源（以后简称为电压源）的图形符号如图 1-18(a) 所示，它两端的电压 $u(t)$ 为

$$u(t) = u_s(t)$$

式中，$u_s(t)$ 为给定的时间函数，与通过它的电流无关，是由电压源元件的内部结构决定的，因此，电压源电压 $u_s(t)$ 总保持固有模式不变。这里指 $u_s(t)$ 的函数形式不变，而不是指 $u_s(t)$ 不随时间的变化而变化，而电压源的电流随外电路的改变而改变。当 $u_s(t)$ 为恒定值时，这种电压源称为恒定电压源或直流电压源，有时用图 1 − 18(b) 所示的电池符号表示。其中长划线表示电压源的正极，短划线表示电压源的负极，电压用 U_s 表示。

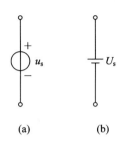

图 1 − 18　电压源图形符号

在图 1 − 19(a)中，电压源外接电路，端子 1、2 之间的电压 $u(t)$ 等于电压源电压 $u_s(t)$，不随外电路的改变而改变，即不随流过电压源的电流 i 的变化而变化。在某一时刻 t_1，其伏安特性为一条平行于电流轴的直线，且与电流轴之间的幅度为 $u_s(t_1)$，如图 1 − 19(b)所示。当 $u_s(t)$ 随时间改变时，这条平行于电流轴的直线也将随之上下平行移动其位置。当 $u_s(t)$ 为直流量 U_s 时，其伏安特性不随时间改变，始终为同一条平行于电流轴的直线，如图 1 − 19(c)所示。

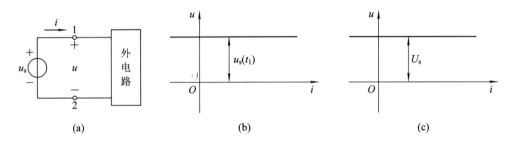

图 1 − 19　电压源的伏安特性

在图 1 − 19(a)中，一般电压源的电压与流过它的电流设为非关联参考方向，代表电压源发出功率，也是外电路吸收的功率，其表达式为

$$p(t) = u_s(t)i(t)$$

通过计算出的功率 $p(t)$ 的正、负来判断电压源是否确实发出功率。

电压源两端不外接电路时，流过它的电流 i 总为零值，称电压源处于"开路"状态。如果一个电压源的电压 $u_s = 0$，其伏安特性在 $i - u$ 平面上与电流轴重合，此时电压源相当于短路。电压源两端不能用短路线连接，因为短路时电压源端子间的电压 $u = 0$，这与电压源自身的特性相矛盾。

二、电流源

两端理想电流源以后简称电流源，其图形符号如图 1 − 20(a)所示。电流源发出的电流 $i(t)$ 为

$$i(t) = i_s(t)$$

式中，$i_s(t)$ 为给定的时间函数，与电流源两端的电压无关，是由电流源元件的内部结构决定的，因此电流源 $i_s(t)$ 总保持其固有模式不变。这里仍指 $i_s(t)$ 的函数形式不变，

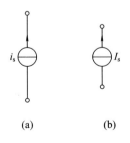

图 1 − 20　电流源图形符号

而不是指 $i_s(t)$ 不随时间的变化而变化，而电流源的端电压随外电路的改变而改变。当电流源的电流 $i_s(t)$ 为常数时，称电流源为直流电流源，其图形符号可用图 1-20(b) 表示。

在图 1-21(a) 中，电流源与外电路连接，其电流 $i(t)$ 为 $i_s(t)$，与外电路无关，即不随其两端的电压 u 的改变而改变。在某一时刻 t_1 时，其伏安特性为一条平行于电压轴的直线，且与电压轴之间的幅度为 $i_s(t_1)$，如图 1-21(b) 所示。当 $i_s(t)$ 随时间改变时，这条平行于电压轴的直线也将随之左右移动其位置。当 $i_s(t)$ 为直流量 I_s 时，其伏安特性不随时间改变，始终为同一条平行于电压轴的直线，如图 1-21(c) 所示。

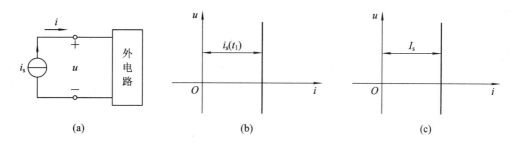

图 1-21　电流源的伏安特性

在图 1-21(a) 中，一般设电流源的电流 i 与其端电压 u 为非关联参考方向，这时表示电流源发出功率，外电路吸收功率，其表达式为

$$p(t) = u(t)i_s(t)$$

通过计算出的功率 $p(t)$ 的正、负来判断电流源是否确实发出功率。

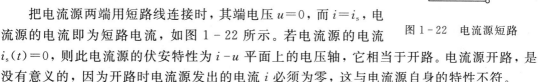

图 1-22　电流源短路

把电流源两端用短路线连接时，其端电压 $u=0$，而 $i=i_s$，电流源的电流即为短路电流，如图 1-22 所示。若电流源的电流 $i_s(t)=0$，则此电流源的伏安特性为 $i-u$ 平面上的电压轴，它相当于开路。电流源开路，是没有意义的，因为开路时电流源发出的电流 i 必须为零，这与电流源自身的特性不符。

以上所述，无论是电压源的电压 u_s 还是电流源的电流 i_s，均是由元件本身的结构决定的，与外电路无关，所以是独立的，称其为独立源。这与下一节将要介绍的受控源不同，受控源要受其外部电路中某一部分电路上的电压或电流的控制，不是独立的。

第六节　受　控　源

受控源也称非独立源。受控源有受控电压源和受控电流源，它与独立电压源和独立电流源不一样，前者的电压或电流是受电路中某部分电压或电流控制的，而后者则是独立的。

例如，晶体管的集电极电流 i_c 受基极电流 i_b 控制，其关系为 $i_c = \beta i_b$，其中 β 为常数，如图 1-23 所示。

再如，运算放大器的输出电压受输入电压控制等。这类器件的电路模型中就要用到受控源。

受控源就受控源本身的性质而言分为受控电压源和受控电流源两种，依其控制量的性质又可分为电压控制受控源和电流控制受控源。这样受控源共有四种类型，分别为电压控

制电压源(VCVS)、电流控制电压源(CCVS)、电压控制电流源（VCCS）、电流控制电流源
(CCCS)[①]。它们的图形符号如图1-24所示。为了与独立源相区分，受控源中的电源部分用
菱形符号表示。其中，u_1 与 i_1 分别表示电压控制量和电流控制量，各具有一对端子。u_1 这对
端子可看成是开路的，i_1 这对端子可看成是短路的。受控源的另一对端子分别对应受控电压
源和受控电流源。这样受控源可看作一个四端元件，但在一般情况下，不必在电路图中画出
控制量所在处的端子。受控源图形符号中的 μ、r、g、β 称作控制系数，表示被控制量与控制
量之间成正比，这种受控源称作线性受控源，本书只讨论线性受控源。其中 μ、β 是量纲为 1
的量，分别代表电压比和电流比；r、g 分别具有电阻和电导的量纲，即分别代表电阻和电导。

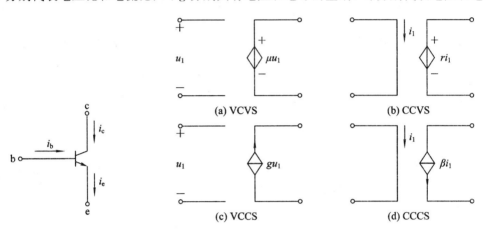

图 1-23　晶体管受控源示例

图 1-24　受控源

　　独立电压源或独立电流源是作为"输入"施加于电路上的，它反映外界对电路的作用，
电路中的电压和电流均是在独立源"激励"作用下产生的。而受控源则不同，它是用来反映
电路中某处的电压或电流对另一处的电压或电流起控制作用这一现象，或表示某处的电路
变量与另一处的电路变量之间存在着的某种耦合关系。在分析具有受控源的电路时，可把
受控电压源当作独立电压源处理，把受控电流源当作独立电流源处理，但要注意，此时受
控源的电压和电流均是一个表达式，它们取决于控制量。

　　图 1-25 所示电路为双极型晶体管的简化电路
模型，其中受控源为 CCCS。先将受控电流源看成
独立电流源，但其电流为表达式 $1.25i_1$，由输入端
电路计算出 $i_1 = 10\text{ V}/5\text{ }\Omega = 2\text{ A}$，代入该表达式中，
计算出受控电流源的电流为 $1.25 \times 2\text{ A} = 2.5\text{ A}$，
于是输出端电压 $u_2 = -2 \times 2.5\text{ V} = -5\text{ V}$。注意 u_2
的表达式中出现负号，这是由于对于输出端 2 Ω 电

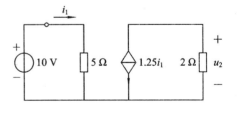

图 1-25　含 CCCS 的电路

阻而言，流过它的受控电流源的电流与其两端电压 u_2 为非关联参考方向。

①　VCVS, Voltage Controlled Voltage Source；CCVS, Current Controlled Voltage Source；VCCS, Voltage Controlled Current Source；CCCS, Current Controlled Current Source。

第七节　基尔霍夫定律

前述电阻元件的 VCR(电压电流关系)，即 $u=Ri$，是由于元件的性质对元件上电压和电流造成的约束，称为元件约束；另一种约束是由于元件的相互连接对元件的电压或电流造成的，也称为"拓扑"约束。基尔霍夫定律就是描述这类约束的，它包括基尔霍夫电流定律和基尔霍夫电压定律。在介绍基尔霍夫电流定律和电压定律之前，先介绍一下支路、节点和回路等的概念。这里暂且把每一个两端元件设定为一条支路，这样，把这些支路的连接点称为节点，于是每一个两端元件是连接两个节点的一条支路。由连续支路构成的闭合路径称为回路。在图 1 - 26 所示电路中，元件 1、2、3、4、5、6、7、8 为 8 条支路，连接点①、②、③、④为 4 个节点，支路集合(1，2，3，4)构成一个回路。基尔霍夫定律是集中电路的基本定律。

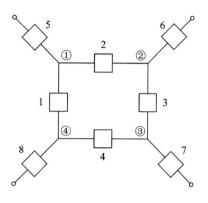

图 1 - 26　节点、支路和回路示意图

一、基尔霍夫电流定律(KCL)[①]

基尔霍夫电流定律指出："在集中电路中，任何时刻，对任一节点，所有流过该节点的各支路电流的代数和恒为零。"这里规定，流出节点的电流前取"＋"号，流入节点的电流前取"－"号。电流是流出节点还是流入节点，由电流的参考方向决定。若用数学符号表示，对任一节点有

$$\sum i = 0$$

上式取和是对连接于该节点上的所有支路中的支路电流而言的。

例如，在图 1 - 27 中，对节点①应用 KCL，有

$$i_1 + i_4 - i_6 = 0$$

或

$$i_1 + i_4 = i_6$$

此式表明，流出节点①的支路电流等于流入该节点的支路电流。KCL 的另一种解释可理解为，任何时刻，流出任一节点的支路电流等于流入该节点的支路电流。

KCL 除适用于任一节点外，也适用于所谓的广义节点。广义节点是指包围几个节点的闭合面，如图 1 - 27 电路中的虚线圈所示。在这个闭合面 S 内有 3 个节点，即节点①、②和③。对这些节点列 KCL 方程，分别有

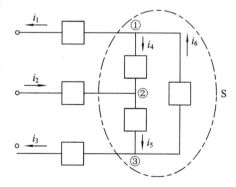

图 1 - 27　KCL 示例图

---

① 　KCL，Kirchhoff's Current Law。

$$i_1 + i_4 - i_6 = 0$$
$$-i_2 - i_4 + i_5 = 0$$
$$i_3 - i_5 + i_6 = 0$$

把以上三式相加，得到闭合面 S 的电流代数和为

$$i_1 - i_2 + i_3 = 0$$

或

$$i_1 + i_3 = i_2$$

其中，i_1 和 i_3 流出闭合面 S，i_2 流入闭合面 S。

上面两式说明流过广义节点的电流代数和也为零，或流出广义节点的电流等于流入广义节点的电流。这就是广义节点的 KCL，称为电流的连续性。KCL 的实质是电荷守恒的体现。电荷守恒是指节点既不能吸收电荷，也不能产生电荷。

二、基尔霍夫电压定律(KVL)[①]

基尔霍夫电压定律指出："在集中电路中，任何时刻，沿任一回路，所有支路电压的代数和恒等于零。"用数学符号表示为

$$\sum u = 0$$

上式取和时，需要任意指定一个回路的绕行方向，沿该绕行方向，凡支路电压的参考方向与回路的绕行方向一致者，该电压前面取"＋"号，支路电压参考方向与回路绕行方向相反者，前面取"－"号。

在图 1-28 所示的电路中，回路(1，2，3，4)的绕行方向为顺时针，支路电压 u_1、u_2、u_3、u_4 的参考方向如图中所示，根据 KVL，对此回路有

$$u_1 + u_2 - u_3 + u_4 = 0$$

或

$$u_1 + u_2 + u_4 = u_3$$

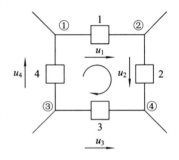

上式表明，节点③、④之间的电压是单值的。因无论沿支路 4、1、2 所构成的路径，还是沿支路 3 所构成的路径，计算节点③、④之间的电压，其值是相等的。所以 KVL 实质上反映了两个节点之间的电压与路径无关这一性质。

图 1-28　KVL 示例图

KCL 对连接在节点上的支路电流施加了线性约束关系，KVL 对回路中的支路电压施加了线性约束关系。这两个定律只与支路的连接有关，而与元件的性质无关。无论元件是线性的还是非线性的，是时变的还是非时变的，只要是集中电路，KCL 和 KVL 就成立，它们是集中电路的两个公理。

在列出 KCL 和 KVL 方程时，应注意对电路中的各节点和支路编号，指定回路的绕行方向、支路电压和支路电流的参考方向。一般不作特殊声明，认为支路电压与支路电流为关联参考方向，所以有时在指定了电流参考方向后，可省略电压的参考方向。

KVL 的另一种形式为："在集中电路中，任一时刻，沿任一闭合节点序列，前后节点之间电压的代数和恒等于零。"

① KVL，Kirchhoff's Voltage Law。

在图 1-29 所示电路中，闭合节点序列为节点序列 $(1，2，3，4，1)$，则根据 KVL 有

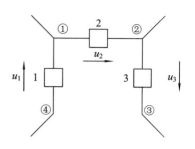

$$u_{12} + u_{23} + u_{34} + u_{41} = 0$$

由于 $u_1 = u_{41}$，$u_2 = u_{12}$，$u_3 = u_{23}$，$u_{34} = -u_{43}$，所以上式还可写为

$$u_2 + u_3 - u_{43} + u_1 = 0$$

或

$$u_{43} = u_1 + u_2 + u_3$$

图 1-29 KVL 的另一种形式

即端子④、③之间的总电压等于路径 $(1，2，3)$ 上分电压 u_1、u_2、u_3 之和。注意节点序列 $(1，2，3，4，1)$ 中节点③和④之间是开路的，所以并不构成回路，但把节点③和④之间的开路电压设为 u_{34}（或 u_{43}），则 KVL 对此闭合节点序列仍成立。

例 1-1 图 1-30 所示电路中，已知 $u_1 = 1\ \text{V}$，$u_2 = u_3 = 4\ \text{V}$，$u_4 = 6\ \text{V}$，$u_5 = 3\ \text{V}$，求 u_6 和 u_7。

解 选择回路 II，如图所示，根据 KVL 有

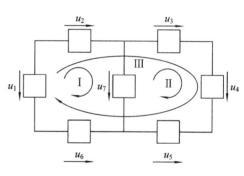

$$u_3 + u_4 - u_5 - u_7 = 0$$

由上式得

$$u_7 = u_3 + u_4 - u_5 = (4 + 6 - 3)\text{V} = 7\ \text{V}$$

选择回路 I 如图所示，根据 KVL 有

$$-u_1 + u_2 + u_7 - u_6 = 0$$

$$u_6 = -u_1 + u_2 + u_7 = (-1 + 4 + 7)\text{V} = 10\ \text{V}$$

也可选择回路 III，如图所示，根据 KVL 有

$$-u_1 + u_2 + u_3 + u_4 - u_5 - u_6 = 0$$

由上式有

图 1-30 例 1-1 图

$$u_6 = -u_1 + u_2 + u_3 + u_4 - u_5 = (-1 + 4 + 4 + 6 - 3)\text{V} = 10\ \text{V}$$

例 1-2 求图 1-31 所示电路中的电流 i 和 u_{ab}。

解 在图示电路中，先求 u_1。选择 12 V 与 2 V 电压源构成的路径，由 KVL 有

$$u_1 = (12 - 2)\text{V} = 10\ \text{V}$$

选择节点 c，对节点 c 列 KCL 方程有

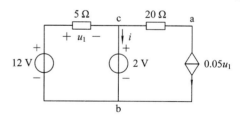

$$-\frac{u_1}{5} + i + 0.05\,u_1 = 0$$

$$i = \frac{u_1}{5} - 0.05\,u_1$$

$$= \frac{10}{5}\,\text{A} - 0.05 \times 10\ \text{A} = 1.5\ \text{A}$$

图 1-31 例 1-2 图

选择 20 Ω 电阻与 2 V 电压源构成的路径，由 KVL 有

$$u_{ab} = u_{ac} + u_{cb} = -20 \times 0.05u_1 + 2\ \text{V} = -20 \times 0.05 \times 10\ \text{V} + 2\ \text{V} = -8\ \text{V}$$

注意：电阻元件的欧姆定律 $u = Ri$ 中，若电压与电流为非关联参考方向，则该 VCR 方

程中应加"一"号,即 $u=Ri$ 变为 $u=-Ri$。

例 1 - 3 已知电路如图 1 - 32 所示,$R_1=$ 4 Ω,求回路电流 i 和各电压源上的功率,并判断各电源上的功率是吸收的还是发出的。

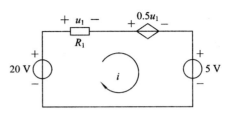

解 图示电路为一单回路,回路绕行方向和回路电流方向一致,如图中所示,由 KVL 有

$$-20\text{ V} + u_1 + 0.5u_1 + 5\text{ V} = 0$$

$$u_1 = \frac{20-5}{1.5}\text{V} = 10\text{ V}$$

图 1 - 32 例 1 - 3 图

由电阻 R_1 的欧姆定律有

$$u_1 = R_1 i$$

$$i = \frac{u_1}{R_1} = \frac{10}{4}\text{A} = 2.5\text{ A}$$

20 V 电压源的功率为

$$p_{发} = 20\text{ V} \times i = 20 \times 2.5\text{ W} = 50\text{ W} > 0$$

所以,20 V 电压源发出功率 50 W。

5 V 电压源的功率为

$$p_{吸} = 5\text{ V} \times i = 5 \times 2.5\text{ W} = 12.5\text{ W} > 0$$

所以,5 V 电压源吸收功率 12.5 W。

受控源功率为

$$p_{吸} = 0.5u_1 \times i = 0.5 \times 10 \times 2.5 = 12.5\text{ W} > 0 \quad 吸收功率$$

例 1 - 4 电路如图 1 - 33 所示,求各电源的功率,并判断是吸收功率还是发出功率。

解 电阻与电压源串联支路的电流 i 为

$$i = \frac{10\text{ V}}{5\text{ Ω}} = 2\text{ A}$$

电流控制电流源电流 i_c 为

$$i_c = 5i = 5 \times 2\text{ A} = 10\text{ A}$$

由节点 1 的 KCL 得电流源电流 I_s 为

$$I_s = i - i_c = 2\text{ A} - 10\text{ A} = -8\text{ A}$$

由 KVL 得受控电流源 i_c 两端电压 u_c 为

$$u_c = u_{10} = 10\text{ V} + 10\text{ V} = 20\text{ V}$$

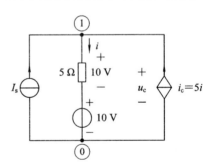

图 1 - 33 例 1 - 4 图

至此,我们计算出了所有电源的电压和电流。下面分别计算各电源的功率。

电流源 I_s 的功率为

$$p_{I_{s发}} = u_c \times I_s = 20\text{ V} \times (-8)\text{ A} = -160\text{ W} < 0 \quad 吸收功率$$

由于电流源电压和电流为非关联参考方向,所以应设电流源为发出功率,记为 $p_{I_{s发}}$。经计算其值为负值,所以电流源 I_s 为吸收功率。

10 V 电压源的功率为

$$p_{10\text{ V}_{吸}} = 10\text{ V} \times i = 10\text{ V} \times 2\text{ A} = 20\text{ W} > 0 \quad 吸收功率$$

因为 10 V 电压源的电压和电流是关联的，所以应设为吸收功率，记为 $p_{10V_{吸}}$。经计算其值为正值，所以 10 V 电压源为吸收功率。

电流控制电流源 i_c 的功率为

$$p_{i_{c发}} = u_c \times i_c = 20\ V \times 10\ A = 200\ W > 0 \qquad 发出功率$$

因为受控电流源的电压和电流为非关联方向，计算出来的功率又为正值，所以根据元件吸收功率和发出功率的判断原则，该元件为发出功率。

注：因 5 Ω 电阻元件消耗电能，故不用判断肯定是吸收功率。5 Ω 电阻元件消耗的功率为

$$p_{5\Omega} = i^2 \times 5\ \Omega = (2\ A)^2 \times 5\ \Omega = 20\ W$$

第八节　电路模拟软件 PSPICE 7.1 简介

电路分析软件 SPICE(Simulation Program With IC Emphasis)是由美国加利福尼亚大学柏克莱分校电工和计算机科学系开发的，主要用于集成电路的分析，其最早版本于 1972 年完成，1988 年 SPICE 被定为美国国家工业标准。PSPICE 是 SPICE 电路模拟家族的一员，由美国 MicroSim 公司开发，并于 1984 年 1 月首次推出。SPICE 软件最初是用于小型计算机的，PSPICE 软件的第一个字母"P"表示"Personal"，即"个人的"，所以 PSPICE 软件是用于个人计算机的 SPICE 软件。它是 MicroSim 公司移植到微型计算机上的 SPICE 模拟器。PSPICE 软件是工程上使用的电子电路 CAD 软件，可以进行静态工作点计算、小信号直流传输函数计算、直流扫描分析、交流扫描分析、瞬态分析、傅立叶分析、蒙特卡罗分析、灵敏度分析及最坏情况分析等各种各样的计算和分析，可以观察到变量的各种波形及数据列表，功能非常强大，是国内外著名的电子电路 CAD 软件，并成为仿真软件的标准。

早期的 PSPICE 软件分 DOS 版本和 Windows 版本。PSPICE 5.0 及以下版本为 DOS 版本，其输入方式基于电路语言。PSPICE 5.1 及其以上版本基于 Windows 操作系统，除了兼容 DOS 版本的电路语言输入方式外，还增加了图形输入方式，即只要将电路原理图绘于显示器上，Windows 版本的 PSPICE 软件便可自动识别，对电路进行分析与计算。由于 90 年代普及阶段国内最常用的 PSPICE 软件为 PSPICE 7.1 版本(评估版)，所以本书在各章节中陆续介绍该软件在电路分析中的应用。目前 PSPICE 软件为 Cadence 公司下的 16.6 版本。

MicroSim Eval 7.1 主要包括 7 个程序项。在开始菜单的"程序"图标项的下拉菜单中，用鼠标左键单击图标项 MicriSim Eval 7.1，即可打开 PSPICE 7.1 仿真集成环境的程序项下拉菜单。单击其中某个程序项图标，即可进入该程序项窗口，各程序项及主要功能如下所述。

(1) 电路图编辑程序 Schematics：PSPICE 的主程序项，电路仿真分析的全过程均可在此程序项中完成，且在此程序项菜单(或窗口)中可以调用其他任何一个程序项。其主要功能包括：绘制编辑原理图、确定和修改元器件模型参数、分析类型设置、调用 PSPICE 程序分析电路、调用 Probe 程序显示或打印分析结果。

(2) 分析程序 PSPICE：对电路进行仿真分析，以文本方式或扫描波形方式输出结果，并存入扩展名为 .Out(文本结果)和 .dat(波形数据)的磁盘文件中。

(3) 图形后处理程序 Probe：输出波形的后处理程序(也称探针显示器)，用于处理、显

示、打印电路各节点和各支路的多种波形（频域、时域、快速傅立叶变换（FFT）频谱等）。

（4）激励编辑程序 Stimulas Editor：信号源编辑器，用于编辑和修改各种信号源。

（5）模型参数提取程序 Parts：等效电路模型的参数提取程序。Parts 程序可以根据产品手册给出的电特性参数提取用于 PSPICE 分析的元器件模型参数。元器件模型包括：二极管、BJT、MOSFET 砷化镓场效应晶体管、运算放大器和电压比较器等。

（6）优化设计程序 PSPICE Optimizer：电路设计优化程序。

（7）印制电路板图设计程序 Micro Sim PCBoards：用于印制电路板图的编辑。

习　题　一

1-1　判断图 1-34(a)、(b)中：

(1) u、i 的参考方向是否关联？

(2) $p=ui$ 表示什么功率？

(3) 如果图(a)中 $u>0$，$i<0$；图(b)中 $u>0$，$i>0$，元件实际是发出还是吸收功率？

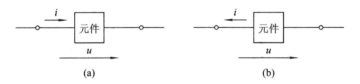

图 1-34　题 1-1 图

1-2　试校核图 1-35 中电路所得解答是否满足功率平衡（提示：求解电路以后，校核所得结果的方法之一是核对电路中所有元件的功率，即元件发出的总功率应等于其他元件吸收的总功率）。

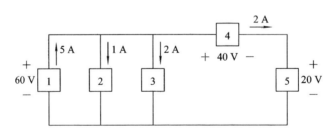

图 1-35　题 1-2 图

1-3　如图 1-36 所示，在指定的电压 u 和电流 i 参考方向下，写出各元件 u 和 i 的约束方程（VCR 方程）。

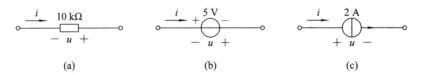

图 1-36　题 1-3 图

1-4　图 1-37(a)、(b)、(c)中，$U_s=8$ V，$I_s=5$ A，$R=4$ Ω，求各元件的电流、电压

和功率。

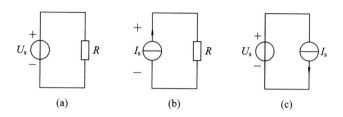

图 1-37　题 1-4 图

1-5　某楼内有 100 W、220 V 的灯泡 100 只,若每月以 30 天计,平均每天使用 3 h (小时),计算每月消耗多少电能?

1-6　计算图 1-38(a)、(b)、(c)、(d)中各元件上的电流、电压和功率,并校核功率平衡关系。(提示:验证所有发出的功率和所有吸收的功率相等。)

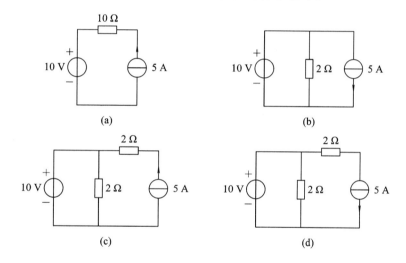

图 1-38　题 1-6 图

1-7　图 1-39 中,功率箭头指向元件,设元件为吸收功率,功率箭头背离元件,设元件为发出功率,试标出各元件上电压的参考方向与实际方向,并计算电压的值。

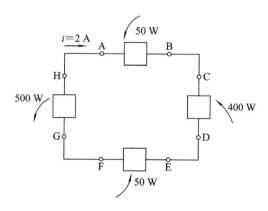

图 1-39　题 1-7 图

1-8 求图 1-40 所示电路中每个元件的功率,并判断是发出的还是吸收的。

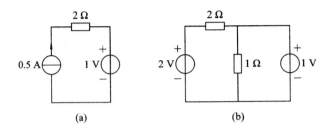

图 1-40 题 1-8 图

1-9 求图 1-41(a)中的电流 i_1 和 u_{ab},以及图 1-41(b)中的电压 u_{cb}。

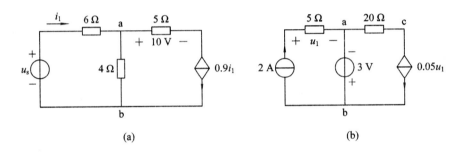

图 1-41 题 1-9 图

1-10 对图 1-42 所示电路:

(1) 已知图(a)中,$R=2\ \Omega$,$i_1=1\ \text{A}$,求电流 i。

(2) 已知图(b)中,$u_s=10\ \text{V}$,$i_1=2\ \text{A}$,$R_1=4.5\ \Omega$,$R_2=1\ \Omega$,求电流 i_2。

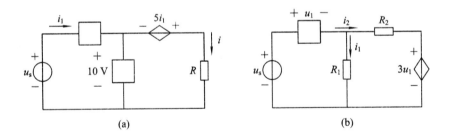

图 1-42 题 1-10 图

1-11 在图 1-43 所示电路中,已知 $I=0.5\ \text{A}$,试计算电路中受控电流源的端电压,受控电压源的电流和电阻 R 值。

1-12 在图 1-44 所示电路中,各元件电压和电流为关联参考方向。

(1) 已知 $U_1=1\ \text{V}$,$U_3=2\ \text{V}$,$U_4=4\ \text{V}$,$U_s=8\ \text{V}$,求 U_2、U_5、U_6。

(2) 已知 $I_1=10\ \text{A}$,$I_2=4\ \text{A}$,$I_5=6\ \text{A}$,求 I_3、I_4、I_6。

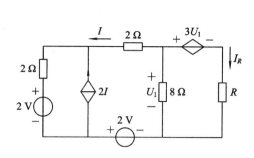

图 1-43　题 1-11 图

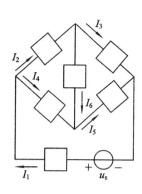

图 1-44　题 1-12 图

1-13　电路如图 1-45 所示，若
(1) $R=4\ \Omega$，求 U_1 及 I；
(2) $U_1=-4\ \mathrm{V}$，求 R。

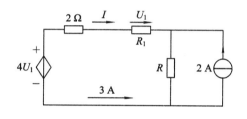

图 1-45　题 1-13 图

实验一　仪器和仪表的使用

一、实验目的

(1) 学习并掌握几种常用电子仪器、仪表的性能及其使用方法。
(2) 学习并掌握基本测量方法。
(3) 培养初步的实验技能，包括数据的读取和处理，如何正确选择仪器仪表。
(4) 培养认真、严谨和实事求是的科学态度。

二、预习要求

(1) 阅读附录中有关仪器的使用说明，了解仪器的使用。
(2) 列出原始记录表格。

三、实验内容

1. 万用表的使用

(1) 测量直流电压。由直流稳压电源给出被测电压，将测量结果填入 SY 表 1-1 中。

SY 表 1-1　用万用表测量直流电压数据表

直流稳压源上电压表	1 V	1.5 V	5 V	7.5 V	15 V	25 V
万用表直读格数						
万用表量程						
实测结果						

（2）测量交流电压。由函数发生器输出交流正弦电压信号（函数发生器使用见附录 C），用万用表交流挡测量信号电压，并用高频毫伏表校验，将测量结果填入 SY 表 1-2 中，比较两个仪表的测量值。

SY 表 1-2　用万用表测量交流电压数据表

函数发生器	5 V(100 Hz)	5 V(400 Hz)	5 V(1 kHz)	5 V(5 kHz)	5 V(50 kHz)
万用表量程					
万用表实测表结果					
毫伏表量程					
毫伏表实测表结果					

（3）测电阻。用万用表测电阻，应先选好量程，然后调零。将测量结果填入 SY 表 1-3 中。

SY 表 1-3　用万用表测电阻数据表

被测电阻	47 Ω	300 Ω	1.2 kΩ	15 kΩ	30 kΩ
万用表直读格数					
万用表量程					
实测结果					

2．示波器的使用

（1）示波器的检查与标准。

① 熟悉示波器面板上各旋钮的名称及其功能，掌握正确使用时各旋钮应处的位置（详见附录 C）。

② 接通电源，检查示波器的辉度、聚焦、位移各旋钮的作用是否正常。

③ 将示波器内部的校准信号（屏幕下方接地端子的左边）送入 Y 轴输入端，调节 Y 轴偏转灵敏度（VOLTS/DIV）和 X 轴扫描时间（TIME/DIV）等有关旋钮，使荧光屏上显示出稳定波形，画出波形并记下波形的幅度和周期。将数据填入 SY 表 1-4 中。

SY 表 1-4　用示波器测量标准脉冲信号

Y 轴垂直灵敏度		X 轴扫描时间	
h（格数）		X（格数）	
U_p（峰值）		T（周期）	
		f（频率）	

（2）测直流电压。由直流稳压电源给出被测电压，用示波器测量直流电压，将测量结果填入 SY 表 1－5 中。

SY 表 1－5　用示波器测量直流电压数据表

直流稳压源上电压表	1 V	5 V	10 V
波形上跳格数			
垂直灵敏度（V/DIV）			
实测结果			

（3）测量交流信号。

① 由函数发生器输出 2 V、5 kHz 的信号，测量波形两峰间高度 h 的格数，并由示波器 Y 轴垂直灵敏度（VOLTS/DIV）求出 U_{p-p}，并计算出此电压的有效值

$$U_{p-p} = h \times \text{Y 轴垂直灵敏度}$$

$$U_{\text{有效值}} = \frac{U_{p-p}}{2\sqrt{2}}$$

② 调节 X 轴扫描时间（TIME/DIV），读取荧光屏上波形在横轴一周期所占格数 X，并记下 X 轴扫描时间，由下式可计算出波形的周期 T 及频率 f

$$T = \text{一周期所占格数 } X \times \text{X 轴扫描时间}$$

$$f = \frac{1}{T}$$

试比较测量值与函数发生器的输出频率间的误差有多大？并用高频毫伏表测量电压值，与示波器测量值相比较，记入 SY 表 1－6 中。

SY 表 1－6　用示波器测量交流信号数据表

Y 轴垂直灵敏度		X 轴扫描时间	
h（格数）		X（格数）	
U_{p-p}		周期 T	
$U_{\text{有效值}}$		频率 f	

四、实验报告要求

（1）整理实验数据。

（2）写出误差分析、实验结论。

（3）仪器使用小结，实验收获、体会。

五、实验仪器设备

（1）万用表；（2）直流稳压电源；（3）函数发生器；（4）高频毫伏表；（5）双踪示波器。

六、注意事项

（1）合理选择量程，勿使被测值超过量程。

（2）稳压电源输出应由小到大逐渐增加。

（3）用万用表测电阻时注意使用前需要调零。使用后将旋钮放至直流 V 或 mA 最大挡。不得放置在"Ω"挡。在测量交流参数时，万用表内部的晶体管放大器已接通电源，使用完毕后应将右面旋钮旋出交流参数以外的任意位置或同测电阻后的处置一样。

（4）示波器需预热 2～3 分钟。

（5）切忌用万用表的电流挡去测电压。

（6）高频毫伏表使用完后，应置于最大挡，输入探头应对夹作置零处置。

第二章　电阻电路的等效变换

本章重点讲述电路的等效变换的概念，包括电阻各种连接形式电路的等效变换，电源各种连接形式电路的等效变换及一端口输入电阻的概念。本章还举例说明了二端口网络的概念，及其两个端口输入电阻的计算。

第一节　电路的等效变换

本书研究的内容均为线性电路的分析。线性电路是指由时不变线性无源元件、线性受控源和独立源组成的电路。若无源元件仅为电阻元件，则称为线性电阻电路，简称电阻电路。从本章开始到第四章将研究电阻电路的分析。这种电路的电源可以是直流的(不随时间变化)，也可以是交流的(随时间变化)；若所有的独立电源均是直流的，则简称其为直流电路。本章讲述较简单的电阻电路的分析。本节着重介绍等效变换的概念。

电路中某一部分比较复杂，我们可以用一个较简单的电路等效替换它。所谓等效，是指替换前后被替换掉的电路以外的电路的电气特性没有发生变化，这也是电路的等效变换的概念。例如，在图 2-1(a)所示电路中，点画线框中的电路较复杂，图 2-1(b)所示电路中，点画线框内的电路简单到仅是一个电阻 R_{eq}。但是这个电阻 R_{eq} 并不是任意的一个电阻，而是用它替换了图(a)中点画线框内复杂电路，替换前后端子 1-1' 处的电压 u 和电流 i 均不变，或者说它们之间的关系 VCR 没有发生变化。这种由图(a)点画线框中复杂电路变换到图(b)中简单电路 R_{eq} 的变换就称作电路的等效变换，简单电路 R_{eq} 即为原复杂电路的等效电路。由于图 2-1(a)点画线框中电路是电阻电路，所以它的等效电路是一个电阻 R_{eq}，把这个电阻 R_{eq} 称为原电路的等效电阻。在图 2-1(b)中我们很容易就可以计算出端子 1-1' 处的电压 u 与电流 i，再回到原电路图 2-1(a)中，就可根据这一已知的电压与电流计算出点画线框中复杂电路的各支路中电压与电流，这就是等效变换的意义。因此，等效是指对外等效，即 1-1' 以外的电路其替换前后各变量不变，而不是指对内等效。显然，点

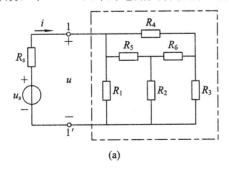
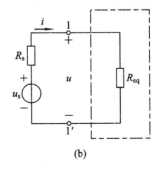

(a)　　　　　　　　　　　　　　(b)

图 2-1　电路的等效变换

画线框以内的电路，在变换前后根本就不一样，所以也就谈不上等效。

第二节 电阻的串联和并联

一、电阻的串联

图 2-2(a)所示电路为 n 个电阻 R_1、R_2、$\cdots$、R_k、$\cdots$、R_n 的串联组合电路，由 KVL 有

$$u = R_1 i + R_2 i + \cdots + R_k i + \cdots + R_n i$$

$$\frac{u}{i} = R_1 + R_2 + \cdots + R_k + \cdots + R_n$$

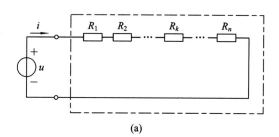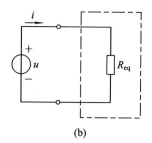

(a)   (b)

图 2-2 电阻的串联

根据等效的概念，定义

$$R_{eq} \xlongequal{def①} R_1 + R_2 + \cdots + R_k + \cdots + R_n = \sum_{k=1}^{n} R_k$$

于是有

$$R_{eq} = \frac{u}{i} = R_1 + R_2 + \cdots + R_k + \cdots + R_n \qquad (2-1)$$

显然这 n 个串联电阻的等效电阻就是 R_{eq}，即 n 个串联电阻 R_1、R_2、$\cdots$、R_n 的等效电阻 R_{eq} 为其各个串联电阻的和，如图 2-2(b)所示。

电阻串联时，各电阻上的电压为

$$u_k = R_k i = R_k \frac{u}{R_{eq}} = \frac{R_k}{R_{eq}} u \qquad k = 1, 2, \cdots, n \qquad (2-2)$$

式(2-2)表明各个串联电阻上的电压与其电阻值成正比。或者说总电压根据各个串联电阻的值进行分配。因此该式称为电压分配公式，或称分压公式。显然，分压 u_k 小于总压 u。

二、电阻的并联

图 2-3(a)所示电路为 n 个电阻 R_1、R_2、$\cdots$、R_k、$\cdots$、R_n 的并联组合电路，并联电阻中任一电阻 R_k 的电导为 $G_k (G_k = 1/R_k)$，根据 KCL 有

$$i = i_1 + i_2 + \cdots + i_k + \cdots + i_n = G_1 u + G_2 u + \cdots + G_k u + \cdots + G_n u$$

$$\frac{i}{u} = G_1 + G_2 + \cdots + G_k + \cdots + G_n$$

---

① def 为定义为的意思。

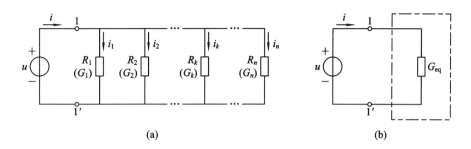

图 2-3　电阻的并联

根据等效的概念，定义

$$G_{\mathrm{eq}} \xlongequal{\mathrm{def}} G_1 + G_2 + \cdots + G_k + \cdots + G_n = \sum_{k=1}^{n} G_k$$

于是有

$$G_{\mathrm{eq}} = \frac{i}{u} = G_1 + G_2 + \cdots + G_k + \cdots + G_n \tag{2-3}$$

显然这 n 个并联电阻的等效电导就是 G_{eq}，即 n 个电阻 R_1、R_2、$\cdots$、R_n 并联的等效电导 G_{eq} 为其各个并联电导之和，如图 2-3(b) 所示。

电阻并联时，各并联电阻上的电流为

$$i_k = G_k u = G_k \frac{i}{G_{\mathrm{eq}}} = \frac{G_k}{G_{\mathrm{eq}}} i \qquad k = 1, 2, \cdots, n \tag{2-4}$$

上式表明各个并联电阻 R_k 中的电流与其电导值成正比。该式称为电流分配公式，或分流公式。显然每个并联电阻 R_k 上的电流 i_k 小于总电流 i。

G_{eq} 是 n 个电阻并联后的等效电导，与其对应的等效电阻 R_{eq} 为

$$R_{\mathrm{eq}} = \frac{1}{G_{\mathrm{eq}}} = \frac{1}{\displaystyle\sum_{k=1}^{n} G_k} = \frac{1}{\displaystyle\sum_{k=1}^{n} \frac{1}{R_k}}$$

即

$$\frac{1}{R_{\mathrm{eq}}} = \sum \frac{1}{R_k} = \frac{1}{R_1} + \frac{1}{R_2} + \cdots + \frac{1}{R_k} + \cdots + \frac{1}{R_n} \tag{2-5}$$

上式表明 n 个电阻并联后的等效电阻的倒数等于各个并联电阻的倒数和。显然

$$\frac{1}{R_{\mathrm{eq}}} > \frac{1}{R_k} \qquad k = 1, 2, \cdots, n$$

即

$$R_{\mathrm{eq}} < R_k \tag{2-6}$$

上式说明等效电阻 R_{eq} 小于任意一个并联电阻 R_k。

若两个电阻并联，如图 2-4(a) 所示，其等效电阻 R_{eq} 如图 2-4(b) 所示，其值满足下式：

$$\frac{1}{R_{\mathrm{eq}}} = \frac{1}{R_1} + \frac{1}{R_2} = \frac{R_1 + R_2}{R_1 R_2}$$

即

$$R_{\mathrm{eq}} = \frac{R_1 R_2}{R_1 + R_2} \tag{2-7a}$$

或

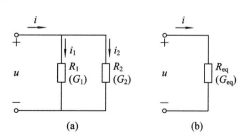

图 2-4　两个电阻的并联

$$G_{eq} = G_1 + G_2 \qquad (2-7b)$$

两个并联电阻的电流分别为

$$i_1 = \frac{G_1}{G_1 + G_2} i, \ i_2 = \frac{G_2}{G_1 + G_2} i \qquad (2-8a)$$

或

$$i_1 = \frac{R_2}{R_1 + R_2} i, \ i_2 = \frac{R_1}{R_1 + R_2} i \qquad (2-8b)$$

注意：R_1 支路电流 i_1 表达式的分子是 R_2 而不是 R_1，R_2 支路电流 i_2 表达式的分子是 R_1 而不是 R_2。

三、电阻的混联

电路如图 2-5(a)所示，该电路的电阻既有串联连接，又有并联连接，因此称为电阻的混联电路。对混联电路求等效电阻，可以把整个电路分成几个子块，每一子块内的电阻均为串联或并联，而这些子块间又为串联和并联。这样每一个子块的等效电阻及各个子块的等效电阻的等效电路均可按串、并联电阻电路求等效电阻的方法进行。于是图 2-5(a)所示电路的等效电阻 R_{eq} 为

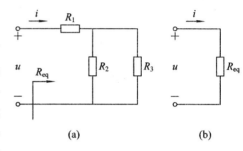

图 2-5 电阻的混联

$$R_{eq} = R_1 + \frac{R_2 R_3}{R_2 + R_3}$$

R_{eq} 等效电路如图 2-5(b)所示。

例 2-1 图 2-6 所示电路中各电阻值已给出，求端子 $1-1'$ 之间的等效电阻 R_{eq} 及等效电导 G_{eq}。

解 6 Ω 与 10 Ω 电阻串联，再与 64 Ω 电阻并联，再与 7.2 Ω 电阻串联，最后与 30 Ω 电阻并联，电路的等效电阻为

$$R_{eq} = [(6+10)\Omega \ /\!/ \ 64 \ \Omega + 7.2 \ \Omega] \ /\!/ \ 30 \ \Omega$$
$$= \left(\frac{(6+10) \times 64}{6+10+64} + 7.2 \right) \Omega \ /\!/ \ 30 \ \Omega$$
$$= 20 \ \Omega \ /\!/ \ 30 \ \Omega = \frac{20 \times 30}{20+30} \Omega = 12 \ \Omega$$
$$G_{eq} = \frac{1}{R_{eq}} = \frac{1}{12} \ S$$

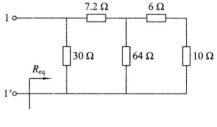

图 2-6 例 2-1 图

例 2-2 求图 2-7 所示电路的等效电阻 R_{ab}。

解 因为节点 a 与节点 d 之间用导线连接，所以把节点 a 与节点 b 结合为一个节点，于是 R_1 与 R_4 并联，R_5 与 R_3 并联，如图 2-7(b)所示，端子 a-b 之间的等效电阻为

$$R_{ab} = (R_3 \ /\!/ \ R_5 + R_2) \ /\!/ \ (R_1 \ /\!/ \ R_4)$$
$$= \left(\frac{20}{2} + 20 \right) \Omega \ /\!/ \ \frac{20}{2} \Omega = \frac{30 \times 10}{30+10} \Omega = 7.5 \Omega$$

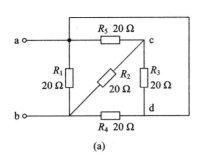

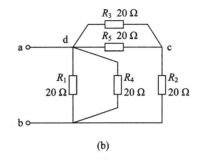

图 2 - 7　例 2 - 2 图

例 2 - 3　图示 2 - 8 所示电路中，$I_s = 16.5$ mA，$R_s = 2$ kΩ，$R_1 = 40$ kΩ，$R_2 = 10$ kΩ，$R_3 = 25$ kΩ，求：（1）I_1、I_2、和 I_3；（2）从电流源 I_s 看进去的电路的等效电阻 R_{eq}。

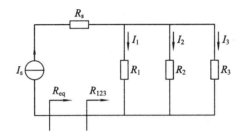

图 2 - 8　例 2 - 3 图

解　（1）由分流公式有

$$I_1 = \frac{G_1}{G_1 + G_2 + G_3} I_s = \frac{\dfrac{1}{40}}{\dfrac{1}{40} + \dfrac{1}{10} + \dfrac{1}{25}} \times 16.5 \text{ mA} = 2.5 \text{ mA}$$

$$I_2 = \frac{G_2}{G_1 + G_2 + G_3} I_s = \frac{\dfrac{1}{10} \times 16.5}{\dfrac{1}{40} + \dfrac{1}{10} + \dfrac{1}{25}} \text{ mA} = 10 \text{ mA}$$

$$I_3 = \frac{G_3}{G_1 + G_2 + G_3} I_s = \frac{\dfrac{1}{25} \times 16.5}{\dfrac{1}{40} + \dfrac{1}{10} + \dfrac{1}{25}} \text{ mA} = 4 \text{ mA}$$

（2）R_1、R_2、R_3 并联组合的等效电阻为

$$\frac{1}{R_{123}} = \frac{1}{R_1} + \frac{1}{R_2} + \frac{1}{R_3} = 0.025 \text{ mS} + 0.1 \text{ mS} + 0.04 \text{ mS} \approx 0.165 \text{ mS}$$

$$R_{123} = \frac{1}{0.165 \text{ mS}} \approx 6.06 \text{ kΩ}$$

于是有

$$R_{eq} = R_s + R_{123} = 2 \text{ kΩ} + 6.06 \text{ kΩ} = 8.06 \text{ kΩ}$$

例 2 - 4　电路如图 2 - 9 所示，求开关 S 闭合前后端子 a、b 之间的等效电阻 R_{ab}。

解　当开关 S 断开时，R_1 与 R_3 串联，R_2 与 R_4 串联，两者之间为并联，于是有

$$R_{ab} = (R_1 + R_3) \,/\!/\, (R_2 + R_4)$$
$$= (60 + 30)\Omega \,/\!/\, (60 + 30)\Omega$$
$$= \frac{90}{2}\,\Omega = 45\,\Omega$$

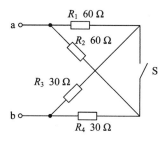

图 2-9　例 2-4 图

当开关 S 闭合时，R_1 与 R_2 并联，R_3 与 R_4 并联，两者之间为串联，于是有

$$R_{ab} = R_1 \,/\!/\, R_2 + R_3 \,/\!/\, R_4$$
$$= \frac{60}{2}\,\Omega + \frac{30}{2}\,\Omega = 45\,\Omega$$

第三节　电阻 Y-△ 连接的等效变换

一、Y 连接

三个电阻 R_1、R_2 与 R_3 各有两个端子，把每个电阻的一个端子连接在一起构成一个节点，另外三个端子作为引出端与外电路连接，如图 2-10 所示，这种连接方式称为电阻的 Y 连接或星形连接。

二、△连接

三个电阻 R_{12}、R_{23} 及 R_{31}，它们的两个端子分别首尾相连，形成三个节点，再由这三个节点作为引出端与外电路连接，如图 2-11 所示，这种连接方式称为电阻的△（三角形）连接。

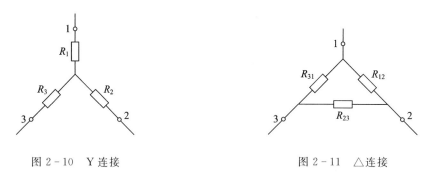

图 2-10　Y 连接　　　　　　　　　　　　图 2-11　△连接

三、Y-△ 连接之间的等效变换

图 2-10 所示的 Y 连接与图 2-11 所示的△连接如能保证三个端子 1、2 及 3 之间的电压 u_{12}、u_{23} 与 u_{31} 分别相等，以及流入三个端子的电流 i_1、i_2、i_3 分别相等，则由等效的概念，图 2-10 所示的 Y 连接与图 2-11 所示的△连接可以等效互换。端子 1、2 及 3 之间的电阻由 Y 连接等效变换为△连接，其等效变换的条件为

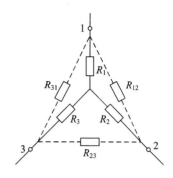

$$R_{12} = R_1 + R_2 + \frac{R_1 R_2}{R_3}$$

$$R_{23} = R_2 + R_3 + \frac{R_2 R_3}{R_1} \qquad (2-9)$$

$$R_{31} = R_3 + R_1 + \frac{R_3 R_1}{R_2}$$

为了便于记忆，画出反映这种变换关系的电路图，如图 2-12 所示。当端子 1、2、3 之间电阻由 Y 连接变为△连接时，△连接的三个电阻可以这样记忆：

图 2-12 Y-△等效互换示意图

端子 1、2 之间的电阻 R_{12} 等于与其构成三角形的两个 Y 连接的电阻 R_1 与 R_2 之和加上 R_1 与 R_2 之积除以 Y 连接剩余的那个电阻 R_3；端子 2、3 之间的电阻 R_{23} 等于与其构成三角形的两个 Y 连接的电阻 R_2 与 R_3 之和加上 R_2 与 R_3 之积除以 Y 连接剩余的那个电阻 R_1；端子 3、1 之间的电阻 R_{31} 等于与其构成三角形的两个 Y 连接的电阻 R_3 与 R_1 之和加上 R_3 与 R_1 之积除以 Y 连接剩余的那个电阻 R_2。

端子 1、2、3 之间电阻由△连接等效变换为 Y 连接，其等效变换条件为

$$R_1 = \frac{R_{12} R_{31}}{R_{12} + R_{23} + R_{31}}$$

$$R_2 = \frac{R_{23} R_{12}}{R_{12} + R_{23} + R_{31}} \qquad (2-10)$$

$$R_3 = \frac{R_{31} R_{23}}{R_{12} + R_{23} + R_{31}}$$

为便于记忆，观察图 2-12 可知，端子 1、2、3 之间电阻，由△连接变为 Y 连接，Y 连接的三个电阻可以这样记忆：

R_1 等于夹在它两边的△连接的两个电阻 R_{12} 与 R_{31} 之积除以△连接的三个电阻 R_{12}、R_{23} 及 R_{31} 之和；R_2 等于夹在它两边的△连接的两个电阻 R_{23} 与 R_{12} 之积除以△连接的三个电阻 R_{12}、R_{23} 及 R_{31} 之和；R_3 等于夹在它两边的△连接的两个电阻 R_{31} 与 R_{23} 之积除以△连接的三个电阻 R_{12}、R_{23} 及 R_{31} 之和。

若 Y 连接中三个电阻相等，即 $R_1 = R_2 = R_3 = R_Y$，则等效△连接中三个电阻也相等，它们等于

$$R_\triangle = R_{12} = R_{23} = R_{31} = 3R_Y \qquad (2-11a)$$

若△连接的三个电阻相等，即 $R_{12} = R_{23} = R_{31} = R_\triangle$，则等效 Y 连接中的三个电阻也相等，它们等于

$$R_Y = R_1 = R_2 = R_3 = \frac{1}{3}R_\triangle \qquad (2-11b)$$

例 2-5 图 2-13(a)所示电路为桥式电路，求端子 a、c 之间的等效电阻 R_{ac}。

解 端子 a、b、d 之间的三个电阻 R_1、R_5、R_4 为△连接，把它等效变换为 Y 连接，如图 2-13(b)所示，图中等效 Y 连接的各电阻为

$$R_{Y1} = \frac{R_1 R_4}{R_1 + R_5 + R_4}, \quad R_{Y2} = \frac{R_5 R_1}{R_1 + R_5 + R_4}, \quad R_{Y3} = \frac{R_4 R_5}{R_1 + R_5 + R_4}$$

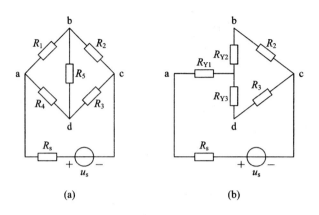

图 2-13 例 2-5 图

于是 R_{ac} 为

$$R_{ac} = R_{Y1} + \frac{(R_{Y2} + R_2) \times (R_{Y3} + R_3)}{R_{Y2} + R_2 + R_{Y3} + R_3}$$

例 2-6 求图 2-14(a)所示电路中的电流 I 及 I'。

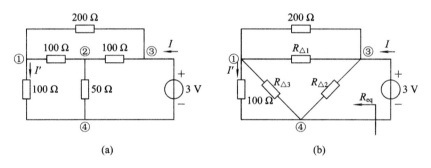

图 2-14 例 2-6 图

解 把节点①、④、③之间的 Y 连接电阻(100 Ω，50 Ω，100 Ω)等效变换为△连接，如图 2-14(b)所示。图中等效△连接中的各电阻分别为

$$R_{\triangle 1} = 100\ \Omega + 100\ \Omega + \frac{100 \times 100}{50}\ \Omega = 400\ \Omega$$

$$R_{\triangle 2} = 50\ \Omega + 100\ \Omega + \frac{50 \times 100}{100}\ \Omega = 200\ \Omega$$

$$R_{\triangle 3} = 100\ \Omega + 50\ \Omega + \frac{100 \times 50}{100}\ \Omega = 200\ \Omega$$

于是图 2-14(b)所示电路已变为电阻的串、并联连接，从电压源两端看进去的等效电阻 R_{eq} 为

$$\begin{aligned}
R_{eq} &= (200\ \Omega\ /\!/\ R_{\triangle 1} + 100\ \Omega\ /\!/\ R_{\triangle 3})\ /\!/\ R_{\triangle 2} \\
&= \left(\frac{200 \times 400}{200 + 400}\ \Omega + \frac{100 \times 200}{100 + 200}\ \Omega\right) /\!/\ 200\ \Omega \\
&= \frac{(400/3 + 200/3) \times 200}{400/3 + 200/3 + 200}\ \Omega = \frac{200 \times 200}{200 + 200}\ \Omega = 100\ \Omega
\end{aligned}$$

电流 I 为

$$I = \frac{U}{R_{eq}} = \frac{3}{100} \text{ A} = 0.03 \text{ A}$$

由图 2-14(b)中节点①、④之间的电压 U_{14} 为

$$U_{14} = \frac{\dfrac{100 \ \Omega \times R_{\triangle 3}}{100 \ \Omega + R_{\triangle 3}}}{\dfrac{100 \ \Omega \times R_{\triangle 3}}{100 \ \Omega + R_{\triangle 3}} + \dfrac{200 \ \Omega \times R_{\triangle 1}}{200 \ \Omega + R_{\triangle 1}}} \times 3 \text{ V} = \frac{\dfrac{100 \times 200}{100 + 200}}{\dfrac{100 \times 200}{100 + 200} + \dfrac{200 \times 400}{200 + 400}} \times 3 \text{ V}$$

$$= \frac{200/3}{200/3 + 400/3} \times 3 \text{ V} = \frac{1}{3} \times 3 \text{ V} = 1 \text{ V}$$

电流 I' 为

$$I' = \frac{U_{14}}{100 \ \Omega} = \frac{1}{100} \text{ A} = 0.01 \text{ A}$$

第四节　电压源、电流源的串联和并联

一、电压源的串联

图 2-15(a)所示电路为 n 个电压源串联，根据 KVL 有

$$u = u_{s1} + u_{s2} + \cdots + u_{sk} + \cdots + u_{sn} = \sum_{k=1}^{n} u_{sk} \tag{2-12}$$

而其电流 i 取决于外电路，所以 n 个电压源串联可等效为一个电压源，但其电压为这 n 个电压源电压的代数和，如图 2-15(b)所示。图 2-15(b)中电压源电压 $U_s = \sum_{k=1}^{n} u_{sk}$，当各串联电压源的电压 u_{sk} 与等效电压源电压 u_s 参考方向一致时，则 u_{sk} 前取"＋"号，否则取"—"号。例如，图 2-16(a)所示电路为三个电压源串联，其等效电压源为

$$u_s = 5 \text{ V} - 10 \text{ V} + 15 \text{ V} = 10 \text{ V}$$

如图 2-16(b)所示。

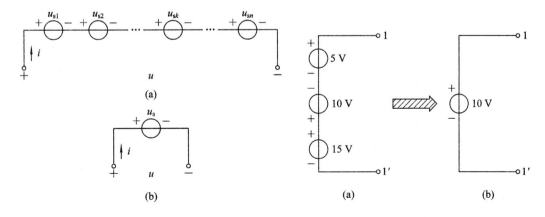

图 2-15　n 个电压源串联　　　　　图 2-16　电压源串联电路的等效电路示例

注意：不允许大小或极性不一样的电压源并联，因这不符合 KVL。

二、电流源的并联

图 2－17(a)所示电路为 n 个电流源并联电路，根据 KCL

$$i = i_{s1} + i_{s2} + \cdots + i_{sk} + \cdots + i_{sn} = \sum_{k=1}^{n} i_{sk} \qquad (2-13)$$

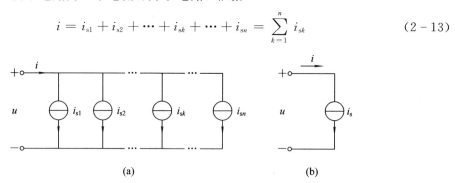

图 2－17　电流源的并联

所以 n 个电流源并联电路可等效为一个电流源，但该电流源的电流 i_s 为这 n 个并联电流源电流的代数和，如图 2－17(b)所示。图 2－17(b)中 $i_s = \sum_{k=1}^{n} i_{sk}$，其中当各个并联电流源电流 i_{sk} 的参考方向与等效电流源电流 i_s 参考方向一致时，其前面取"＋"号，否则取"－"号。例如，图 2－18(a)所示电路为三个电流源并联电路，其等效电流源电流为

$$i_s = 5\ \text{A} - 10\ \text{A} + 15\ \text{A} = 10\ \text{A}$$

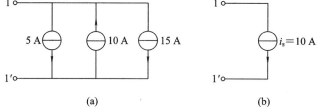

图 2－18　电流源并联电路的等效电路示例

注意：不允许大小或方向不一样的电流源串联，因为这样不满足 KCL。

三、电压源与支路并联

图 2－19(a)所示电路为电压源与某支路并联，无论这条支路是一个电流源还是一个电阻，它都等效为这个电压源，如图 2－19(b)所示。因图 2－19(a)与图 2－19(b)两端电压相等，且流出的电流 i 取决于外电路。

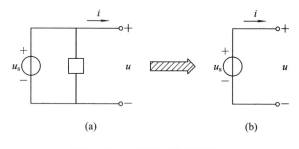

图 2－19　电压源与支路并联

四、电流源与支路串联

图 2－20(a)所示电路为电流源与某支路串联，无论这条支路是电压源还是电阻，它都等效为这个电流源，如图 2－20(b)所示，因为图 2－20(a)与图 2－20(b)流出端子的电流相

同，而两端电压 u 取决于外电路。

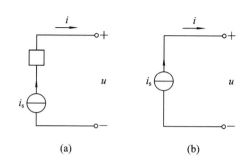

图 2-20 电流源与支路串联

例 2-7 化简图 2-21(a)、(b)所示电路。

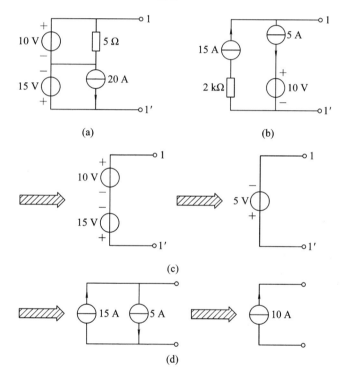

图 2-21 例 2-7 图

解 按下列步骤化简图 2-21(a)，如图 2-21(c)所示。

按下列步骤化简图 2-21(b)，如图 2-21(d)所示。

第五节 电源等效变换法

实际电源有两种模型。图 2-22(a)所示电路为实际电源，例如为电池，电池相当于直流电压源，其伏安特性如图 2-22(b)所示，随着电流的增大，电压 u 减小。与电压 u 轴的交点的电压值为开路电压 U_{oc}，与电流 i 轴的交点的电流值为短路电流 i_{sc}。所以直流电池的电路模型为电压源与电阻的串联，称为电压源模型，如图 2-22(c)所示。它的另一种模型为电流源和电阻的并联，下面由图 2-22(c)推导出这种模型。

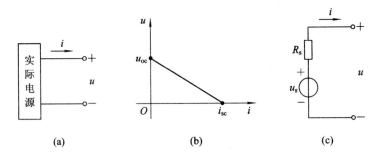

(a)　　　　　　　　　(b)　　　　　　　　(c)

图 2-22　实际电压源的伏安特性与电路模型

图 2-22(c)所示电路模型的电压 u 与电流 i 关系为

$$u = u_s - R_s i$$

上式恒等变形为

$$\frac{u}{R_s} = \frac{u_s}{R_s} - i$$

令 $i_s = \dfrac{u_s}{R_s}$，$i = i_s - \dfrac{u}{R_s}$，与上式对应的电路模型显然为电流源 i_s 与电阻 R_s 的并联，如图 2-23 所示。因此图 2-23 所示电流源 i_s 与电阻 R_s 的并联电路即为实际电池的另一种电路模型，称为电流源模型。实际光电池相当于电流源，故实际电源有两种电路模型，一种为电压源与电阻串联(u_s，R_s)，另一种为电流源与电阻并联(i_s，R_s)。两者可以等效互换，其互换条件，根据上面的推导为：

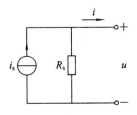

图 2-23　实际电压源的电流源模型

　　当由(u_s，R_s) $\xrightarrow{\text{等效变换}}$ (i_s，R_s)时，如图 2-24 所示(箭头由左指向右)，图 2-24(b)中电流源电流 $i_s = u_s/R_s$，并联电阻仍为图 2-24(a)中的电阻 R_s，不变。电流源 i_s 的电流方向与图 2-24(a)中电压源正极流出的方向一致。

　　当由(i_s，R_s) $\xrightarrow{\text{等效变换}}$ (u_s，R_s)时，如图 2-24 所示(箭头由右指向左)，图 2-24(a)中电压源的电压 $u_s = R_s i_s$，串联电阻仍为图 2-24(b)中的 R_s，不变。电压源 u_s 的正极与图 2-24(b)中电流源电流流出的那一端一致。

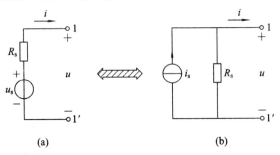

(a)　　　　　　　　　　　　　　(b)

图 2-24　两种电源模型的等效变换

图 2 - 24(a)所示电路的伏安特性如图 2 - 25(a)所示。图 2 - 24(b)所示电路的伏安特性如图 2 - 25(b)所示，显然，其电流 i 随电压的增加而减小。以上伏安特性中，电压源电压 u_s 与电流源电流 i_s 均假设为直流电源。

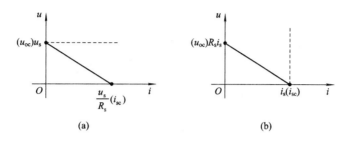

图 2 - 25　两种电源模型的伏安特性

注意：这里的等效是指对电路的外部等效，而不是对内部等效。例如，图 2 - 24(a)所示电路若为开路，则电阻 R_s 上的电压为零，而图 2 - 24(b)中的电阻 R_s 上的电压此时为 $R_s i_s$，不等于零，因为 R_s 在端口的内部，所以计算其上的电压与电流时，图 2 - 24(a)与图 2 - 24(b)两电路不等效，等效仅对端子 1、1′（端子 1、1′处的电压与电流）而言。

把电源的两种模型之间的等效变换称为电源等效变换法，利用它可以化简电路。

例 2 - 8　用电源等效变换法求图 2 - 26(a)所示电路中的电流 I。

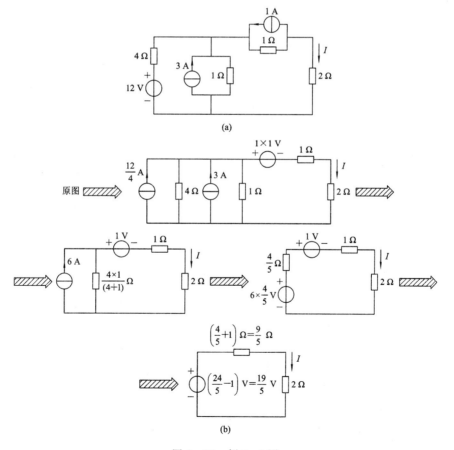

图 2 - 26　例 2 - 8 图

解 按图 2 - 26(b)所示图形步骤化简电路，于是有

$$I = \frac{\dfrac{19}{5}}{\dfrac{4}{5} + 1 + 2} A = 1 A$$

受控电压源、电阻的串联组合和受控电流源、电阻的并联组合也可以用上述方法进行等效变换。此时应把受控源看作独立源，但应注意，在变换过程中，控制量所在支路始终不能变动，否则受控源就不存在了。

例 2 - 9 图 2 - 27(a)所示电路中的电阻均为 1 Ω，$u_s = 2$ V，$\beta = 2$，求电流 i_1。

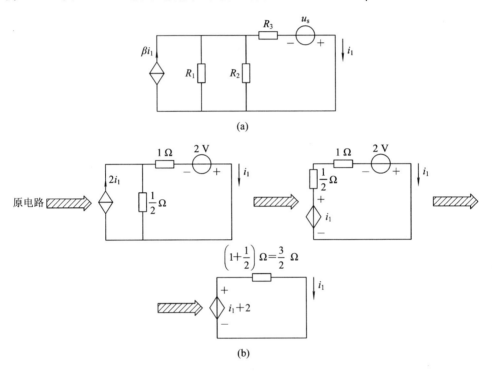

图 2 - 27 例 2 - 9 图

解 用电源等效变换法化简电路如图 2 - 27(b)所示，于是有

$$i_1 = \frac{(i_1 + 2) V}{\dfrac{3}{2} \Omega}$$

解得

$$i_1 = 4 A$$

第六节 输入电阻

图 2 - 28(a)所示电路为含有一对引出端的电路或网络，当从任一端子流入的电流等于从另一端子流出的电流时，称具有这对端子的网络为一端口网络。

　　当一端口网络内部为电阻的串、并联和 Y-△连接时，则可用前述求等效电阻的方法求出该一端口网络的等效电阻。当一端口网络内部除电阻外还有受控源，但无独立源时，端口处电压、电流成正比例，即 $u/i = c$（常数），将其定义为一端口的输入电阻，用 R_{in} 表示。即

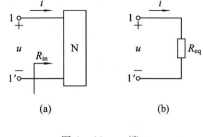

图 2-28　一端口

$$R_{in} \stackrel{\text{def}}{=\!=} \frac{u}{i}$$

R_{in} 可用外加电压法计算，即在端口处加一电压源激励，求出流入端口的响应电流 i，它们的比值即为端口的输入电阻。

　　根据等效电阻的意义，若用一端口网络的等效电阻 R_{eq} 代替该一端口网络，如图 2-28(b)所示，则端口处的电压、电流关系不变。所以等效电阻 R_{eq} 在数值上等于一端口网络端口处的电压、电流之比。即一端口网络的输入电阻 R_{in} 与其等效电阻 R_{eq} 在数值上相等，但在物理意义上有所区别。

　　如果一端口网络 N 为电阻的串、并联及 Y-△连接电路，则求其输入电阻或等效电阻时，可用求电阻的串、并联等效电阻的公式及 Y-△等效变换法求出；但若还含有受控源，则只能用外加电压法求出，其思路就是找出端口处电压 u 与电流 i 的关系式，然后从中求出电压与电流之比，即为输入电阻或等效电阻。

　　例 2-10　求图 2-29(a)所示电路的输入电阻 R_{in}。

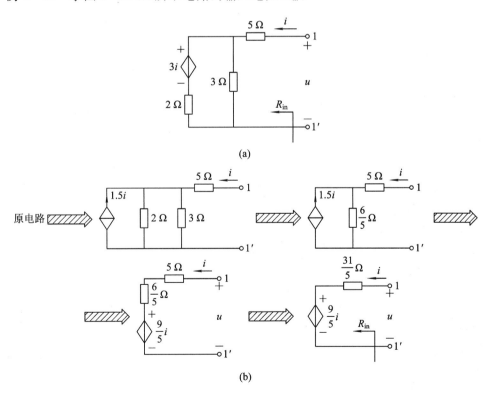

图 2-29　例 2-10 图

解 因电路含有受控源，所以需用外加电压法。端口处的电压、电流参考方向如图中所示，先用电源等效变换法化简电路如图 2-29(b)所示。

端口处 u、i 关系为

$$u = \frac{31}{5}\ \Omega \times i + \frac{9}{5}\ \Omega \times i = \frac{40}{5}\ \Omega \times i$$

所以

$$R_{in} = \frac{u}{i} = 8\ \Omega$$

R_{in} 也就是等效电阻 R_{eq}。

本例也可以直接推导端口处电压 u 及电流 i 之间的关系式。在图 2-29 中，根据 KVL 建立电压 u 的方程(也可以由 KCL 建立电流 i 的方程)，选择路径为 5 Ω 及 3 Ω，则电压 u 为

$$u = 5\ \Omega \times i + 3\ \Omega \left(i - \frac{u - 5\ \Omega \times i - 3i}{2\ \Omega} \right)$$

式中，括号中的表达式是电阻 3 Ω 中的电流，属于中间变量，可直接用端口处电压 u 及电流 i 表示，这样就直接消去了中间变量，使等式中只具有端口处的电压 u 和电流 i。上式经整理得

$$\frac{5}{2} u = 20\ \Omega \times i$$

即端口处的输入电阻为

$$R_{in} = \frac{u}{i} = 8\ \Omega$$

本例若从电流 i 出发建立 u、i 之间的关系式，由 KCL 有

$$i = \frac{u - 5i - 3i}{2} + \frac{u - 5i}{3}$$

上式经整理得

$$\frac{5}{6} u = \frac{20}{3} i$$

于是有

$$R_{in} = \frac{u}{i} = 8\ \Omega$$

例 2-11 电路如图 2-30 所示，已知 $r = 10\ \Omega$，$R_1 = 10\ \Omega$，$R_2 = 40\ \Omega$，试求端口 a-b 的输入电阻 R_{in}。

解 本例是含有受控源电路求其输入电阻的问题。这里需要用到输入电阻的定义，即

$$R_{in} = \frac{u}{i}$$

解题思路是：找出端口处电压 u 与电流 i 之间的关系方程式，如遇中间变量应将其用端口处的电压 u 和电流 i 表示。本例从电流 i 入手(也可以从电压 u 入手)推导端口处电压 u 与电流 i 之间的关系式。

由上面节点的 KCL 有

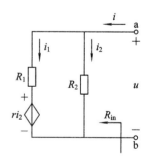

图 2-30 例 2-11 图

$$i = i_1 + i_2 = \frac{u - ri_2}{R_1} + i_2 = \frac{u}{R_1} + \left(1 - \frac{r}{R_1}\right)i_2 = \frac{u}{R_1} + \left(1 - \frac{r}{R_1}\right)\frac{u}{R_2} = \frac{R_1 + R_2 - r}{R_1 R_2}u$$

故

$$R_{\text{in}} = \frac{u}{i} = \frac{R_1 R_2}{R_1 + R_2 - r} = \frac{10 \times 40}{10 + 40 - 10}\,\Omega = 10\,\Omega$$

例 2 - 12　半导体晶体管共射放大电路如图 2-31(a)所示[1]，其交流等效电路如图 2-31(b)所示。图 2-31(b)所示电路中的 r_{BE} 为基极 B 和发射极 E 之间的等效电阻，且已知 $r_{\text{BE}} = 1.2\ \text{k}\Omega$；$\beta$ 为集电极 C 电流 I_{C} 和基极 B 电流 I_{B} 之间的比值，称作电流放大倍数，且已知 $\beta = 80$；集电极电阻 $R_{\text{C}} = 5\ \text{k}\Omega$，负载电阻 $R_{\text{L}} = 5\ \text{k}\Omega$，电源内阻 $R_{\text{s}} = 800\ \Omega$，试计算图 2-31(b)所示电路输入端口 $1-1'$ 的等效电阻 R_{i}、输出端口 $2-2'$ 的等效电阻 R_{o}，以及输出电压与输入电压之间的电压放大倍数 $A_{\text{u}} = \dfrac{U_{\text{o}}}{U_{\text{i}}}$。

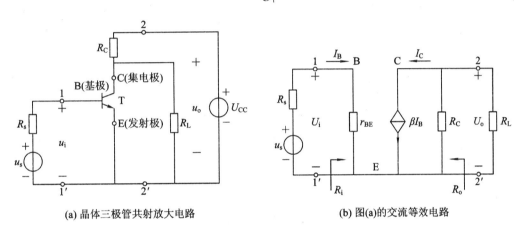

(a) 晶体三极管共射放大电路　　　　　　　(b) 图(a)的交流等效电路

图 2-31　例 2-12 图

解　图 2-31(a)中半导体晶体三极管的图形符号如图中 C、B、E 之间所示。三极管是一个三端元件，端子 C、B、E 分别称为三极管的集电极、基极和发射极。从 C、B、E 三个端子看进去，三极管 V 的 H 参数等效电路模型(详见模拟电路)如图 2-32 所示。

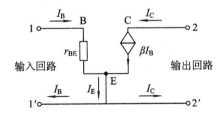

图 2-32　三极管交流等效电路模型

由于发射极 E 为输入回路和输出回路的公共端子，所以这种连接称为共发射极连接。图中集电极电流 I_{C} 可以看成是一个电流控制电流源，B、E 之间等效为一个电阻 r_{BE}。显然

----

① 关于半导体、晶体管及其放大电路将在电路分析的后续课—模拟电子技术中讲解，本例是对图 2-31(a)所示电路的交流等效电路图 2-31(a)的求解(属于电路分析的知识)。关于交流等效电路也在模拟电路中讲解。

端子 1、1′构成一个端口，将和外部施加激励相连接，称作输入端口。端子 2、2′构成一个端口，将与负载相连接，称作输出端口。这样三极管 V 的等效电路模型就构成了一个两端口网络（详见第十章）。图 2-31(b)是图 2-31(a)整个晶体三极管共射放大电路的交流等效电路。图中从端口 1-1′往里看过去的电路的等效电阻称作输入电阻，用 R_i 表示。从输出端口 2-2′往里看过去的电路的等效电阻称作输出电阻，用 R_o 表示。这里需注意，输出电阻 R_o 是指输入端口处的外施激励短路（置 0）后无源网络的等效电阻。输出端口处的负载电压 U_o 与输入端口处的输入电压 U_i 之比称作电路的电压放大倍数，用 A_u 表示，即 $A_u = U_o/U_i$[①]。下面分别计算三个交流参数 R_i、R_o 及 A_u。

显然 $R_i = r_{BE} = 1.2 \text{ k}\Omega$。

计算 R_o 的等效电路如图 2-33 所示。由于外施激励短路，所以 $I_B = 0$，于是 $I_C = \beta I_B = 0$，即集电极 C 此时相当于断开，图中用×表示，所以有 $R_o = R_C$。

在图 2-31(b)中，电压放大倍数 A_u 根据其定义为

$$A_u = \frac{U_o}{U_i} = \frac{-(R_C \mathbin{/\mkern-5mu/} R_L)\beta I_B}{r_{BE} I_B}$$

$$= -\frac{\beta(R_C \mathbin{/\mkern-5mu/} R_L)}{r_{BE}}$$

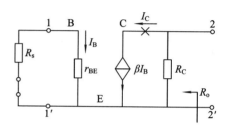

图 2-33 计算 R_o 的无源网络

代入各参数的数据后得

$$A_u = -\frac{80 \times \dfrac{5 \text{ k}\Omega}{2}}{1.2 \text{ k}\Omega} = -\frac{500}{3} \doteq -166.67$$

注：在图 2-31(b)中，若计算 $\dfrac{U_o}{U_s}$，则用 $A_{us} = \dfrac{U_o}{U_s}$ 表示电压放大倍数。

$$A_{us} = \frac{U_i}{U_s} \cdot \frac{U_o}{U_i} = \frac{r_{BE}}{R_s + r_{BE}} \cdot A_u = \frac{1.2 \text{ k}\Omega}{0.8 \text{ k}\Omega + 1.2 \text{ k}\Omega} \times \frac{500}{3} = -100$$

例 2-13 在模拟电路中，MOS 场效应管共源放大电路如图 2-34(a)所示，其交流等效电路如图 2-34(b)所示。试计算交流参数 R_i、R_o 及 $A_u = U_o/U_i$。

解 图(a)端子 D、G、S 之间图形符号表示 N 沟道增强型 MOS 场效应管（详见模拟电路）。MOS 场效应管的三个端子 D、G、S 分别称为漏极、栅极及源极，其交流等效电路模型如图(b)中 D、G、S 之间所示。图中 G、S 之间相当于开路，漏极电流 I_D 可以看成是一个电压控制电流源，即 $I_D = g_m U_{GS}$，其中 g_m 为电导。图(a)中 B 为 MOS 管的衬底，与源极连在一起。下面由图(b)分别计算输入电阻 R_i、输出电阻 R_o 及电压放大倍数 A_u。

由于 G、S 之间为开路，所以 R_i 为

$$R_i = R_G + R_{G1} \mathbin{/\mkern-5mu/} R_{G2} = R_G + \frac{R_{G1}R_{G2}}{R_{G1} + R_{G2}}$$

① 图 2-31(b)及图 2-32 中各变量 U_i、U_o、I_B、I_C、U_s 均指正弦交流量的有效值，详见第六章。这里为方便起见，暂且看成是直流量，不会影响计算结果。

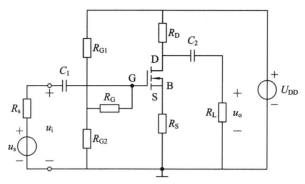

(a) MOS场效应管共源放大电路

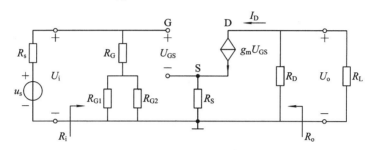

(b) 图(a)的交流等效电路

图 2 - 34　例 2 - 13 电路

将电压源 U_s 短路，如图 2 - 35 所示。图中由 G、S 开路，所以栅极 G 电流为 0，此时 U_{GS} 相当于加在 R_s 上，如图中所示。由 S 点的 KCL 有

$$-g_m U_{GS} - \frac{U_{GS}}{R_S} = 0$$

所以有 $U_{GS} = 0$，此时漏极 D 电流 $I_D = g_m U_{GS} = 0$，所以漏极 D 相当于断开，显然 $R_o = R_D$。

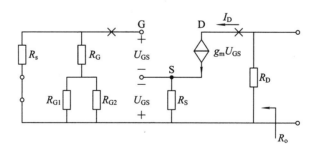

图 2 - 35　计算 R_o 的无源等效电路

回到图 2 - 34(b)中，由于 G、S 之间为开路，所以 $g_m U_{GS}$ 流入 R_S，此时有

$$U_i = U_{GS} + g_m U_{GS} R_S = (1 + g_m R_S) U_{GS}$$

$$U_o = - g_m U_{GS} (R_D \mathbin{/\mkern-5mu/} R_L)$$

$$A_u = \frac{U_o}{U_i} = -\frac{g_m U_{GS} (R_D \mathbin{/\mkern-5mu/} R_L)}{(1 + g_m R_S) U_{GS}} = -\frac{g_m (R_D \mathbin{/\mkern-5mu/} R_L)}{1 + g_m R_S}$$

第七节　实际应用举例

本章将电阻串联的分压公式和电阻并联的分流公式在实际电路中的应用作为实际应用举例。

一、把小量程电流表表头改装成大量程电流表

图 2-36 所示电路为一电流表表头，其量程（满度电流）$I_g = 100$ μA，内阻 $R_g = 1.6$ kΩ，现要将其改装成量程为 $I_1 = 0.5$ mA，$I_2 = 5$ mA，$I_3 = 50$ mA，$I_4 = 500$ mA 的电流表，试设计满足要求的电路。

表头最大可测量 0.1 mA 的电流，若所测电路的电流超过这一值，则表头会被烧毁。因此，利用并联电阻分流的原理，在表头两端并联一个电阻，该电阻可分去增大部分的电流，从而使流过表头的电流始终不超过 0.1 mA。由于需要扩大的量程为 4 个挡，因此将并联的电阻分成 4 个部分，即由 4 个电阻串联组成，如图 2-37 所示。各量程对应于端子 1、2、3、4，为"＋"极性端，端子 0 为"－"极性端。电阻 R_1、R_2、R_3 及 R_4 为分流电阻，最小量程为 $I_1 = 0.5$ mA，对应于端子 1，这时 4 个电阻串联，被测电流由端子 1 流入，由端子 0 流出，端子 2、3、4 均为断开。与最小量程对应的分流电阻为 4 个电阻串联的等效电阻，即 $R_1 + R_2 + R_3 + R_4$，由分流公式有

$$I_g = \frac{R_1 + R_2 + R_3 + R_4}{R_1 + R_2 + R_3 + R_4 + R_g} I_1$$

从中解得

$$R_1 + R_2 + R_3 + R_4 = \frac{R_g I_g}{I_1 - I_g} = \frac{1.6 \times 10^3 \times 0.1 \times 10^{-3}}{0.5 \times 10^{-3} - 0.1 \times 10^{-3}} \ \Omega = 400 \ \Omega$$

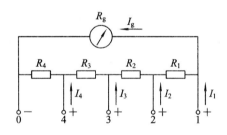

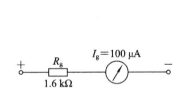

图 2-36　电流表表头符号　　　　图 2-37　扩大的 4 种量程的电流表电路

当量程扩大到 $I_2 = 5$ mA 时，对应于端子 2，这时分流电阻为 $R_2 + R_3 + R_4$，表头内阻 R_g 与 R_1 串联，被测电流由端子 2 流入，由端子 0 流出，端子 4、3、1 均为断开。由分流公式

$$I_g = \frac{R_2 + R_3 + R_4}{R_2 + R_3 + R_4 + R_g + R_1} I_2$$

从中解得

$$R_2 + R_3 + R_4 = \frac{I_g}{I_2}(R_1 + R_2 + R_3 + R_4 + R_g) = \frac{0.1 \times 10^{-3}}{5 \times 10^{-3}}(400 + 1600) \ \Omega = 40 \ \Omega$$

于是

$$R_1 = 400 \ \Omega - 40 \ \Omega = 360 \ \Omega$$

当量程继续扩大到 $I_3 = 50$ mA 时，分流电阻为 $R_3 + R_4$、R_1、R_2 均与 R_g 串联，同理，有

$$R_3 + R_4 = \frac{I_g}{I_3}(R_1 + R_2 + R_3 + R_4 + R_g) = \frac{0.1 \times 10^{-3}}{50 \times 10^{-3}}(400 + 1600)\ \Omega = 4\ \Omega$$

于是

$$R_2 = 40\ \Omega - 4\ \Omega = 36\ \Omega$$

当量程为最大挡 $I_4 = 500$ mA 时，分流电阻为 R_4，R_1、R_2、R_3 均与 R_g 串联，同理，有

$$R_4 = \frac{I_g}{I_4}(R_1 + R_2 + R_3 + R_4 + R_g) = \frac{0.1 \times 10^{-3}}{500 \times 10^{-3}}(400 + 1600)\ \Omega = 0.4\ \Omega$$

于是

$$R_3 = 4\ \Omega - 0.4\ \Omega = 3.6\ \Omega$$

故改装后具有 4 挡的电流表中 4 个串联电阻分别为

$$R_1 = 360\ \Omega,\ R_2 = 36\ \Omega,\ R_3 = 3.6\ \Omega,\ R_4 = 0.4\ \Omega$$

二、把小量程电流表表头改装成大量程电压表

图 2-38 所示电路为 $I_g = 100\ \mu A$，$R_g = 100\ \Omega$ 的表头，设计一个能测量 0.1 V、1 V、10 V 及 100 V 的电压表。

由于表头内阻是一定的，当表头两端接上被测电压 U 时，流过表头的电流随 U 的变化而变化，且与其成正比。若指针偏转角度和电流成正比，则指针偏转角度也和所加的电压 U 成正比。因此，在表盘上按电压刻度后，就可以用来测量电压了。图 2-38 所示表头的内阻只有 $100\ \Omega$，允许流过的满度电流为 $100\ \mu A$，所以这个表头所能测量的最大电压为

$$U_{\max} = R_g I_g = 100 \times 100 \times 10^{-6}\ V = 0.01\ V$$

若被测电压超过 0.01 V，则表头会被烧毁，因此必须设法扩大量程。利用串联电阻的分压原理，采用表头串联电阻的方法，使多出的电压降在串联电阻上，从而使表头内阻 R_g 上的电压始终不超过 0.01 V，其原理图如图 2-39 所示。

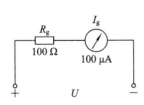

图 2-38　表头符号

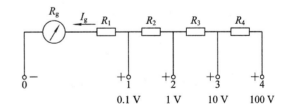

图 2-39　扩大的 4 种量程的电压表电路

0.1 V 量程对应端子 1，1 V 量程对应端子 2，10 V 量程对应端子 3，100 V 量程对应端子 4，各端子分别为"＋"极，端子 0 为"－"极。

当量程为 0.1 V 时，表头 R_g 与 R_1 串联，被测电压加在端子 1、0 之间，1 端为高电位，0 端为低电压，2、3、4 端均断开。根据分压公式有

$$U_{R_g} = \frac{R_g}{R_g + R_1} \times 0.1\ V = \frac{100\ \Omega}{100\ \Omega + R_1} \times 0.1\ V$$

因为

$$U_{R_g} = U_{max} = 0.01\mathrm{V}$$

所以

$$0.01\ \mathrm{V} = \frac{100\ \Omega}{100\ \Omega + R_1} \times 0.1\ \mathrm{V}$$

从中解出

$$R_1 = \frac{100 \times 0.1 - 0.01 \times 100}{0.01}\ \Omega = 900\ \Omega$$

当量程为 1 V 时，表头 R_g 与 R_1、R_2 均串联，被测电压由端子 2 加入，1、3、4 端子均断开，由分压公式有

$$U_{R_g} = \frac{100\ \Omega}{100\ \Omega + 900\ \Omega + R_2} \times 1\ \mathrm{V}$$

$$0.01\ \mathrm{V} = \frac{100\ \Omega \times 1\mathrm{V}}{100\ \Omega + 900\ \Omega + R_2}$$

从中解出

$$R_2 = \frac{100 \times 1 - (100 + 900) \times 0.01}{0.01}\ \Omega = 9000\ \Omega = 9\ \mathrm{k\Omega}$$

当量程为 10 V 时，表头 R_g 与 R_1、R_2、R_3 均串联，被测电压由端子 3 加入，1、2、4 端子均断开。同理，有

$$R_3 = \frac{100 \times 10 - (100 + 900 + 9000) \times 0.01}{0.01}\ \Omega$$

$$= 90\ 000\ \Omega = 90\ \mathrm{k\Omega}$$

当量程为 100 V 时，表头 R_g 与 R_1、R_2、R_3、R_4 均串联，被测电压由端子 4 加入，端子 1、2、3 均断开，同理，有

$$R_4 = \frac{100 \times 100 - (100 + 900 + 9000 + 90\ 000) \times 0.01}{0.01}\ \Omega$$

$$= \frac{9000}{0.01}\ \Omega = 900\ 000\ \Omega = 900\ \mathrm{k\Omega}$$

故 4 挡电压表 4 个串联电阻分别为

$$R_1 = 900\ \Omega,\ R_2 = 9\ \mathrm{k\Omega},\ R_3 = 90\ \mathrm{k\Omega},\ R_4 = 900\ \mathrm{k\Omega}$$

第八节　PSPICE 7.1 原理图编辑器 Schematics 的使用

在原理图编辑器中可以进行原理图的绘制、各种分析的设置、运行分析、进入图形后处理程序（观察各变量的模拟曲线）及打开输出文件（查看各种分析结果等）。

一、进入 PSPICE 7.1 原理图编辑器界面

在 Windows 环境下的开始菜单中点击程序项图标，在弹出的菜单中寻找 PSPICE 7.1 软件图标"MicroSim Eval 7.1"（7.1 评估版），用鼠标选中该项图标并用左键单击，弹出 PSPICE 软件的主程序菜单，如图 2-40 所示。用鼠标左键单击"Schematics"图标，弹出的 Schematics 窗口即为 PSPICE 图形编辑器界面，如图 2-41 所示。

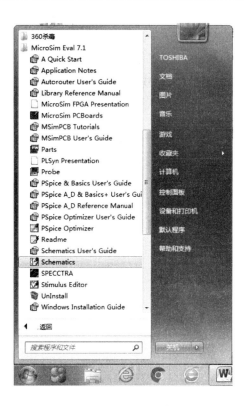

图 2 - 40　PSPICE 主程序项菜单

图 2 - 41　原理图编辑器"Schematics"窗口

二、调出一个电路元器件图符

在 MicroSim Eval 7.1 的 Schematics 窗口中用鼠标选中"Draw"菜单并用鼠标左键单击,弹出"Draw"下拉菜单,如图 2-42 所示。用鼠标单击其中的"Get New Part..."菜单命令,弹出"Part Browser Advanced"(高级元件浏览器)窗口,如图 2-43 所示。

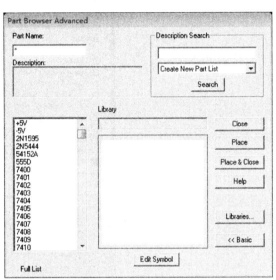

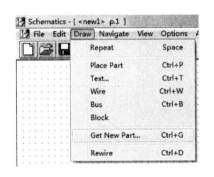

图 2-42 　"Draw"下拉菜单　　　　　　　图 2-43 　"Part Browser Advanced"窗口

单击"Library"(图符库文件)按钮,弹出"Library Browser"(库文件浏览器)窗口,如图 2-44 所示。在此窗口的"Library"栏中列出了各种电路元器件、集成电路以及数字器件的图形符号库文件"*.slb"。例如 ANALOG.slb,单击"ANALOG.slb",在"Part"栏中就出现了该文件所包含的各种元件名称,如图 2-45 所示。

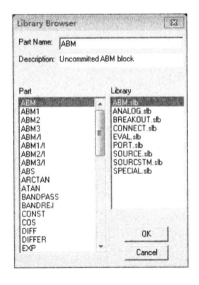

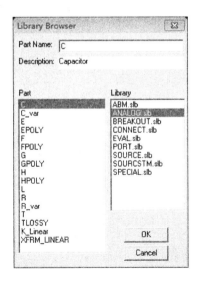

图 2-44 　"Library Browser"窗口　　　　　　　图 2-45 　"Part"栏

用鼠标单击其中的任一元件便可调出该元件的图形符号。例如用鼠标选中电容元件C，并单击鼠标左键，然后按"OK"按钮，再次弹出"Part Browser Advanced"窗口，窗口右下侧的"Library"栏中出现电容元件的图形符号（简称图符），如图 2-46 所示[①]。

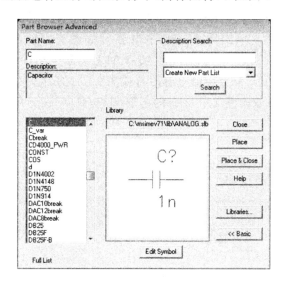

图 2-46　电容元件图形符号

拖动鼠标到图形编辑工作区的适当位置，此时鼠标箭头图形处出现该元件的图符。若单击鼠标左键，则将该元件图符定位于此，但还可继续拖动鼠标将该元件图符复置到另一位置；若双击鼠标左键，则仅将该元件定位于此，但不能再次将该元件放到另一位置。此时元件处于激活状态，用鼠标光标选中该元件图符并按住左键不放开，然后拖动鼠标，就可将该元件图符拖曳到另一位置，放开左键结束移动。再单击鼠标左键，即可取消激活状态，这时调出的电容元件图形符号如图 2-47 所示；若单击鼠标右键则取消本次操作。

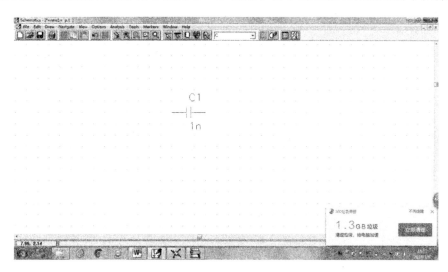

图 2-47　调出的电容元件图形符号

①　该软件显示的电容的单位为 F，电阻的单位为 Ω；词头 μ 用 u 代替，单位 Ω 用 ohm 代替。

调出的元件图形可自动编号及赋值，若要改变元件的编号及其参数值，可用鼠标双击该编号或参数值，在弹出的对话框中填入所需的内容即可。例如双击图 2 - 47 中的电容图符编号 C1，弹出的对话框如图 2 - 48 所示。在"Reference Dsignator"栏中将 C1 改为 Cload，如图 2 - 49 所示，然后用鼠标左键单击"OK"按钮，修改后的电容图符如图 2 - 50 所示。若要改变电容参数值，双击图 2 - 50 中电容元件图符中的参数值 1n，则弹出"Set Attribute Value"对话框，如图 2 - 51 所示。将 VALUE 标签下对话框中的 1n 改为 10 u，然后用左键点击"OK"即可，修改后的电容图符如图 2 - 52 所示。更换元件参数亦可用鼠标左键双击元件图符，例如双击图 2 - 52 中的电容图符，打开该元件图符的属性编辑窗口，如图2 - 53 所示。

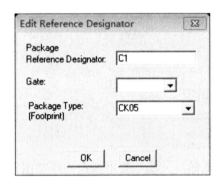

图 2 - 48　"Edit Reference Dsignator"对话框

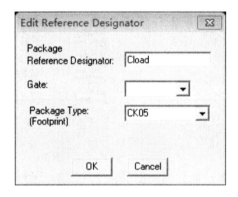

图 2 - 49　修改后的电容元件编号

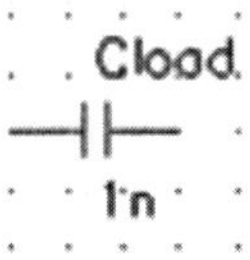

图 2 - 50　编号修改后的电容元件图符

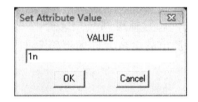

图 2 - 51　"Set Attribute Value"对话框

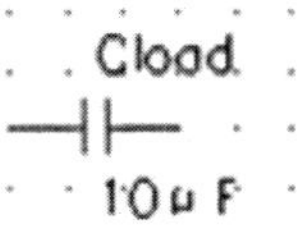

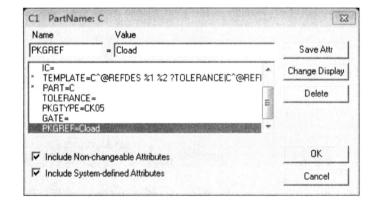

图 2 - 52　电容图形符号

图 2 - 53　电容元件属性编辑窗口

现要将 Cload 改为 C2，10 μF 改为 0.01 F。在图 2 – 53 中用鼠标选中"PKGREF＝Cload"菜单项，这时"Name"栏中的值为 PKGREF，"Value"栏中的值为 Cload，双击该菜单项，鼠标光标进入"Value"栏中，把 Cload 改为 C2，并按"Save Attr"按钮，存储该数据。同理用鼠标选中"VALUE＝10u"菜单项，将"Value"栏中的 10u 改为 0.01，并按"Save Attr"按钮，存储该数据。在图 2 – 53 中，还可选中"IC＝"菜单项，在"Value"栏中赋值，从而给电容元件加上初始条件。修改后的电容元件图符如图 2 – 54 所示。至此，即从元件图符库文件中调出一个元件图形符号，并更改元件名称与元件参数值。

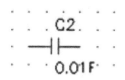

图 2 – 54　参数修改后的电容元件图符

三、绘制电路原理图

用 PSPICE 软件提供的画笔连线就可将各元器件连接成所需的电路原理图。单击"Draw"菜单项，在弹出的下拉菜单中单击"Wire"菜单命令，这时光标图形变成画笔形状（调出画笔），拖动鼠标到图形页面的某一位置，单击左键，拖动鼠标到另一位置，这时两点之间出现一条虚线，若单击左键则虚线变为实线，但还可继续移动鼠标画线，若双击鼠标，则虚线变为实线后结束画线。如此，就可将元器件按要求连接在一起。

四、设置电路分析

PSPICE 软件可进行直流扫描分析、交流扫描分析及瞬态分析等。单击"Analysis"菜单项，在弹出的下拉菜单中单击"Setup..."菜单命令，弹出分析设置窗口，如图 2 – 55 所示，用鼠标点击各分析项菜单按钮即可打开该项分析的参数设置对话框。具体情况将在下面各章节中的实例中讲述。

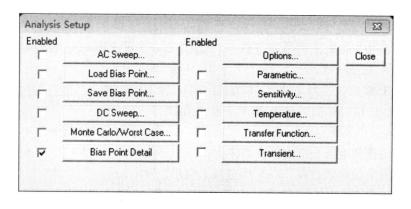

图 2 – 55　"Aanlysis Setup"窗口

五、运行分析及观察输出结果

单击"Analysis"菜单项，在弹出的下拉菜单中点击菜单命令"Simulate"，即可运行编辑好的图形文件(.SCH 文件)，运行完该程序后程序会自动跳入图形处理程序"Probe"窗口，在其中的图形显示区域内就可观察到各变量的模拟曲线图，这在随后的实例中具体讲述。也可单击"Analysis"菜单项下的"Examine Output"菜单命令，打开输出文件(文本形式)，从中可以获得各种分析结果。

❖❖❖❖ 习 题 二 ❖❖❖❖

2-1 电路如图 2-56 所示，已知 $u_s = 100$ V，$R_1 = 2$ kΩ，$R_2 = 8$ kΩ。若：

(1) $R_3 = 8$ kΩ。

(2) $R_3 = \infty(R_3$ 处开路)。

(3) $R_3 = 0(R_3$ 处短路)。

试求以上三种情况下电压 u_2 和电流 i_2、i_3。

2-2 图 2-57 所示电路中，已知滑线电阻器的电阻 $R = 100$ Ω，额定电流 $I_N = 2$ A，电源电压 $U = 110$ V，当 a、b 两点开路时，试在下述情况下分别计算电压 U_o：

(1) $R_1 = 0$；

(2) $R_1 = 0.5R$；

(3) $R_1 = 0.9R$。

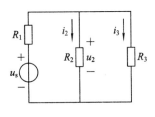

图 2-56 题 2-1图

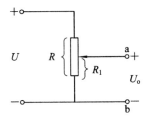

图 2-57 题 2-2图

2-3 上题中，在 a、b 两端接负载 $R_L = 50$ Ω 后，重新计算 U_o，并分析第(3)种情况使用滑线电阻器的安全问题。

2-4 今有额定电压为 110 V、功率为 40 W 和 15 W 的两只灯泡并联在 110 V 的直流电源上，电路如图 2-58 所示，问：

(1) 每只灯泡的电阻和额定电流为多少？

(2) 能否将它们串联接在 220 V 的电源上使用？为什么？

(3) 若有一只 220 V、40 W 和一只 220 V、15 W 的灯泡串联后接到 220 V 的电源上使用，会发生什么现象？

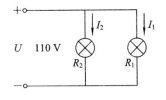

图 2-58 题 2-4图

2-5 求图 2-59 所示各电路的等效电阻 R_{ab}，其中 $R_1 = R_2 = 1$ Ω，$R_3 = R_4 = 2$ Ω，$R_5 = 4$ Ω，$G_1 = G_2 = 1$ S，包括 S 断开和闭合两种状态。

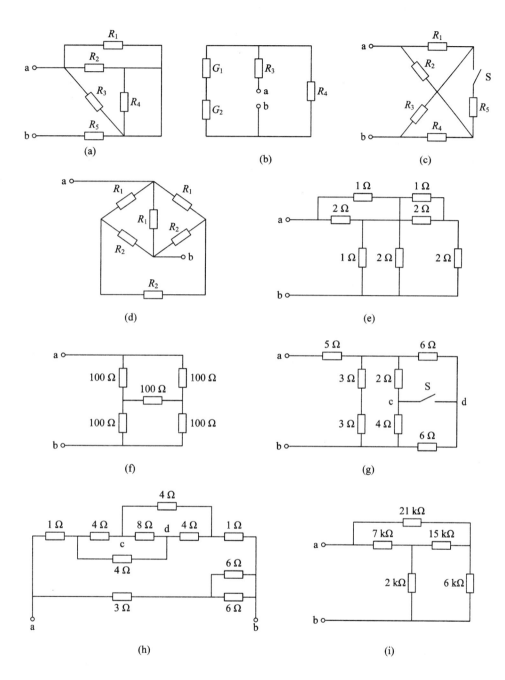

图 2-59 题 2-5 图

2-6 对图 2-60 所示电桥，应用 Y-△ 等效变换，求：

(1) 对角线电压 U。

(2) 电压 U_{ab}。

2-7 试求图 2-61 所示电路的最简实际电压源模型。

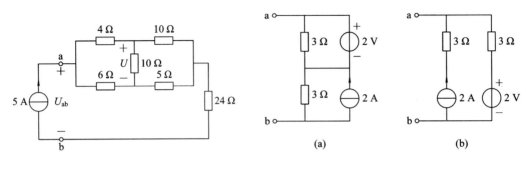

图 2-60　题 2-6 图　　　　　　　图 2-61　题 2-7 图

2-8　试求图 2-62 所示电路的最简等效电路。

2-9　用电源等效变换法求图 2-63 所示电路中的电流 I。

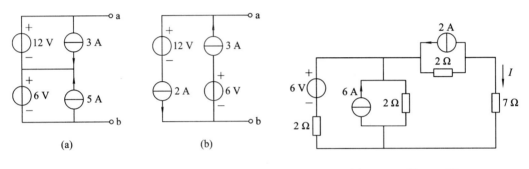

图 2-62　题 2-8 图　　　　　　　图 2-63　题 2-9 图

2-10　应用电路的等效变换概念化简图 2-64 所示电路，并求电压 U。

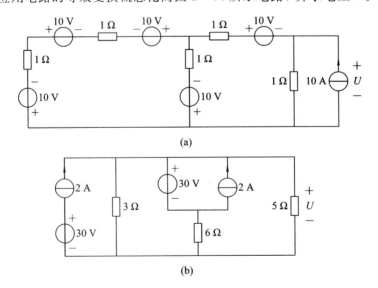

(a)

(b)

图 2-64　题 2-10 图

2-11　用电源等效变换法求图 2-65 所示电路中的电流 I。

2-12　图 2-66 所示电路中 $R_1 = R_3 = R_4$，$R_2 = 2R_1$，CCVS 的电压 $u_c = 4R_1 i_1$，利用电源等效变换法求电压 u_{10}。

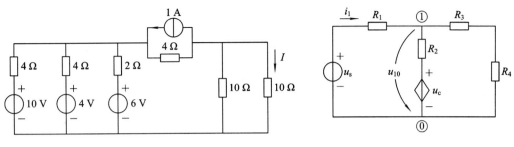

图 2-65 题 2-11 图 ⋅ ⋅ ⋅ 图 2-66 题 2-12 图

2-13 求图 2-67 所示电路的等效电阻 R_{ab}。

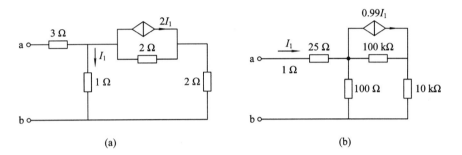

(a) (b)

图 2-67 题 2-13 图

2-14 求图 2-68 所示电路的输入电阻 R_{in}。

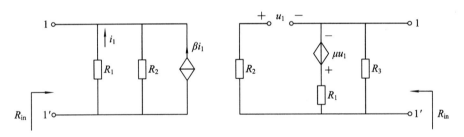

图 2-68 题 2-14 图

2-15 有一磁电式微安表,内阻为 1500 Ω,量程为 100 μA,今欲将其改装成量程为 30 V、100 V、300 V 的电压表,试计算分压电阻 R_1、R_2 及 R_3(见图 2-69)。

2-16 磁电式微安表量程为 200 μA,内阻为 1500 Ω,若扩大其量程为 500 μA、1 mA 及 5 mA,试计算分流电阻 R_1、R_2 和 R_3 的数值(见图 2-70)。

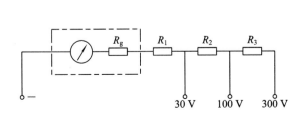

图 2-69 题 2-15 图

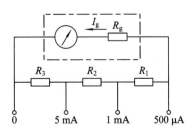

图 2-70 题 2-16 图

实验二　元件伏安特性的测定

一、实验目的

（1）学习直读式仪表和晶体管稳压电源等设备的使用方法。

（2）掌握线性电阻元件、非线性电阻元件半导体二极管以及电压源伏安特性的测试技能。

（3）加深对线性电阻元件及电压源伏安特性的理解，验证欧姆定律。

（4）掌握正确读数的方法。

二、实验原理

1. 电阻元件

电阻元件是一种对电流呈现阻力的元件，有阻碍电流流动的性能。

线性电阻元件是指满足欧姆定律的元件。电阻元件 R 的值不随电压或电流的大小变化而改变，电阻 R 两端的电压与流过它的电流成正比。不符合上述条件的电阻元件则被称为非线性电阻元件。

电阻元件的特性还可以用其电流和电压的关系图形来表示，称为此元件的伏安特性曲线。线性电阻的伏安特性曲线为一条通过坐标原点的直线，该直线的斜率的倒数即为电阻值，它是一个常数，如 SY 图 2-1 所示。

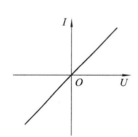

SY 图 2-1　线性电阻的伏安特性曲线　　　　SY 图 2-2　半导体二极管的伏安特性曲线

半导体二极管是一种非线性电阻元件。它的电阻值随着流过它的电流的大小而变化。半导体二极管的电路符号用 ▷|— 表示，其伏安特性如 SY 图 2-2 所示。由图可见，半导体二极管的伏安特性曲线对坐标原点是非对称的。理想半导体二极管的特性方程式可以用下式表示：

$$I = I_s(\mathrm{e}^{qu/KT} - 1) \tag{2-1}$$

式中，I 为流过二极管的电流（A）；I_s 为反向饱和电流（A）；q 为电子的电荷量 1.6×10^{-19} C；K 为玻尔兹曼常数 1.38×10^{-23} J/K；T 为绝对温度（℃）；u 为加在二极管上的电压（V）。

2. 电压源

能够保持其端电压为恒定值的电压源称为理想直流电压源。理想直流电压源的伏安特性曲线如 SY 图 2-3(a)所示。理想直流电压源实际上是不存在的,实际电压源总是具有一定大小内阻,因此实际电压源可以用一个理想电压源和一个电阻相串联来表示。实际电压源的端电压可表示为

$$U = U_s - IR_s \qquad (2-2)$$

式中,I 为流过电压源的电流,U_s 为理想电压源的电压,R_s 为电压源的内阻。由式(2-2)可得到实际电压源的伏安特性如 SY 图 2-3(b)所示。可见,实际电压源的内阻 R_s 越小,其特性越接近理想电压源。实验中采用的晶体管稳压电源,其伏安特性非常接近理想电压源,当流过它的电流在规定范围内变化时,可以将它认为是理想电压源。

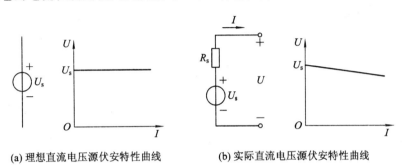

(a) 理想直流电压源伏安特性曲线　　(b) 实际直流电压源伏安特性曲线

SY 图 2-3　电压源伏安特性曲线

3. 电压和电流的测量

用伏安法测电阻时有两种方法,如 SY 图 2-4 所示。一种是电流表内接法(电压表-端接 A 处),另一种是电流表外接法(电压表-端接 B 处)。当被测电阻值≫电压表内阻时,选电流表内接法;当被测电阻值≪电压表内阻时,选电流表外接法。在实际测量时,待测电阻常常是未知的,因此,测量时电压表的位置可以由实验方法选定。测量时可分别在 A、B 两点试一试;如这两种接法电压表的读数差别很小,即可接在 A 点;如这两种接法电流表的读数差别较小,即可接在 B 点;如这两种接法电流表和电压表的读数均无太大差别,则电压表接于 A 或 B 点均可。

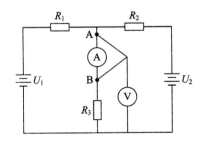

SY 图 2-4　用伏安法测电阻电路图

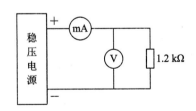

SY 图 2-5　测定线性电阻伏安特性电路图

三、实验内容

1. 测定线性电阻的伏安特性

按 SY 图 2-5 接好线路,经检查无误后,打开直流稳压电源开关。依次调节直流稳压

电源的输出电压(以电压表读数为准)为 SY 表 2-1 中所列数值,并将相应的电流值记录在 SY 表 2-1 中。计算实测电阻值 R,填入表中,并求实测电阻平均值 R_{av}。

SY 表 2-1 线性电阻的伏安特性数据表

U/V	0	2	4	6	8	10
I/mA						
$R(\Omega)$						
$R_{av}(\Omega)$						

2. 测定半导体二极管的伏安特性

实验选用普通半导体二极管作为被测元件。实验线路如 SY 图 2-6(a)、(b)所示。图中 R_p 为可变电阻器,用于调节电压,R 为限流电阻,用于保护二极管。由于硅管、锗管的正向导通电压不一样,因此应注意选择所加电压的分值度。

(1)正向特性。按 SY 图 2-6(a)接好线路。经检查无误后,开启稳压电源,输出电压调到 2 V。调节可变电阻器 R_p,使电压表读数分别为 SY 表 2-2 中数值(注意使用的是硅管还是锗管),并将相应的电流表读数记于 SY 表 2-2 中。为了便于作图,在曲线弯曲部分可适当多取几个测量点。

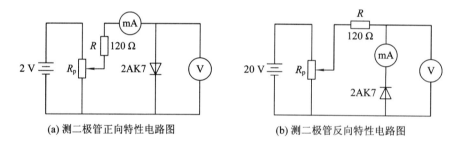

(a)测二极管正向特性电路图   (b)测二极管反向特性电路图

SY 图 2-6 测二极管伏安特性电路图

SY 表 2-2 二极管正向特性数据表

硅管	U/V	0	0.2	0.4	0.5	0.6	0.65	0.7	0.72	0.74	0.76
	I/mA										
锗管	U/V	0	0.1	0.15	0.2	0.25	0.3	0.35	0.4	0.45	0.5
	I/mA										

(2)反向特性。按 SY 图 2-6(b)接好线路。经检查无误后,开启稳压电源,将其输出电压调至 20 V。调节可变电阻器改变电压表读数(不同功能的二极管反向导通电压不同,SY 表 2-3 中电压值由教师或学生根据实际使用情况制订,例如:开关管 2AK7 取 0~20 V,稳压管 1N4735A 取 0~6V,下表以开关管 2AK7 为例取值),并将相应的电流表读数记于 SY 表 2-3 中。

SY 表 2 – 3　二极管反向特性数据表

U/V	0	5	10	15	20
$I/\mu A$					

3. 测定直流稳压电源的伏安特性

实验采用晶体管稳压电源作为理想电压源。其内阻 R_s 在和外电路电阻相比可以忽略不计的情况下，其输出电压基本维持不变。因此，可以把晶体管稳压电源视为理想电压源。实验电路如 SY 图 2 – 7 所示，其中 $R_1 = 200\ \Omega$ 为限流电阻，R_2 为 1 kΩ 可变电阻器（要求电阻功率不应小于 1/2 W）。按 SY 图 2 – 7 接好电路，开启晶体管稳压电源并调节电压 U_s 等于 10 V。调节可变电阻器 R_2 使电流表读数分别为 SY 表 2 – 4 中数据，并将相应的电压表读数填入 SY 表 2 – 4。（注：R_2 为 1 kΩ 不足以大到可使电路中电流为零，因此若要电流为零应将 a 点断开，调好 10 V 再闭合。）

SY 表 2 – 4　直流稳压电源的伏安特性数据表

I/mA	0	10	20	25	30
U/V	10				

4. 测定电压源模型的伏安特性

实验电路如 SY 图 2 – 8 所示。其中 R_s 作为晶体管稳压电源的内阻，与稳压电源串联组成一个实际的电压源模型，R_2 为 1 kΩ 可变电阻器。实验步骤与前项相同，所得数据填入 SY 表 2 – 5。

SY 表 2 – 5　电压源模型的伏安特性数据表

R_s 51 Ω	I/mA	0	10	15	20	25
	U/V	10				
R_s 120 Ω	I/mA	0	10	15	20	25
	U/V	10				

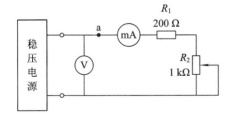

SY 图 2 – 7　测直流稳压电源的伏安特性电路图

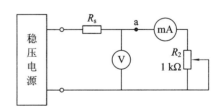

SY 图 2 – 8　测电压源模型的伏安特性电路图

四、实验仪器设备

（1）晶体稳压电源 1 台；（2）万用表 2 只；（3）可变电阻器（1 kΩ）一只；（4）器件及导线若干。

五、实验报告

（1）实验报告要按示范规格编写。

（2）根据实验中所得数据，在坐标纸绘制线性电阻、半导体二极管、理想电压源和实际电压源的伏安特性曲线。

（3）分析实验结果，得出相应结论。

（4）回答下列思考题：

① 试说明 SY 图 2-6(a)、(b)中电压表和电流表的接法的区别何在？为什么？

② 如果误用电流表去测量电压，将会产生什么后果？

第三章　电阻电路的一般分析

本章讲述电路图论的初步概念和列写线性电阻电路方程的方法，包括：网孔电流法及节点电压法。

第一节　电路的图

电路的图（Graph）[①]是节点和支路的一个集合，每条支路的两端都连到相应的节点上。这里的支路是代表一个电路元件或者一些电路元件的某种组合的一条抽象的线段，把它画成直线或曲线都无关紧要，图（Graph）也称线图（Line Graph）。图的特点是图中每条支路的两个端子都必须终止在节点上，支路与节点各自是一个整体，允许有孤立节点的存在，如图 3-1 所示。因此在图中将支路移去，并不意味着把它连接的节点也同时移去，而把一个节点移去，则应当把它连接的全部支路同时移去。

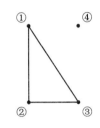

图 3-1　孤立节点

电路（Circuit）中的支路指一个具体的元件，它是一个实体，节点是这些支路的汇集点，而电路的图中的支路和节点则是抛去电路中那些支路和节点的具体形式，把其抽象成为线段和节点，图便是这些抽象的支路和节点的组合，表示电路的结构及其连接性质，如图3-2（a）、（b）所示。

图 3-3（a）是一个具有 6 个电阻和 2 个独立源的电路。把电压源与电阻的串联及电流源与电阻的并联各作为一条支路处理，则该电路的图如图 3-3（b）所示。

对电路的图的每条支路指定一个方向，此方向即该支路所表示的电路中的对应支路中电流的参考方向，从而得到了所谓"有向图"的概念，如图 3-3（b）所示。

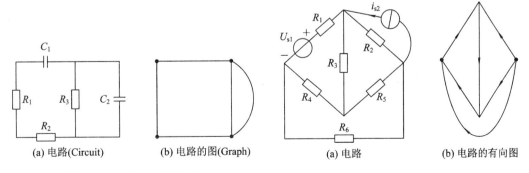

(a) 电路(Circuit)　　　(b) 电路的图(Graph)

图 3-2　电路与电路的图

(a) 电路　　　(b) 电路的有向图

图 3-3　电路与电路的图

---

① 图（Graph）是数学中的专用名词，与通常意义有所不同。

KCL 和 KVL 与支路元件性质无关，因此可以利用电路的图讨论如何列出 KCL 和 KVL 方程，并讨论它们的独立性。

第二节　KCL 和 KVL 方程的独立性

一、KCL 的独立方程与独立节点

电路如图 3-4 所示，对节点①、②、③、④分别列出 KCL 方程如下：

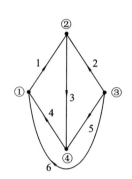

$$i_1 - i_4 - i_6 = 0 \qquad ①$$
$$-i_1 - i_2 + i_3 = 0 \qquad ②$$
$$i_2 + i_5 + i_6 = 0 \qquad ③$$
$$-i_3 + i_4 - i_5 = 0 \qquad ④$$

①＋②＋③＋④得

$$0 = 0$$

或①＋②＋③得

$$-i_3 + i_4 - i_5 = 0$$

图 3-4　列写 KCL 独立方程示例图

上式即为方程④。以上说明方程①、②、③、④不是相互独立的，只有 3 个是独立的。对 n 个节点列出 KCL 方程，所得的 n 个方程中的任何一个方程都可以从其余$(n-1)$个方程中推导出来，所以独立方程数不会超过$(n-1)$个。可以证明独立方程数恰好就是$(n-1)$，所以只要对电路中任意$(n-1)$个节点用 KCL 列出方程，则这些方程都是独立的，与这些独立方程对应的节点叫作独立节点。

二、独立回路与 KVL 的独立方程

讨论关于 KVL 独立方程数时，要用到独立回路的概念。回路和独立回路的概念与支路的方向无关，因此可以用无向图的概念叙述。

从图的某个节点出发，沿着一些支路连续移动，从而到达另一指定的节点（或回到原出发点），这样的一系列支路构成了图的一条路径。一条支路本身也称为路径。当图的任意两个节点之间至少存在一条路径时，就称为连通图。如果一条路径的起点和终点重合，且经过的其他节点都相异，这条闭合路径就构成了图的一个回路。在图 3-5 中，支路集合(1，5，8)、(2，5，6)、(1，2，3，4)、(1，2，6，8)等都是回路，总共有 9 个不同的回路，但支路集合(2，5，7，4，8，6)就不是一个回路，因其通过同一节点⑤两次。

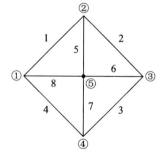

图 3-5　回路

取图 3-5 中的支路集合(1，5，8)和(2，5，6)，二者的组合便构成了回路(1，2，6，8)。因为当二者组合起来时，这两个回路的公有支路 5 就相互抵消，而不出现在形成的新回路中。同理，把支路集合(1，5，8)与支路集合(1，2，6，8)构成的回路组合起来，就可得到由支路集合(2，5，6)构成的回路。可见，这三个回路相互不是独

立的,因为其中任一个回路都可以由其他两个回路导出。由支路集合(1,5,8)、(2,5,6)、(3,6,7)、(4,7,8)构成的 4 个回路是相互独立的,从而构成了一组独立回路,因为这 4 个回路各有一个新支路是其他回路所没有的,均在图的边界上。只有对独立回路组所列的 KVL 方程才是一组独立的 KVL 方程。

如何找到一组独立的回路,有时不是很容易,最一般的方法是每选择一个回路,就有一条新支路,而它是别的回路所没有的,这样的一组回路一定是独立的,从而对其所列的 KVL 方程也是独立的。可以证明,连通图的独立回路数 $l=b-n+1$,其中 n 为图的节点数,b 为图的支路数。独立回路数远小于总的回路数。例如,在图 3-5 中,节点数 $n=5$,支路数 $b=8$,则独立回路数 $l=b-n+1=8-5+1=4$。

如果把一个图画在平面上,能使它的各条支路除连接的节点外不再交叉,这样的图称为平面图,否则称为非平面图,图 3-6(a)就是一个平面图,图 3-6(b)则是非平面图。对于一个平面图,可以引入网孔的概念。平面图的一个网孔是它的一个自然的"孔",它限定区域内不再有支路。对图 3-6(a)所示的平面图,支路集合(1,3,5)、(2,3,7)、(4,5,6)、(4,7,8)、(6,8,9)都是网孔[①],支路集合(1,2,6,8)、(1,3,4,6)等都不是网孔。平面图的全部网孔是一组独立回路,且其网孔数恰好就是独立回路数[②]。图 3-6(a)所示的平面图有 5 个节点,9 条支路,独立回路数 $l=b-n+1=9-5+1=5$,而它的网孔数正好也是 5 个。

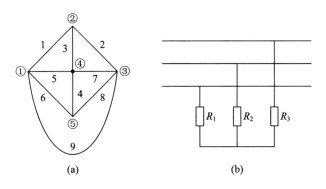

图 3-6　平面图与非平面图

一个电路的 KVL 独立方程数等于它的独立回路数,即为 $(b-n+1)$。以图 3-7 所示电路的图为例,如果取全部网孔为一组独立回路,对其列出 KVL 方程如下:

回路 1　　　　$u_1+u_3+u_5=0$

回路 2　　　　$-u_2-u_3+u_4=0$

回路 3　　　　$-u_4-u_5+u_6=0$

这是一组独立 KVL 方程。显然回路(1,3,5)、(1,2,4,5)、(1,2,6)也是一组独立回路,对其列出独立的 KVL 方程为

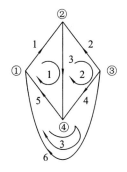

图 3-7　独立回路的 KVL 方程

---

① 这些都是"内网孔"。平面图边界形成的回路有时称为"外网孔"。本书涉及的"网孔"指"内网孔"。

② 这里指最大独立回路数。

$$u_1 + u_3 + u_5 = 0$$
$$u_1 - u_2 + u_4 + u_5 = 0$$
$$u_1 - u_2 + u_6 = 0$$

第三节 网孔电流法

一、2b 法与支路电流法

以支路电压和支路电流作为电路变量,列出所有独立节点的 KCL 方程、所有独立回路的 KVL 方程,以及各支路电压、电流的约束方程(简称支路方程),从而求解出任一支路电压、电流变量的方法称为 2b 法。因为支路数为 b,节点数为 n 的图,其独立节点数为 $n-1$,独立回路数为 $(b-n+1)$,所以所列的 KCL、KVL 及 u,i 约束方程总数为

$$n-1+b-n+1+b=2b$$

而电路变量为 b 个支路电压和 b 个支路电流,总数也为 $2b$ 个。故这种对 $2b$ 个变量列出 $2b$ 个独立方程的方法称为 $2b$ 法。显然,$2b$ 法所列方程数很多,求解很麻烦,有必要找出更为简单的方法。

若以支路电流为变量,这时支路数为 b,所以变量数也为 b,对 $n-1$ 个独立节点列出 KCL 方程,对 $(b-n+1)$ 个独立回路列出 KVL 方程,把 b 个支路方程(用支路电流表示支路电压)代入这组 KVL 方程中,消去支路电压,经整理后,得到 $(b-n+1)$ 个关于支路电流的独立方程,再加上 $(n-1)$ 个 KCL 方程,于是得到关于支路电流变量的一组独立方程,其总方程数为

$$b-n+1+n-1=b$$

即对 b 个支路电流变量,列出 b 个独立的关于支路电流变量的方程,从而能解出这 b 个支路电流变量,这种方法称为支路电流法。支路电流法其方程数比 $2b$ 法减少了一半,因此,比 $2b$ 法在求解电路时更为简单。但当支路数较多时,支路电流法方程数仍很多,因此,这种方法也不是最好的求解电路变量的方法。故此引出网孔电流法与节点电压法,本节介绍网孔电流法。

二、网孔电流法

电路如图 3-8(a)所示,图 3-8(b)为其线图。在图 3-8(a)中,有三个网孔,假想在三个网孔中分别各有一个电流沿着网孔连续流动,设为 i_{m1}、i_{m2} 和 i_{m3},这三个电流 i_{m1}、i_{m2} 和 i_{m3} 称作网孔电流。注意,网孔电流是假想的,真正存在的仍为支路的电流,网孔电流与支路电流的关系由图 3-8(b)可得

$$\left.\begin{aligned} i_1 &= i_{m1} \\ i_2 &= i_{m1} - i_{m2} \\ i_3 &= i_{m2} \\ i_4 &= i_{m3} \\ i_5 &= i_{m1} - i_{m3} \\ i_6 &= i_{m2} - i_{m3} \end{aligned}\right\} \tag{3-1}$$

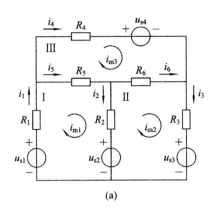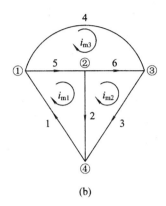

图 3-8　网孔电流法

对网孔 Ⅰ、Ⅱ、Ⅲ 分别列 KVL 方程，有

网孔 Ⅰ　　　　　　　　$R_1 i_1 + R_5 i_5 + R_2 i_2 - u_{s1} + u_{s2} = 0$

网孔 Ⅱ　　　　　　　　$- R_2 i_2 + R_6 i_6 + R_3 i_3 + u_{s3} - u_{s2} = 0$

网孔 Ⅲ　　　　　　　　$R_4 i_4 - R_5 i_5 - R_6 i_6 + u_{s4} = 0$

将式(3-1)分别代入网孔 Ⅰ、Ⅱ、Ⅲ 的 KVL 方程中，得

$$
\begin{cases}
R_1 i_{m1} + R_5 (i_{m1} - i_{m3}) + R_2 (i_{m1} - i_{m2}) = u_{s1} - u_{s2} \\
- R_2 (i_{m1} - i_{m2}) + R_3 i_{m2} + R_6 (i_{m2} - i_{m3}) = u_{s2} - u_{s3} \\
R_4 i_{m3} - R_5 (i_{m1} - i_{m3}) - R_6 (i_{m2} - i_{m3}) = - u_{s4}
\end{cases}
$$

上述方程组经整理得

$$
\begin{cases}
(R_1 + R_2 + R_5) i_{m1} - R_2 i_{m2} - R_5 i_{m3} = u_{s1} - u_{s2} \\
- R_2 i_{m1} + (R_2 + R_3 + R_6) i_{m2} - R_6 i_{m3} = u_{s2} - u_{s3} \\
- R_5 i_{m1} - R_6 i_{m2} + (R_4 + R_5 + R_6) i_{m3} = - u_{s4}
\end{cases}
$$

以上方程组中各方程即为网孔 Ⅰ、Ⅱ 及 Ⅲ 的网孔电流方程，令

$R_{11} = R_1 + R_2 + R_5$　　$R_{12} = - R_2$　　　　　$R_{13} = - R_5$　　　　$u_{s11} = u_{s1} - u_{s2}$

$R_{21} = - R_2$　　　　　　　$R_{22} = R_2 + R_3 + R_6$　$R_{23} = - R_6$　　　　$u_{s22} = u_{s2} - u_{s3}$

$R_{31} = - R_5$　　　　　　　$R_{32} = - R_6$　　　　　$R_{33} = R_4 + R_5 + R_6$　$u_{s33} = - u_{s4}$

于是网孔电流方程变为

$$
\begin{cases}
R_{11} i_{m1} + R_{12} i_{m2} + R_{13} i_{m3} = u_{s11} & \text{网孔 Ⅰ 的网孔电流方程} \\
R_{21} i_{m1} + R_{22} i_{m2} + R_{23} i_{m3} = u_{s22} & \text{网孔 Ⅱ 的网孔电流方程} \\
R_{31} i_{m1} + R_{32} i_{m2} + R_{33} i_{m3} = u_{s33} & \text{网孔 Ⅲ 的网孔电流方程}
\end{cases}
$$

该方程组的系数矩阵为

$$
\begin{bmatrix}
R_{11} & R_{12} & R_{13} \\
R_{21} & R_{22} & R_{23} \\
R_{31} & R_{32} & R_{33}
\end{bmatrix}_{3 \times 3}
$$

显然沿对角线下标相同的系数 R_{11}、R_{22}、R_{33} 分别为网孔 Ⅰ、Ⅱ、Ⅲ 中电阻的和，分别称为网孔 Ⅰ、Ⅱ、Ⅲ 的自阻；其他下标不相同的系数 $R_{ij}(i=1,2,3;j=1,2,3)$ 为网孔 i 与网孔 j 各公共支路中的电阻或等效电阻之和，且各电阻前面带有"＋"或"－"号。当网孔电流

i_{mi} 与网孔电流 i_{mj} 流过公共支路中的电阻时，若它们的参考方向相反，则该电阻前带"－"号，若它们的参考方向相同，则该电阻前带"＋"号。这些 R_{ij} 称作网孔 i 与网孔 j 之间的互阻。例如，R_{12} 称作网孔 1 与网孔 2 的互阻，R_{21} 称作网孔 2 与网孔 1 的互阻，且 $R_{12}=R_{21}$，即系数矩阵中 R_{ij} 与 R_{ji} 相对于对角线，它们的位置是对称的，在没有受控源的情况下，它们是相等的。一般把各网孔电流的参考方向均设为一致，即都是顺时针，或都是逆时针，这样各网孔电流流过彼此的公共支路时，它们的参考方向肯定是相反的，所以它们之间的互阻 R_{ij} 都是小于零的。网孔电流方程中的 u_{s11}、u_{s22}、u_{s33} 分别为网孔 Ⅰ、Ⅱ、Ⅲ 中电压源的电压代数和，当各网孔中电压源的电压沿网孔电流方向是电位升高的，即由"－"极到"＋"极，则该电压前面取"＋"号，否则取"－"号。设电路中有 m 个网孔，则网孔电流方程的一般形式为

$$\begin{cases} R_{11}\,i_{m1} + R_{12}\,i_{m2} + R_{13}\,i_{m3} + \cdots + R_{1m}\,i_{mm} = u_{s11} \\ R_{21}\,i_{m1} + R_{22}\,i_{m2} + R_{23}\,i_{m3} + \cdots + R_{2m}\,i_{mm} = u_{s22} \\ \vdots \\ R_{m1}\,i_{m1} + R_{m2}\,i_{m2} + R_{m3}\,i_{m3} + \ldots + R_{mm}\,i_{mm} = u_{smm} \end{cases}$$

上述方程组的系数矩阵为

$$\begin{bmatrix} R_{11} & R_{12} & R_{13} & \cdots & R_{1m} \\ R_{21} & R_{22} & R_{23} & \cdots & R_{2m} \\ & & \vdots & & \\ R_{m1} & R_{m2} & R_{m3} & \cdots & R_{mm} \end{bmatrix}_{m \times m}$$

其中

$$R_{ij} \begin{cases} 自阻 > 0 & i = j \\ 互阻 & i \neq j \end{cases}$$

互阻 R_{ij} 的正、负由网孔电流通过彼此的公共支路的参考方向是相同还是相反来决定，相同为正，相反为负。若各网孔电流的参考方向均取相同的方向，则互阻 R_{ij} 都是负的。若两个网孔之间没有公共支路，或者有公共支路，但其电阻为零（例如，公共支路中仅有电压源），则互阻为零。在没有受控源的条件下，有

$$R_{ij} = R_{ji} \qquad i \neq j$$

网孔电流方程组中的 $u_{skk}(k=1, 2, \cdots, m)$ 为各网孔中的电压源电压的代数和。沿网孔电流方向，若电压源的电压为电压升，则其前面带"＋"号，若为电压降，则其前面带"－"号。

以网孔电流为变量，列出网孔电流方程，求解出各网孔电流，再根据各支路电流与网孔电流的关系，就可得到各支路电流，这种方法称为网孔电流法，简称网孔法。

例 3－1 在图 3－9 所示电路中，各电压源和电阻均为已知，试用网孔电流法求各支路电流。

解 选取网孔电流 I_{m1}、I_{m2} 及 I_{m3} 如图中所示，列网孔电流方程为

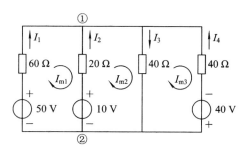

图 3－9　例 3－1 图

$$\begin{cases}(60\ \Omega+20\ \Omega)\,I_{m1}-20\ \Omega\times I_{m2}=50\ \text{V}-10\ \text{V}\\ -20\ \Omega\times I_{m1}+(20\ \Omega+40\ \Omega)\,I_{m2}-40\ \Omega\times I_{m3}=10\ \text{V}\\ -40\ \Omega\times I_{m2}+(40\ \Omega+40\ \Omega)\,I_{m3}=40\ \text{V}\end{cases}$$

用代数消元法或行列式法,解得

$$I_{m1}=0.786\ \text{A}$$
$$I_{m2}=1.143\ \text{A}$$
$$I_{m3}=1.071\ \text{A}$$

指定各支路电流如图中所示,则有

$$I_1=I_{m1}=0.786\ \text{A}$$
$$I_2=-I_{m1}+I_{m2}=-0.786\ \text{A}+1.143\ \text{A}=0.357\ \text{A}$$
$$I_3=I_{m2}-I_{m3}=1.143\ \text{A}-1.071\ \text{A}=0.072\ \text{A}$$
$$I_4=-I_{m3}=-1.071\ \text{A}$$

取节点①,对其列 KCL 方程,可校验答案是否正确。

$$-I_1-I_2+I_3-I_4=-0.786\ \text{A}-0.357\ \text{A}+0.072\ \text{A}-(-1.071\ \text{A})=0$$

即 I_1、I_2、I_3、I_4 满足节点①的 KCL,所以答案是正确的。

当电路中有电流源和电阻的并联组合时,可将它等效变换成电压源和电阻的串联组合,再按上述方法进行分析。如果有无伴电流源(无电阻与其并联的单一电流源)或是受控源时,下面举例子说明该如何处理。

例 3-2　图 3-10 所示电路中 $U_{s1}=50\ \text{V}$,$U_{s3}=20\ \text{V}$,$I_{s2}=1\ \text{A}$,此电流源为无伴电流源,试列出网孔电流方程。

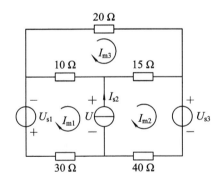

图 3-10　例 3-2 图

解　因电流源 I_{s2} 为无伴电流源,所以要在其两端设电压 U,如图中所示,电压 U 作为附加变量。网孔电流设为 I_{m1}、I_{m2}、I_{m3},如图中所示,列网孔电流方程为

$$\begin{cases}(10\ \Omega+30\ \Omega)\,I_{m1}-10\ \Omega\times I_{m3}=-U_{s1}-U\\ (15\ \Omega+40\ \Omega)\,I_{m2}-15\ \Omega\times I_{m3}=U-U_{s3}\\ -10\ \Omega\times I_{m1}-15\ \Omega\times I_{m2}+(10\ \Omega+20\ \Omega+15\ \Omega)\,I_{m3}=0\end{cases}$$

无伴电流源所在支路有 I_{m1} 及 I_{m2} 流过,无伴电流源的电流 I_{s2} 为已知,故补充方程为

$$-I_{m1}+I_{m2}=I_{s2}$$

代入数据得

$$\begin{cases} 40\ \Omega \times I_{m1} - 10\ \Omega \times I_{m3} = -50\ V - U \\ 55\ \Omega \times I_{m2} - 15\ \Omega \times I_{m3} = U - 20\ V \\ -10\ \Omega \times I_{m1} - 15\ \Omega \times I_{m3} + 45\ \Omega \times I_{m3} = 0 \\ -I_{m1} + I_{m2} = 1\ A \end{cases}$$

4 个方程解 4 个未知量 I_{m1}、I_{m2}、I_{m3} 及 U。

例 3 - 3 试求图 3 - 11 所示电路中电流源两端电压 U。

解 选择网孔电流如图中所示,由于网孔Ⅱ中 2 A 电流源仅在一个网孔中出现,而不处在两个网孔的公共支路中,所以网孔Ⅱ的网孔电流 i_{m2} 即为电流源的电流,但需带"一"号,此时网孔电流方程为

$$\begin{cases} (2\ \Omega + 3\ \Omega)\ i_{m1} - 3\ \Omega \times i_{m2} = 4\ V \\ i_{m2} = -2\ A \end{cases}$$

解得

$$i_{m1} = -\frac{2}{5}\ A$$

2 A 电流源两端电压 U 为

$$U = 5 \times 2\ V + 3\ \Omega \times (i_{m1} - i_{m2})$$

$$= 5 \times 2\ \Omega + 3\ \Omega \times \left[-\frac{2}{5}\ A - (-2\ A) \right] = 10\ V + 3 \times \frac{8}{5}\ V = 14.8\ V$$

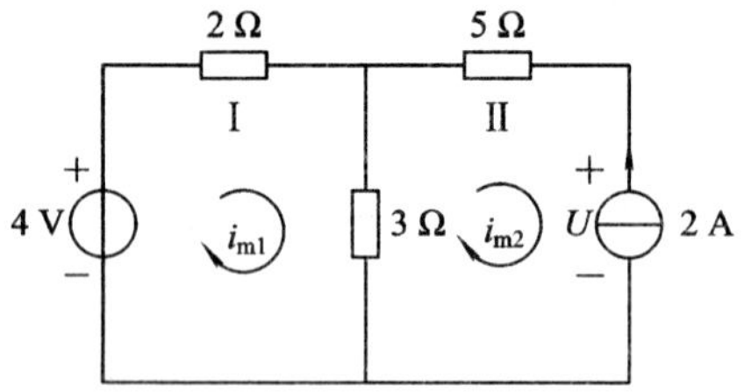

图 3 - 11 例 3 - 3 图

例 3 - 4 列出图 3 - 12 所示电路的网孔电流方程。

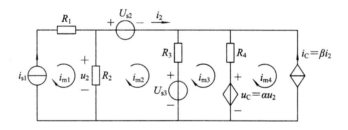

图 3 - 12 例 3 - 4 图

解 所设网孔电流如图中所示,网孔电流方程为

$$\begin{cases} i_{m1} = i_{s1} \\ -R_2\ i_{m1} + (R_2 + R_3)\ i_{m2} - R_3\ i_{m3} = -u_{s2} - u_{s3} \\ -R_3\ i_{m2} + (R_3 + R_4)\ i_{m3} - R_4\ i_{m4} = u_{s3} - \alpha\ u_2 \\ i_{m4} = -\beta\ i_2 \end{cases}$$

由于多了两个控制量 u_2 和 i_2,所以还需列控制量方程,控制量方程为

$$\begin{cases} u_2 = (i_{m1} - i_{m2})\ R_2 \\ i_2 = i_{m2} \end{cases}$$

把控制量代入网孔电流方程,再整理为规范形式,就可发现 $R_{ij} \neq R_{ji}$,读者可自行完成。

例 3 - 5 列出图 3 - 13 所示电路的网孔电流方程。

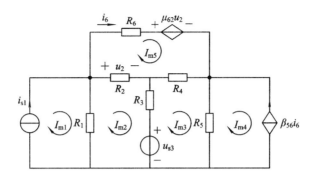

图 3-13　例 3-5 图

解　所设网孔电流如图中所示，网孔电流方程为

$$
\begin{cases}
I_{m1} = i_{s1}\\
-R_1 I_{m1} + (R_1 + R_2 + R_3) I_{m2} - R_3 I_{m3} - R_2 I_{m5} = -u_{s3}\\
-R_3 I_{m2} + (R_3 + R_4 + R_5) I_{m3} - R_5 I_{m4} - R_4 I_{m5} = u_{s3}\\
I_{m4} = -\beta_{56} i_6\\
-R_2 I_{m2} - R_4 I_{m3} + (R_2 + R_4 + R_6) I_{m5} = -\mu_{62} u_2
\end{cases}
$$

控制量方程为

$$
\begin{cases}
u_2 = (I_{m2} - I_{m5}) R_2\\
i_6 = I_{m5}
\end{cases}
$$

例 3-6　例 3-2 是选择网孔作为独立回路，这时需在电流源两端增设电压 U。若选择如图 3-14(a)所示回路作为独立回路，重做例 3-2。

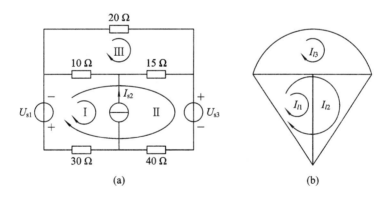

图 3-14　例 3-6 图

解　图 3-14(a)中所选回路Ⅰ、Ⅱ、Ⅲ 显然是一组独立回路。同样，假想有一回路电流在回路中沿回路周界连续流动，如图 3-14(b)所示。对这组回路电流变量 I_{l1}、I_{l2}、I_{l3} 列回路电流方程，称作回路电流法。实际上，网孔电流法就是回路电流法的一种特例，只不过是选择网孔作独立回路而已。因此，回路电流法列写方程的规则与网孔电流法一样，不同的是，回路电流法中互阻的正负只能由两回路电流通过共有支路时它们的参考方向是否一致来决定，而不能只凭各回路电流均取相同方向就可决定互阻为负。

对图 3-14(a)列写回路电流方程为

$$
\begin{cases}
I_{l1} = -I_{s2} \\
(10\ \Omega + 30\ \Omega)\,I_{l1} + (10\ \Omega + 15\ \Omega + 40\ \Omega + 30\ \Omega)\,I_{l2} - (10\ \Omega + 15\ \Omega)\,I_{l3} = -U_{s1} - U_{s3} \\
-10\ \Omega \times I_{l1} - (10\ \Omega + 15\ \Omega)\,I_{l2} + (20 + 15 + 10)\,I_{l3} = 0
\end{cases}
$$

上述方程组中，回路Ⅱ的回路电流方程中 I_{l1} 前的系数为正，是因为 I_{l2} 与 I_{l1} 通过公共支路时方向一致，I_{l3} 前的系数为负，是因为 I_{l2} 和 I_{l3} 通过公共支路时方向相反。

代入数据，得

$$
\begin{cases}
I_{l1} = -1\ \text{A} \\
40\ \Omega \times I_{l1} + 95\ \Omega \times I_{l2} - 25\ \Omega \times I_{l3} = -50\ \text{V} - 20\ \text{V} \\
-10\ \Omega \times I_{l1} - 25\ \Omega \times I_{l2} + 45\ \Omega \times I_{l3} = 0
\end{cases}
$$

注意：回路电流法适用于平面和非平面电路，而网孔电流法只适用于平面电路。选择回路时要注意回路的独立性。

第四节　节点电压法

在具有 n 个节点的电路中，选定其中任意一个节点作为参考节点，即此节点的电位为零，用节点 0 表示参考节点。其余各节点相对于参考节点的电位（即与参考节点之间的电压）称为节点电压，用 u_{ni}[①]表示。以节点电压为变量，列写关于节点电压变量的方程，解出节点电压变量，再通过节点电压求出其他变量（如支路电压等）的方法，称为节点电压法，简称节点法。下面仍举例子来讲述节点电压法。

电路如图 3 - 15(a)所示，参考节点、各节点的电压及支路电流参考方向均标注于图 3 - 15(b)上。

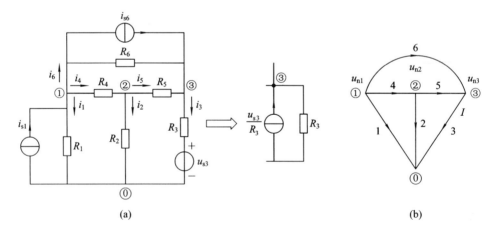

(a)　　　　　　　　　　　　　　　**(b)**

图 3 - 15　节点电压法

节点电压 u_{n1}、u_{n2}、u_{n3} 与各支路电压的关系，从图 3 - 15(b)中可看出，为

$$
u_1 = u_{n1},\ u_2 = u_{n2},\ u_3 = u_{n3},\ u_4 = u_{n1} - u_{n2},\ u_5 = u_{n2} - u_{n3},\ u_6 = u_{n1} - u_{n3}
$$

$$(3 - 2)$$

---

① u_{ni} 中的 n 为 node 的意思，i 为节点的编号。

由图 3-15(a)可知，各支路电流与支路电压的关系为

$$i_1 = \frac{u_1}{R_1} - i_{s1}, \; i_2 = \frac{u_2}{R_2}, \; i_3 = \frac{u_3 - u_{s3}}{R_3}, \; i_4 = \frac{u_4}{R_4}, \; i_5 = \frac{u_5}{R_5}, \; i_6 = \frac{u_6}{R_6} + i_{s6} \tag{3-3}$$

将式(3-2)代入式(3-3)，得各支路电流与节点电压的关系为

$$\left.\begin{aligned}
i_1 &= \frac{u_{n1}}{R_1} - i_{s1} = G_1 \, u_{n1} - i_{s1} \\[2mm]
i_2 &= \frac{u_{n2}}{R_2} = G_2 \, u_{n2} \\[2mm]
i_3 &= \frac{u_{n3} - u_{s3}}{R_3} = G_3 (u_{n3} - u_{s3}) \\[2mm]
i_4 &= \frac{u_{n1} - u_{n2}}{R_4} = G_4 (u_{n1} - u_{n2}) \\[2mm]
i_5 &= \frac{u_{n2} - u_{n3}}{R_5} = G_5 (u_{n2} - u_{n3}) \\[2mm]
i_6 &= \frac{u_{n1} - u_{n3}}{R_6} + i_{s6} = G_6 (u_{n1} - u_{n3}) + i_{s6}
\end{aligned}\right\} \tag{3-4}$$

对节点①、②、③列 KCL 方程，得

$$\left.\begin{aligned}
i_1 + i_4 + i_6 &= 0 \\
i_2 - i_4 + i_5 &= 0 \\
i_3 - i_5 - i_6 &= 0
\end{aligned}\right\} \tag{3-5}$$

把式(3-4)代入式(3-5)，经整理得

$$\left.\begin{aligned}
\left(\frac{1}{R_1} + \frac{1}{R_4} + \frac{1}{R_6}\right)u_{n1} - \frac{1}{R_4} u_{n2} - \frac{1}{R_6} u_{n3} &= i_{s1} - i_{s6} \\[2mm]
-\frac{1}{R_4} u_{n1} + \left(\frac{1}{R_2} + \frac{1}{R_4} + \frac{1}{R_5}\right)u_{n2} - \frac{1}{R_5} u_{n3} &= 0 \\[2mm]
-\frac{1}{R_6} u_{n1} - \frac{1}{R_5} u_{n2} + \left(\frac{1}{R_3} + \frac{1}{R_5} + \frac{1}{R_6}\right)u_{n3} &= \frac{u_{s3}}{R_3} + i_{s6}
\end{aligned}\right\} \tag{3-6}$$

或写成

$$\left.\begin{aligned}
&\text{对节点 1：} (G_1 + G_4 + G_6) \, u_{n1} - G_4 \, u_{n2} - G_6 \, u_{n3} = i_{s1} - i_{s6} \\
&\text{对节点 2：} -G_4 \, u_{n1} + (G_2 + G_4 + G_5) \, u_{n2} - G_5 \, u_{n3} = 0 \\
&\text{对节点 3：} -G_6 \, u_{n1} - G_5 \, u_{n2} + (G_3 + G_5 + G_6) \, u_{n3} = G_3 \, u_{s3} + i_{s6}
\end{aligned}\right\} \tag{3-7}$$

式(3-7)中各方程，即为节点 1、节点 2、节点 3 的节点电压方程。令

$G_{11} = G_1 + G_4 + G_6$，称为节点 1 的自导，它是连接于节点 1 的各支路电导的和；

$G_{12} = G_{21} = -G_4$，称为节点 1 与节点 2(或节点 2 与节点 1)之间的互导，它是连接于节点 1 与 2 之间的各支路中电导的和，且带有"－"号；

$G_{13} = G_{31} = -G_6$，称为节点 1 与节点 3(或节点 3 与节点 1)之间的互导，它是连接于节点 1 与节点 3 之间的各支路中电导的和，且带有"－"号；

$G_{22} = G_2 + G_4 + G_5$，称为节点 2 的自导，它是连接于节点 2 的各支路中电导的和；

$G_{23} = G_{32} = -G_5$，称为节点 2 与节点 3(或节点 3 与节点 2)之间的互导，它是连接于节点 2 与节点 3 之间的各支路中电导的和，且带有"－"号；

$G_{33} = G_3 + G_5 + G_6$，称为节点 3 的自导，它是连接于节点 3 的各支路中电导的和；

$i_{s11}=i_{s1}-i_{s6}$，为流过节点 1 的电流源电流的代数和，流入节点的电流源电流前取"＋"号，流出节点的取"－"号；

$i_{s22}=0$，为流过节点 2 的电流源电流的代数和，这里没有流过节点 2 的电流源，所以为零；

$i_{s33}=G_3 u_{s3}+i_{s6}$，为流过节点 3 的电流源电流的代数和，流入节点的电流源电流前取"＋"号，否则取"－"号。但要注意，这里还包括电压源与电阻串联组合所形成的一个等效电流源电流 $G_3 u_{s3}$（或 u_{s3}/R_3），把 u_{s3} 与 R_3 串联等效变换为电流源 u_{s3}/R_3 与电阻 R_3 的并联，就可看出有一等效电流源的电流 u_{s3}/R_3 注入节点 3，如图 3-15(a)中所示。电压源与电阻串联支路与节点相连接，当其"＋"极靠近节点时，其等效电流源电流前取"＋"号，当其"＋"极背离节点时，其等效电流源电流前取"－"号。于是式(3-7)变为

$$G_{11} u_{n1} + G_{12} u_{n2} + G_{13} u_{n3} = i_{s11} \qquad 节点 1 的节点电压方程$$
$$G_{21} u_{n1} + G_{22} u_{n2} + G_{23} u_{n3} = i_{s22} \qquad 节点 2 的节点电压方程$$
$$G_{31} u_{n1} + G_{32} u_{n2} + G_{33} u_{n3} = i_{s33} \qquad 节点 3 的节点电压方程$$

上述方程即为节点的节点电压方程，其中下标相同的电导为各节点的自导，自导总是大于零；下标不相同的电导为各节点之间的互导，互导总小于零；且在无受控源的条件下，$G_{ij}=G_{ji}(i=1, 2, 3; j=1, 2, 3; i \neq j)$。

若电路中有 n 个节点，选中其中一个作为参考节点，其余 $n-1$ 个节点的节点电压方程的一般式为

$$\begin{cases} G_{11} u_{n1} + G_{12} u_{n2} + G_{13} u_{n3} + \cdots + G_{1(n-1)} u_{n(n-1)} = i_{s11} \\ G_{21} u_{n1} + G_{22} u_{n2} + G_{23} u_{n3} + \cdots + G_{2(n-1)} u_{n(n-1)} = i_{s22} \\ \qquad\qquad\qquad\qquad \vdots \\ G_{(n-1)1} u_{n1} + G_{(n-1)2} u_{n2} + G_{(n-1)3} u_{n3} + \cdots + G_{(n-1)(n-1)} u_{n(n-1)} = i_{s(n-1)(n-1)} \end{cases}$$

其中

$$G_{ij} \begin{cases} 自导 & i=j \\ 互导 < 0 & i \neq j \end{cases}$$

且在无受控源时，有

$$G_{ij} = G_{ji} \qquad (i \neq j)$$

即无受控源时，上述方程组的系数矩阵相对于对角线是对称的，但当有受控源时，G_{ij} 与 G_{ji} 就不一定相等，系数矩阵也不再对称。

例 3-7 试用节点电压法，求图 3-16 所示电路中的电流 I。

解 该电路只有 2 个节点，用节点电压法最为简单，只需对一个独立节点列节点电压方程，即

$$\left(\frac{1}{R_1} + \frac{1}{R_2} + \frac{1}{R_3} + \frac{1}{R_4} \right) u_{n1} = \frac{U_{s1}}{R_1} - \frac{U_{s2}}{R_2} + \frac{U_{s3}}{R_3}$$

$$u_{n1} = \frac{\dfrac{U_{s1}}{R_1} - \dfrac{U_{s2}}{R_2} + \dfrac{U_{s3}}{R_3}}{\dfrac{1}{R_1} + \dfrac{1}{R_2} + \dfrac{1}{R_3} + \dfrac{1}{R_4}}$$

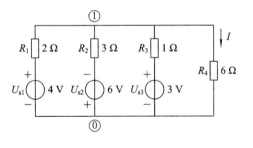

图 3-16　例 3-7 图

这个方程的普遍形式为

$$u_{n1} = \frac{\sum \dfrac{U_{sk}}{R_k}}{\sum \dfrac{1}{R_k}} \qquad (3-8)$$

式(3-8)称为弥尔曼定理，它实际上是节点电压法的一种特殊情况。当电压源的参考"＋"极靠近独立节点时，$\dfrac{U_{sk}}{R_k}$前取"＋"号；当"－"极靠近独立节点时，$\dfrac{U_{sk}}{R_k}$前取"－"号。代入数据后，得

$$u_{n1} = \frac{\dfrac{4}{2} - \dfrac{6}{3} + \dfrac{3}{1}}{\dfrac{1}{2} + \dfrac{1}{3} + \dfrac{1}{1} + \dfrac{1}{6}} \text{ V} = \frac{3}{2} \text{ V}$$

于是

$$I = \frac{u_{n1}}{R_4} = \frac{\dfrac{3}{2}}{6} \text{A} = \frac{1}{4} \text{A}$$

例 3-8　电路如图 3-17 所示，试列出节点电压方程，计算节点电压 U_{n1}、U_{n2} 及 U_{n3}，计算支路电流 I。

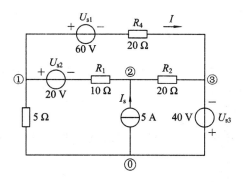

图 3-17　例 3-8 图

解　节点 1 的节点电压方程为

$$\left(\frac{1}{R_3} + \frac{1}{R_1} + \frac{1}{R_4}\right)U_{n1} - \frac{1}{R_1}U_{n2} - \frac{1}{R_4}U_{n3} = \frac{U_{s2}}{R_1} + \frac{U_{s1}}{R_4}$$

节点 2 的节点电压方程为

$$-\frac{1}{R_1}U_{n1} + \left(\frac{1}{R_1} + \frac{1}{R_2}\right)U_{n2} - \frac{1}{R_2}U_{n3} = -\frac{U_{s2}}{R_1} + I_s$$

节点 3 的节点电压方程为

$$U_{n3} = -U_{s3}$$

注意，节点 3 与参考点 0 之间有一个单独的电压源，称为无伴电压源，此时节点 3 的节点电压方程不需要再按常规列写，即使列写也是多余方程。节点 3 的节点电压 U_{n3} 就是这个无伴电压源的电压 U_{s3}，但要注意"＋"、"－"号，此时电压源 U_{s3}"＋"极背离节点 3，所以电压源 U_{s3} 与节点电压 U_{n3} 参考方向相反，故上式 U_{s3} 前面应带"－"号。

将数据代入 3 个节点电压方程中，有

$$\begin{cases} \left(\dfrac{1}{5}+\dfrac{1}{10}+\dfrac{1}{20}\right)U_{n1}-\dfrac{1}{10}U_{n2}-\dfrac{1}{20}U_{n3}=\dfrac{20}{10}+\dfrac{60}{20} \\[2mm] -\dfrac{1}{10}U_{n1}+\left(\dfrac{1}{10}+\dfrac{1}{20}\right)U_{n2}-\dfrac{1}{20}U_{n3}=-\dfrac{20}{10}+5 \\[2mm] U_{n3}=-40 \end{cases}$$

将 $U_{n3}=-40$ 代入前 2 个方程得

$$\begin{cases} \dfrac{7}{20}U_{n1}-\dfrac{2}{20}U_{n2}=3 \\[2mm] -\dfrac{2}{20}U_{n1}+\dfrac{3}{20}U_{n2}=1 \end{cases}$$

解得

$$\begin{cases} U_{n1}=\dfrac{220}{17} \\[2mm] U_{n2}=\dfrac{260}{17} \end{cases}$$

下面我们来计算支路电流 I，支路电流 I 所在支路的支路电压为

$$U_{13}=U_{n1}-U_{n3}=\dfrac{220}{17}\text{V}-(-40)\text{V}=\dfrac{900}{17}\ \text{V}$$

由 KVL 及欧姆定律得支路电流 I 为

$$I=\dfrac{U_{13}-U_{s1}}{R_4}=\dfrac{\dfrac{900}{17}\text{V}-\dfrac{220}{17}\text{V}}{20\ \Omega}=2\ \text{A}$$

例 3-9　电路如图 3-18 所示，试列出节点电压方程，计算出节点电压 U_{n1}、U_{n2} 及 U_{n3}，计算 8 A 电流源的功率。

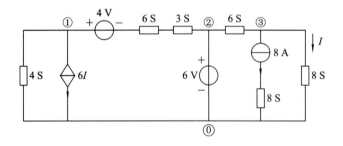

图 3-18　例 3-9 图

解　电导 6 S 与 3 S 是串联的，其等效电导为 $\dfrac{6\text{ S}\times 3\text{ S}}{6\text{ S}+3\text{ S}}=2\text{ S}$。8 A 电流源与 8 S 电导串联，就等效为 8 A 电流源，所以 8 S 电导不参与方程的列写。

节点 1、2、3 的节点电压方程分别为

$$\begin{cases} (4\text{S}+2\text{ S})U_{n1}-2\text{ S}U_{n2}=-6I+4\text{ V}\times 2\text{ S} \\[1mm] U_{n2}=6\text{ V} \\[1mm] -6\text{ S}U_{n2}+(6\text{ S}+8\text{ S})U_{n2}=-8\text{ A} \end{cases}$$

以上方程组多了一个变量 I，需再补充一个方程，由于电流 I 为控制量，所以称为控制量方程。关于电流 I 的控制量方程为

$$I = 8SU_{n3}$$

将上式代入节点 1 的节点电压方程中，经整理得

$$\begin{cases} 6SU_{n1} - 2SU_{n2} + 48SU_{n3} = 8 \text{ A} \\ U_{n2} = 6 \text{ V} \\ -6SU_{n2} + 14SU_{n3} = -8 \text{ A} \end{cases}$$

解得

$$\begin{cases} U_{n1} = \dfrac{38}{3} \text{ V} \\ U_{n3} = 2 \text{ V} \end{cases}$$

8 A 电流源两端电压 U 为

$$U = U_{n3} - \frac{8 \text{ A}}{8 \text{ S}} = 2 \text{ V} - 1 \text{ V} = 1 \text{ V}$$

8 A 电流源的功率为

$$P_{8A} = U \times 8 \text{ A} = 1 \text{ V} \times 8 \text{ A} = 8 \text{ W}$$

例 3‑10 电路如图 3‑19 所示，试求节点电压 u_{n1}。

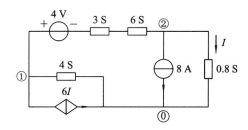

图 3‑19 例 3‑10 图

解 列节点电压方程为

$$\begin{cases} \left(4 \text{ S} + \dfrac{3 \times 6}{3 + 6} \text{S}\right) u_{n1} - \dfrac{3 \times 6}{3 + 6} \text{ S} \times u_{n2} = -6I + 4 \times \dfrac{3 \times 6}{3 + 6} \text{A} \\ -\dfrac{3 \times 6}{3 + 6} \text{ S} \times u_{n1} + \left(\dfrac{3 \times 6}{3 + 6} \text{S} + 0.8 \text{ S}\right) u_{n2} = -4 \times \dfrac{3 \times 6}{3 + 6} \text{ A} - 8 \text{ A} \end{cases}$$

$$\begin{cases} 6 \text{ S} \times u_{n1} - 2\text{S} \times u_{n2} = -6I + 8 \text{ A} \\ -2 \text{ S} \times u_{n1} + 2.8 \text{ S} \times u_{n2} = -16 \text{ A} \end{cases}$$

列控制量方程为

$$I = u_{n2} \times 0.8 \text{ S}$$

把控制量方程代入节点电压方程，整理后得

$$\begin{cases} 3 \text{ S} \times u_{n1} + 1.4 \text{ S} \times u_{n2} = 4 \text{ A} \\ -1 \text{ S} \times u_{n1} + 1.4 \text{ S} \times u_{n2} = -8 \text{ A} \end{cases}$$

显然，$G_{12} \neq G_{21}$，因含有受控源。联立求解，得

$$u_{n1} = 3 \text{ V}$$

例 3‑11 列出图 3‑20 所示电路的节点电压方程。

解 此题中有一无伴电压源，且为受控电压源，因此需先设流过该受控电压源的电流为 I_0，如图中所示。把 I_0 看成是电流源的电流，放在节点电压方程的右边。I_0 流入节点，I_0

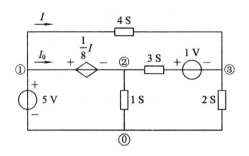

图 3-20 例 3-11 图

前取"+"号；I_0 流出节点，I_0 前取"－"号。由于 I_0 也为一未知量，所以还需列一补充方程。节点电压方程为

$$\begin{cases} u_{n1} = 5 \text{ V} \\ (1\text{ S} + 3\text{ S})\, u_{n2} - 3\text{ S} \times u_{n3} = I_0 + 1 \times 3 \text{ A} \\ -4\text{ S} \times u_{n1} - 3\text{ S} \times u_{n2} + (4\text{ S} + 3\text{ S} + 2\text{ S})\, u_{n3} = -1 \times 3 \text{ A} \end{cases}$$

补充方程为

$$u_{n1} - u_{n2} = \frac{1}{8}\Omega \times I$$

控制量方程为

$$I = (u_{n1} - u_{n3}) \times 4 \text{ S}$$

注意：本例由于节点 1 的节点电压就等于节点 1 与参考节点 0 之间的电压，即电压源电压 5 V，所以节点 1 的节点电压方程就为 $u_{n1} = 5$，而不必再按一般规则去列写，否则将为多余方程。

例 3-12 图 3-21 所示电路具有 VCCS，$i_C = g_m u_{R2}$，试列出节点电压方程。

解 本例没有给出参考节点，选择参考节点时有一定的技巧，选得好，可使方程列写简单，否则将较复杂。考虑到为使控制量方程较简单，将参考节点设在节点 3 处，用接地符号表示，如图中所示。于是节点电压方程为

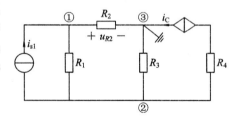

图 3-21 例 3-12 图

$$\left(\frac{1}{R_1} + \frac{1}{R_2}\right) u_{n1} - \frac{1}{R_1} u_{n2} = i_{s1}$$

$$-\frac{1}{R_1} u_{n1} + \left(\frac{1}{R_1} + \frac{1}{R_3}\right) u_{n2} = -i_{s1} - g_m u_{R2}$$

控制量方程为

$$u_{R2} = u_{n1}$$

代入节点电压方程，并经整理后得

$$\begin{cases} \left(\dfrac{1}{R_1} + \dfrac{1}{R_2}\right) u_{n1} - \dfrac{1}{R_1} u_{n2} = i_{s1} \\ \left(g_m - \dfrac{1}{R_1}\right) u_{n1} + \left(\dfrac{1}{R_1} + \dfrac{1}{R_3}\right) u_{n2} = -i_{s1} \end{cases}$$

显然，$G_{12} = -\dfrac{1}{R_1}$，$G_{21} = g_{\mathrm{m}} - \dfrac{1}{R_1}$，故 $G_{12} \neq G_{21}$，因为电路中含有受控源。节点电压方程的系数矩阵不再对称。

注意：本例中与受控电流源相串联的电阻 R_4 不参与方程的列写，凡电流源与电阻串联均等效为一个电流源，所以与其串联的电阻不计入自阻和互阻中。

例 3-13 图 3-22(a)所示电路是电子电路中的一种习惯画法，其中未画出电压源，只标出与电压源相连接各点对参考点（或地）的电压，即电位值，图 3-22(a)可改画为图 3-22(b)。试用节点电压法求电压 u_0（对参考节点）。

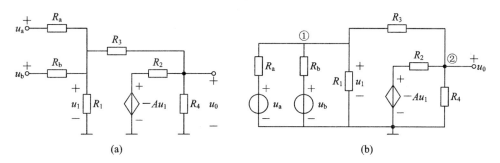

(a)   (b)

图 3-22 例 3-13 图

解 由图(b)列出节点电压方程为

$$\left(\frac{1}{R_{\mathrm{a}}} + \frac{1}{R_{\mathrm{b}}} + \frac{1}{R_1} + \frac{1}{R_3}\right)u_{\mathrm{n1}} - \frac{1}{R_3}u_{\mathrm{n2}} = \frac{u_{\mathrm{a}}}{R_{\mathrm{a}}} + \frac{u_{\mathrm{b}}}{R_{\mathrm{b}}}$$

$$-\frac{1}{R_3}u_{\mathrm{n1}} + \left(\frac{1}{R_3} + \frac{1}{R_2} + \frac{1}{R_4}\right)u_{\mathrm{n2}} = \frac{-Au_1}{R_2}$$

控制量方程为

$$u_1 = u_{\mathrm{n1}}$$

代入节点电压方程，并整理后得

$$\begin{cases} \left(\dfrac{1}{R_{\mathrm{a}}} + \dfrac{1}{R_{\mathrm{b}}} + \dfrac{1}{R_1} + \dfrac{1}{R_3}\right)u_{\mathrm{n1}} - \dfrac{1}{R_3}u_{\mathrm{n2}} = \dfrac{u_{\mathrm{a}}}{R_{\mathrm{a}}} + \dfrac{u_{\mathrm{b}}}{R_{\mathrm{b}}} \\[2mm] \left(\dfrac{A}{R_2} - \dfrac{1}{R_3}\right)u_{\mathrm{n1}} + \left(\dfrac{1}{R_2} + \dfrac{1}{R_3} + \dfrac{1}{R_4}\right)u_{\mathrm{n2}} = 0 \end{cases}$$

由行列式法解得

$$u_{\mathrm{n2}} = \frac{\begin{vmatrix} \dfrac{1}{R_{\mathrm{a}}} + \dfrac{1}{R_{\mathrm{b}}} + \dfrac{1}{R_1} + \dfrac{1}{R_3} & \dfrac{u_{\mathrm{a}}}{R_{\mathrm{a}}} + \dfrac{u_{\mathrm{b}}}{R_{\mathrm{b}}} \\[3mm] \dfrac{A}{R_2} - \dfrac{1}{R_3} & 0 \end{vmatrix}}{\begin{vmatrix} \dfrac{1}{R_{\mathrm{a}}} + \dfrac{1}{R_{\mathrm{b}}} + \dfrac{1}{R_1} + \dfrac{1}{R_3} & -\dfrac{1}{R_3} \\[3mm] \dfrac{A}{R_2} - \dfrac{1}{R_3} & \dfrac{1}{R_2} + \dfrac{1}{R_3} + \dfrac{1}{R_4} \end{vmatrix}}$$

$$= \frac{-\left(\dfrac{u_{\mathrm{a}}}{R_{\mathrm{a}}} + \dfrac{u_{\mathrm{b}}}{R_{\mathrm{b}}}\right)\left(\dfrac{A}{R_2} - \dfrac{1}{R_3}\right)}{\left(\dfrac{1}{R_{\mathrm{a}}} + \dfrac{1}{R_{\mathrm{b}}} + \dfrac{1}{R_1} + \dfrac{1}{R_3}\right)\left(\dfrac{1}{R_2} + \dfrac{1}{R_3} + \dfrac{1}{R_4}\right) + \dfrac{1}{R_3}\left(\dfrac{A}{R_2} - \dfrac{1}{R_3}\right)}$$

因为 $$u_0 = u_{n2}$$

所以

$$u_0 = \frac{\left(\dfrac{1}{R_3} - \dfrac{A}{R_2}\right)\left(\dfrac{u_a}{R_a} + \dfrac{u_b}{R_b}\right)}{\left(\dfrac{1}{R_a} + \dfrac{1}{R_b} + \dfrac{1}{R_1} + \dfrac{1}{R_3}\right)\left(\dfrac{1}{R_2} + \dfrac{1}{R_3} + \dfrac{1}{R_4}\right) + \dfrac{1}{R_3}\left(\dfrac{A}{R_2} - \dfrac{1}{R_3}\right)}$$

第五节　用 PSPICE 7.1 分析直流电路(一)

电路如图 3-23 所示,用 PSPICE 7.1 电路模拟软件分析计算各节点电压和支路电流。

一、绘制电路原理图

从库文件 ANALOG.slb 中调出电压控制电流源 G 图符、各个电阻元件图符、电流源 IDC 图符、电压源 VDC 图符;从库文件 SPECIAL.slb 中调出 VIEWPOINT(观察节点电压)图符(如图 3-23 中节点 1 处所示)、电流表 IPROBE 图符(如图 3-23 中元件 R1 支路中所示)。点击 Markers 菜单,在下拉菜单中选择"标记节点电压"及"标记元件管脚电流"菜单命令,调出探测笔,按图 3-23 连接并编辑好电路图。

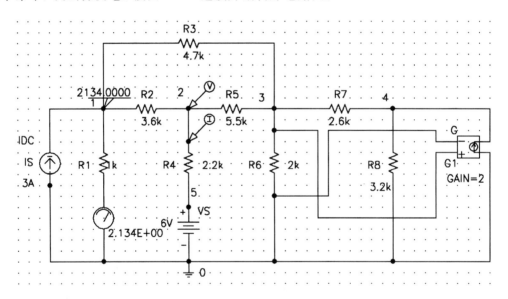

图 3-23　直流电路

二、设置分析类型

用鼠标点击 Analysis 下的 Steup,在弹出的分析设置窗口中点击设置偏置点(静态工作点)按钮,如图 3-24 所示。亦可点击直流扫描分析按钮"DC Sweep...",在弹出的"DC Sweep"对话框中填入直流扫描数据。扫描变量名:VS;起始值:6 V;终止值:6 V;增量:1 V,如图 3-25 所示。

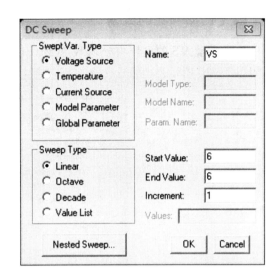

图 3-24 设置偏置点按钮   图 3-25 DC Sweep 对话框

三、运行分析

点击 Analysis 下的 Simulate，即开始执行 PSPICE 分析计算程序，分析结束后界面自动转入 Probe 窗口。

四、查看分析结果

分析结果如图 3-26 所示，图中显示了节点 1、2、3、4 的电压，电阻 R4 的电流。点击 Plot 下的 Add Plot，界面中就会出现两个模拟曲线图形显示区域，标有"SEL ≫"符号的图形区域为被激活。

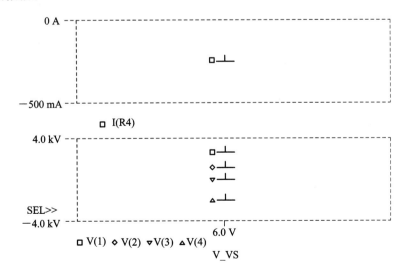

图 3-26 直流分析结果

五、改变扫描参数的数据

扫描变量 VS 的电压由−10 V 变到＋10 V，每次增加 1 V，如图 3−27 所示，分析结果如图 3−28 所示。

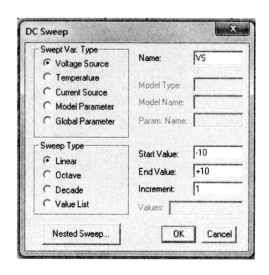

图 3−27　DC Sweep 对话框

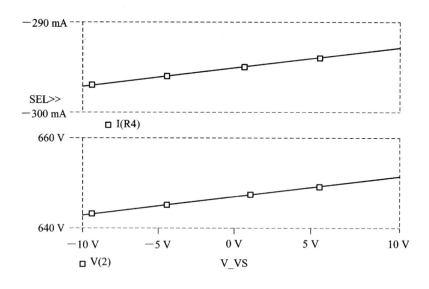

图 3−28　直流传输特性

六、查看输出文件

输出文件的后缀为".out"，点击 Analysis 下的 Run Output，或点击 PSPICE 窗口中文件 File 下的 Examine Output，均可打开 Textedit 文本编辑器，浏览该文件，输出文件 DCDL. out 如下所示，其中附加了一些中文说明。也可用 Windows 的记事本或写字板打开输出文件 DCDL. out。

DCDL. out 输出文件

＊＊＊ 01/07/118 17：12：56 ＊＊＊＊＊＊＊ NT Evaluation PSpice (October 1996) ＊＊＊＊＊

＊ C：\Users\TOSHIBA\Desktop\2018pspice\DCDL. sch 以 ＊ 号开头的语句均为注释语句，只起说明作用。

＊＊＊＊ CIRCUIT DESCRIPTION

＊ Schematics Version 7. 1 — October 1996

＊ Sun Jan 07 17：12：56 2018

＊＊ Analysis setup ＊＊　　　　　　分析设置

. DC LIN V_VS 6 6 1　　　　　　直流扫描分析，按线性扫描，开始 6V，终止 6V，增量 1V

. TEMP 27　　　　　　　　　　在 27℃下模拟

. OP　　　　　　　　　　　　计算静态工作点

＊ From [SCHEMATICS NETLIST] section of msim. ini：

. lib "nom. lib"　　　　　　　　区域性模拟元件库，目前只有 nom. lib

. INC "DCDL. net"　　　将 DCDL. net 包含进来，这是一个 PSPICE 产生的网络表文件

＊＊＊＊ INCLUDING DCDL. net ＊＊＊＊

＊ Schematics Netlist ＊　　　　　Schematics 网络表

　　　　　　　　　　　　　　以下 12 条语句描述电路元件的连接情况

R_R1　　　　＄N_0001 1 1k

R_R2　　　　1 2 3.6k

I_IS　　　　0 1 DC 3A

V_VS　　　　5 0 6V

R_R8　　　　0 4 3.2k

G_G1　　　　0 4 3 0 2

R_R7　　　　3 4 2.6k

R_R6　　　　0 3 2k

R_R5　　　　2 3 5.5k

R_R3　　　　1 3 4.7k　　　　　　　　节点 1，3 之间连接有 4.7k 的电阻 R3

R_R4　　　　5 2 2.2k

v_V2　　　　＄N_0001 0 0

＊＊＊＊ RESUMING DCDL. cir ＊＊＊＊重新开始 DCDL. cir 文件

. INC " DCDL. als"　　　　　将 DCDL. als 包含进来，这是一个 PSPICE 产生的网络别名文件

＊＊＊＊ INCLUDING DCDL. als ＊＊＊＊

＊ Schematics Aliases ＊

. ALIASES

以下 12 行描述元件管脚上的网络别名

R_R1　　　　R1(1＝＄N_0001 2＝1)

R_R2　　　　R2(1＝1 2＝2)

I_IS　　　　IS(＋＝0 —＝1)

V_VS　　　　VS(＋＝5 —＝0)

R_R8　　　　R8(1＝0 2＝4)

G_G1　　　　G1(3＝0 4＝4 1＝3 2＝0)

R_R7　　　　R7(1＝3 2＝4)

R_R6　　　　R6(1＝0 2＝3)

R_R5   R5(1＝2 2＝3)
R_R3   R3(1＝1 2＝3)
R_R4   R4(1＝5 2＝2)
v_V2   V2(＋＝＄N_0001 —＝0)
_   _(1＝1)
_   _(2＝2)
_   _(5＝5)
_   _(4＝4)
_   _(3＝3)
. ENDALIASES
＊＊＊＊ RESUMING DCDL. cir ＊＊＊＊再次开始 DCDL. cir 文件
. probe   调用图形后处理程序 Probe
. END   结束
＊＊＊＊ 01/07/118 17：12：56 ＊＊＊＊＊＊ NT Evaluation PSpice (October 1996) ＊＊＊＊＊
＊ C：\Users\TOSHIBA\Desktop\2018pspice\ DCDL. sch

以下为模拟输出结果
＊＊＊＊ SMALL SIGNAL BIAS SOLUTION TEMPERATURE ＝ 27. 000 DEG C
＊＊＊＊＊＊＊＊＊＊＊＊＊＊＊＊＊＊＊＊＊＊＊＊＊＊＊＊＊＊＊＊＊＊＊＊＊＊
NODE VOLTAGE NODE VOLTAGE NODE VOLTAGE NODE VOLTAGE
(1) 2134. 0000 (2) 651. 3300 (3) —. 5193 (4) —1490. 1000
(5) 6. 0000 (＄N_0001)   0. 0000   节点 ＄N_0001 的电压为 0

VOLTAGE SOURCE CURRENTS
NAME CURREN

V_VS 2. 933E—01   定义电流流入电压源为正，流出为负。
                                       流入电压源 VS 的电流为 0. 2933A
v_V2 2. 134E＋00
TOTAL POWER DISSIPATION —1. 76E＋00 WATTS   电压源 VS 吸收电功率 1. 76W
＊＊＊＊ 01/07/118 17：12：56 ＊＊＊＊＊ NT Evaluation PSpice (October 1996) ＊＊＊＊＊＊
＊ C：\Users\TOSHIBA\Desktop\2018pspice\DCDL. sch

＊＊＊＊ OPERATING POINT INFORMATION TEMPERATURE ＝ 27. 000 DEG C

＊＊＊＊＊＊＊＊＊＊＊＊＊＊＊＊＊＊＊＊＊＊＊＊＊＊＊＊＊＊＊＊＊＊＊＊＊＊
＊＊＊＊ VOLTAGE—CONTROLLED CURRENT SOURCES   电压控制电流源
NAME   G_G1
I—SOURCE —1. 039E＋00   受控电流源 G1 的电流为—1. 039A

J OB CONCLUDED
TOTAL JOB TIME . 03   本次模拟总耗时 0. 03s 完成

••••••••••••••••••••••••••••••••• 习 题 三 •••••••••••••••••••••••••••

3-1 图 3-29 所示电路中，电压源与电阻的串联组合作为一条支路，电流源与电阻的并联组合作为一条支路，说明该图的节点数、支路数、独立节点数、独立回路数、独立 KCL 及独立 KVL 方程数，并画出电路的图。

3-2 用网孔电流法求图 3-30 所示电路中的电流 i_5。

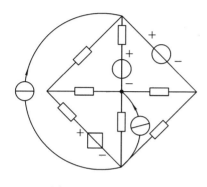

图 3-29 题 3-1 图

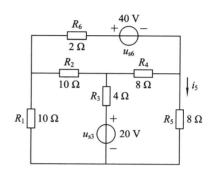

图 3-30 题 3-2 图

3-3 用网孔电流法求图 3-31 所示电路中的电压 U_0。

3-4 用网孔电流法求图 3-32 所示电路中的电压 U。

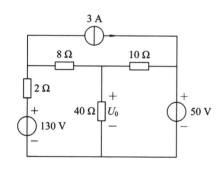

图 3-31 题 3-3 图

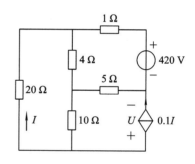

图 3-32 题 3-4 图

3-5 列出图 3-33 所示电路的网孔电流方程。

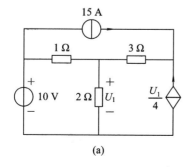

(a)

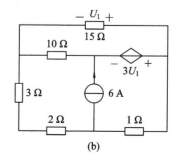

(b)

图 3-33 题 3-5 图

3-6　用网孔电流法求图 3-34 所示电路中的电流 i_x 和电压 u_x。

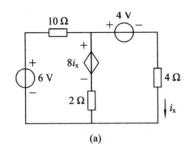　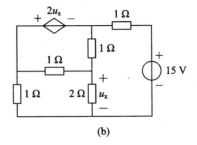

(a)　　　　　　　　　　　(b)

图 3-34　题 3-6 图

3-7　用节点电压法求图 3-35 所示电路的各节点电压。

3-8　试用节点电压法求图 3-36 所示电路中的电压 u。

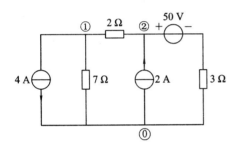　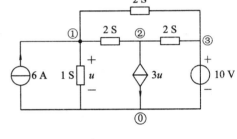

图 3-35　题 3-7 图　　　　　　　图 3-36　题 3-8 图

3-9　电路如图 3-37 所示,试列出节点电压方程;计算节点电压 U_{n1}、U_{n2} 及 U_{n3};计算电阻 R_3 中的电流 I;计算电流源 I_{s1} 的功率。

3-10　电路如图 3-38 所示,试列出节点电压方程。

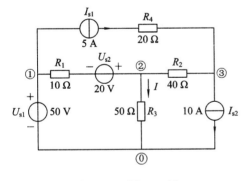　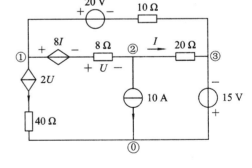

图 3-37　题 3-9 图　　　　　　　图 3-38　题 3-10 图

3-11　列出图 3-39 所示电路的节点电压方程。

3-12　列出图 3-40 所示电路的节点电压方程。

3-13　列出图 3-41 所示电路的节点电压方程。

3-14　用节点电压法求图 3-42 所示电路各节点的节点电压。

3-15　试用节点电压法求图 3-43 所示电路中的 U_1。

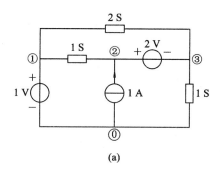

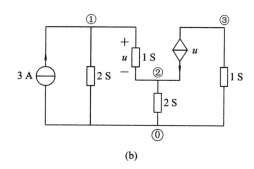

(a)　　　　　　　　　　　　　　　(b)

图 3 - 39　题 3 - 11 图

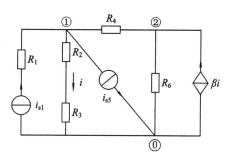

图 3 - 40　题 3 - 12 图

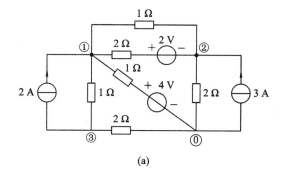

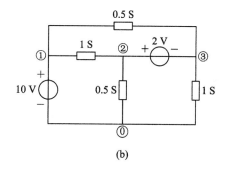

(a)　　　　　　　　　　　　　　　(b)

图 3 - 41　题 3 - 13 图

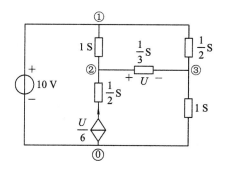

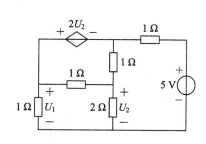

图 3 - 42　题 3 - 14 图　　　　　　图 3 - 43　题 3 - 15 图

3-16 试列出图3-44所示电路的节点电压方程。

3-17 用回路电流法求图3-45所示电路中的各支路电流。

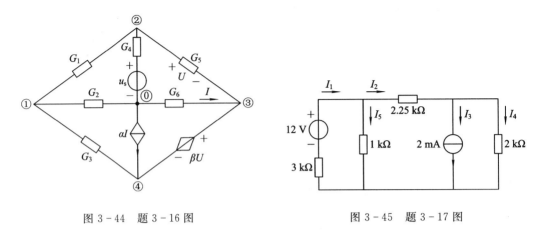

图3-44 题3-16图   图3-45 题3-17图

3-18 列出图3-46所示电路的回路电流方程，并求各支路电流。已知 $I_x = \dfrac{1}{9} S \times U_x$。

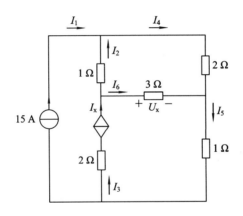

图3-46 题3-18图

第四章 电路定理

本章介绍线性电路的两个重要定理，叠加定理和戴维南定理。同时，也介绍了齐性定理和诺顿定理。另外，简要介绍了替代定理和有关对偶原理的概念。

第一节 叠加定理

由线性元件和独立源组成的电路称为线性电路。线性电路具有以下线性性质：

（1）当电路中只有一个激励（独立源）作用时，响应（电路中任意电压或电流）与该激励成正比，符合齐次性（Homogeneity）。当电路中存在多个激励作用时，若所有激励同时增大 k 倍，响应也增大 k 倍，这称为齐性定理。

（2）当电路中有多个激励同时作用时，总响应等于每个激励分别单独作用（其余激励置零）时所产生的分响应的代数和，符合可加性（Additivity），称为叠加定理（Superposition theorem）。

综上所述，如果线性电路中有激励 $e_1(t)$、$e_2(t)$、$\cdots$、$e_n(t)$，则响应 $r(t)$ 可表示为

$$r(t) = k_1 e_1(t) + k_2 e_2(t) + \cdots\cdots + k_n e_n(t)$$

式中，k_1、k_2、$\cdots$、k_n 为常数。这说明响应是各激励的一次函数或线性组合。

下面对叠加定理加以说明（不作严密的论证）。

电路如图 4-1(a)所示，其中有两个激励，一个为电压源 u_s，另一个为电流源 i_s。

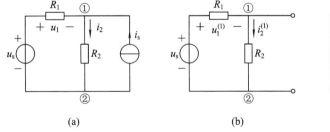
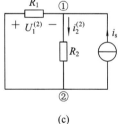

图 4-1 叠加定理的验证

用节点电压法求出响应 u_1 和 i_2，求解过程如下：

列图 4-1(a)节点电压方程，得

$$\left(\frac{1}{R_1} + \frac{1}{R_2}\right) u_{n1} = \frac{u_s}{R_1} + i_s$$

$$u_{n1} = \frac{(u_s + R_1 i_s) R_2}{R_1 + R_2}$$

$$i_2 = \frac{u_{n1}}{R_2} = \frac{1}{R_1 + R_2} u_s + \frac{R_1}{R_1 + R_2} i_s \tag{4-1}$$

$$u_1 = u_s - u_{n1} = u_s - \frac{(u_s + R_1 i_s)R_2}{R_1 + R_2} = \frac{R_1}{R_1 + R_2}u_s - \frac{R_1 R_2}{R_1 + R_2}i_s \qquad (4-2)$$

显然，响应 u_1 与 i_2 均为激励 u_s 和 i_s 的一次函数或线性组合。

下面，我们让电压源激励单独作用，这时电流源激励要置零，即让电流源开路，此时的分电路如图 4-1(b) 所示。为了与原电路的 u_1 与 i_2 相区别，给分电路的 u_1 与 i_2 加上上标"(1)"，如图 4-1(b) 所示，下面计算 $u_1^{(1)}$ 与 $i_2^{(1)}$。

$$i_2^{(1)} = \frac{1}{R_1 + R_2}u_s \qquad (4-3)$$

$$u_1^{(1)} = \frac{R_1}{R_1 + R_2}u_s \qquad (4-4)$$

接下来，我们再让电流源激励单独作用，这时电压源激励要置零，即让电压源短路，此时的分电路如图 4-1(c) 所示。同理，在分电路中给 i_2 和 u_1 加上上标"(2)"，下面计算 $u_1^{(2)}$ 与 $i_2^{(2)}$。

$$i_2^{(2)} = \frac{R_1}{R_1 + R_2}i_s \qquad (4-5)$$

$$u_1^{(2)} = -\frac{R_2}{R_1 + R_2}i_s R_1 = -\frac{R_1 R_2}{R_1 + R_2}i_s \qquad (4-6)$$

比较式(4-1)、式(4-3)和式(4-5)，可得

$$i_2^{(1)} + i_2^{(2)} = \frac{1}{R_1 + R_2}u_s + \frac{R_1}{R_1 + R_2}i_s \qquad (4-7)$$

此式恰为式(4-1)，即有

$$i_2 = i_2^{(1)} + i_2^{(2)} \qquad (4-8)$$

上式说明，在电压源 u_s 和电流源 i_s 共同作用下的响应电流 i_2 等于在电压源 u_s 与电流源 i_s 分别单独作用下的响应电流 $i_2^{(1)}$ 和 $i_2^{(2)}$ 的叠加。

同理，比较式(4-2)、式(4-4)和式(4-6)，可得

$$u_1^{(1)} + u_1^{(2)} = \frac{R_1}{R_1 + R_2}u_s - \frac{R_1 R_2}{R_1 + R_2}i_s \qquad (4-9)$$

上式恰好为式(4-2)，即有

$$u_1 = u_1^{(1)} + u_1^{(2)} \qquad (4-10)$$

此式同样说明，在电压源 u_s 和电流源 i_s 共同作用下的响应电压 u_1 等于在电压源 u_s 与电流源 i_s 分别单独作用下的响应电压 $u_1^{(1)}$ 与 $u_1^{(2)}$ 的叠加。

实际上由式(4-1)或式(4-2)就可看出，只要响应是激励的一次函数，其就满足叠加性。在电压源 u_s 单独作用下，i_s 为零，这时 $i_2^{(1)}$ 与 $u_1^{(1)}$ 可由式(4-1)和式(4-2)直接求出，即在式(4-1)及式(4-2)中令 $i_s = 0$，得

$$i_2^{(1)} = \frac{1}{R_1 + R_2}u_s \qquad (4-11)$$

$$u_1^{(1)} = \frac{R_1}{R_1 + R_2}u_s \qquad (4-12)$$

在电流源 i_s 单独作用下，u_s 为零，这时式(4-1)及式(4-2)中令 $u_s = 0$，得

$$i_2^{(2)} = \frac{R_1}{R_1 + R_2}i_s \qquad (4-13)$$

$$u_1^{(2)} = -\frac{R_1 R_2}{R_1 + R_2} i_s \qquad (4-14)$$

比较式(4-1)、式(4-11)和式(4-13)，有

$$i_2 = i_2^{(1)} + i_2^{(2)}$$

比较式(4-2)、式(4-12)和式(4-14)，有

$$u_1 = u_1^{(1)} + u_1^{(2)}$$

即验证了只要响应变量是激励的一次函数或线性组合，那么它就满足叠加性。

以上我们是以电流变量 i_2 和电压变量 u_1 为例，说明线性电路的响应满足叠加性。事实上，任何变量只要是激励的一次函数或线性组合，它都满足叠加性。下面给出叠加定理的完整表述。

叠加定理指出：线性电路中，在多个激励共同作用下的任一响应变量电压或电流都是电路中各个激励单独作用时，在原处产生的响应电压或电流的叠加。

叠加定理是分析线性电路的基础，线性电路中很多定理都与叠加定理有关。

当电路中含有受控源时，叠加定理依然适用。受控源的作用反映在回路电流或节点电压方程中的自阻和互阻或自导和互导中，所以任一处的电流或电压仍可按照各独立源作用时在该处产生的电流或电压的叠加计算。对含有受控源的电路的计算，使用叠加定理时，在各分电路的计算中，仍应把受控源保留在原处不动，作为一般元件处理。

使用叠加定理时应注意以下几点：

(1) 叠加定理只适用于线性电路而不适用于非线性电路。

(2) 在叠加的各分电路中，不作用的电压源置零，在电压源处，用短路代替；不作用的电流源置零，在电流源处用开路代替。电路中所有电阻都不动，受控源则作为一个元件保留在各分电路中。

(3) 叠加时，应注意各分电路中的电压和电流的参考方向与原电路中的电压和电流的参考方向是否一致。若一致，各分量前面取"+"号，若相反，各分量前面取"-"号。

(4) 原电路的功率不等于按各分电路计算所得功率的叠加。这是因为功率是电压或电流的二次函数，而不是一次函数，即功率不是各激励的一次函数，所以不满足叠加定理。

例 4-1 电路如图 4-1(a)所示，已知 $R_1 = 20\ \Omega$，$R_2 = 80\ \Omega$，$u_s = 100\ V$，$i_s = 10\ A$，试用叠加定理计算电压 u_1 及电流 i_2。

解 (1) 在电压源 $u_s = 100\ V$ 单独作用下。

由于电流源此时置零，即开路，如图 4-1(b)所示，由式(4-3)及式(4-4)可知：

$$i_2^{(1)} = \frac{100\ V}{(20+80)\ \Omega} = 1\ A$$

$$u_1^{(1)} = \frac{20}{20+80} \times 100\ V = 20\ V$$

(2) 在电流源 $i_s = 10\ A$ 单独作用下。

由于电压源置零，即短路，如图 4-1(c)所示，由式(4-5)及式(4-6)可知：

$$i_2^{(2)} = \frac{20}{20+80} \times 10\ A = 2\ A$$

$$u_1^{(2)} = -\frac{20 \times 80}{20+80} \times 10\ A = -160\ V$$

（3）在电压源 u_s 和电流源 i_s 共同作用下。

根据叠加定理，图 4-1(a)电路中电流 i_2 及电压 u_1 为

$$i_2 = i_2^{(1)} + i_2^{(2)} = 1\ \mathrm{A} + 2\ \mathrm{A} = 3\ \mathrm{A}$$
$$u_1 = u_1^{(1)} + u_1^{(2)} = 20\ \mathrm{V} + (-160\ \mathrm{V}) = -140\ \mathrm{V}$$

例 4-2 在图 4-2 所示的电路中，已知 $u_s = 12\ \mathrm{V}$，$i_s = 6\ \mathrm{A}$，试用叠加定理求支路电流 i。

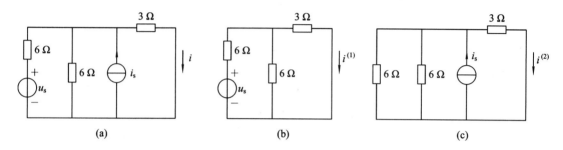

图 4-2 例 4-2 图

解 在电压源 u_s 单独作用下，其分电路如图 4-2(b)所示。

$$i^{(1)} = \frac{u_s}{6\ \Omega + \dfrac{6 \times 3}{6 + 3}\ \Omega} \times \frac{6}{6 + 3} = \frac{12}{8} \times \frac{2}{3}\ \mathrm{A} = 1\ \mathrm{A}$$

在电流源单独作用下，其分电路如图 4-2(c)所示。

$$i^{(2)} = \frac{1}{2} i_s = \frac{1}{2} \times 6\ \mathrm{A} = 3\ \mathrm{A}$$

在 u_s 与 i_s 共同作用下，回到原电路图 4-2(a)中，由叠加定理有

$$i = i^{(1)} + i^{(2)} = 1\ \mathrm{A} + 3\ \mathrm{A} = 4\ \mathrm{A}$$

例 4-3 电路如图 4-3 所示，其中 CCVS 的电压受流过 $6\ \Omega$ 电阻的电流控制，求电压 u_3。

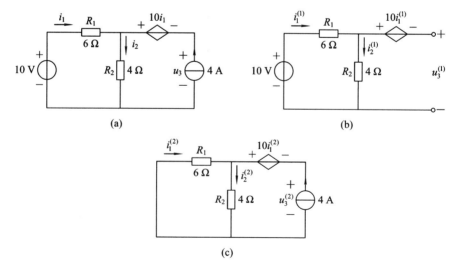

图 4-3 例 4-3 图

解 在 10 V 电压源单独作用下,分电路如图 4-3(b)所示,此时电流源处于开路。

$$i_1^{(1)} = i_2^{(1)} = \frac{10}{6+4} \text{ A} = 1 \text{ A}$$

$$u_3^{(1)} = -10 \ \Omega \times i_1^{(1)} + 4 \times i_2^{(1)} = -10 \times 1 \text{ V} + 4 \times 1 \text{ V} = -6 \text{ V}$$

在 4 A 电流源单独作用下,分电路如图 4-3(c)所示,此时电压源处于短路。

$$i_1^{(2)} = \frac{-4}{6+4} \times 4 \text{ A} = -\frac{8}{5} \text{ A} = -1.6 \text{ A}$$

$$u_3^{(2)} = -10 \ \Omega \times i_1^{(2)} - R_1 i_1^{(2)} = -10 \times \left(-\frac{8}{5}\right) \text{ V} - 6 \times \left(-\frac{8}{5}\right) \text{ V} = 25.6 \text{ V}$$

在 10 V 电压源和 4 A 电流源共同作用下,回到原电路图 4-3(a)中,由叠加定理得

$$u_3 = u_3^{(1)} + u_3^{(2)} = -6 \text{ V} + 25.6 \text{ V} = 19.6 \text{ V}$$

例 4-4 电路如图 4-4 所示,已知,$R_1 = 6 \ \Omega$, $R_2 = 4 \ \Omega$, $R_3 = 8 \ \Omega$, $R_4 = 6 \ \Omega$, $U_s = 10 \text{ V}$, $I_s = 2 \text{ A}$,试用叠加定理计算通过 R_2 的电流 I_2,讨论能否利用叠加定理计算 R_2 所消耗的功率。

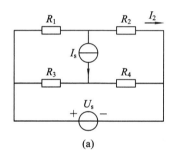 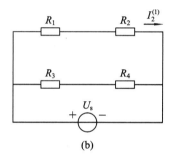 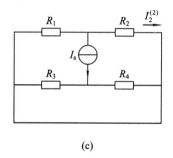

图 4-4 例 4-4 图

解 在 U_s 单独作用下,分电路如图 4-4(b)所示。

$$I_2^{(1)} = \frac{U_s}{R_1 + R_2} = \frac{10}{6+4} \text{ A} = 1 \text{ A}$$

在 I_s 单独作用下,分电路如图 4-4(c)所示。

$$I_2^{(2)} = -\frac{R_1}{R_1 + R_2} I_s = -\frac{6}{6+4} \times 2 \text{ A} = -\frac{6}{5} \text{ A} = -1.2 \text{ A}$$

在 U_s 与 I_s 共同作用下,在图 4-4(a)中,由叠加定理可知:

$$I_2 = I_2^{(1)} + I_2^{(2)} = 1 \text{ A} - 1.2 \text{ A} = -0.2 \text{ A}$$

在图 4-4(b)所示分电路中,R_2 上的功率为

$$P_2^{(1)} = (I_2^{(1)})^2 R_2 = 1^2 \times 4 \text{ W} = 4 \text{ W}$$

在图 4-4(c)所示分电路中,R_2 上的功率为

$$P_2^{(2)} = (I_2^{(2)})^2 R_2 = (-1.2)^2 \times 4 \text{ W} = 5.76 \text{ W}$$

在原电路图 4-4(a)中,R_2 上的功率为

$$P_2 = I_2^2 R_2 = (-0.2)^2 \times 4 \text{ W} = 0.16 \text{ W}$$

$$P_2^{(1)} + P_2^{(2)} = 4 \text{ W} + 5.76 \text{ W} = 9.76 \text{ W}$$

显然

$$P_2 \neq P_2^{(1)} + P_2^{(2)}$$

即计算 R_2 上的功率时，不能用叠加定理。

第二节 替代定理

替代定理指出：当电路中某条支路的电压或电流已知，那么此支路就可以用一个电压等于这条支路电压的电压源或一个电流等于这条支路电流的电流源等效替代。例如，在图 4-5(a)所示电路中，可求得 $u_3=8$ V，$i_3=1$ A。现将支路 3 用 $u_s=u_3=8$ V 的电压源或 $i_s=i_3=1$ A 的电流源替代，如图 4-5(b)或 4-5(c)所示。不难求得，在图 4-5(a)、(b)、(c)中，其他部分的电压和电流均保持不变，即 $i_1=2$ A，$i_2=1$ A，所以这种替代是等效替代。替代定理具有广泛的应用，可以推广到非线性电路，关于它的证明，在此从略。

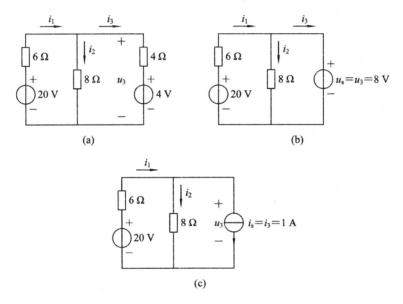

图 4-5 替代定理示例

对于替代定理应注意以下几点：

(1) 替代定理适用于任意集中参数电路，无论电路是线性的，还是非线性的；是时变的，还是非时变的。

(2)"替代"与"等效变换"是两个不同的概念。"替代"是用独立电压源或电流源替代已知电压或电流的支路，替代前后替代支路以外的拓扑结构(连接结构)和元件参数不能改变，因为一旦改变，替代支路的电压和电流将发生变化；而等效变换是两个具有相同端口伏安特性的电路之间的相互转换，与变换以外电路的拓扑结构和元件参数无关。

(3) 电压源或电流源不仅可以替代已知电压或电流的支路，也可以替代已知端口电压或端口电流的二端口网络。

例 4-5 在图 4-6(a)所示电路中，已知：无源网络 N_0 当 2、2′端子开路时，1、1′端子的输入电阻为 5Ω，如图 4-6(a)所示，当 1、1′端子接 1 A 电流源时，2、2′端子的端口电压 $u=1$ V。试求：如图 4-6(b)所示，当 1、1′端子接内阻 5Ω、电压为 10 V 的实际电压源时，2、2′端子间的端口电压 u' 为多少？

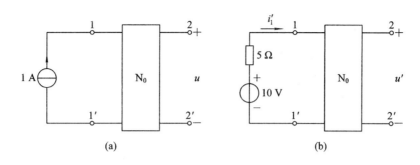

图 4-6 例 4-5 图

解 已知无源网络 N_0 当 2、$2'$ 端开路时，1、$1'$ 端的输入电阻为 5 Ω，因此图 4-6(b)中流过实际电压源支路的电流 i_1' 为

$$i_1' = \frac{10}{5+5} \text{ A} = 1 \text{ A}$$

根据替代定理，将图 4-6(b)中实际电压源支路用 1 A 电流源替代，端口电压 u' 不变，而替代后的电路与图 4-6(a)相同，故有

$$u' = u = 1 \text{ V}$$

第三节 戴维南定理和诺顿定理

一、戴维南定理

在第二章中，讲到无源网络 N_0 的等效电路为一等效电阻 R_{eq}。而对图 4-7(a)所示的有源网络(有独立源)N_s，根据齐性定理，显然，端口处的电压 u 与电流 i 不再为正比例关系，即有源网络 N_s 的等效电路不是一个等效电阻 R_{eq}。它的等效电路的形式是由法国电讯工程师戴维南于 1883 年提出的，称作戴维南定理(Thevenin's theorem)。戴维南定理指出："一个含独立电源、线性电阻和受控源的一端口 N_s，对外电路来说，可以用一个电压源和电阻的串联组合等效置换，此电压源的电压等于一端口的开路电压 u_{oc}，电阻等于一端口的全部独立源置零后的无源网络 N_0 的等效电阻 R_{eq}。"如图 4-7(b)、(c)、(d)所示。

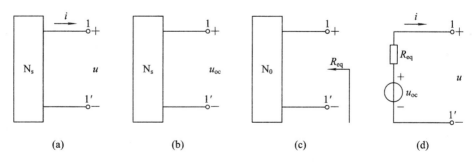

图 4-7 戴维南定理

上述电压源和电阻的串联组合称为戴维南等效电路，等效电路中的电阻有时称为戴维南等效电阻。当一端口用戴维南等效电路置换后，端口以外的电路(以后称为外电路)中的

电压、电流均保持不变，这种等效变换称为对外等效。

戴维南定理可以用替代定理和叠加定理加以证明，这里不再赘述。

应当指出，画戴维南等效电路时，电压源的极性必须与开路电压的极性保持一致。另外，等效电阻在不能用电阻串、并联公式计算时，可用下列两种方法求得。

（1）外加电压法。当有源网络 N_s 中有受控源时，先将 N_s 中的独立源置零，使 N_s 变为无源网络 N_0，如图 4-8 所示，然后在 N_0 两端钮上施加电压 u，计算端钮上的电流 i，则有

$$R_{eq} = \frac{u}{i}$$

（2）短路电流法。分别求出有源网络 N_s 的开路电压 u_{oc} 和短路电流 i_{sc}，i_{sc} 如图 4-9(a) 所示。由图 4-9(b) 可知：

$$i_{sc} = \frac{u_{oc}}{R_{eq}}$$

根据等效的概念，图 4-9(a) 与图 4-9(b) 中的短路电流 i_{sc} 是相等的。

所以

$$R_{eq} = \frac{u_{oc}}{i_{sc}}$$

即等效电阻 R_{eq} 为有源网络 N_s 的开路电压 u_{oc} 与短路电流 i_{sc} 之比。

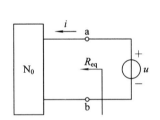

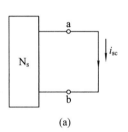
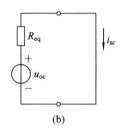

图 4-8　用外加电压法求 R_{eq}　　　　图 4-9　用短路电流法求 R_{eq}

二、诺顿定理

诺顿定理（Norton's theorem）由美国贝尔电话实验室工程师诺顿于 1926 年提出。诺顿定理指出："一个含独立电源、线性电阻和受控源的一端口 N_s，对外电路来说，可以用一个电流源和电导的并联组合等效变换，电流源的电流等于该一端口 N_s 的短路电流 i_{sc}，电导等于把该一端口全部独立源置零后的无源网络 N_0 的等效电导 G_{eq}"。此电流源和并联电导组合的电路称为 N_s 的诺顿等效电路，如图 4-10 所示。

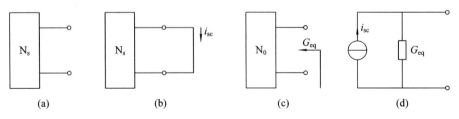

图 4-10　诺顿定理

应用电源等效变换把戴维南等效电路等效变换为电流源与电导的并联，从而可以推导出诺顿定理，如图 4-11 所示。

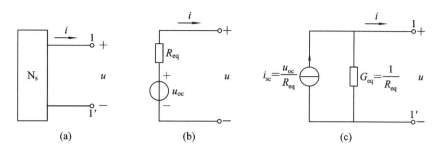

图 4-11　由戴维南定理推导诺顿定理

诺顿等效电路与戴维南等效电路中的 3 个参数 u_{oc}、R_{eq}、i_{sc} 之间的关系为 $u_{oc}=R_{eq}i_{sc}$。故只要知道其中任意两个就可求出另一个。戴维南定理和诺顿定理统称为等效发电机定理。

例 4-6　图 4-12(a)所示电路中，已知：$u_s=12$ V，$i_s=4$ A，$R_1=6$ Ω，$R_2=3$ Ω，$R_3=6$ Ω。试求电路 a、b 两端的戴维南等效电路和诺顿等效电路。

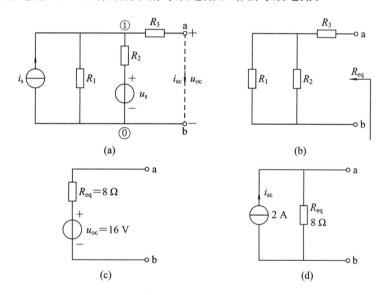

图 4-12　例 4-6 图

解　(1) 求开路电压 u_{oc}。

用节点法求 u_{oc}，节点编号如图 4-12(a)所示，列节点电压方程为

$$\left(\frac{1}{R_1}+\frac{1}{R_2}\right)u_{n1}=i_s+\frac{u_s}{R_2}$$

$$\left(\frac{1}{6\ \Omega}+\frac{1}{3\ \Omega}\right)u_{n1}=4\ \text{A}+\frac{12}{3}\ \text{A}$$

$$u_{n1}=16\ \text{V}$$

显然开路电压即为节点 1 的节点电压，于是有

$$u_{oc}=u_{n1}=16\ \text{V}$$

（2）求戴维南等效电阻 R_{eq}。

求 R_{eq} 的等效电路如图 4-12(b)所示，由图得

$$R_{eq} = \frac{R_1 R_2}{R_1 + R_2} + R_3 = \frac{6 \times 3}{6 + 3} \ \Omega + 6 \ \Omega = 8 \ \Omega$$

（3）画戴维南等效电路。

戴维南等效电路如图 4-12(c)所示。

（4）求诺顿等效电路。

将图 4-12(a)所示电路的 a-b 端口短路，如图中虚线所示。由节点电压法得

$$\left(\frac{1}{R_1} + \frac{1}{R_2} + \frac{1}{R_3} \right) u_{n1} = i_s + \frac{u_s}{R_2}$$

$$\left(\frac{1}{6 \ \Omega} + \frac{1}{3 \ \Omega} + \frac{1}{6 \ \Omega} \right) u_{n1} = 4 \ A + \frac{12}{3} \ A$$

$$u_{n1} = 12 \ V$$

于是短路电流为

$$i_{sc} = \frac{u_{n1}}{R_3} = \frac{12}{6} \ A = 2 \ A$$

诺顿等效电路如图 4-12(d)所示。

例 4-7 试用戴维南定理求图 4-13(a)所示电路中的电流 I 及电压 U_{ab}。

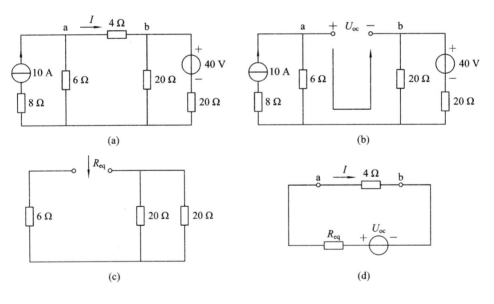

图 4-13 例 4-7 图

解 （1）求开路电压 U_{oc}。

求 U_{oc} 的电路如图 4-13(b)所示，求 U_{oc} 的路径如图中所示，于是

$$U_{oc} = 10 \times 6 \ V - \frac{20}{20 + 20} \times 40 \ V = 40 \ V$$

（2）求等效电阻 R_{eq}。

求 R_{eq} 的电路如图 4-13(c)所示，由图可知：

$$R_{eq} = 6 \text{ Ω} + \frac{20}{2}\text{Ω} = 16 \text{ Ω}$$

（3）画出戴维南等效电路，并求电流 I 及电压 U_{ab}。

戴维南等效电路如图 4－13(d)所示，由图得

$$I = \frac{U_{oc}}{R_{eq}+4} = \frac{40}{16+4}\text{A} = 2 \text{ A}$$

$$U_{ab} = 4\text{Ω} \times I = 4 \times 2 \text{ V} = 8 \text{ V}$$

例 4－8　试用戴维南定理求图 4－14(a)所示电路中的电流 i。

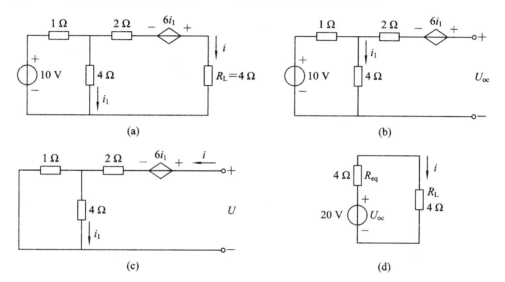

图 4－14　例 4－8 图

解　（1）求 U_{oc}。

求 U_{oc} 的电路如图 4－14(b)所示，因端口处开路，所以 1 Ω 与 4 Ω 电阻串联，于是有

$$U_{oc} = 6 \text{ Ω} \times i_1 + 4 \text{ Ω} \times i_1 = 10 \text{ Ω} \times i_1 = 10 \times \frac{10}{1+4}\text{V} = 20 \text{ V}$$

（2）求 R_{eq}。

求 R_{eq} 的电路如图 4－14(c)所示，用外加电压法。

$$u = 6 \text{ Ω} \times i_1 + 2 \text{ Ω} \times i + 4 \text{ Ω} \times i_1 = 10 \text{ Ω} \times i_1 + 2 \text{ Ω} \times i$$

$$= 10 \text{ Ω} \times \frac{1}{1+4} \times i + 2 \text{ Ω} \times i = 4 \text{ Ω} \times i$$

于是

$$R_{eq} = \frac{u}{i} = 4 \text{ Ω}$$

（3）用戴维南定理求 i。

图 4－14(a)可化简为图 4－14(d)，由图可知：

$$i = \frac{u_{oc}}{R_{eq}+R_L} = \frac{20}{4+4} \text{ A} = 2.5 \text{ A}$$

三、最大功率传递定理

在通信和电子工程中，常常要求负载从给定信号源获得最大功率，这就是最大功率传输问题。

若将信号源视为一个有源一端口网络，用戴维南定理可将该一端口网络用它的戴维南等效电路去等效，如图 4 - 15 所示。由于信号源是给定的，所以图 4 - 15 中的 u_{oc} 和 R_{eq} 均为定值，负载 R_L 吸收的功率 P_L 只随 R_L 的阻值变化。由图可知，负载 R_L 获得的功率为

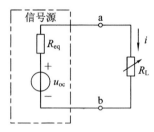

$$p = i^2 R_L = \left(\frac{u_{oc}}{R_{eq} + R_L}\right)^2 R_L = \frac{u_{oc}^2}{\dfrac{(R_{eq} + R_L)^2}{R_L}}$$

当 $R_L = 0$ 或 $R_L = \infty$ 时，$p = 0$，所以 R_L 在 $(0, \infty)$ 区间中的某个值时，可获得最大功率，此时，令

图 4 - 15   最大功率传递条件

$$\frac{\mathrm{d}\dfrac{(R_{eq} + R_L)^2}{R_L}}{\mathrm{d}R_L} = 0$$

即

$$\frac{2(R_{eq} + R_L)R_L - (R_{eq} + R_L)^2}{R_L^2} = 0$$

从中解得

$$R_L = R_{eq}$$

因此，当 $R_L = R_{eq}$ 时，负载 R_L 获得最大功率，且此最大功率为

$$p_{Lmax} = \left(\frac{u_{oc}}{R_{eq} + R_{eq}}\right)^2 R_{eq} = \frac{u_{oc}^2}{4R_{eq}}$$

把 $R_L = R_{eq}$ 称作负载的最佳匹配或最大功率匹配。综上所述，最大功率传递定理可叙述为：当负载电阻 R_L 等于信号源内阻 R_{eq} 时，负载 R_L 获得最大功率，且其值为 $p_{Lmax} = \dfrac{u_{oc}^2}{4R_{eq}}$。

从以上内容不难看出，求解最大功率传输问题的关键是求信号源的戴维南等效电路。

通常把负载电阻等于电源内阻时的电路工作状态称为匹配状态。虽然此时电源所产生的功率只有一半供给负载，而另一半被消耗在内阻上，电路传输效率只有 50%。不过，在通信和电子工程中，由于传输功率不大，获得最大功率成为矛盾的主要方面，因而宁可牺牲效率也要求电路处于匹配的工作状态。但在电力工程中，由于电路本身传输的功率很大，因此绝对不允许电路工作在匹配状态。

例 4 - 9   电路如图 4 - 16(a)所示，试问 R_L 为何值时可获得最大功率，此最大功率为多少？

解   图 4 - 16(a)所示电路从负载 R_L 端看进去的戴维南等效电路的求解过程如下：

(1) 求 u_{oc}。

求 u_{oc} 的电路如图 4 - 16(b)所示，由图可知：

$$u_{oc} = -4\ \text{V} + \frac{2}{2 + 2} \times 4\ \text{V} = -2\ \text{V}$$

(2) 求 R_{eq}。

求 R_{eq} 的电路如图 4-16(c)所示，由图可知：

$$R_{eq} = \frac{2 \times 2}{2 + 2}\ \Omega + 3\ \Omega = 4\ \Omega$$

（3）求原电路化简后的等效电路。

用戴维南定理化简后的等效电路如图 4-16(d)所示。

当 $R_L = R_{eq}$ 时，负载获得最大功率，即 $R_L = 4\ \Omega$ 时，负载的最大功率为

$$p_{Lmax} = \frac{u_{oc}^2}{4R_{eq}} = \frac{(-2)^2}{4 \times 4}\ W = 0.25\ W$$

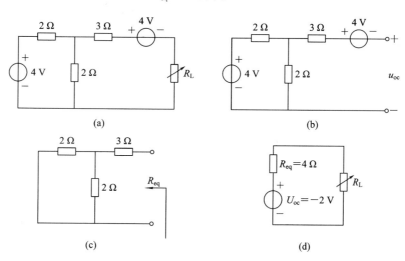

图 4-16　例 4-9 图

第四节　对　偶　原　理

一、电路的对偶性

从前面的学习可以发现，电路中的许多变量、元件、结构及定律等都是成对出现的，存在明显的一一对应关系，这种类比关系就称为电路的对偶特性。例如，在平面电路中，对于每一节点可列一个 KCL 方程：

$$\sum_k i_k = 0 \qquad (4-15)$$

而对于每一网孔可列 KVL 方程：

$$\sum_k u_k = 0 \qquad (4-16)$$

在这里，电路变量电流与电压对偶，电路结构节点与网孔对偶，电路定律 KCL 与 KVL 对偶。又如，对于图 4-17 所示实际电源的两种电路模型分别有

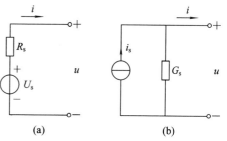

图 4-17　实际电源的电路模型

$$u = u_s - R_s i \qquad (4-17)$$
$$i = i_s - G_s u \qquad (4-18)$$

在这里又有电路变量电流与电压对偶，电路元件电阻与电导及电压源与电流源对偶，电路结构串联与并联对偶。在电路分析中将上述对偶的变量、元件、结构和定律等统称为对偶元素。式(4-15)和式(4-16)、式(4-17)和式(4-18)的数学表达式形式相同，若将其中一式的各元素用它的对偶元素替换，则得到另一式，像这种具有对偶性质的关系式称为对偶关系式。电路的对偶特性是电路的一个普遍性质。电路中存在大量对偶元素，现将一些常见的对偶元素列于表4-1中。

表4-1 电路中常见的对偶元素

电路变量	电压 u——电流 i		电路结构	节点——网孔
	电荷 q——磁链 ψ			参考节点——外网孔
元件参数	电阻 R——电导 G			串联——并联
	电容 C——电感 L		电路定律	KVL——KCL
	电压源 u_s——电流源 i_s		电特性	节点电压——网孔电流
电路状态	短路$(R＝0)$——开路$(G＝0)$			
元件性质	VCCS——CCVS			
	VCVS——CCCS			

二、对偶电路

考虑如图4-18所示两个电路，对于电路 N 可列出节点方程：

$$(G_1 + G_3)u_{n1} - G_3 u_{n2} = i_{s1}$$
$$-G_3 u_{n1} + (G_2 + G_3)u_{n2} = -i_{s2}$$

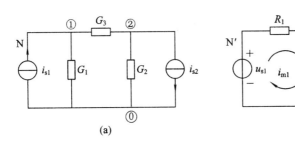

图 4-18 对偶电路

对于电路 N′ 可列出网孔方程：

$$(R_1 + R_3)i_{m1} - R_3 i_{m2} = u_{s1}$$
$$-R_3 i_{m1} + (R_2 + R_3)i_{m2} = -u_{s2}$$

比较这两组方程，不难发现，它们形式相同，对应变量是对偶元素，因此是对偶方程组。电路中把像这样一个电路的节点方程(网孔方程)与另一电路的网孔方程(节点方程)对偶的两电路称为对偶电路，因此电路 N 与电路 N′ 是对偶电路。如果进一步令两电路的对偶元件的参数在数值上相等，即 $R_1＝G_1$，$R_2＝G_2$，$R_3＝G_3$，$i_{s1}＝u_{s1}$，$i_{s2}＝u_{s2}$，则只要求得一个电路的响应，它的对偶电路的对偶响应将同时可得，因此能收到事半功倍的效果。

对偶原理不局限于电阻电路。例如后面要讲到的电容和电感的电压电流关系，容易看出它们互为对偶元素。其他如"开路"和"短路"等也是互为对偶的。

第五节 实际应用举例

本节举例说明叠加定理在实际电路中的应用。

数字计算机控制工业生产自动化系统中的数模变换梯形 DAC 解码网络如图 4-19(a) 所示。其中 2^0、2^1、2^2 分别与输入的二进制数的第一、二、三位相对应。当二进制数某位为 "1"时，对应的开关就接在电压 U_s 上；当二进制数某位为"0"时，对应的开关就接地。图中 开关位置表明输入为"110"，从输出电压 U_o 的数值就可以得知输入二进制的对应代码。下 面用叠加定理说明其工作原理。

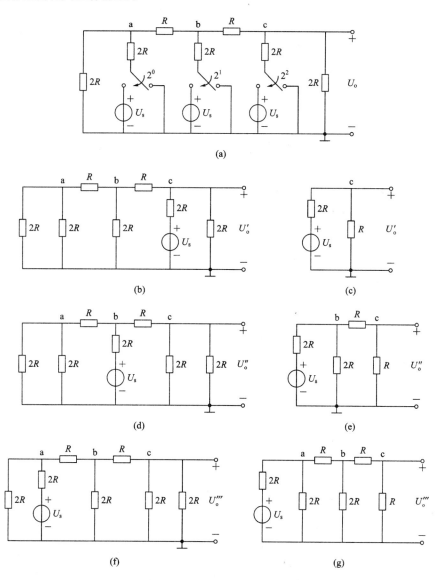

图 4-19 实际应用举例示例图

(1) 先设只有开关 2^2 接 U_s，其他开关都接地，其电路如图 4-19(b) 所示，简化为图 4-19(c)，显然可得

$$U'_o = \frac{R}{2R+R}U_s = \frac{1}{3}U_s$$

(2) 当只有开关 2^1 接 U_s，其他开关都接地时，其电路如图 4-19(d) 所示，化简为图 4-19(e)，显然可得

$$U''_o = \frac{U_s}{2R+R} \times \frac{1}{2} \times 2R \times \frac{R}{R+R} = \frac{U_s}{3} \times \frac{1}{2}$$

其中，$\dfrac{U_s}{3}$ 为图 4-19(e) 中 b 点与地之间的电压。

(3) 当只有开关 2^0 接 U_s，其他开关都接地时，其电路如图 4-19(f) 所示，简化为图 4-19(g)，于是可得

$$U'''_o = \frac{U_s}{2R+R} \times \frac{1}{2} \times 2R \times \frac{R}{R+R} \times \frac{R}{R+R} = \frac{1}{3}U_s \times \frac{1}{2} \times \frac{1}{2}$$

其中，$\dfrac{U_s}{3}$ 为图 4-19(g) 中 a 点与地之间的电压，$\dfrac{1}{3}U_s\dfrac{R}{R+R}$ 为图 4-19(g) 中 b 点与地之间的电压。

(4) 当三个开关全接 U_s，即输入的二进制代码为"111"时，由叠加定理可得

$$U_o = U'_o + U''_o + U'''_o = \frac{1}{3}U_s + \frac{1}{3}U_s \times \frac{1}{2} + \frac{1}{3}U_s \times \frac{1}{2} \times \frac{1}{2}$$

若 $U_s = 12$ V，则此时

$$U_o = 4\text{ V} + 2\text{ V} + 1\text{ V} = 7\text{ V}$$

这就是对应于二进制代码"111"的输出电压数值（模拟量）。若输入的二进制代码为"110"时，则

$$U_o = U'_o + U''_o + U'''_o = 4\text{ V} + 2\text{ V} + 0 = 6\text{ V}$$

这就是对应于二进制代码"110"的输出电压数值（模拟量）。同理，依次对应于二进制代码 101、100、011、010、001、000 的输入电压数值（模拟量）为"5"、"4"、"3"、"2"、"1"、"0"。

第六节　用 PSPICE 7.1 分析直流电路(二)

本节将用 PSPICE 7.1 对电路的负载获得最大功率的问题进行分析。

本实例将讲述怎样结合嵌套扫描来获得负载的最大功率曲线。

一、绘制电路原理图

绘制好的电路如图 4-20 所示，图中将 R1 的值设置为{RVAL1}，R2 的值设置为{RVAL2}。从 SPECIAL.slb 图符库文件中调出参数元件 PARAM 图符，并编辑其属性，使 NAME1 为 RVAL1，VALUE1 为 1k，NAME2 为 RVAL2，VALUE2 为 1k。直流电压源 VDC 编号为 Vin，DC 值为 20 V。

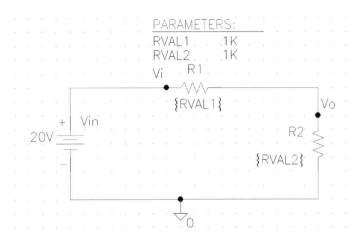

图 4-20 电路原理图

二、设置分析类型

打开设置直流扫描分析对话框，如图 4-21 所示。扫描变量类型设置为全局参数 Global Parameter，主扫描变量设置为 RVAL2，扫描类型设置为线性，起始值设置为10 Ω，终止值设置为 10 kΩ，增量设置为 10 Ω。点击嵌套扫描按钮，打开嵌套扫描对话框，如图 4-22 所示。扫描变量类型设置为全局参数，副扫描变量设置为 RVAL1，扫描类型设置为取值列表扫描，分别为 1 k、2 k、3 k，并用鼠标勾选"嵌套扫描使能"选项。

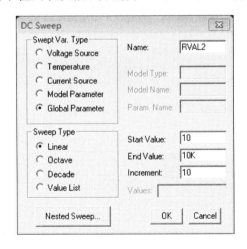

图 4-21 DC Sweep 对话框

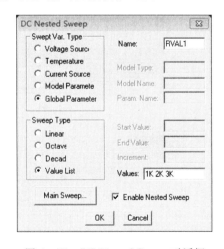

图 4-22 DC Nested Sweep 对话框

三、运行分析

点击工具栏上的 ⊠ 按钮，模拟完后，界面转入 Probe 窗口。

四、观察输出结果

点击 Trace/Add 菜单命令，弹出 Add Traces 窗口，如图 4-23 所示。窗口右边为函数或宏选项框，其中上栏为下栏内容的类型选择栏，当前为模拟量运算和函数，即下栏中的下拉式列表为各种运算符及函数。在窗口中点选左面列表中电流变量 I(R2)、右面列表中乘号" * "及左面列表中电压变量 V(Vo)，此时下边的"Trace Expression"栏中出现表达式 I(R2) * V(Vo)，此表达式也可直接用键盘敲入，该表达式即为电阻 R2 的功率。点击"OK"按钮后 Probe 的图形显示区域中出现电阻 R2 的功率模拟曲线，如图 4 - 24 所示。图中显示电阻 R1 取三种不同值时的负载电阻 R2 的功率曲线，曲线由上往下分别对应电阻 R1 的值为 1 kΩ、2 kΩ、3 kΩ，每条曲线上都有一个最大值点。启用定位指针功能（在下面的实例中讲述）就可看到，负载电阻 R2 等于电阻 R1 时取得最大功率。例如 R1 等于 2 kΩ 时（图 4 - 24 中间曲线），负载 R2 获得最大功率时也等于 2 kΩ，最大功率为 50 mW（见 Probe Curser 小窗口中的第一行数据）。注意：Probe 中，m 表示毫，M 表示兆，在 PSPICE 模拟计算程序中用 MEG 表示兆，两者有区别。

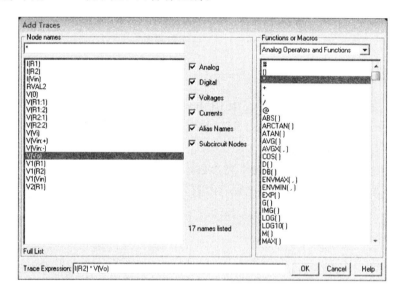

图 4 - 23　Add Traces 窗口

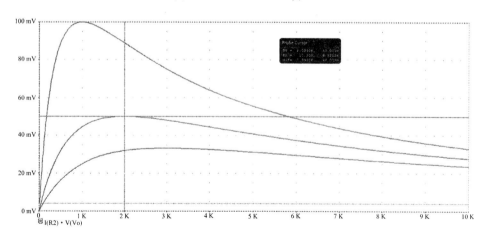

图 4 - 24　负载电阻 R2 的功率曲线

习 题 四

4-1 电路如图 4-25 所示，试用叠加定理求电流 i。

4-2 电路如图 4-26 所示，试用叠加定理求电压 u。

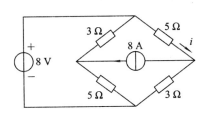

图 4-25 题 4-1 图

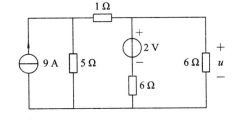

图 4-26 题 4-2 图

4-3 应用叠加定理求图 4-27 所示电路中的电压 u_2。

4-4 试用叠加定理求图 4-28 所示电路中 10 V 电压源产生的功率。

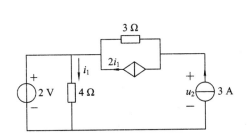

图 4-27 题 4-3 图

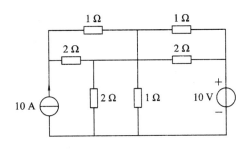

图 4-28 题 4-4 图

4-5 试用叠加定理求图 4-29 所示电路中的电压 U。

4-6 试用叠加定理求图 4-30 所示电路中的电流 I。

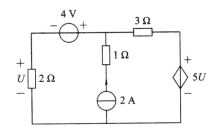

图 4-29 题 4-5 图

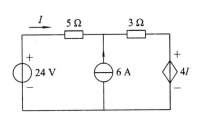

图 4-30 题 4-6 图

4-7 试用戴维南定理求图 4-31 所示电路中的电流 I。

4-8 试用戴维南定理求图 4-32 所示电路中的电流 I。

4-9 试用戴维南定理求图 4-33 所示电路中的电压 U。

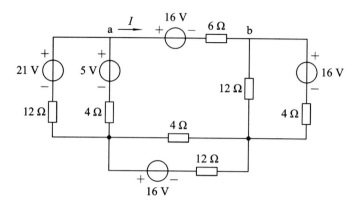

图 4-31 题 4-7 图

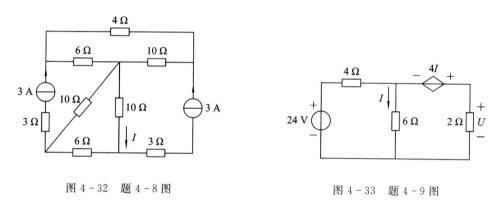

图 4-32 题 4-8 图   图 4-33 题 4-9 图

4-10 试用戴维南定理求图 4-34 所示电路中的电流 I，并在求 R_{eq} 时分别使用外加电压法和短路电流法。

4-11 图 4-35 所示为不知其内部结构的直流线性二端网络 N，Ⅰ 为内阻为无穷大的理想电压表，Ⅱ 为内阻为零的理想电流表。已知当开关 S 置"1"位置时，电压表读数为 8 V；开关 S 置"2"位置时，电流表读数为 2 A。求当开关 S 置"3"位置时，4 Ω 电阻上消耗的功率。

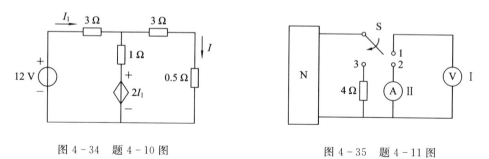

图 4-34 题 4-10 图   图 4-35 题 4-11 图

4-12 求图 4-36 所示电路的戴维南等效电路。

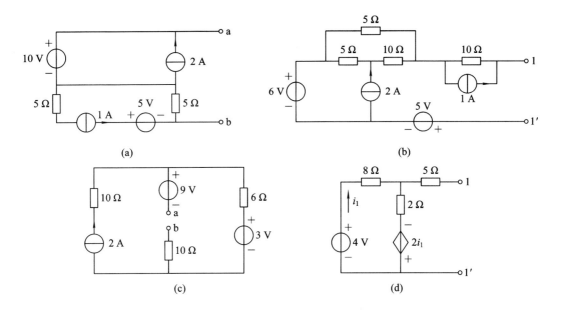

图 4 - 36 题 4 - 12 图

4 - 13 在图 4 - 37 所示电路中,试问

(1) R 为多大时,它吸收的功率最大?求此最大功率。

(2) 若 $R=80\ \Omega$,欲使 R 中电流为零,则 a、b 间应并接什么元件,其参数为多少?画出电路。

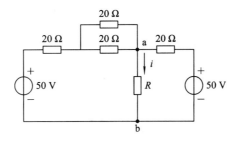

图 4 - 37 题 4 - 13 图

4 - 14 电路如图 4 - 38 所示,其中电阻 R_L 可调,试问 R_L 为何值时能获得最大功率?最大功率为多少?

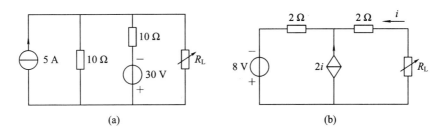

图 4 - 38 题 4 - 14 图

4 - 15 试用叠加定理求图 4 - 39 所示电路中的电压 U_x 和电流 I_x。

4-16 在图4-40中：

(1) N 为仅由线性电阻构成的网络。当 $u_1 = 2$ V，$u_2 = 3$ V 时，$i_x = 20$ A；而当 $u_1 = -2$ V，$u_2 = 1$ V 时，$i_x = 0$。求 $u_1 = u_2 = 5$ V 时的电流 i_x。

(2) 若将 N 换为含有独立源的网络，当 $u_1 = u_2 = 0$ 时，$i_x = -10$ A，且上述已知条件仍然适用，再求当 $u_1 = u_2 = 5$ V 时的电流 i_x。

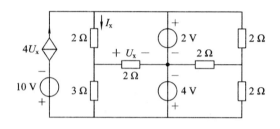

图4-39 题4-15图

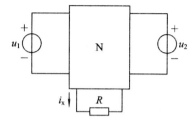

图4-40 题4-16图

4-17 已知图4-41所示电路中的网络 N 是由线性电阻组成的。当 $i_s = 1$ A，$u_s = 2$ V 时，$i = 5$ A；当 $i_s = -2$ A，$u_s = 4$ V 时，$u = 24$ V。试求当 $i_s = 2$ A，$u_s = 6$ V 时的电压 u。

4-18 试求图4-42所示梯形电路中各支路电流、节点电压和 u_o/u_s，其中 $u_s = 10$ V。（提示：设输出端电阻中的电流为 1 A，由后往前依次求出各支路电流和节点电压，直至输入端处的电压，然后根据齐性定理，就可求出在 $u_s = 10$ V 下各支路电流和节点电压，这称作倒退法。）

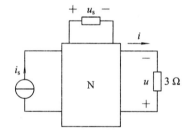

图4-41 题4-17图

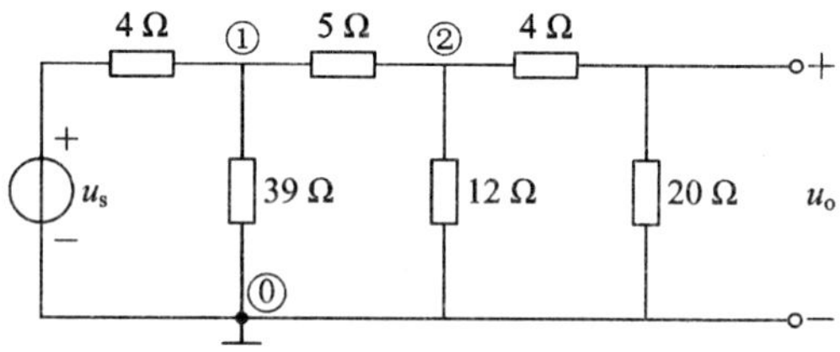

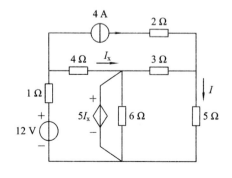

图4-42 题4-18图

4-19 用戴维南定理求图4-43所示电路中的电流 I。

4-20 求图4-44所示电路负载的最佳匹配，并求此时负载获得的最大功率。

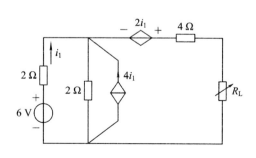

图4-43 题4-19图

图4-44 题4-20图

实验三　基尔霍夫定律和叠加定理

一、实验目的

(1) 验证基尔霍夫定律、叠加定理。

(2) 掌握基尔霍夫定律、叠加定理的使用条件以及它们分析电路的基本方法。

(3) 加深对参考方向的理解。

(4) 加深对电路基本定律适用范围普遍性的认识。

二、实验原理

1. 参考方向

参考方向并不是一个抽象的概念，它有具体的意义，例如，SY 图 3-1 为某网络中的一条支路 AB，在事先不知道该支路电压极性的情况下如何测量支路的电压呢？首先，先假定一个电压降的方向是从 A 向 B，这就是电压 U 的参考方向，那么电压表的正极和负极分别与 A 端和 B 端相连，电压表指针若顺时针偏转，则读数为正，说明参考方向与实际方向一致；反之电压表指针逆时针偏转，电压表读数为负，说明参考方向与实际方向相反，显然，测量该支路电流时与测量电压时的情况相同。

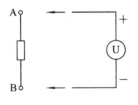

SY 图 3-1　参考方向

2. 基尔霍夫定律

基尔霍夫定律是电路的基本定律，用于分析和测量电路中各支路电流和各元件上的电压。在测量电路中各支路电流和各元件上的电压时，分别满足基尔霍夫定律，即对任一节点有 $\sum I = 0$，对任一回路有 $\sum U = 0$。这个结论只与电路的结构有关，而与支路中元件的性质无关，无论这些元件是线性或非线性的、含源的或无源的，时变的或不变的等都是适用的。

3. 叠加定理

在线性电路中，任何支路的电流或电压都是电路中每个独立源单独作用时在该支路所产生的电流或电压的代数和。

三、预习要求

复习有关基尔霍夫定律、叠加定理等概念。计算出所有表中所列的理论计算值。

四、实验内容

按 SY 图 3-2 接好线路。U_1 和 U_2 由晶体管稳压电源供电，其中 $U_1 = 10$ V，$U_2 = 8$ V。

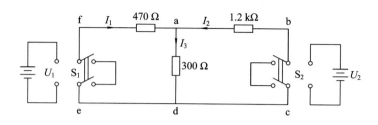

SY 图 3 - 2　验证基尔霍夫定律及叠加定理电路图

1. 验证基尔霍夫定律

（1）把 U_1 和 U_2 分别调至 10 V 和 8 V。在检查接线无误之后，将开关 S_1、S_2 与电源接通，接通整个电路。

（2）用万用表测量各支路的电流，将结果记入 SY 表 3 - 1。测量时，应先将毫安表置于较大量程，串联入电路，待确定极性和接法后，再把选择开关置于所需量程上，以免接错极性或电流超过量程而损坏电表。

（3）测量完各支路的电流后，将万用表的开关置于直流电压挡上，测量各元件上的电压值，将结果记入 SY 表 3 - 2。测量时，应把万用表并联在电路两端。

SY 表 3 - 1　验证基尔霍夫电流定律数据表

	计算值	测量值	误差/%
I_1/mA			
I_2/mA			
I_3/mA			

SY 表 3 - 2　验证基尔霍夫电压定律数据表

测量数据							验证 $\sum U = 0$	
	U_{ab}	U_{bc}	U_{cd}	U_{da}	U_{ef}	U_{fa}	U_{de}	回路 1	回路 2
计算值									
测量值									

2. 验证叠加定理

（1）将 U_1 和 U_2 分别保持 10 V 和 8 V。在检查接线无误之后，将开关 S_1 接通 U_1 端，S_2 置于被短路一侧。测量在 U_1 单独作用下各支路的电流，将结果记入 SY 表 3 - 3。

（2）将 S_1 转换到被短路的一侧，将 S_2 接通 U_2 端。测量在 U_2 单独作用下各支路的电流，将结果记入 SY 表 3 - 3。

（3）将开关 S_1 接通 U_1 端，S_2 接通 U_2 端。测量在 U_1、U_2 共同作用下各支路的电流，将结果记入 SY 表 3 - 3。

测量时注意参考方向及电流值的正负号。

SY 表 3 - 3 验证叠加定理数据表

	I_1/mA			I_2/mA			I_3/mA		
	测量	计算	误差%	测量	计算	误差%	测量	计算	误差%
U_1 作用									
U_2 作用									
U_1、U_2 共同作用									

五、实验设备

（1）双路晶体管稳压电源。

（2）万用表。

六、实验报告

（1）整理实验数据，分析实验结果。

（2）用坐标纸绘制实验中要求的曲线。

（3）根据实验结果自述基尔霍夫定律、叠加原理，加深理解和记忆。

（4）回答思考题：

① 已知某支路的电流为 3 mA 左右，现有量程分别为 5 mA 和 10 mA 的两只电流表，你将使用哪一只电流表进行测量？为什么？

② 电压降和电位的区别是什么？

③ 叠加定理的使用条件是什么？

实验四 戴维南定理及最大功率传输定理

一、实验目的

（1）验证戴维南定理及最大功率传输定理。

（2）掌握戴维南定理及最大功率传输定理的使用条件以及分析电路的基本方法。

（3）学习线性有源二端网络等效电路参数的测量方法。

（4）加深对电路基本定律适用范围普遍性的认识。

二、实验原理

1. 戴维南定理

任何一个线性有源二端网络，对外电路来说，可以用一个电压源串联电阻支路来代替。电压源的电压等于有源二端网络的开路电压，电阻等于该有源二端网络所有独立源为零值时网络两端的等效电阻，如 SY 图 4 - 1 所示。

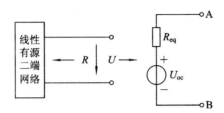

SY 图 4-1 戴维南等效电路

2. 最大功率传输

在电子技术中，常常希望在负载电阻上获得最大功率，那么如何选择负载电阻，使之获得功率最大就成为一个极其重要的问题。对于任何线性有源二端网络，都可用戴维南定理将其简化成 SY 图 4-2 的形式，其中 R_s 可以看作电源 U_s 的内阻。R_L 上得到的功率为

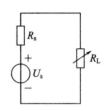

SY 图 4-2 测量负载获得最大功率
匹配条件电路图

$$P = I^2 R_L = \left(\frac{U_s}{R_s + R_L}\right)^2 R_L$$

为求得 R_L 的最佳值，应将功率 P 对 R_L 求导，于是有

$$\frac{\mathrm{d}P}{\mathrm{d}R_L} = \frac{(R_s + R_L)^2 - 2(R_s + R_L)R_L}{(R_s + R_L)^4}U_s^2 = \frac{R_s^2 - R_L^2}{(R_s + R_L)^4}U_s^2 \tag{4-1}$$

令式(4-1)等于零，则 $R_L = R_s$。这时负载上得到的功率最大：

$$P_{\max} = \left(\frac{U_s}{R_s + R_s}\right)^2 R_s = \frac{U_s^2}{4R_s} \tag{4-2}$$

因此可以得出结论：负载电阻获得最大功率的条件是负载电阻 R_L 等于电源内阻 R_s。满足该条件时，称之为负载电阻与电源内阻相匹配，或称最大功率匹配。

三、预习要求

(1) 复习有关戴维南定理、最大功率传输定理等概念。

(2) 计算出所有表中所列的理论计算值。

四、实验内容

1. 验证戴维南定理

验证戴维南定理的任务是测量有源二端网络的戴维南等效电路参数 U_0 和 R_0。

(1) 按 SY 图 4-3 接好线，调节稳压电源使 $U_1 = 8$ V。

(2) 用电压表直接测量 a、b 端的电压 U_{OC}，测量结果记入 SY 表 4-1。

(3) 将电阻箱的阻值调整到 1.2 kΩ，作为负载电阻 R_L，然后接入 a、b 端，再测出 a、b 端的电压 U_{RL}，将结果记入 SY 表 4-1。

(4) 测量流过电阻 R_L 的电流值，记录 I_{RL} 的值。

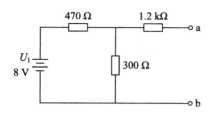

SY 图 4-3　验证戴维南定理电路图

SY 表 4-1　验证戴维南定理数据表

	测量值	计算值	误差/%
U_{OC}			
U_{RL}			
I_{RL}			
R_0			
I'_{RL}			

（5）利用 $R_0 = \left(\dfrac{U_{OC}}{U_{RL}} - 1\right)R_L$，计算 R_0，并记入 SY 表 4-1。

（6）按 SY 表 4-1 中实际测量出的 U_{OC} 和 R_0 组成电路，如 SY 图 4-4 所示，测量流过电阻 R_L 的电流值 I'_{RL}，并记录 I'_{RL} 的值，计入 SY 表 4-1 中。将 I'_{RL} 与上面记录的 I_{RL} 比较，借以证明戴维南定理的正确性。

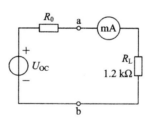

SY 图 4-4　戴维南等效电路

2. 验证最大功率匹配条件

按 SY 图 4-5 接好线路，其中 R_L 用电阻箱，接通电源后改变电阻 R_L 的数值分别为 SY 表 4-2 中所列数值，记录相应的电流 I 于 SY 表 4-2 中，并计算出不同负载所获得的功率。

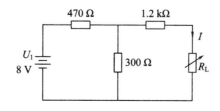

SY 图 4-5　验证最大功率匹配条件电路图

根据 SY 表 4-2 中的数据绘制功率曲线 $P = f(R_L)$，证明最大功率匹配的条件 $(R_L = R_0)$。

SY 表 4-2 验证最大功率匹配条件数据表

	$R_L/\text{k}\Omega$	0.8	1	1.2	1.4	1.8	2.5	3.5
计算值	I/mA							
测量值	I/mA							
计算值	$P = I^2R$							
测量值	$P = I^2R$							

五、实验设备

(1) 双路晶体管稳压电源。

(2) 可变电阻箱。

(3) 万用表。

六、实验报告

(1) 整理实验数据，分析实验结果。

(2) 用坐标纸绘制实验中要求的曲线。

(3) 根据实验结果自述戴维南定理和最大功率匹配条件，加深理解和记忆。

(4) 回答思考题：

① 已知某支路的电压为 3 V 左右，现有量程分别为 5 V 和 10 V 的两只电压表，你将使用哪一只电压表进行测量？为什么？

② 有源网络和无源网络等效电路的区别是什么？

③ 戴维南定理和负载获得最大功率的适用条件是什么？

第五章 一阶电路

本章介绍含有一个动态元件(电容或电感)电路的分析,包括电容元件与电感元件的特性,一阶 RC 电路与 RL 电路的分析,一阶电路时间常数的概念,以及零输入响应,零状态响应,全响应、稳态响应、暂态响应、单位阶跃响应等重要概念。

第一节 电容元件与电感元件

一、电容元件

把两块金属极板用云母、绝缘纸、电解质等不导电介质隔开就构成了一个简单的电容器。由于介质是不导电的,在外电源的作用下,两块极板上能分别聚积等量的正、负电荷,并在介质中建立电场。将电源由两个极板移去后,电荷可继续聚集在极板上,电场继续存在,所以电容器是一种能储存电荷或者说储存电场能量的器件。电容元件就是反映这种物理现象的实际电容器的理想化电路模型。

线性电容元件的图形符号如图 5-1(a)所示,图中电压的正极所在极板上储存的电荷为 $+q$,负极所在极板上储存的电荷为 $-q$,两者的大小是一致的,此时有

$$q = Cu \tag{5-1}$$

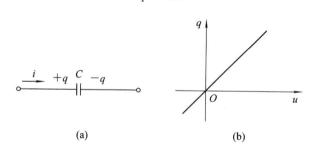

图 5-1 电容元件及其库伏特性

其中,C 是电容元件的参数,称为电容。C 是一个正实常数,表明电容上电荷与电压成正比。当电荷和电压的单位分别为 C(库仑)和 V(伏特)时,电容的单位为 F(法拉,简称法)。电容常用的单位还有 μF、pF,$1\ \mu F = 10^{-6}\ F$,$1\ pF = 10^{-12}\ F$。图 5-1(b)为式(5-1)画在 q-u 平面上的曲线,称为电容元件的库伏特性(曲线)。图中电容元件的库伏特性是一条通过原点的直线,所以称其为线性电容元件,否则为非线性电容元件。线性电容元件简称为电容,本书中"电容"这个术语以及与它相应的符号 C 一方面表示电容这个元件,另一方面,也表示电容元件的电容这个参数。

电容元件的电压和电流取关联参考方向,如图 5-1(a)所示,则有

$$i = \frac{\mathrm{d}q}{\mathrm{d}t} = \frac{\mathrm{d}Cu}{\mathrm{d}t} = C\frac{\mathrm{d}u}{\mathrm{d}t} \tag{5-2}$$

式(5-2)表明电容电流与电容电压的变化率成正比。当电压的变化率 $\frac{\mathrm{d}u}{\mathrm{d}t}$ 很大时，电流很大。当电压为常数，不随时间变化时，电流为零，此时，电容相当于断开。故电容在直流情况下，其两端的电压恒定，相当于开路，这就是电容的隔直(隔断直流)作用。

由式(5-2)有

$$u = \frac{1}{C}\int i\,\mathrm{d}t \tag{5-3}$$

式(5-3)写成定积分的形式为

$$u = \frac{1}{C}\int_{-\infty}^{t} i(\xi)\,\mathrm{d}\xi = \frac{1}{C}\int_{-\infty}^{t_0} i(\xi)\,\mathrm{d}\xi + \frac{1}{C}\int_{t_0}^{t} i(\xi)\,\mathrm{d}\xi$$
$$= u(t_0) + \frac{1}{C}\int_{t_0}^{t} i(\xi)\,\mathrm{d}\xi \tag{5-4}$$

式中 $u(t_0)$ 为 t_0 时刻电容上的电压值。由式(5-4)可知，某一时刻电容上的电压不仅与初始时刻电容上的电压 $u(t_0)$ 有关，而且与从初始时刻 t_0 到当前时刻 t 之间的所有电流均有关，因此，电容元件是一种有"记忆"的元件，电容电压能反映过去电流作用的全部历史。与它相比，电阻元件的电压仅与该瞬间的电流值有关，是无"记忆"的元件。

由式(5-2)可知，电容电流不取决于该时刻所加电压的大小，而取决于该时刻电容电压的变化率，所以电容元件称为动态元件。相对地，由于电阻元件的电压取决于当前时刻的电流，因此，称其为静态元件。

由式(5-4)可得

$$Cu = Cu(t_0) + \int_{t_0}^{t} i(\xi)\,\mathrm{d}\xi$$

即

$$q = q(t_0) + \int_{t_0}^{t} i(\xi)\,\mathrm{d}\xi \tag{5-5}$$

若将 t_0 设为 0，则式(5-4)与式(5-5)变为

$$u = u(0) + \frac{1}{C}\int_{0}^{t} i(\xi)\,\mathrm{d}\xi \tag{5-6}$$

$$q = q(0) + \int_{0}^{t} i(\xi)\,\mathrm{d}\xi \tag{5-7}$$

在电压和电流的关联参考方向下，线性电容元件吸收的功率为

$$p = ui = Cu\frac{\mathrm{d}u}{\mathrm{d}t} \tag{5-8}$$

当电容充电时，$u(t)$、$i(t)$ 符号相同，p 为正值，表示电容吸收能量；当电容放电时，$u(t)$、$i(t)$ 符号相反，p 为负值，表示电容释放能量。这与电阻元件吸收功率恒为正值的性质完全不同。从 $-\infty$ 到 t 时刻，电容元件吸收的电场能量为

$$W_C = \int_{-\infty}^{t} p\,\mathrm{d}\xi = \int_{-\infty}^{t} Cu\frac{\mathrm{d}u}{\mathrm{d}\xi}\mathrm{d}\xi = C\int_{u(-\infty)}^{u(t)} u(\xi)\,\mathrm{d}u(\xi) = \frac{1}{2}Cu^2(t) - \frac{1}{2}Cu^2(-\infty)$$

电容元件吸收的能量以电场能量的形式储存在元件的电场中。可以认为 $t = -\infty$ 时，$u(-\infty) = 0$，其电场能量也为零。如此，电容元件在任何时刻 t 储存的电场能量 $W_C(t)$ 等

于其吸收的能量，可表示为

$$W_C(t) = \frac{1}{2}Cu^2(t) \tag{5-9}$$

从 t_1 到 t_2 时刻，电容元件吸收的能量为

$$W_C = C\int_{u(t_1)}^{u(t_2)} u(\xi)\,\mathrm{d}u(\xi) = \frac{1}{2}Cu^2(t_2) - \frac{1}{2}Cu^2(t_1) = W_C(t_2) - W_C(t_1)$$

当 $|u(t_2)| > |u(t_1)|$ 时，$W_C(t_2) > W_C(t_1)$，在此时间内元件吸收能量，电容元件处于充电状态；当 $|u(t_2)| < |u(t_1)|$ 时，$W_C(t_2) < W_C(t_1)$，在此时间内，元件释放能量，电容元件处于放电状态。若电容元件原来没有充电，则在充电时吸收并储存起来的能量一定会在放电完毕时全部释放，它不消耗能量；同时，电容元件也不会释放出多于它吸收或储存的能量。因此，电容元件既是一种储能元件，也是一种无源元件。

一般的电容器除了具有储能的特性外，也会消耗一定的电能，这时，电容器的电路模型就必须是电容元件和电阻元件的组合。由于电容器消耗的电功率与所加电压直接相关，因此，电容器的电路模型应是电容元件与电阻元件的并联组合。

线性电容元件简称电容，本书中"电容"这个术语及其相应的符号 C，一方面表示电容这个元件，另一方面也表示电容元件的电容这一参数。

例 5-1 电路如图 5-2(a) 所示，$u_s(t)$ 的波形如图 5-2(b) 所示，已知 $C = 4$ F，求 $i_C(t)$，并画出其波形。

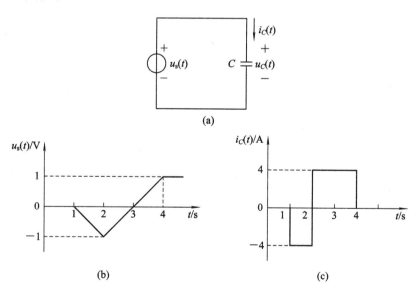

图 5-2 例 5-1 图

解 $u_s(t)$ 的表达式写成分段函数，为

$$u_s(t) = \begin{cases} 0, & t < 1 \\ -t+1, & 1 \leqslant t < 2 \\ t-3, & 2 \leqslant t < 4 \\ 1, & t \geqslant 4 \end{cases}$$

由式(5-2)，得

$$i_C(t) = C\frac{\mathrm{d}u_s(t)}{\mathrm{d}t} = \begin{cases} 0, & t < 1 \\ -4, & 1 \leqslant t < 2 \\ 4, & 2 \leqslant t < 4 \\ 0, & t \geqslant 4 \end{cases}$$

$i_C(t)$的波形如图 5-2(c)所示。

二、电感元件

把导线绕制成线圈，即为电感器。在电子电路中常用的空心或带有铁芯的高频线圈，电磁铁或变压器中含有在铁芯上绕制的线圈等都是电感器。当一个线圈通以电流后，就会在其内外产生磁场，当电流变化时，磁场也随之变化，这样就在线圈两端感应出电压。

图 5-3(a)给出了一个线圈，其中电流产生的磁通为 ϕ_L，磁通 ϕ_L 与 N 匝线圈交链，N 匝线圈总的磁通为磁链 ψ_L，其表达式为

$$\psi_L = N\phi_L \tag{5-10}$$

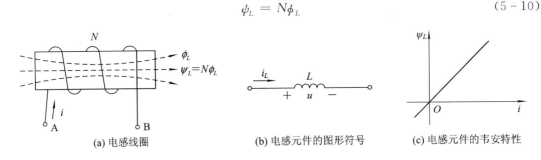

(a) 电感线圈　　　　(b) 电感元件的图形符号　　　(c) 电感元件的韦安特性

图 5-3　电感线圈与电感元件

由于 ϕ_L 与 ψ_L 均是由线圈自身的电流 i 产生的，因此称为自感磁通与自感磁通链。ϕ_L 和 ψ_L 的方向与电流 i 的方向成右手螺旋关系，如图 5-3(a)所示。当磁链 ψ_L 随时间变化时在线圈两端产生感应电压。如果感应电压 u 与电流 i 成关联参考方向，则 u 与 ψ_L 也为右手螺旋关系（即从端子 A 顺导线到端子 B 的方向与 ψ_L 成右手螺旋关系），根据电磁感应定律（楞次定律指出，线圈中磁通变化引起的感应电动势，其真实方向总是使其产生的感应电流试图阻碍磁通的变化），感应电压 u 为

$$u = \frac{\mathrm{d}\psi_L}{\mathrm{d}t} \tag{5-11}$$

由式(5-11)确定的感应电压的真实方向与楞次定律的结果是相符的。

电感线圈是一种储存磁场能量的器件，电感元件是实际电感线圈的理想化电路模型，它反映了电流产生磁通和储存磁场能量这一物理现象。线性电感元件的图形符号如图 5-3(b)所示。规定电流与磁通 ϕ_L 符合右手螺旋关系，线性电感元件的磁链 ψ_L 与其电流 i 的关系如下：

$$\psi_L = Li \tag{5-12}$$

式中，L 称为电感元件的电感(系数)或自感(系数)，L 是一个正实常数，这说明电感的磁链 ψ_L 与电流 i 成正比例。

在国际单位制(SI)中，ϕ_L 与 ψ_L 的单位是 Wb(韦伯，简称韦)，电流的单位为 A(安培，简称安)，L 的单位为 H(亨利，简称亨)。常用的电感单位还有 mH、μH，其中

$$1 \text{ mH} = 10^{-3} \text{ H}$$
$$1 \text{ }\mu\text{H} = 10^{-6} \text{ H}$$

线性电感元件的韦安特性（曲线）是 ψ_L-i 平面上的一条通过原点的直线，如图 5-3(c) 所示。将式(5-12)代入式(5-11)得电感元件电压与电流的关系为

$$u = \frac{\mathrm{d}Li}{\mathrm{d}t} = L\frac{\mathrm{d}i}{\mathrm{d}t} \tag{5-13}$$

式中，电压 u 与电流 i 为关联参考方向。该式说明电感电压与电感电流的导数成正比，当 $\frac{\mathrm{d}i}{\mathrm{d}t}$ 很大时，电压 u 也很大，当 i 为直流量时，u 为零，相当于短路。

由式(5-13)得

$$i = \frac{1}{L}\int u\mathrm{d}t$$

写成定积分形式为

$$i = \frac{1}{L}\int_{-\infty}^{t} u\mathrm{d}\xi = \frac{1}{L}\int_{-\infty}^{t_0} u\mathrm{d}\xi + \frac{1}{L}\int_{t_0}^{t} u\mathrm{d}\xi = i(t_0) + \frac{1}{L}\int_{t_0}^{t} u\mathrm{d}\xi \tag{5-14}$$

或

$$\psi_L = \psi(t_0) + \int_{t_0}^{t} u\mathrm{d}\xi \tag{5-15}$$

式(5-14)说明某时刻的电感电流 i 与初始时刻的电流和初始时刻到当前时刻的所有电压 u 都有关系，故电感元件是一种"记忆"元件。由式(5-13)可知，电感元件亦为动态元件。

在电压与电流为关联参考方向下，线性电感元件吸收的功率为

$$p = ui = Li\frac{\mathrm{d}i}{\mathrm{d}t} \tag{5-16}$$

由 $-\infty$ 到 t 的时间内电感元件吸收的磁场能量为

$$W_L = \int_{-\infty}^{t} p\mathrm{d}\xi = \int_{-\infty}^{t} Li\frac{\mathrm{d}i}{\mathrm{d}\xi}\mathrm{d}\xi = \int_{i(-\infty)}^{i(t)} Li\mathrm{d}i = \frac{1}{2}Li^2(t) - \frac{1}{2}Li^2(-\infty)$$

由于认为 $i(-\infty)=0$，且磁场能量也为零，所以此段时间内电感元件吸收的能量即为其储存的能量，于是电感元件在任意时刻 t 储存的磁场能量为

$$W_L = \frac{1}{2}Li^2 \tag{5-17}$$

从 t_1 时刻到 t_2 时刻电感元件吸收的磁场能量为

$$W_L = W(t_2) - W(t_1) = \frac{1}{2}Li^2(t_2) - \frac{1}{2}Li^2(t_1)$$

当电流 $|i|$ 增加时，$W_L>0$，元件吸收能量；当电流 $|i|$ 减小时，$W_L<0$，元件释放能量。电感元件并不消耗吸收的能量，而是以磁场能量的形式储存在磁场中，所以电感元件是一种储能元件。同时，它也不会释放出多于它吸收或储存的能量，因此它也是无源元件。

空心线圈是以线性电感元件为其电路模型的典型例子。当线圈的电阻损耗不能忽略时，还需要用电感元件和电阻元件的串联组合作为它的电路模型。如果线圈在高频条件下工作，线圈的匝间电容的影响不容忽略，则其模型如图 5-4 所示。

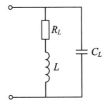

图 5-4 高频条件下电感线圈的电路模型

如果电感的韦安特性不是通过 ψ_L-i 平面上原点的一条直线，它就是非线性电感元件。非线性电感元件的韦安关系可用下列公式表示：

$$\psi_L = f(i) \quad \text{或} \quad i = h(\psi_L)$$

带铁芯的电感线圈是以非线性电感元件为模型的典型例子。但如果线圈在铁磁材料的非饱和状态下工作，那么 ϕ_L 与 i 仍近似于线性电感元件处理。

本书以后把线性电感元件简称电感，书中"电感"这个术语以及相应的符号 L，既表示一个电感元件，又表示该元件电感(系数)这个参数。

例 5 - 2 图 5 - 5(a)所示电路中的电流源 i_s 的波形图如图 5 - 5(b)所示，试求 u_L，并绘出波形图。

解 电流源波形在一个周期内的分段表达式为

$$i_s = \begin{cases} 2t, & 0 \leqslant t < 1 \\ 2, & 1 \leqslant t < 2 \\ -2(t-3), & 2 \leqslant t < 4 \\ -2, & 4 \leqslant t < 5 \\ 2(t-6), & 5 \leqslant t < 7 \end{cases}$$

由式(5 - 13)得

$$u_L = L\frac{\mathrm{d}i_s}{\mathrm{d}t} = \begin{cases} 2, & 0 \leqslant t < 1 \\ 0, & 1 \leqslant t < 2 \\ -2, & 2 \leqslant t < 4 \\ 0, & 4 \leqslant t < 5 \\ 2, & 5 \leqslant t < 7 \end{cases}$$

u_L 的波形如图 5 - 5(c)所示。当 $t > 7$ 后，波形作周期性变化。

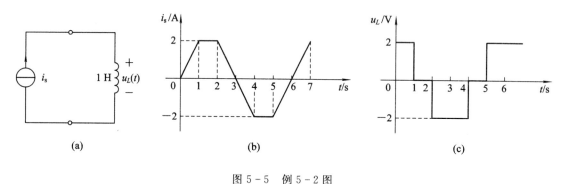

图 5 - 5 例 5 - 2 图

第二节 过渡过程、换路定律及初始值的计算

一、过渡过程

上一节讲到由于电容元件与电感元件的伏安关系是导数关系，因此称其为动态元件。我们把含有动态元件的电路称为动态电路。含有一个动态元件或等效为一个动态元件的电路对其变量所列方程为一阶微分方程，故称其为一阶电路。含有两个动态元件 L 或 C 的电

路对其变量所列方程为二阶微分方程,故称为二阶电路,以此类推,还有 3 阶、4 阶电路等。

　　动态电路的最大特征就是当电路的结构发生变化时,例如电源的突然接入或断开、元件参数的改变等,电路会由原来的稳定状态向新的稳定状态转变,但这种转变并不是瞬间完成的,而是要经历一个渐进变化的过程,这一过程称为过渡过程或动态过程。这一点与电阻电路是完全不同的。电阻电路两种稳定状态之间的转变是即时的,不存在过渡过程。这是因为描述电阻电路性状的方程为代数方程,而描述动态电路性状的方程是微分方程,下面看一个例子。

　　电路如图 5-6 所示。当开关 S 闭合时,电阻支路的灯泡立即发光,而且亮度始终不变,说明电阻支路在开关闭合后没有过渡过程,立即进入稳定状态;电感支路的灯在开关闭合瞬间不亮,然后,开始逐渐变亮,最后亮度稳定不再变化;电容支路的灯泡在开关闭合瞬间很亮,然后逐渐变暗直至熄灭。这两个支路的现象说明电感支路的灯泡和电容支路的灯泡达到最后稳定都要经历一段过渡过程。实际电路中的过渡过

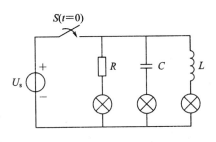

图 5-6　实验电路

程是暂时存在的,最后都要消失,因此也称过渡过程为暂态过程,简称暂态。

　　对电路的过渡过程的研究有着重要的实际意义。一方面可以充分利用电路的一些暂态特性于工程实际中;另一方面,又可以采取保护措施以防暂态特性可能造成的破坏性后果。

　　我们把电路的接通或断开,电路连接方式的改变,电路元件参数或电源数值的突然改变等统称为换路。一般来说,动态电路在换路时,都要发生过渡过程,从一种稳定状态变化到另一种稳定状态。这里指的稳定状态不一定是常量,可以是时间的函数,但函数本身的规律是稳定的。

二、换路定律及初始值的计算

　　通常认为换路是在 $t=0$ 时刻发生的。为了描述上的方便,把换路前的最终时刻记为 $t=0_-$,把换路后的最初时刻记为 $t=0_+$,换路经历的时间为 0_- 到 0_+。把 $t=0_-$ 时刻的电容电压 $u_C(0_-)$ 及电感电流 $i_L(0_-)$ 称为初始状态。把 $t=0_+$ 时刻的电容电压 $u_C(0_+)$ 及电感电流 $i_L(0_+)$ 称为初始值(或初始条件),且为独立的初始值。其他变量在 $t=0_+$ 时刻的值称为非独立的初始值,例如 $u_L(0_+)$、$i_C(0_+)$、$u_R(0_+)$、$i_R(0_+)$ 等均为非独立的初始值。

　　设 $t_0=0_-$,则由式(5-4)及式(5-5)得电容电压 $u_C(0_+)$ 及电荷 $q(0_+)$ 为

$$u_C(0_+) = u_C(0_-) + \frac{1}{C}\int_{0_-}^{0_+} i_C(\xi)\mathrm{d}\xi \tag{5-18}$$

$$q(0_+) = q(0_-) + \int_{0_-}^{0_+} i_C(\xi)\mathrm{d}\xi \tag{5-19}$$

只要电容电流 i_C 在 0_- 至 0_+ 瞬间为有限值,则式(5-18)及式(5-19)中的积分项为 0,于是有

$$u_C(0_+) = u_C(0_-) \tag{5-20}$$

$$q(0_+) = q(0_-) \tag{5-21}$$

以上两式说明在换路前后瞬间电容上的电压 u_C 及电荷 q 均不发生跃变，称它们为电容元件的换路定律。

对于一个在 $t=0_-$ 储存电荷 $q(0_-)$，电压 $u_C(0_-)=U_0$ 的电容，在换路瞬间不发生跃变的情况下，有 $u_C(0_+)=u_C(0_-)=U_0$，可见在换路的瞬间，电容可视为一个电压值为 U_0 的电压源。同理，对于一个在 $t=0_-$ 不带电荷的电容，其 $u_C(0_-)=0$，在换路瞬间不发生跃变的情况下，有 $u_C(0_+)=u_C(0_-)=0$，在换路瞬间电容相当于短路。

由式(5-14)及式(5-15)可知

$$i_L(0_+) = i_L(0_-) + \frac{1}{L} \int_{0_-}^{0_+} u_L \mathrm{d}\xi \tag{5-22}$$

$$\psi_L(0_+) = \psi_L(0_-) + \int_{0_-}^{0_+} u_L \mathrm{d}\xi \tag{5-23}$$

只要电感两端电压 u_L 在 0_- 到 0_+ 瞬间为有限值，则式(5-22)及式(5-23)中的积分项为零，于是有

$$i_L(0_+) = i_L(0_-) \tag{5-24}$$

$$\psi_L(0_+) = \psi_L(0_-) \tag{5-25}$$

以上两式说明，在换路前后瞬间电感中的电流及磁通链均不发生跃变，称它们为电感元件的换路定律。

对于 $t=0_-$ 时电流为 I_0 的电感，在换路瞬间不发生跃变的情况下，有 $i_L(0_+)=i_L(0_-)=I_0$，此电感在换路瞬间可视为一个电流值为 I_0 的电流源。同理，对于 $t=0_-$ 时电流为零的电感，在换路瞬间不发生跃变的情况下有 $i_L(0_+)=i_L(0_-)=0$，此电感在换路瞬间相当于开路。

电容电压和电感电流在换路前后瞬间不发生跃变是能量不能跃变的体现，因为能量的变化率是功率，即

$$p = \frac{\mathrm{d}W}{\mathrm{d}t}$$

若能量可以跃变，则功率必为无穷大，这在一般情况下是不可能的，因此，能量不会跃变。由式(5-9)及式(5-17)可知，能量与电容电压 u_C 及电感电流 i_L 的平方成正比，所以，若能量不能跃变，那么电容电压 u_C 及电感电流 i_L 也不能跃变。

根据换路定律，只有电容电压和电感电流在换路瞬间不能跃变，其他各变量均不受换路定律的约束。一个动态电路的独立初始值 $u_C(0_+)$ 及 $i_L(0_+)$，一般可以根据其初始状态 $u_C(0_-)$ 及 $i_L(0_-)$ 确定。该电路的非独立初始值，即电阻电压或电流、电容电流、电感电压等则需要通过已知的独立初始值由 0_+ 图(0_+ 时刻的等效电路图，简称 0_+ 图)求得。用电压为 $u_C(0_+)$ 的电压源和电流为 $i_L(0_+)$ 的电流源替代电路中的电容 C 和电感 L，可得 $t=0_+$ 时刻的等效电路图。注意，如果 $u_C(0_+)=u_C(0_-)=0$，此时电容 C 相当于短路；如果 $i_L(0_+)=i_L(0_-)=0$，此时，电感 L 相当于开路。

例 5-3 电路如图 5-7(a)所示，已知 $U_s=18$ V，$R_1=1\ \Omega$，$R_2=2\ \Omega$，$R_3=3\ \Omega$，$L=0.5$ H，$C=4.7\ \mu$F，开关 S 在 $t=0$ 时闭合，设 S 闭合前电路已进入稳态。试求：$i_1(0_+)$、$i_2(0_+)$、$i_3(0_+)$、$u_L(0_+)$、$u_C(0_+)$。

解 开关 S 闭合前，电路已进入稳定状态，相当于直流电路，此时电容开路，电感短路，于是有

$$i_L(0_-) = \frac{U_s}{R_1 + R_2} = \frac{18}{1+2}\text{A} = 6\text{ A}$$

$$u_C(0_-) = \frac{R_2}{R_1 + R_2}U_s = \frac{2}{1+2} \times 18\text{ V} = 12\text{ V}$$

由换路定律，可得

$$i_L(0_+) = i_L(0_-) = 6\text{ A}$$
$$u_C(0_+) = u_C(0_-) = 12\text{ V}$$

电路的 0_+ 图如图 5-7(b)所示。由图可知

$$i_3(0_+) = \frac{U_s - u_C(0_+)}{R_3} = \frac{18-12}{3}\text{ A} = 2\text{ A}$$

$$i_2(0_+) = i_L(0_+) = 6\text{ A}$$

由 KCL 得

$$i_1(0_+) = i_2(0_+) + i_3(0_+) = 6\text{ A} + 2\text{ A} = 8\text{ A}$$

$$u_L(0_+) = -R_2\,i_2(0_+) + U_s = -2 \times 6\text{ V} + 18\text{ V} = 6\text{ V}$$

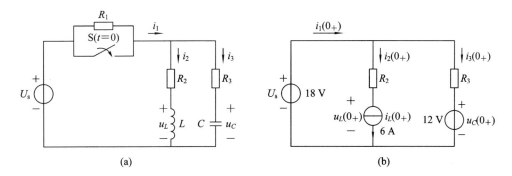

图 5-7 例 5-3 图

第三节 一阶电路的零输入响应

在电路理论中，把电路的输出变量称为响应，把能够产生响应的变量称为激励。

响应可以是输入的独立电源引起的，也可以是动态元件上的初始状态（例如 $u_C(0_-)$ 或 $i_L(0_-)$）引起的，或者是二者共同引起的。

在没有输入激励的情况下，仅由初始状态或者说是动态元件上储存的初始能量所引起的响应，称为零输入响应。一般说来，零输入响应取决于初始状态和电路的性质。

一阶电路中，仅有一个储能元件（电感或电容），如果在换路瞬间，储能元件原来就有能量储存，那么，即使电路中并无外施电源存在，也会因为储能元件所储存的能量要通过电路中的电阻以热能的形式放出，而在电路中仍有电压和电流。由于在这种情况下，电路中并无输入，因而电路中所引起的电压或电流就称为电路的零输入响应。

下面对 RC 电路和 RL 电路分别讨论一阶电路的零输入响应。

一、RC 电路的零输入响应

图 5-8(a)所示电路为一 RC 串联电路，开关 S 在 $t=0$ 时由 a 合向 b。

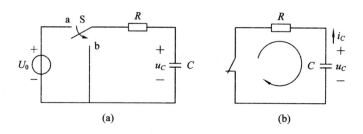

图 5-8　RC 电路的零输入响应

设开关 S 在 $t=0$ 闭合前，电路已处于稳定状态。此时电路的初始状态为

$$u_C(0_-) = U_0$$

由换路定律，开关 S 闭合后，即 $t \geqslant 0_+$，有

$$u_C(0_+) = u_C(0_-) = U_0$$

以电容电压 u_C 作为求解变量，根据 KVL，由图 5-8(b)可知

$$-R i_C + u_C = 0$$

将 $i_C = -C \dfrac{\mathrm{d}u_C}{\mathrm{d}t}$ 代入上式，得

$$RC \frac{\mathrm{d}u_C}{\mathrm{d}t} + u_C = 0$$

显然，上述方程为一阶线性齐次常系数微分方程。此方程的通解为

$$u_C = A\mathrm{e}^{Pt}$$

由特征方程 $RCP+1=0$ 得

$$P = -\frac{1}{RC}$$

于是有

$$u_C = A\mathrm{e}^{-\frac{t}{RC}}$$

将初始条件 $u_C(0_+)=U_0$ 代入上述表达式，有

$$u_C(0_+) = A\mathrm{e}^{-\frac{0_+}{RC}}$$

求得

$$A = u_C(0_+) = U_0$$

这样求得满足初始条件的微分方程的解为

$$u_C = u_C(0_+)\mathrm{e}^{-\frac{t}{RC}} = U_0\mathrm{e}^{-\frac{t}{RC}} \qquad t \geqslant 0_+$$

这就是放电过程中电容电压 u_C 的表达式。

电容中的电流为

$$i_C = -C \frac{\mathrm{d}u_C}{\mathrm{d}t} = -C \frac{\mathrm{d}u_C(0_+)\mathrm{e}^{-\frac{t}{RC}}}{\mathrm{d}t} = \frac{u_C(0_+)}{R}\mathrm{e}^{-\frac{t}{RC}}$$

$$= i_C(0_+)\mathrm{e}^{-\frac{t}{RC}} = \frac{U_0}{R}\mathrm{e}^{-\frac{t}{RC}} \qquad t \geqslant 0_+$$

电阻上的电压为

$$u_R = u_C = u_C(0_+)\mathrm{e}^{-\frac{t}{RC}} = u_R(0_+)\mathrm{e}^{-\frac{t}{RC}} = U_0\mathrm{e}^{-\frac{t}{RC}} \qquad t \geqslant 0_+$$

从以上表达式可以看出,电压 u_C、u_R 及电流 i_C 都是按照相同的指数规律衰减的,它们衰减的快慢取决于指数中 RC 的大小。当 R 的单位为 Ω,C 的单位为 F 时,乘积 RC 的单位为 s(秒),因此定义

$$\tau \stackrel{\text{def}}{=\!=\!=} RC$$

称 τ 为 RC 电路的时间常数,τ 仅取决于电路的结构和元件的参数。

引入 τ 后,电容电压 u_C、电阻电压 u_R 及电容电流 i_C 的表达式变为

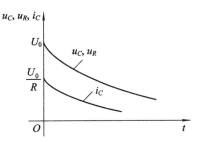

$$u_C = U_0 e^{-\frac{t}{\tau}} \qquad t \geqslant 0_+$$

$$u_R = U_0 e^{-\frac{t}{\tau}} \qquad t \geqslant 0_+$$

$$i_C = \frac{U_0}{R} e^{-\frac{t}{\tau}} \qquad t \geqslant 0_+$$

它们的波形图如图 5-9 所示。

综上所述,在 RC 电路中各变量的零输入响应均是由其初始值开始按相同的指数规律衰减,直至衰减到零。若设任意变量为 $r(t)$,则零输入响应的一般表达式为

图 5-9 各变量的波形图

$$r(t) = r(0_+) e^{-\frac{t}{\tau}} \qquad t \geqslant 0_+ \tag{5-26}$$

时间常数 τ 是表征电路过渡过程快慢的物理量。在式(5-26)中,τ 值越大,则 $e^{-\frac{t}{\tau}}$ 越大,过渡过程结束的越慢;反之,过渡过程结束的越快。R 或 C 越大,则 τ 值越大,放电过程就越慢;反之,则越快。下面以电容电压 u_C 为例,对时间常数 τ 作进一步的讨论。

将 $t = \tau$、2τ、3τ、4τ、5τ 等不同时间的响应 u_C 值列于表 5-1 中。

表 5-1 不同时间 u_C 的取值列表

t	0	τ	2τ	3τ	4τ	5τ	$\cdots$	∞
$e^{-\frac{t}{\tau}}$	$e^0 = 1$	$e^{-1} = 0.368$	$e^{-2} = 0.135$	$e^{-3} = 0.05$	$e^{-4} = 0.018$	$e^{-5} = 0.0067$	$\cdots$	$e^{-\infty} = 0$
$u_C(t)$	U_0	$0.368 U_0$	$0.135 U_0$	$0.05 U_0$	$0.018 U_0$	$0.0067 U_0$	$\cdots$	0

从表中得出以下结论:

(1) 当 $t = \tau$ 时,$u_C = 0.368 U_0 = 36.8\% U_0$,即时间常数 τ 是电路零输入响应衰减到初始值的 36.8% 时所需要的时间,如图 5-10(a)所示。

(2) 在理论上,$t = \infty$ 时,$u_C = 0$,过渡过程才结束,但 $t = (3 \sim 5)\tau$ 时,u_C 已衰减到初始值的 5% 以下。因此,工程上认为经过(3~5)τ 的时间过渡过程便结束了。

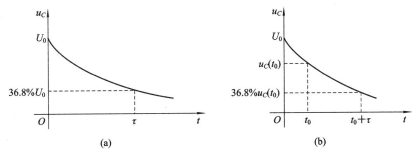

图 5-10 时间常数 τ 的意义

零输入响应在任一时刻 t_0 的值，经过一个时间常数 τ 可以表示为

$$u_C(t_0 + \tau) = U_0 e^{-\frac{t_0+\tau}{\tau}} = U_0 e^{-1} e^{-\frac{t_0}{\tau}} = 0.368 u_C(t_0) = 36.8\% u_C(t_0)$$

即经过一个时间常数 τ 后，响应衰减到原值的 36.8%，或衰减了原值的 63.2%，如图 5 - 10(b)所示。

在放电过程中，电容不断放出能量，并被电阻所消耗，最后原来储存在电容中的电场能量全部放出，并被电阻吸收而转化成热能。电阻在整个放电过程中吸收的电能为

$$
\begin{aligned}
W_R &= \int_0^\infty i_C^2(t) R \, dt = \int_0^\infty \left(\frac{U_0}{R} e^{-\frac{t}{RC}} \right)^2 R \, dt \\
&= \frac{U_0^2}{R} \int_0^\infty e^{-\frac{2t}{RC}} dt = -\frac{1}{2} C U_0^2 \left(e^{-\frac{2}{RC}t} \right) \Big|_0^\infty \\
&= \frac{1}{2} C U_0^2 = W_C(t) \Big|_{t=0}
\end{aligned}
$$

即电阻消耗的总能量为电容的初始储能。可见电容的全部储能在放电过程中被电阻耗尽，这符合能量守恒定律。

例 5 - 4 在图 5 - 11(a)所示电路中，开关 S 在 $t=0$ 时由 a 合向 b，求 S 闭合后的响应 u_C、i_C、i_1 和 i_2，并作出波形图。

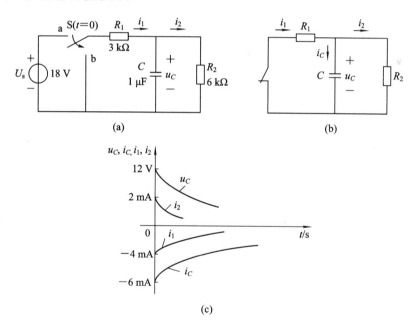

图 5 - 11 例 5 - 4 图

解 $t < 0$ 时电路处于直流稳定状态，电容相当于开路，于是电容元件的初始状态为

$$u_C(0_-) = \frac{R_2}{R_1 + R_2} U_s = \frac{6}{3+6} \times 18 \text{ V} = 12 \text{ V}$$

由换路定律，开关 S 合向 b 后

$$u_C(0_+) = u_C(0_-) = 12 \text{ V}$$

此时电路如图 5 - 11(b)所示。在图 5 - 11(b)中，从动态元件电容 C 两端看过去的电路并不是一个单独的电阻 R，而是两个电阻的并联，因此时间常数 τ 中的电阻此时为一等效电阻，

其表达式为

$$R_{eq} = R_1 /\!/ R_2 = \frac{R_1 R_2}{R_1 + R_2} = \frac{3 \times 6}{3 + 6} k\Omega = 2 \ k\Omega$$

于是时间常数 τ 为

$$\tau = R_{eq}C = 2 \times 10^3 \times 1 \times 10^{-6} \ s = 0.002 \ s$$

把 $u_C(0_+) = 12 \ V$ 及 $\tau = 0.002 \ s$ 代入零输入响应的一般公式，有

$$u_C = u_C(0_+) e^{-\frac{t}{\tau}} = 12 e^{-\frac{t}{0.002}} V = 12 e^{-500t} V \qquad t \geqslant 0_+$$

$$i_C = C \frac{du_C}{dt} = 1 \times 10^{-6} \frac{d(12 e^{-500t})}{dt} = 12 \times 10^{-6} (-500) e^{-500t} A$$

$$= -6 \times 10^{-3} e^{-500t} A \qquad t \geqslant 0_+$$

$$i_1 = -\frac{u_C}{R_1} = -\frac{12 e^{-500t}}{3 \times 10^3} A = -4 \times 10^{-3} e^{-500t} A \qquad t \geqslant 0_+$$

$$i_2 = \frac{u_C}{R_2} = \frac{12 e^{-500t}}{6 \times 10^3} A = 2 \times 10^{-3} e^{-500t} A \qquad t \geqslant 0_+$$

各变量的波形图如图 5-11(c)所示。

二、RL 电路的零输入响应

图 5-12(a)所示电路为 RL 串联电路，开关 S 在 $t = 0$ 时闭合，此前电路已处于稳定状态。在直流电路中，电感元件相当于短路，于是有

$$i_L(0_-) = \frac{U_s}{R_1 + R}$$

开关 S 闭合后，由换路定律

$$i_L(0_+) = i_L(0_-) = \frac{U_s}{R_1 + R}$$

此时电路如图 5-12(b)所示。在图 5-12(b)中，由 KVL 得

$$Ri_L + u_L = 0$$

因为 $u_L = L \frac{di_L}{dt}$，所以

$$L \frac{di_L}{dt} + Ri_L = 0$$

显然此方程也为一阶齐次线性常微分方程，其通解形式为

$$i_L = Ae^{Pt}$$

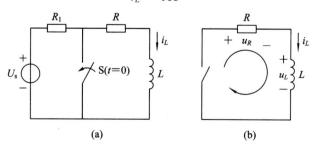

图 5-12　RL 电路的零输入响应

由特征方程 $LP+R=0$ 得 $P=-\dfrac{R}{L}$，于是

$$i_L = Ae^{-\frac{t}{\frac{L}{R}}}$$

微分方程的初始条件为

$$i_L(0_+) = \frac{U_s}{R_1+R}$$

代入 i_L 的表达式，有

$$A = i_L(0_+) = \frac{U_s}{R_1+R}$$

于是得

$$i_L = i_L(0_+)e^{-\frac{t}{\frac{L}{R}}} = \frac{U_s}{R_1+R}e^{-\frac{t}{\frac{L}{R}}} \qquad t \geqslant 0_+$$

令 $\tau = \dfrac{L}{R}$，τ 称为 RL 电路的时间常数，其单位为 s，于是 i_L 的表达式变为

$$i_L = \frac{U_s}{R_1+R}e^{-\frac{t}{\tau}} \qquad t \geqslant 0_+$$

时间常数 τ 的物理意义与 RC 电路的时间常数完全一样，这里不再重复。

$$u_L = L\frac{di_L}{dt} = L\frac{di_L(0_+)e^{-\frac{t}{\tau}}}{dt} = -L\frac{1}{L/R}e^{-\frac{t}{\tau}}i_L(0_+)$$

$$= i_L(0_+)(-R)e^{-\frac{t}{\tau}} = u_L(0_+)e^{-\frac{t}{\tau}} = -\frac{RU_s}{R_1+R}e^{-\frac{t}{\tau}} \qquad t \geqslant 0_+$$

$$u_R = Ri_L = Ri_L(0_+)e^{-\frac{t}{\tau}} = u_R(0_+)e^{-\frac{t}{\tau}} = \frac{RU_s}{R_1+R}e^{-\frac{t}{\tau}} \qquad t \geqslant 0_+$$

u_L、u_R 及 i_L 的波形图如图 5-13 所示。

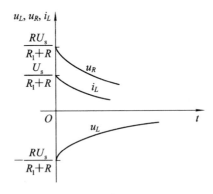

图 5-13　各变量的波形图

换路后的初始时刻电感储存的磁场能量为 $\dfrac{1}{2}Li_L^2(0_+)$，这些能量最终全部被电阻消耗，转化成热能。

例 5-5　图 5-14(a)所示电路是一台 300 kW 汽轮发电机的励磁回路。已知励磁绕组的电阻 $R=0.189\ \Omega$，电感 $L=0.398\ \text{H}$，直流电压 $U=35\ \text{V}$。电压表的量程为 50 V，内阻

$R_V = 5$ kΩ。开关未断开时，电路中电流已经恒定不变。在 $t = 0$ 时，断开开关。求：（1）电阻、电感回路的时间常数；（2）电流 i 的初始值和开关断开后电流 i 的最终值；（3）电流 i 和电压表处的电压 u_V；（4）开关刚断开时，电压表处的电压；（5）电感两端电压 u_L。

解 S 未断开时，电感 L 处于稳定直流电路中，所以电感相当于短路，其初始状态为

$$i(0_-) = \frac{U}{R} = \frac{35}{0.189} \text{A} = 185.2 \text{ A}$$

开关 S 断开后，电路如图 5-14(b)所示。

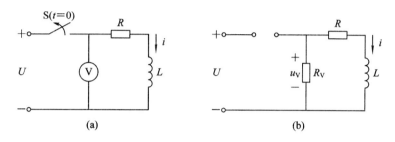

图 5-14 例 5-5 图

（1）时间常数 τ 为

$$\tau = \frac{L}{R_{eq}} = \frac{L}{R + R_V} = \frac{0.398 \text{ H}}{0.189 \ \Omega + 5000 \ \Omega} = 79.6 \ \mu\text{s}$$

（2）电流 i 的初始值为

$$i(0_+) = i(0_-) = 185.2 \text{ A}$$

因电流 i 为零输入响应，故其最终值为

$$i(\infty) = 0$$

（3）电流 i 为

$$i = i(0_+)\text{e}^{-\frac{t}{\tau}} = 185.2\text{e}^{-\frac{t}{79.6 \times 10^{-6}}} \text{A} = 185.2\text{e}^{-12560t} \text{A}$$

电压表处的电压为

$$u_V = -R_V i = -5 \times 10^3 \times 185.2\text{e}^{-12560t} \text{V} = -926\text{e}^{-12560t} \text{ kV}$$

（4）开关 S 刚断开时，电压表处的电压为

$$u_V(0_+) = -926 \text{ kV}$$

（5）电感两端电压为

$$u_L = L\frac{\text{d}i_L}{\text{d}t} = 0.398 \times \frac{\text{d}185.2\text{e}^{-12560t}}{\text{d}t}\text{V}$$

$$= 0.398 \times 185.2 \times (-12560)\text{e}^{-12560t} \text{V}$$

$$= 925.79\text{e}^{-12560t} \text{ kV}$$

在开关 S 刚刚断开瞬间，电压表要承受很高的电压(926 kV)，其绝对值远大于直流电源的电压 U(35 V)，而且初始瞬间的电流(185.2 A)也很大，这可能损坏电压表。由此可见，切断电感电流时，必须考虑磁场能量的释放。如果磁场能量较大(电感中的电流较大)，而又必须在短时间内完成电流的切断，则必须考虑电感元件感应出的大电压，其加在开关处会击穿开关处的空气，从而产生电弧，因此必须采取灭弧措施。

第四节 一阶电路的零状态响应

如果电路中储能元件在换路瞬间原来就没有能量储存，即初始状态为零（如电容的初始电压 $u_C(0_-)$ 和电感的初始电流 $i_L(0_-)$ 均为零），也就是说电路处于零状态，此时电路的响应是在外施电源激励下产生的。我们把这种电路处于零状态，仅由输入信号激励引起的响应称为零状态响应。

一、RC 电路的零状态响应

1. RC 电路零状态响应的求解

以 RC 串联电路为例，如图 5-15 所示。开关 S 在闭合前未充电，即电容的初始状态为零，于是有

$$u_C(0_-) = 0$$

开关 S 在 $t=0$ 时闭合，闭合后，即 $t \geqslant 0_+$ 时，以电容电压 u_C 为响应变量，由 KVL 得

$$Ri_C + u_C = U_s$$

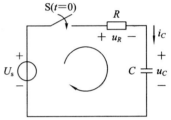

图 5-15　RC 电路的零状态响应

因为 $i_C = C\dfrac{\mathrm{d}u_C}{\mathrm{d}t}$，所以

$$RC\frac{\mathrm{d}u_C}{\mathrm{d}t} + u_C = U_s$$

此微分方程的初始条件为

$$u_C(0_+) = u_C(0_-) = 0$$

显然上述微分方程为一阶非齐次线性微分方程，其通解形式为

$$u_C = u_C' + u_C''$$

其中，u_C' 为非齐次微分方程的特解，即只要满足非齐次微分方程即可。u_C'' 为与非齐次微分方程对应的齐次微分方程的通解，该齐次微分方程的形式为

$$RC\frac{\mathrm{d}u_C}{\mathrm{d}t} + u_C = 0$$

由于这一方程的形式与零输入响应电路的微分方程形式一样，所以其通解形式为

$$u_C'' = Ae^{-\frac{t}{\tau}}$$

其中 $\tau = RC$，为 RC 电路的时间常数。

观察非齐次微分方程，显然其特解 u_C' 为

$$u_C' = U_s$$

特解 u_C' 与方程右边激励的形式一致，于是有

$$u_C = u_C' + u_C'' = U_s + Ae^{-\frac{t}{\tau}}$$

代入初始条件 $u_C(0_+) = 0$，得

$$0 = U_s + Ae^{-\frac{0_+}{\tau}}$$

所以

$$A = -U_s$$

再代回非齐次微分方程通解 u_C 的表达式中，得

$$u_C = U_s - U_s e^{-\frac{t}{\tau}} = U_s(1 - e^{-\frac{t}{\tau}}) = U_s(1 - e^{-\frac{t}{RC}}) \qquad t \geqslant 0_+$$

由上式，当 $t = \infty$ 时，$u_C(\infty) = U_s$，所以 $t \to \infty$ 时，电路进入稳定状态（直流状态），因此称 $u_C(\infty)$ 为稳态值。于是有

$$u_C = u_C(\infty)(1 - e^{-\frac{t}{\tau}})$$

上式可作为求解电容电压 u_C 的零状态响应的公式，但应该注意，该式只适用于电容电压 u_C 的求解，其他变量则不能使用这一公式的形式。在求解稳态值 $u_C(\infty)$ 时，可根据 $t \to \infty$ 时电路处于直流状态，由原电路图直接求解。例如，在图 5 - 15 中，$t = \infty$ 时，电路已为稳定直流电路，这时电容 C 相当于开路，其电流 $i_C = 0$，电阻电压为零，所以电容电压 u_C 就等于电源电压 U_s，故求得 $u_C(\infty) = U_s$。

当电路不是由一个单独的电阻与电容组成的串联电路，如图 5 - 16 所示，这时可从动态元件电容 C 两端看过去，将剩余电路用戴维南定理等效为一开路电压 u_{oc} 与等效电阻 R_{eq} 的串联组合电路，如图 5 - 17 所示。这样原电路就被等效变换为一个电阻 R_{eq} 与一个电容 C 的串联组合电路。u_C 的表达式为

$$u_C = u_C(\infty)(1 - e^{-\frac{t}{\tau}})$$

其中，$u_C(\infty) = u_{oc}$，$\tau = R_{eq}C$。但戴维南等效电路实际求解时，不用画出，求解 $u_C(\infty)$ 时仍可由图 5 - 16 所示的原电路直接求。这时把电容 C 断开，求该处的开路电压 u_{oc}，即为 $u_C(\infty)$。

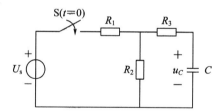

图 5 - 16　任意 RC 电路的零状态响应

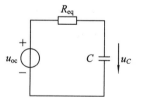

图 5 - 17　戴维南等效电路

如图 5 - 18 所示，u_{oc} 为

$$u_{oc} = \frac{R_2}{R_1 + R_2}U_s$$

即

$$u_C(\infty) = u_{oc} = \frac{R_2 U_s}{R_1 + R_2}$$

时间常数 τ 为

$$\tau = R_{eq}C$$

其中，等效电阻 R_{eq} 为从电容 C 两端看过去的戴维南等效电路的戴维南等效电阻，其求解电路如图 5 - 19 所示。电路中令电压源短路，R_{eq} 为

$$R_{eq} = R_1 /\!/ R_2 + R_3 = \frac{R_1 R_2}{R_1 + R_2} + R_3 = \frac{R_1 R_2 + R_1 R_3 + R_2 R_3}{R_1 + R_2}$$

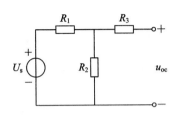

图 5-18 求 u_{oc} 的电路

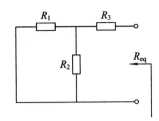

图 5-19 求 R_{eq} 的电路

于是 τ 为

$$\tau = R_{eq}C = \frac{(R_1R_2 + R_1R_3 + R_2R_3)C}{R_1 + R_2}$$

电容电压 u_C 为

$$u_C = u_C(\infty)(1 - e^{-\frac{t}{\tau}}) = \frac{R_2U_s}{R_1 + R_2}(1 - e^{-\frac{t}{R_{eq}C}})$$

$$= \frac{R_2U_s}{R_1 + R_2}(1 - e^{-\frac{R_1+R_2}{(R_1R_2+R_1R_3+R_2R_3)C}t})$$

在图 5-15 的 RC 串联电路中，若需求解其余响应变量，可根据它们与 u_C 的关系求得。例如

$$i_C = C\frac{du_C}{dt} = C\frac{dU_s(1 - e^{-\frac{t}{RC}})}{dt} = \frac{U_s}{R}e^{-\frac{t}{RC}} \qquad t \geqslant 0_+$$

$$u_R = Ri_C = U_se^{-\frac{t}{RC}} \qquad t \geqslant 0_+$$

显然，i_C 及 u_R 均不具备求解 u_C 时那样的公式。各变量波形图如图 5-20 所示，其中 u_C 的波形反映了电容 C 的充电过程。RC 电路接通直流电源的过程也是电源通过电阻对电容充电的过程。充电的过程中，电源供给的能量一部分转化成电场能量储存于电容中，一部分被电阻转化为热能消耗掉。电阻消耗的电能为

$$W_R = \int_0^\infty i_C^2 R\,dt = \int_0^\infty \left(\frac{U_s}{R}e^{-\frac{t}{RC}}\right)^2 R\,dt$$

$$= \frac{U_s^2}{R}\left(-\frac{RC}{2}\right)e^{-\frac{2}{RC}t}\bigg|_0^\infty = \frac{1}{2}CU_s^2 = W_C(\infty)$$

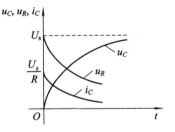

图 5-20 各响应变量的波形图

由上式可知，在充电过程中，电容储存的电能和电阻消耗的电能一样，充电效率只有 50%。

2. RC 电路解的结构分析

电路如图 5-21 所示，u_s 为任一形式的电源电压，以 u_C 为响应变量，对其列微分方程为

$$RC\frac{du_C}{dt} + u_C = u_s(t)$$

上述非齐次微分方程的通解形式为

$$u_C = u_C' + u_C''$$

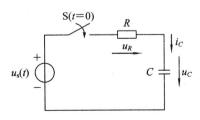

图 5-21 RC 电路解的结构分析

u'_C 为该方程的特解，显然必须与方程右边的激励 $u_s(t)$ 的形式一致，才能保证满足该非齐次微分方程。于是有

$$u'_C = \begin{cases} KU_s & \text{当 } u_s(t) = U_s \text{ 时} \\ B\cos(\omega t + \psi) & \text{当 } u_s(t) = U_m\cos\omega t \text{ 时} \\ Ae^{-\alpha t} & \text{当 } u_s(t) = e^{-\alpha t} \text{ 时} \end{cases}$$

只要将 u'_C 的表达式代入非齐次微分方程，求解待定系数 K、B、ψ、A 等，即可最终求得 u'_C。

故特解 u'_C 受制于电源激励，外施激励是什么形式，u'_C 就是什么形式。u'_C 受外施激励的强制作用，所以称其为强制分量。

u''_C 为与非齐次微分方程对应的齐次微分方程 $RC\dfrac{du_C}{dt} + u_C = 0$ 的通解，其形式为

$$u''_C = Ae^{-\frac{t}{\tau}}$$

u''_C 是衰减的指数函数形式，由电路自身的结构及电路的参数决定，而与外施激励无关，所以称其为自由分量。

当 $u_s(t)$ 本身是稳定量时，即稳定状态时，例如 $u_s(t)$ 为常量或正弦量，因 u'_C 与 $u_s(t)$ 的形式一样，所以其也是稳定量，即稳定状态，这时我们又称特解 u'_C 为稳态分量，或稳态响应，或稳态解。但当 $u_s(t)$ 本身不是稳定量时，例如 $u_s(t) = e^{-\alpha t}$，u'_C 也不是稳定量，因此，这时不宜称 u'_C 为稳态响应。

$u''_C = Ae^{-\frac{t}{\tau}}$ 不断衰减，当 $t \to \infty$ 时，将衰减为零，所以 u''_C 是暂时存在的，因此 u''_C 又叫暂态分量，或暂态响应，或暂态解。

综上所述，u'_C 与 u''_C 的物理意义如下：

u'_C（非齐次微分方程的特解）	u''_C（齐次微分方程的通解）
强制分量	自由分量
稳态分量	暂态分量
稳态响应	暂态响应
稳态解	暂态解

3. 特解 u'_C 的讨论

在响应变量 u_C 的两个分量稳态分量 u'_C 和暂态分量 u''_C 中，显然 $u''_C = Ae^{-\frac{t}{\tau}}$ 是不稳定的，因此造成了整个响应的不稳定，但当 $t \to \infty$ 时，不稳定量 $u''_C = Ae^{-\frac{t}{\tau}} \to 0$，此时响应变量 u_C 中只剩下稳定量 u'_C，即 $u_C(\infty) = u'_C(\infty) = u'_C$，所以响应 u_C 此时进入了稳定状态，且就稳定在稳态分量 u'_C 处，这时整个 RC 电路进入了稳定状态。由此稳态分量，即特解 $u'_C = u_C(\infty)$，就是 $t \to \infty$ 电路进入稳定状态时的响应。响应 u_C 可分解为非齐次微分方程的特解 u'_C 与齐次微分方程的通解 u''_C 的叠加，这一过程如图 5-22 所示。

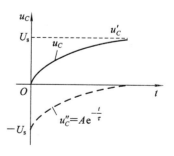

图 5-22 u_C 为 u'_C 与 u''_C 的叠加

求解特解 u'_C 时，可通过直接由原电路求 $u_C(\infty)$ 而得到。当 $u_s(t)$ 为直流量时，特解 u'_C 也就是 $u_C(\infty)$，也为直流量。故 $t\to\infty$ 时，电路进入稳定状态，为直流电路，此时电容相当于开路。根据这一特点，就可由电路很方便地求出 $u_C(\infty)$，即特解 u'_C。

注意：$u_C(\infty)$ 表示 $t\to\infty$ 时的一个稳定的时间函数，而不是某一时刻的值，也不一定是常量。例如，当 $u_s(t)=U_m\cos\omega t$，即正弦量时，则 $u'_C=u_C(\infty)$，也为同频率的正弦量，即 $U_{Cm}\cos(\omega t+\psi_{u_C})$，这是一个稳定的时间表达式。在第六、七章中将讲述如何用相量法求解正弦稳态电路。当 $t\to\infty$ 时，电路进入正弦稳态电路，$u'_C=u_C(\infty)=U_{Cm}\cos(\omega t+\psi_{u_C})$ 可通过相量法由原电路中求得。相量法见第六章。

二、RL 电路的零状态响应

RL 串联电路如图 5-23 所示，开关 S 在 $t=0$ 时闭合，激励为直流量 U_s。开关 S 闭合前，设 $i_L(0_-)=0$。当 S 闭合后，由换路定律得

$$i_L(0_+) = i_L(0_-) = 0$$

根据 KVL 有

$$Ri_L + u_L = U_s$$

因为 $u_L=L\dfrac{di_L}{dt}$，所以

$$L\frac{di_L}{dt} + Ri_L = U_s$$

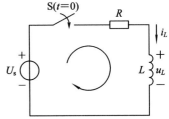

图 5-23　RL 电路的零状态响应

此微分方程也为一阶非齐次线性微分方程，其通解形式为

$$i_L = i'_L + i''_L$$

其中 i'_L 为满足非齐次微分方程的特解，根据观察法可知

$$i'_L = \frac{U_s}{R}$$

i''_L 为与非齐次微分方程对应的齐次微分方程 $L\dfrac{di_L}{dt}+Ri_L=0$ 的通解，其形式为

$$i''_L = Ae^{-\frac{t}{\tau}}$$

其中 $\tau=\dfrac{L}{R}$，为 RL 电路的时间常数。于是电感电流为

$$i_L = \frac{U_s}{R} + Ae^{-\frac{t}{\tau}}$$

代入初始条件 $i_L(0_+)=0$，有

$$0 = \frac{U_s}{R} + Ae^{-\frac{0_+}{\tau}}$$

$$A = -\frac{U_s}{R}$$

于是得

$$i_L = \frac{U_s}{R} - \frac{U_s}{R}e^{-\frac{t}{L/R}} = \frac{U_s}{R}(1 - e^{-\frac{t}{L/R}}) \qquad t \geqslant 0_+$$

当 $t=\infty$ 时，$i_L(\infty)=\dfrac{U_s}{R}$，于是得求解 i_L 的一般公式为

$$i_L = i_L(\infty)(1-e^{-\frac{t}{\tau}})$$

注意：此式也只适用于电感电流，其他变量不适用，若求解其他变量，要根据它们与 i_L 的关系求得。例如

$$u_L = L\frac{\mathrm{d}i_L}{\mathrm{d}t} = L\frac{\mathrm{d}\frac{U_s}{R}(1-e^{-\frac{t}{L/R}})}{\mathrm{d}t} = U_s e^{-\frac{t}{L/R}} \qquad t\geqslant 0_+$$

$$u_R = Ri_L = U_s(1-e^{-\frac{t}{\frac{L}{R}}}) \qquad t\geqslant 0_+$$

各变量的波形如图 5-24 所示。

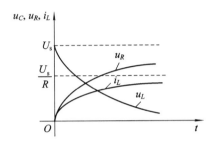

图 5-24 各变量的波形图

关于 i_L 的解的结构分析与 $i'_L = i_L(\infty)$ 的讨论与 RC 电路完全一样，这里不再重复。$i'_L = i_L(\infty)$ 的求解可按下述原则进行。

$$i'_L = i_L(\infty)\begin{cases} \text{当 } u_s(t) \text{ 为直流量时，} t\rightarrow\infty, \text{电路进入稳定直流状态，电感相当于短路，} \\ i'_L = i_L(\infty) \text{可根据此特点直接由原电路求得。} \\ \text{当 } u_s(t) \text{ 为正弦量时，} t\rightarrow\infty, \text{电路变为稳态正弦交流电路，} i'_L = i_L(\infty) \\ \text{可根据相量法由原电路直接求得。} \end{cases}$$

三、小结

综上所述，对一阶电路零状态响应而言，当 $u_s(t)=U_s$（直流量）时，电容电压 u_C 和电感电流 i_L 具有相同的形式

$$r = r(\infty)(1-e^{-\frac{t}{\tau}}) \qquad\qquad (5-27)$$

其中 $r(\infty)$ 称为稳态值。

$$r(\infty)\begin{cases} \text{根据电容 } C \text{ 开路，由原电路直接求得。RC 电路} \\ \text{根据电感 } L \text{ 短路，由原电路直接求得。RL 电路} \end{cases}$$

τ 为时间常数

$$\tau = \begin{cases} R_{eq}C & RC \text{ 电路} \\ \dfrac{L}{R_{eq}} & RL \text{ 电路} \end{cases}$$

R_{eq} 为从动态元件两端看过去电路其余部分的戴维南等效电阻。

其他响应变量的求解，可根据它们与 u_C 或 i_L 的关系求得。

例 5 - 6 电路如图 5 - 25 所示，求开关 S 打开后的 u_C 和电流源发出的功率。

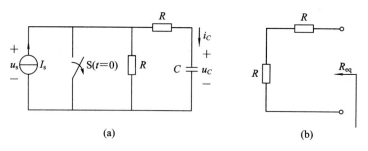

(a) (b)

图 5 - 25 例 5 - 6 图

解 开关 S 闭合时，图 5 - 25 所示电路显然为零状态电路。当开关 S 打开后，由换路定律有

$$u_C(0_+) = u_C(0_-) = 0$$

于是有

$$u_C = u_C(\infty)(1 - e^{-\frac{t}{\tau}})$$

当 $t = \infty$ 时，电路为稳定直流电路，电容 C 相当于开路，所以

$$u_C(\infty) = RI_s, \quad \tau = R_{eq}C$$

求 R_{eq} 的等效电路如图 5 - 25(b)所示，由图中得

$$R_{eq} = 2R$$

$$\tau = 2RC$$

$$u_C = RI_s(1 - e^{-\frac{t}{2RC}}) \quad t \geqslant 0_+$$

$$i_C = C\frac{du_C}{dt} = C\frac{dRI_s(1 - e^{-\frac{t}{2RC}})}{dt} = -CRI_s\left(-\frac{1}{2RC}\right)e^{-\frac{t}{2RC}} = \frac{I_s}{2}e^{-\frac{t}{2RC}} \quad t \geqslant 0_+$$

于是

$$u_s = Ri_C + u_C = R\frac{I_s}{2}e^{-\frac{t}{2RC}} + RI_s(1 - e^{-\frac{t}{2RC}}) = RI_s\left(1 - \frac{1}{2}e^{-\frac{t}{2RC}}\right) \quad t \geqslant 0_+$$

电流源发出的功率为

$$p = u_sI_s = RI_s^2\left(1 - \frac{1}{2}e^{-\frac{t}{2RC}}\right) \quad t \geqslant 0_+$$

例 5 - 7 电路如图 5 - 26 所示，原已稳定，$t = 0$ 时开关 S 闭合，试求 $t > 0$ 时的电感电流 $i_L(t)$ 及电感两端电压 $u_L(t)$，并画出波形图。

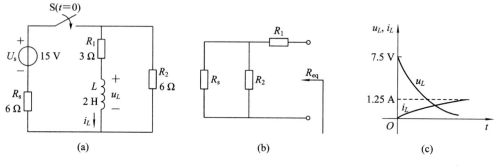

(a) (b) (c)

图 5 - 26 例 5 - 7 图

解 S闭合前，显然电路处于零状态。S闭合后

$$i_L = i_L(\infty)(1 - e^{-\frac{t}{\tau}})$$

$t = \infty$ 时，电路处于稳定直流状态，电感 L 相当于短路，于是有

$$i_L(\infty) = \frac{R_2}{R_1 + R_2} \times \frac{U_s}{\frac{R_1 R_2}{R_1 + R_2} + R_s} = \frac{6}{3 + 6} \times \frac{15}{\frac{3 \times 6}{3 + 6} + 6} \text{A} = \frac{5}{4} \text{A} = 1.25 \text{ A}$$

$$\tau = \frac{L}{R_{eq}}$$

求 R_{eq} 的等效电路如图 5-26(b)所示。

$$R_{eq} = R_1 + \frac{R_2 R_s}{R_2 + R_s} = 3 \ \Omega + \frac{6 \times 6}{6 + 6} \Omega = 6 \ \Omega$$

$$\tau = \frac{2}{6} \text{ s} = \frac{1}{3} \text{ s}$$

于是

$$i_L = 1.25(1 - e^{-3t}) \text{A} \qquad t \geqslant 0_+$$

$$u_L = L \frac{di_L}{dt} = 2 \times \frac{d1.25(1 - e^{-3t})}{dt} = 2 \times 1.25 \times (-1)(-3) e^{-3t} \text{V} = 7.5 e^{-3t} \text{V} \qquad t \geqslant 0_+$$

i_L 及 u_L 的波形图如图 5-26(c)所示。

第五节 一阶电路的全响应

如果电路既有初始状态，又有外施激励，这时电路的响应是由原有的初始状态和外施激励共同作用下产生的，这样的响应称为全响应。

仍以 RC 电路为例，电路如图 5-27 所示。已知 S 闭合前电容已充电，其初始状态为

$$u_C(0_-) = U_0$$

在 $t = 0$ 时刻，S 闭合，由换路定律可知

$$u_C(0_+) = u_C(0_-) = U_0$$

$t \geqslant 0_+$ 时，由 KVL 有

$$\begin{cases} RC \dfrac{du_C}{dt} + u_C = U_s \\ u_C(0_+) = U_0 \end{cases} \quad t \geqslant 0_+$$

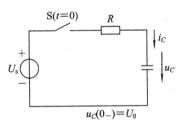

图 5-27 RC 全响应电路

上述方程为一阶非齐次线性微分方程，且初始条件不为零，而为 U_0，其通解为

$$u_C = u_C' + u_C''$$

其中 $u_C' = U_s$，$u_C'' = Ae^{-\frac{t}{\tau}}$，于是有

$$u_C = U_s + Ae^{-\frac{t}{\tau}}$$

代入初始条件有

$$U_0 = U_s + Ae^{-\frac{0_+}{\tau}}$$

从中解得

$$A = U_0 - U_s$$

于是有

$$u_C = U_s + (U_0 - U_s)e^{-\frac{t}{\tau}} \tag{5-28}$$

上述 u_C 的表达式表示全响应可分解为稳态响应和暂态响应的叠加，第一项为稳态响应，第二项为暂态响应，即

$$全响应 = 稳态响应 + 暂态响应$$

将 u_C 的表达式变形为

$$u_C = U_0 e^{-\frac{t}{\tau}} + U_s(1 - e^{-\frac{t}{\tau}})$$

上述 u_C 的表达式表示全响应又可分解为零输入响应和零状态响应的叠加，第一项为零输入响应，第二项为零状态响应，即

$$全响应 = 零输入响应 + 零状态响应$$

根据叠加定理也可说明上述结论。可以把外施激励 U_s 和电容电压的初始值 $u_C(0_+) = U_0$ 看作两个电压源的电压，这样，在 U_s 和 U_0 共同作用下的全响应，由线性电路的叠加定理，可分解为在 U_0 单独作用下的响应（即零输入响应）和在 U_s 单独作用下的响应（即零状态响应）的叠加。

实际上 $U_0 = u_C(0_+)$，$U_s = u_C(\infty)$，于是 u_C 的表达式可写成

$$u_C = u_C(\infty) + [u_C(0_+) - u_C(\infty)]e^{-\frac{t}{\tau}} \tag{5-29}$$

其中 $u_C(0_+)$ 为初始值，$u_C(\infty)$ 为稳态值，τ 为时间常数。上述 u_C 的表达式就是求解电容电压 u_C 的一般公式。式(5-28)可作如下讨论：

当 $U_0 > U_s$ 时，电容电压 u_C 由 U_0 初始值逐渐衰减，最终趋于稳态值 U_s，相当于放电；

当 $U_0 < U_s$ 时，电容电压 u_C 由初始值 U_0 逐渐增加，最终趋于稳态值 U_s，相当于充电；

当 $U_0 = U_s$ 时，电容电压 u_C 自始至终均为 $U_0 = U_s$ 不变，即电路没有过渡过程，响应维持原来的稳定状态(U_0)或直接进入稳定状态(U_s)。

与这三种情况对应的波形如图 5-28 所示。

式(5-29)可推广到其他任意变量（这里不作推导），即对于任意变量 $r(t)$，其全响应可按下述公式求解：

$$r = r(\infty) + [r(0_+) - r(\infty)]e^{-\frac{t}{\tau}}① \tag{5-30}$$

式中，$r(0_+)$ 为初始值，由 0_+ 图求得；$r(\infty)$ 为稳态值，由 $t = \infty$ 时的原电路求得；τ 为时间常数，其中 R_{eq} 为原电路中从动态元件两端看过去电路其余部分的戴维南等效电阻，对于 RC 电路，$\tau = R_{eq}C$，对于 RL 电路，$\tau = L/R_{eq}$。式(5-30)称为三要素公式，由三要素公式直接求解响应变量的方法称为三要素法，三要素法是求解一阶电路的一般方法。

实际上，三要素法也可用于求解零输入响应和零状态响应。把零输入响应看成是输入为零的全响应，把零状态响应看成是初始状态为零的全响应，零输入响应和零状态响应就是这两种特殊的全响应形式。所以，三要素法适用于一阶电路的零输入响应、零状态响应

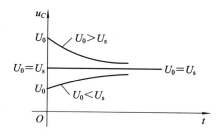

图 5-28　U_0 对全响应的影响

<hr>

① 该式适用于直流激励，对于交流正弦激励，可参考习题 6-57。

及全响应。例如式(5-29)中，若为零输入响应，则 $u_C(\infty)=0$，于是有

$$u_C = 0 + [u_C(0_+) - 0]e^{-\frac{t}{\tau}} = u_C(0_+)e^{-\frac{t}{\tau}}$$

上式就是 u_C 的零输入响应公式。若为零状态响应，则 $u_C(0_+)=u_C(0_-)=0$，于是有

$$u_C = u_C(\infty) + [0 - u_C(\infty)]e^{-\frac{t}{\tau}} = u_C(\infty)(1 - e^{-\frac{t}{\tau}})$$

上式即为 u_C 的零状态响应公式。

例 5-8 图 5-29(a)所示电路在 $t=0$ 时开关 S 闭合，S 闭合前电路已达稳态。求 $t>0$ 时 $u_C(t)$、$i_C(t)$ 和 $i(t)$。

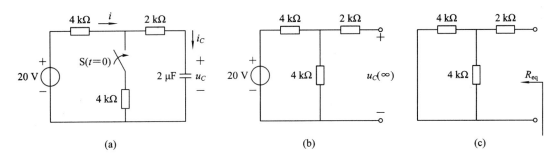

图 5-29 例 5-8 图

解 （1）求初始状态 $u_C(0_-)$。

开关 S 未闭合时，电路为直流稳态电路，电容 C 相当于开路，于是有

$$u_C(0_-) = 20 \text{ V}$$

（2）求初始值 $u_C(0_+)$。

S 闭合后，即 $t>0$，由换路定律

$$u_C(0_+) = u_C(0_-) = 20 \text{ V}$$

（3）求稳态值 $u_C(\infty)$。

$t=\infty$ 时，电路再次进入直流稳定状态，这时电容 C 仍为开路，如图 5-29(b)所示，于是有

$$u_C(\infty) = \frac{4}{4+4} \times 20 \text{ V} = 10 \text{ V}$$

（4）求时间常数 τ。

$$\tau = R_{eq}C$$

求 R_{eq} 的相关电路如图 5-29(c)所示，由图可知

$$R_{eq} = 4 \text{ k}\Omega \mathbin{/\mkern-5mu/} 4 \text{ k}\Omega + 2 \text{ k}\Omega = 4 \text{ k}\Omega$$

$$\tau = 4 \times 10^3 \times 2 \times 10^{-6} = 8 \times 10^{-3} \text{ s}$$

（5）求电容电压 u_C。

由三要素法

$$u_C = u_C(\infty) + [u_C(0_+) - u_C(\infty)]e^{-\frac{t}{\tau}}$$

$$= 10 \text{ V} + [20 - 10]e^{-\frac{t}{8 \times 10^{-3}}} \text{ V}$$

$$= 10 \text{ V} + 10e^{-125t} \text{ V} = 10(1 + e^{-125t}) \text{ V} \qquad t \geqslant 0_+$$

$$i_C = C\frac{\mathrm{d}u_C}{\mathrm{d}t} = 2 \times 10^{-6} \times \frac{\mathrm{d}10(1 + e^{-125t})}{\mathrm{d}t} \text{ A} = -2.5e^{-125t} \text{ mA} \qquad t \geqslant 0_+$$

$$i = \frac{20 \text{ V} - 2 \times 10^3 \ \Omega \times i_C - u_C}{4 \times 10^3 \ \Omega}$$

$$= \frac{20 - 2 \times 10^3 \times (-2.5 \text{e}^{-125t}) \times 10^{-3} - 10(1 + \text{e}^{-125t})}{4 \times 10^3} \text{A}$$

$$= \frac{10 - 5\text{e}^{-125t}}{4 \times 10^3} = (2.5 - 1.25\text{e}^{-125t}) \text{ mA} \qquad t \geqslant 0_+$$

上述 i_C 及 i 也可直接用三要素法求解，读者可自行求解，无论用哪种方法，最终结果均是一样的。

例 5 - 9 电路如图 5 - 30 所示，开关 S_1 和 S_2 在 $t = 0$ 时刻同时动作，当 S_1 由 a 合向 b 时，S_2 断开。试求 $t > 0$ 时的电容电压 $u_C(t)$ 和电容电流 $i_C(t)$。

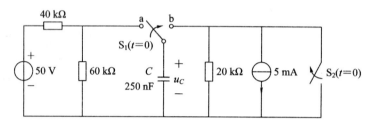

图 5 - 30 例 5 - 9 图

解 $t < 0$ 时开关 S_1 在 a 点，此时电路为原稳定状态，由于此刻电路为直流电路，电容相当于开路，所以电容的初始状态 $u_C(0_-)$ 为

$$u_C(0_-) = \frac{60 \text{ k}\Omega}{40 \text{ k}\Omega + 60 \text{ k}\Omega} \times 50 \text{ V} = 30 \text{ V}$$

在 $t = 0$ 时刻，开关 S_1 由 a 合向 b，同时开关 S_2 断开，根据换路定律

$$u_C(0_+) = u_C(0_-) = 30 \text{ V}$$

当开关 S_1 和 S_2 动作了一段时间后，电路已进入了新的直流稳定状态，此时电容再次相当于开路，于是电容电压 u_C 的稳态值为

$$u_C(\infty) = -20 \text{ k}\Omega \times 5 \text{ mA} = -100 \text{ V}$$

时间常数 $\tau = R \cdot C$，其中电阻 R 为电路变为无源网络后从电容元件看过去电路的电阻，此时 5 mA 电流源断开，即电阻 $R = 20 \text{ k}\Omega$，于是有

$$\tau = RC = 20 \text{ k}\Omega \times 250 \text{ nF} = 20 \times 10^3 \ \Omega \times 250 \times 10^{-9} \text{F} = 5 \times 10^{-3} \text{s}$$

由三要素法有

$$u_C = u_C(\infty) + [u_C(0_+) - u_C(\infty)] \text{e}^{-\frac{t}{\tau}}$$

$$= -100 \text{ V} + [30 \text{ V} - (-100 \text{ V})] \text{e}^{-\frac{t}{5 \times 10^{-3}}}$$

$$= (-100 + 130\text{e}^{-200t}) \text{V} \qquad t \geqslant 0_+$$

根据电容电流与电压关系式，有

$$i_C = C \frac{\text{d}u_C}{\text{d}t} = 250 \times 10^{-9} \text{F} \frac{\text{d}(-100 + 130\text{e}^{-200t})}{\text{d}t} \text{V}$$

$$= 250 \times 10^{-9} \times 130\text{e}^{-200t}(-200) \text{A}$$

$$= -6.5 \times 10^{-3} \text{e}^{-200t} \text{A}$$

$$= -6.5\text{e}^{-200t} \text{ mA} \qquad t \geqslant 0_+$$

例 5-10 电路如图 5-31(a)所示，$t=0$ 时开关 S 闭合，闭合前电路已经稳定。试求 $t>0$ 时的响应 $i_L(t)$ 及 $i(t)$，并画出其波形。

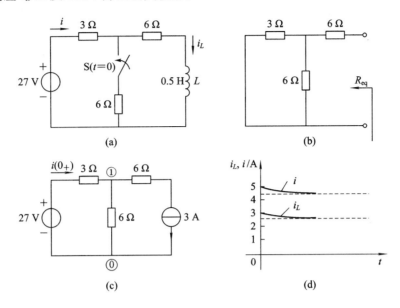

图 5-31 例 5-10 图

解 （1）S 闭合前，电感 L 相当于短路，所以

$$i_L(0_-) = \frac{27}{3+6}\text{A} = 3 \text{ A}$$

由换路定律，S 闭合后

$$i_L(0_+) = i_L(0_-) = 3 \text{ A}$$

$i=\infty$ 时，电路再次进入直流稳态，于是 L 又相当于短路，由分流公式可计算出 $i_L(\infty)$ 为

$$i_L(\infty) = \frac{27}{3+\dfrac{6}{2}} \times \frac{1}{2}\text{A} = \frac{9}{4} \text{ A}$$

计算 R_{eq} 所用电路如图 5-31(b)所示，于是有

$$R_{eq} = \frac{3 \times 6}{3+6} \text{ } \Omega + 6 \text{ } \Omega = 8 \text{ } \Omega$$

时间常数 τ 为

$$\tau = \frac{L}{R_{eq}} = \frac{0.5}{8} = \frac{1}{16} \text{ s}$$

由三要素法

$$i_L = i_L(\infty) + [i_L(0_+) - i_L(\infty)]e^{-\frac{t}{\tau}}$$
$$= \frac{9}{4} \text{ A} + \left[3 - \frac{9}{4}\right]e^{-16t}\text{A} = \frac{9}{4}\text{A} + \frac{3}{4}e^{-16t}\text{A}$$
$$= (2.25 + 0.75e^{-16t}) \text{ A} \qquad t \geqslant 0_+$$

（2）仍用三要素法求电流 $i(t)$。

$i(0_+)$ 由 0_+ 图求，0_+ 图如图 5-31(c)所示，由图 5-31(c)用网孔法和节点法均可求出 $i(0_+)$。这里用节点法，列节点电压方程为

$$\left(\frac{1}{3\ \Omega}+\frac{1}{6\ \Omega}\right)u_{n1}=\frac{27}{3}\ \text{A}-3\ \text{A}$$

$$u_{n1}=\frac{6}{\dfrac{9}{18}}\text{V}=12\ \text{V}$$

于是

$$i(0_{+})=\frac{27\ \text{V}-u_{n1}}{3\ \Omega}=\frac{27-12}{3}\ \text{A}=5\ \text{A}$$

$t=\infty$ 时，L 相当于短路，于是有

$$i(\infty)=\frac{27}{3+\dfrac{6}{2}}\text{A}=\frac{9}{2}\ \text{A}$$

由三要素法

$$i(t)=i(\infty)+[i(0_{+})-i(\infty)]\text{e}^{-\frac{t}{\tau}}=\frac{9}{2}\text{A}+\left[5-\frac{9}{2}\right]\text{e}^{-16t}\text{A}$$

$$=(4.5+0.5\text{e}^{-16t})\ \text{A}\qquad t\geqslant 0_{+}$$

$i_{L}(t)$ 和 $i(t)$ 的波形如图 5-31(d)所示。

第六节　一阶电路的阶跃响应

一、单位阶跃函数与单位阶跃响应

单位阶跃函数为一分段函数，用 $\varepsilon(t)$ 表示。$\varepsilon(t)$ 的分段形式如下：

$$\varepsilon(t)=\begin{cases}0 & t<0\\1 & t>0\end{cases}$$

$\varepsilon(t)$ 的波形如图 5-32 所示，它在 0 时刻由 0 值跳跃到 1，所以称为单位阶跃函数。$\varepsilon(t)$ 可以起开关的作用，电路如图 5-33 所示，图中 $u(t)$ 为

$$u(t)=\begin{cases}0 & t<0\\1\ \text{V} & t>0\end{cases}$$

所以 $u(t)=\varepsilon(t)$。图 5-33(a)可等效为图 5-33(b)，即用 $\varepsilon(t)$ 代替开关 S 的作用，所以 $\varepsilon(t)$ 相当于电路在 $t=0$ 时接入一个 1 V 的电压源。

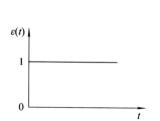

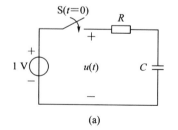

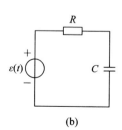

图 5-32　单位阶跃函数 $\varepsilon(t)$ 的波形图

图 5-33　$\varepsilon(t)$ 起开关作用示例

单位阶跃响应就是外施激励为单位阶跃函数，动态元件上无初始储能时电路的响应，可用 $s(t)$ 表示。

例 5 - 11 电路如图 5 - 34(a)所示，用三要素法求电容电压 u_C 及电流 i。

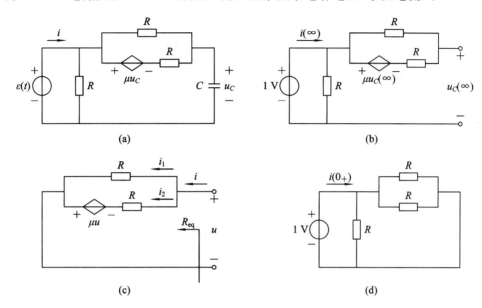

图 5 - 34　例 5 - 11 图

解　(1) 显然 u_C 为单位阶跃响应，其初始状态 $u_C(0_-)=0$，由换路定律

$$u_C(0_+) = u_C(0_-) = 0$$

$t=\infty$ 时，电路为稳定直流电路，$\varepsilon(t)=1$ V，电容 C 相当于开路，求 $u_C(\infty)$ 的相关电路如图 5 - 34(b)所示，可简称"∞图"。

$$u_C(\infty) = -\frac{1}{2}\mu u_C(\infty) + 1$$

$$\left(1 + \frac{1}{2}\mu\right)u_C(\infty) = 1$$

$$u_C(\infty) = \frac{2}{2+\mu}$$

$$\tau = R_{eq}C$$

求 R_{eq} 的相关电路如图 5 - 34(c)所示，由图 5 - 34(c)可知

$$u = \left(i - \frac{u}{R}\right)R - \mu u$$

$$\frac{u}{i} = \frac{R}{2+\mu}$$

于是

$$R_{eq} = \frac{u}{i} = \frac{R}{2+\mu}$$

$$\tau = \frac{RC}{2+\mu}$$

由三要素法

$$u_C = u_C(\infty) + [u_C(0_+) - u_C(\infty)]e^{-\frac{t}{\tau}}$$

$$= \frac{2}{2+\mu} + \left[0 - \frac{2}{2+\mu}\right]e^{-\frac{t}{\frac{RC}{2+\mu}}}$$

故

$$u_C = \frac{2}{2+\mu}(1 - e^{-\frac{2+\mu}{RC}t})\varepsilon(t)$$

（2）求 $i(0_+)$ 的 0_+ 图如图 5-34(d) 所示，图中 $u_C(0_+)=0$，电容 C 这时相当于短路，受控源也随之短路。

$$i(0_+) = \frac{1}{\frac{R}{3}} = \frac{3}{R}$$

求 $i(\infty)$ 的 ∞ 图如图 5-34(b) 所示，由图可知

$$i(\infty) = \frac{1}{R}$$

由三要素法

$$i = i(\infty) + [i(0_+) - i(\infty)]e^{-\frac{t}{\tau}}$$

$$= \frac{1}{R} + \left[\frac{3}{R} - \frac{1}{R}\right]e^{-\frac{2+\mu}{R}t}$$

$$= \frac{1}{R}(1 + 2e^{-\frac{2+\mu}{RC}t})\varepsilon(t)$$

二、延迟的单位阶跃函数及其响应

若把阶跃的时间设在 $t=t_0$ 时刻，则单位阶跃函数的表达式变为

$$\varepsilon(t - t_0) = \begin{cases} 0 & t \leqslant t_{0_-} \\ 1 & t \geqslant t_{0_+} \end{cases}$$

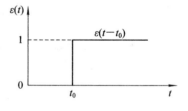

图 5-35　延迟的单位阶跃函数

其波形图如图 5-35 所示。这时把单位阶跃函数称为延迟的单位阶跃函数，对应的响应称为延迟的单位阶跃响应。例如，在例 5-11 中，若激励为 $\varepsilon(t-1)$，则对应的响应为

$$u_C = \frac{2}{2+\mu}\left[1 - e^{-\frac{2+\mu}{RC}(t-1)}\right]\varepsilon(t-1)$$

$$i = \frac{1}{R}\left[1 + 2e^{-\frac{2+\mu}{RC}(t-1)}\right]\varepsilon(t-1)$$

三、单位阶跃函数的起始作用

单位阶跃函数可用来起始任意一个函数 $f(t)$。设 $f(t)$ 是对所有 t 都有定义的一个任意函数，则

$$f(t)\varepsilon(t - t_0) = \begin{cases} f(t) & t \geqslant t_{0_+} \\ 0 & t \leqslant t_{0_-} \end{cases}$$

其波形如图 5-36 所示。

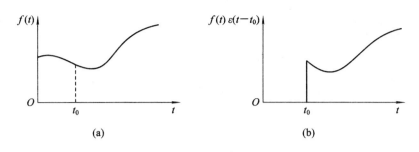

图 5-36 单位阶跃函数的起始作用

对于图 5-37(a)所示幅度为 1 的矩形脉冲，可以把它看作两个阶跃函数的叠加，如图 5-37(b)所示，其表达式为

$$f(t) = \varepsilon(t) - \varepsilon(t - t_0)$$

同理，对于任意一个矩形脉冲，如图 5-38 所示，则可将其表达式写作

$$f(t) = \varepsilon(t - t_1) - \varepsilon(t - t_2)$$

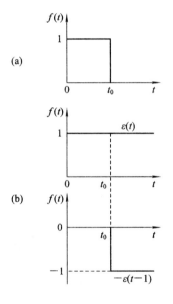

图 5-37 矩形脉冲的组成

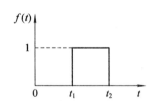

图 5-38 矩形脉冲

四、阶跃函数及阶跃响应

当阶跃的幅度为任意数值 U 时，这时的函数称为阶跃函数，其波形如图 5-39 所示，其表达式为

$$U_\varepsilon(t) = \begin{cases} 0 & t \leqslant 0_- \\ U & t \geqslant 0_+ \end{cases}$$

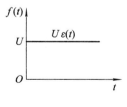

图 5-39 阶跃函数

对应的响应称为阶跃响应，它是单位阶跃响应的 U 倍。即若单位阶跃响应用 $s(t)$ 表示，则在 $U_\varepsilon(t)$ 阶跃函数作用下的响应应为 $Us(t)$。

例 5-12 RC 电路如图 5-40(a)所示，输入激励的波形如图 5-40(b)所示，求 $t > 0$ 时的电容电压 $u_C(t)$。输入激励接入之前，设动态元件上没有初始能量。

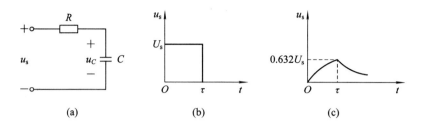

图 5-40　例 5-12 图

解　此题可用两种方法求解。

解法一：按照物理意义分段求解。

在 $0_+ \leqslant t \leqslant \tau_-$ 时，激励为恒定量 U_s，此时电容电压 u_C 为零状态响应，其表达式为

$$u_C = u_C(\infty)(1 - \mathrm{e}^{-\frac{t}{\tau}}) = U_s(1 - \mathrm{e}^{-\frac{t}{\tau}})$$

在 $\tau_+ \leqslant t < \infty$ 时，外施激励为零，所以这时电容电压 u_C 为零输入响应，其初始值为

$$u_C(\tau_+) = u_C(\tau_-) = U_s(1 - \mathrm{e}^{-\frac{\tau}{\tau}}) = 0.632U_s$$

于是 u_C 为

$$u_C = u_C(\tau_+)\mathrm{e}^{-\frac{t-\tau}{\tau}} = 0.632U_s\mathrm{e}^{-\frac{t-\tau}{\tau}}$$

解法二：把输入激励用阶跃函数表示，由叠加定理求解。

图 5-40(b) 所示的电压波形，其表达式可写成

$$u_s = U_s\varepsilon(t) - U_s\varepsilon(t-\tau)$$

在 $U_s\varepsilon(t)$ 单独作用下，电容电压 u_C 为

$$u_C = U_s(1 - \mathrm{e}^{-\frac{t}{\tau}})\varepsilon(t)$$

在 $-U_s\varepsilon(t-\tau)$ 单独作用下，电容电压 u_C 为

$$u_C = -U_s(1 - \mathrm{e}^{-\frac{t-\tau}{\tau}})\varepsilon(t-\tau)$$

在 $U_s\varepsilon(t)$ 及 $-U_s\varepsilon(t-\tau)$ 的共同作用下，电容电压为

$$u_C = U_s(1 - \mathrm{e}^{-\frac{t}{\tau}})\varepsilon(t) - U_s(1 - \mathrm{e}^{-\frac{t-\tau}{\tau}})\varepsilon(t-\tau)$$

$u_C(t)$ 的波形如图 5-40(c) 所示。

第七节　实际应用举例

本章的实际应用举例将以一阶电路的 RC 微分电路和积分电路及 RL 电路为例。

微分电路与积分电路实际上是 RC 充放电电路的两种极端形式。微分电路是给定的 RC 充放电电路的时间常数很小，小到一定程序时电阻上的电压与激励之间近似导数关系，故称这种状态下的电路为微分电路。积分电路是 RC 充放电电路的时间常数很大，大到一定程度时电容电压 u_C 与外施激励之间近似积分关系，故称这种状态下的电路为积分电路。

一、微分电路

电路如图 5-41(a) 所示，外施激励为脉冲函数，脉冲函数可由函数发生器产生，电阻

的电压 u_R 作为输出。外施脉冲激励的脉宽为 t_p，脉动值为 U_s，周期为 T，如图 5-41(a)所示。电流 i 为

$$i = C \frac{\mathrm{d}u_C}{\mathrm{d}t}$$

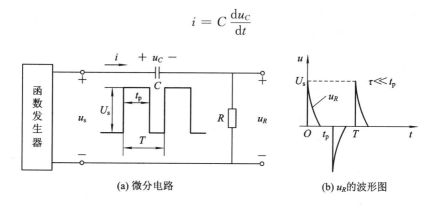

(a) 微分电路　　　　　(b) u_R的波形图

图 5-41　微分电路

当脉冲到来时，电阻上的电压 u_R 由 0 跳到 U_s，然后开始衰减。若时间常数 $\tau \ll t_p$，例如 $\tau = \frac{1}{5}t_p$，则 u_R 衰减的很快，于是有 $u_R \ll u_s$，u_R 波形如图 5-41(b)所示。又因 $u_C = u_s - u_R$，所以在脉宽 t_p 内，电流 i 为

$$i = C \frac{\mathrm{d}(u_s - u_R)}{\mathrm{d}t} \approx C \frac{\mathrm{d}u_s}{\mathrm{d}t}$$

$$u_R = Ri = RC \frac{\mathrm{d}u_s}{\mathrm{d}t}$$

即输出 u_R 与输入 u_s 的导数成正比，故称这时的电路为微分电路。

二、积分电路

电路如图 5-42(a)所示，当时间常数 $\tau \gg t_p$ 时，例如 $\tau = 5t_p$，脉冲到来时，电容电压由零开始缓慢上升，所以在一个脉宽 t_p 内，$u_C \ll U_s$，u_C 波形如图 5-42(b)所示。若以 u_C 作为输出，电容上的电压 u_C 为

$$u_C = \frac{1}{C}\int i\mathrm{d}t = \frac{1}{C}\int \frac{u_s - u_C}{R}\mathrm{d}t \approx \frac{1}{C}\int \frac{u_s}{R}\mathrm{d}t = \frac{1}{RC}\int u_s\mathrm{d}t$$

即输出 u_C 与输入 u_s 的积分成正比，故称这时的电路为积分电路。

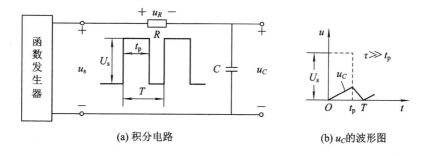

(a) 积分电路　　　　　(b) u_C的波形图

图 5-42　积分电路

三、继电器应急控制电路

继电器应急控制电路如图 5-43 所示。绕在 T 型导电材料上的电感线圈已经用 RL 串联电路等效。当继电器线圈中的电流低于 0.4 A 时,继电器接通 30 V 备用直流电池,试分析下面两个问题。

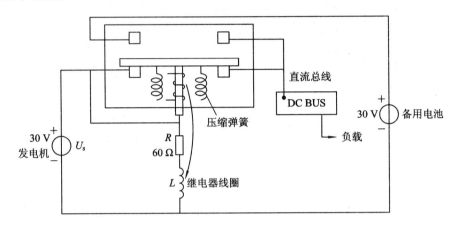

图 5-43 继电器应急控制电路

(1) 当给线圈通电的电池 U_s 由正常值 30 V 突然变为 21 V 时,经过 0.5 s,线圈中的电流下降到 0.4 A,试问线圈中的电感 L 为多大?

(2) 上一问的电感值为线圈中的电感,当电池 U_s 由 30 V 突然降到 0 V,试问经过多少时间,继电器接通备用电池。

解 (1) 当电源 U_s 由 30 V 变到 21 V 时,线圈供电电路的等效电路如图 5-44 所示。当 S 在 a 点时,电感的初始状态为

$$i_L(0_-) = \frac{U_s}{R} = \frac{30 \text{ V}}{60 \text{ }\Omega} = 0.5 \text{ A}$$

当 S 接到 b 点之后,由换路定律有

$$i_L(0_+) = i_L(0_-) = 0.5 \text{ A}$$

当 $t \to \infty$ 时,电路进入直流稳定状态,此时电感电流稳态值为

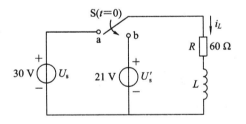

图 5-44 线圈供电电路等效电路

$$i_L(\infty) = \frac{U_s'}{R} = \frac{21 \text{ V}}{60 \text{ }\Omega} = 0.35 \text{ A}$$

时间常数 τ 为

$$\tau = \frac{L}{R} = \frac{L}{60}$$

由三要素法得任意时刻的电感电流为

$$i_L = i_2(\infty) + [i_L(0_+) - i_L(\infty)]e^{-\frac{t}{\tau}} = 0.35 + (0.5 - 0.35)e^{-\frac{t}{\frac{L}{60}}}$$

由题意,当 $t=0.5$ s 时,$i_L=0.4$ A,代入上式有

$$0.4 = 0.35 + e^{-\frac{60}{L} \times 0.5}$$

$$e^{-\frac{30}{L}} = \frac{0.05}{0.15}$$

$$-\frac{30}{L} = \ln\frac{1}{3}$$

解得

$$L = -\frac{30}{\ln\frac{1}{3}} \doteq -\frac{30}{-1.099} \doteq 27.3(\text{H})$$

（2）当电源 U_s 由 30 V 突然降为 0 V 时，显然此时电路响应为零输入响应，由（1）可知 $L=27.3$ H，于是有

$$\tau = \frac{L}{R} = \frac{27.3 \text{ H}}{60 \text{ }\Omega} = 0.46 \text{ s}$$

电感电流的零输入响应为

$$i_L = i_L(0_+)e^{-\frac{t}{\tau}} = 0.5Ae^{-\frac{t}{0.46}} = 0.5e^{-2.17t}\text{A} \qquad t \geqslant 0_+$$

根据题意当电感电流 i_L 下降到 0.4 A 时，继电器由下面触点合到上面触点，从而接通备用电池，于是有

$$0.4 = 0.5e^{-2.17t}$$

从中解出

$$t = \frac{\ln 0.8}{-2.17} = \frac{-0.223}{-2.17} \doteq 0.1 \text{ s}$$

即经过 0.1 s 后继电器使负载接通备用电池。

第八节　用 PSPICE 7.1 分析动态电路

本节将使用电路模拟软件 PSPICE7.1 的瞬态扫描分析功能对各种动态电路的过渡过程进行分析。

一、RC 充放电电路的分析

RC 充放电电路如图 5-45 所示，现分析如下。

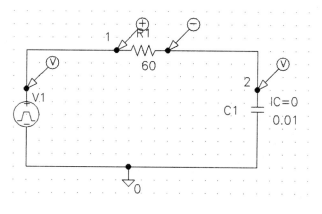

图 5-45　电路图

步骤一：绘制电路图

1. 绘制脉冲电压源

在 SOURSE.slb 中选中 VPULSE，如图 5‑46 所示。单击"OK"按钮出现其图形符号，如图 5‑47 所示。双击该图符，弹出属性设置窗口，如图 5‑48 所示，按图中所示编辑好各项参数的值，各项参数的意义如图 5‑49 所示，V1 称为起始电压，V2 称为脉动值，TD 称为延迟时间，TR 称为上升时间，TF 称为下降时间，PW 称为脉宽，PER 称为周期。

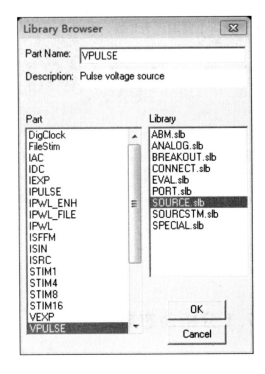

图 5‑46　Library Browser 窗口

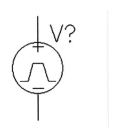

图 5‑47　脉冲源图符

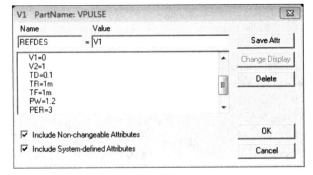

图 5‑48　脉冲源属性编辑窗口

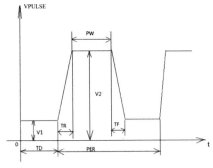

图 5‑49　脉冲源波形图

2. 其他元件图符的绘制

按前述方法绘制好电阻、电容及接地符，连接好的电路如图 5‑45 所示。

步骤二：设置分析

单击菜单命令"Analysis/Setup..."，弹出分析设置窗口，如图 5-50 所示，用鼠标左键单击"Transient"按钮，在弹出的瞬态扫描分析设置对话框中填入扫描参数值，如图 5-51 所示。

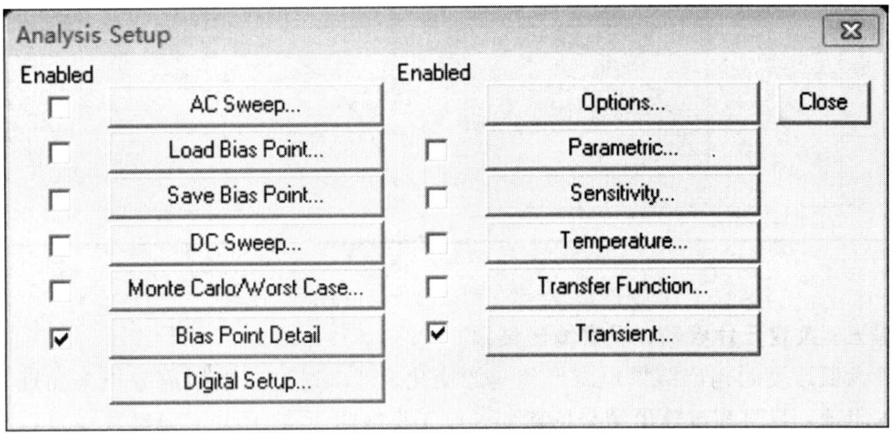

图 5-50 Analysis Setup 窗口

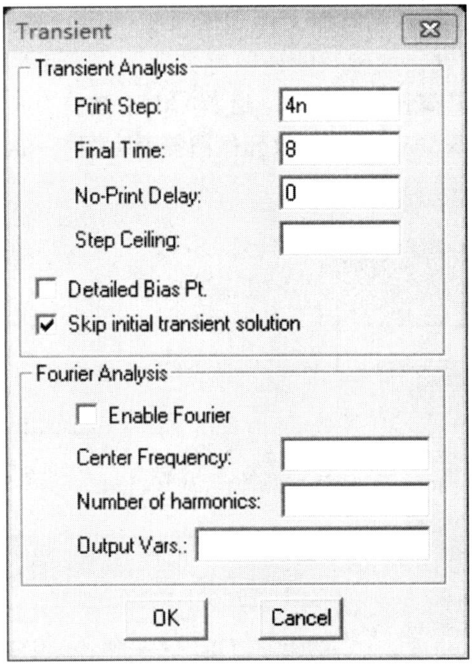

图 5-51 瞬态扫描分析设置对话框

步骤三：运行分析

在原理图编辑窗口中用鼠标单击"Analysis/Simulate"菜单命令，即开始模拟。

步骤四：观察分析结果

在 Probe 窗口中利用探测笔直接观察到的模拟曲线，如图 5-52 所示。

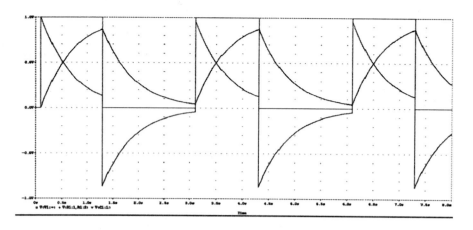

图 5 - 52　瞬态分析模拟曲线

步骤五：改变元件参数，观察输出结果

　　元件参数改变时输出结果也将作相应的变化，可以通过参数扫描分析来实现。本例改变电阻的阻值，观察其对输出结果的影响。首先将电阻 R 的值设定为参数变量，方法是双击电阻元件图符中的电阻值，本例中为 60 Ω，打开设置属性值对话框，将 60 Ω 改为"{R1}"，"{R1}"意味着 R1 为参数变量，如图 5 - 53 所示。单击"OK"按钮后，电阻元件 R1 如图 5 - 54 所示。接下来在特殊图符库文件 SPECIAL.slb 中选中参数元件 PARAM，如图 5 - 55 所示，并将其调出，调出的参数元件图符如图 5 - 54 中所示。双击该参数元件图符"PARAMETERS"，打开其属性设置窗口，给 NAME1 赋值为 R1，VALUE1 赋值为 60 Ω，如图 5 - 56 所示。单击"OK"按钮后，参数元件图符变为图 5 - 54 所示图符。如此，在进行瞬态分析时仍按照电阻取 60 Ω 进行。

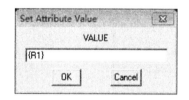

图 5 - 53　Set Attribute Value 对话框

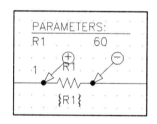

图 5 - 54　设置电阻 R1 的值为参数变量

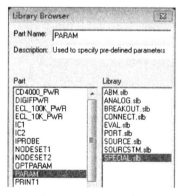

图 5 - 55　Library 窗口

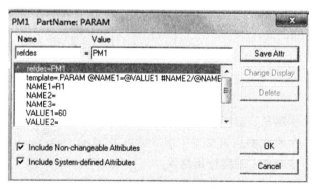

图 5 - 56　参数元件属性编辑窗口

　　现在进行参数扫描分析设置，单击"Analysis/Setup"菜单命令，打开分析设置窗口，单击"Parametric…"按钮，弹出参数扫描分析设置窗口，如图 5－57 所示。在 Parametric 窗口中将"Swept Var. Type"选项中的"Global Parameter"（全局参数）选中，在"Name"栏中填入 R1，R1 这样的参数称为全局参数。将"Sweep Type"选项中的"linear"选中，Start Value（扫描变量的起始值）、End Value（扫描变量的终止值）及 Increment（增量）的数值如图 5－57 所示，此为线性扫描。还可设置列表扫描，如图 5－58"Valuer"栏中所示。点击模拟菜单命令"Simulate"，待 PSPICE 程序分析计算完后，界面转入 Probe 窗口，并首先在该窗口中出现"Available Sections"（选项）菜单，如图 5－59 所示。菜单中列出了扫描变量 R1 所取的各个电阻值，可用鼠标进行选择，选好后单击"OK"按钮即可。在电阻 R1 线性扫描下各瞬态扫描分析结果如图 5－60 所示，列表扫描结果如图 5－61 所示。

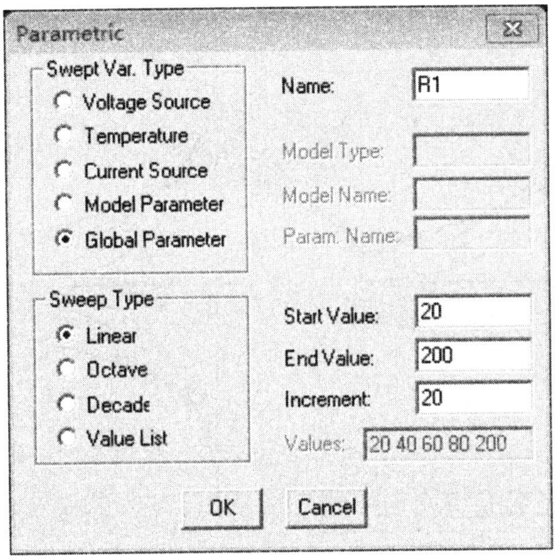

图 5－57　参数扫描分析设置窗口

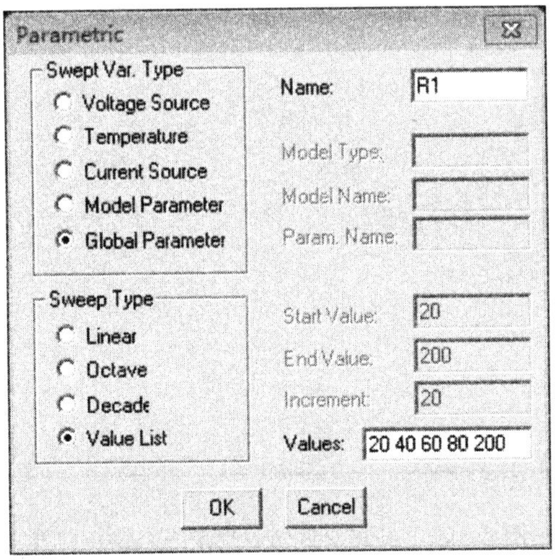

图 5－58　Parametric 窗口

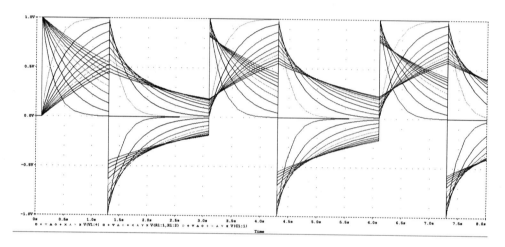

图 5 - 59   Available Sections 窗口

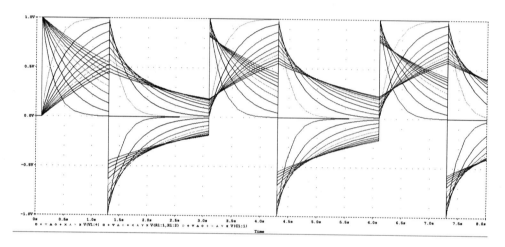

图 5 - 60   参数变量线性扫描瞬态模拟曲线

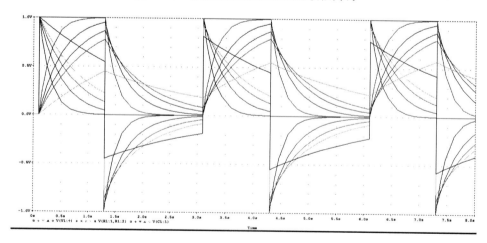

图 5 - 61   参数变量列表扫描瞬态模拟曲线

若把电阻 R1 由 60 Ω 改为 6 Ω，即时间常数减小为原来的 1/10，这时电阻 R1 电压的模拟曲线如图 5 - 62 所示，电路称为微分电路。若把电阻由 60 Ω 改为 600 Ω，即时间常数增大为原来的 10 倍，这时电容 C1 电压的模拟曲线如图 5-63 所示，电路称为积分电路。

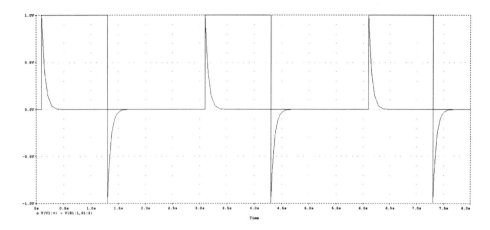

图 5-62 微分电路电阻电压模拟曲线

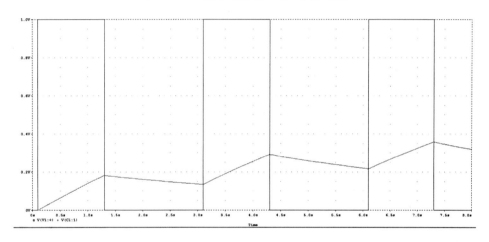

图 5-63 积分电路电容电压模拟曲线

二、RLC 串联二阶动态电路的分析

含两个动态元件的电路称作二阶电路，这里将模拟 RLC 串联二阶电路的零状态响应。
RLC 串联二阶电路如图 5-64 所示，用 PSPICE7.1 软件模拟其单位阶跃响应曲线。

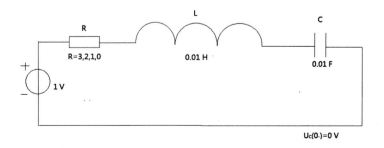

图 5-64 RLC 串联电路

步骤一：绘制电路原理图

首先绘制电压源图符。在图符库文件 SOURCE.slb 中选中直流电压源 VDC，如图 5-65 所示，单击"OK"按钮，弹出"Part Browser Advanced"窗口，如图 5-66 所示，单击 "Place"按钮，拖曳鼠标到页面适当位置后双击，此过程中鼠标箭头处出现 VDC 图形，在页面空白处单击鼠标左键，结束本次操作。双击该元件图符，弹出编辑元件属性菜单，如图 5-67 所示。将"DC="项菜单赋值为 1 V，"PKGRES="赋值为 V1。注意，双击需修改的菜单项，就可将光标放入 Value 栏中，每次赋值后，必须要按"Save Attr"按钮存储修改结果。修改完各参数后，单击"OK"按钮，结束电压源图符的绘制。

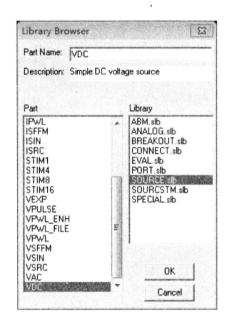

图 5-65　Library Browser 窗口

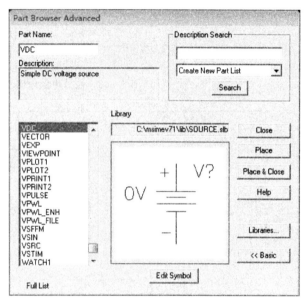

图 5-66　Part Browser Advanced 窗口

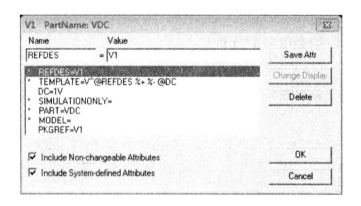

图 5-67　元件 VDC 属性编辑窗口

下面我们绘制接地图符，电路图中必须要有一个标记为"0"的接地图符。在图符库文件 Part.slb 中找到接地符号 AGND，如图 5-68 所示。单击"OK"按钮，弹出的窗口如图 5-69 所示。单击"Place & Close"按钮，拖曳鼠标到页面的适当位置，最后双击鼠标左键，结束接地图符的绘制。依次调出 R、L、C 三个元件，编辑好元件属性，然后利用工具栏上的画线图标连线，画线图标如图 5-70 所示。用鼠标单击画线图标，这时鼠标箭头变成铅笔状，拖曳鼠标到页面上某一点，单击左键，再移动鼠标到另一点，此时画出一条虚线，双击左键，虚线变成实线，呈红色。在页面空白处单击鼠标左键结束画线，此时红色变成绿色。连线与元件端子连接好后，左右或上下移动连线（或元器件），会自动产生节点。至此，二阶动态电路图绘制完毕，绘制好的二阶动态电路如图 5-71 所示。

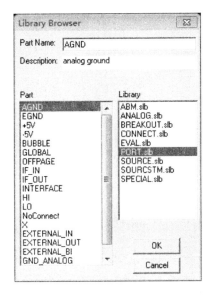

图 5-68　Library Browser 窗口

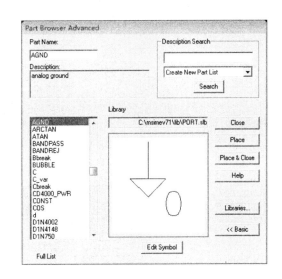

图 5-69　Part Browser Advanced 窗口

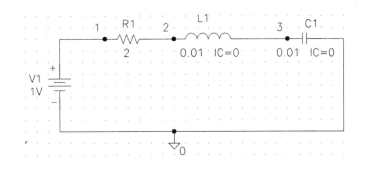

图 5-70　画线图标

图 5-71　RLC 二阶动态电路

步骤二：设置分析类型

本例为瞬态分析。用鼠标单击"Schematics"菜单中的"Analysis"菜单，在弹出的下拉菜单中选中"Setup..."菜单命令，如图 5-72 所示。单击鼠标左键，打开分析类型设置窗口，如图 5-73 所示。在其中的选项中选中"Transient"按钮，单击鼠标左键，打开瞬态分析设置窗口，如图 5-74 所示，在其中的对话框中填入瞬态扫描分析各项参数。在 Transient Analysis 子框中，从上到下各参数项依次为打印步长（Print Setup）、终止时间（Final

Time)、起始时间(No-Print delay)、计算机最大计算步长(StepCeiling，此项为可选项)。再往下的选项依次为设置详细的偏置电压(Detailed Bias Pt.)和不计算静态工作点而使用初始条件(Skip initial transient solution)。用鼠标单击这些项左边的小方框，使其内部由空白变为"√"，即为选中；由"√"变为空白，即为取消。在本实例中，瞬态分析各扫描参数选项设置如图 5-75 所示。在图 5-75 中点击"OK"按钮，结束瞬态分析设置。

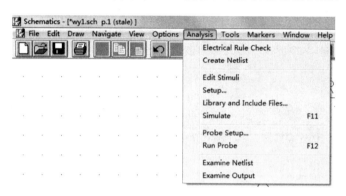

图 5-72 Analysis 下拉菜单

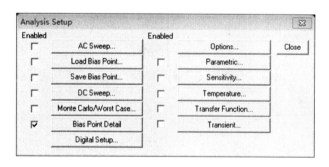

图 5-73 Analysis Setup 窗口

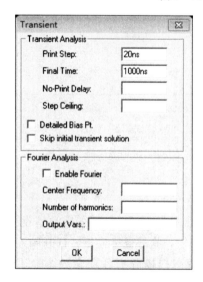

图 5-74 Transient 对话框

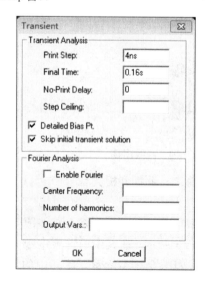

图 5-75 设置好的 Transient 对话框

步骤三：运行分析

在 Analysis 的下拉菜单中用鼠标单击"Simulate"菜单命令，即开始运行所设置的各项分析。此时出现 PSPICE 分析程序界面，如图 5-76 所示。分析结束后界面会自动跳入图形后处理程序 Probe 窗口，并在其中首先出现 Probe 模拟曲线图启动菜单，在其中选择分析类型，随后启动菜单消失，界面进入 Probe 模拟曲线显示窗口界面。若只有一项分析，则跳过此过程，直接跳入 Probe 模拟曲线图显示窗口，如图 5-77 所示。在 Probe 窗口的标题栏中出现模拟曲线数据文件名"＊.dat"，模拟曲线图数据存储在以".dat"为后缀的数据文件"＊.dat"中。

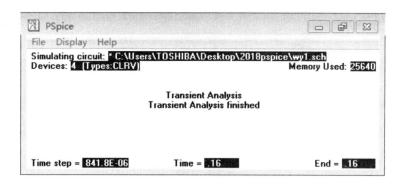

图 5-76 PSPICE 分析程序界面

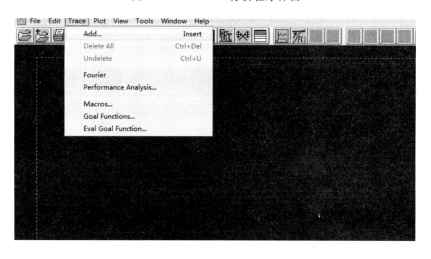

图 5-77 Probe 的模拟曲线图显示窗口

步骤四：观察输出变量模拟曲线图。

在图 5-77 中选中"Trace"菜单，单击鼠标左键，在弹出的下拉菜单中用鼠标左键单击"Add..."菜单命令，弹出"增加轨迹"窗口，如图 5-78 所示。在 Full List 栏中选择输出变量，例如电容电压 V(C1:1) 及回路电流 I(C1:1)。选择好的输出变量会在"Trace Expression"对话框中出现，也可直接在对话框中输入输出变量，但输出变量的写法要有一定的格式。电压变量格式为：V(n)，V(n1, n2)，V(C1:1)，V1(C1)，V(C1:2)，VB(Q1)，V(Q1:C)，VCE(Q1)。其中 n、n1、n2、C1：后的 1、C1：后的 2、B、C、E 为元器件端子节点的编号（3 端及 4 端器件可以用表示器件端子名称的字母表示器件端子节点的编号）即可以是节点的电压、节点间的电压、两端元件端子的电压、多端器件端子及端子间的电压。电流变量格式为：
I(C1)，I(C1:1)，IC(Q1)，即可以是流过元件及元件端子的电流，流过器件端子的电流。
选择好输出变量(本例为 V(C1:1))及 I(C1)后，用鼠标左键单击"OK"按钮，窗口中就会出
现所选变量的模拟曲线图，如图 5 - 79 所示。输出变量还可以是运算表达式或函数，例如
输出变量为 VCE(Q1) * IC(Q1)，即代表晶体管 Q1 的输出功率。

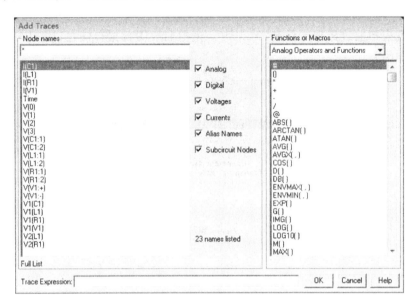

图 5 - 78　Add Trace 窗口

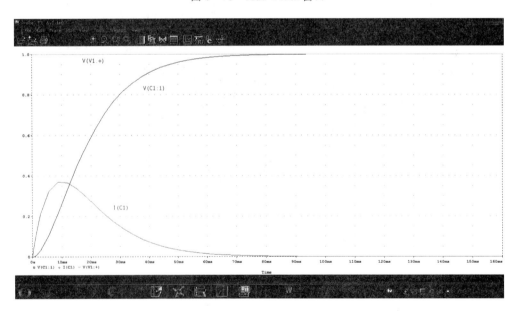

图 5 - 79　瞬态分析模拟曲线

本例中亦可使用参数扫描分析来得到不同电阻值下的各种扫描分析模拟曲线图。例如
在本例中，电阻取 $1E - 6(10^{-6})\Omega$、$1\ \Omega$、$2\ \Omega$ 及 $3\ \Omega$ 四种不同数值，分别代表无阻尼、欠阻

尼、临界阻尼及过阻尼四种状况。设置了参数扫描变量后的电路图如图 5-80 所示，参数
扫描分析的设置如图 5-81 所示，在四种电阻值下的瞬态扫描模拟曲线如图 5-82 所示。

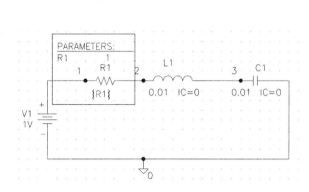

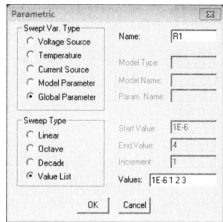

图 5-80　电阻 R1 的值被设置为参数变量　　　　图 5-81　Parametric 窗口

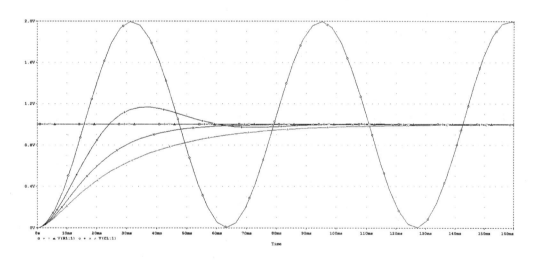

图 5-82　4 种电阻值下的瞬态模拟曲线图

注意：电阻的值不能取 0 Ω，可用 1E-6 Ω 代替。

RLC 串联二阶电路中，当

$R>2\sqrt{\dfrac{L}{C}}$ 时，其单位阶跃响应形式为过阻尼、非振荡，本例 $R=3$ Ω；

$R=2\sqrt{\dfrac{L}{C}}$ 时，其单位阶跃响应形式为临界阻尼、非振荡，本例 $R=2$ Ω；

$R<2\sqrt{\dfrac{L}{C}}$ 时，其单位阶跃响应形式为欠阻尼、减幅振荡，本例 $R=1$ Ω；

$R=0$ 时，其单位阶跃响应形式为无阻尼、等幅振荡，本例 $R=1E-6$ Ω。

三、正弦激励下 *RC* 一阶动态电路的分析

本例将模拟 *RC* 电路输入为正弦电压源时的电容电压响应曲线,电路如图 5-83 所示,现分析如下。

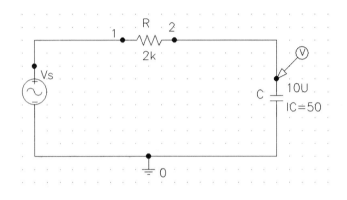

图 5-83　正弦激励下的 *RC* 电路

步骤一:绘制电路原理图

1. 绘制正弦电压源图符

本例需绘制瞬态正弦电压源,这就需要调用 PSPICE 软件提供的调幅正弦电压源 VSIN,调幅正弦电压信号波形如图 5-84 所示,图中调幅正弦电压源各参数的意义已标注在波形图上。其中 VOFF 为偏置电压,VAMPL 为幅度峰值,FREQ 为频率,TD 为延迟时间,DF 为阻尼因子,PHASE 为初相位。将阻尼因子 DF 设置为 0,即可得到正弦电压源,其波形如图 5-85 所示。

本例要绘制正弦电压源激励,在 Source.slb 中选中元件 VSIN 将其调出,双击调出的元件图符,打开属性编辑对话框,如图 5-86 所示。其中将电压源编号设为 Vs,其他各项参数值如图中所示,编辑好的正弦电压源图符如图 5-83 中的电压源 Vs 所示。

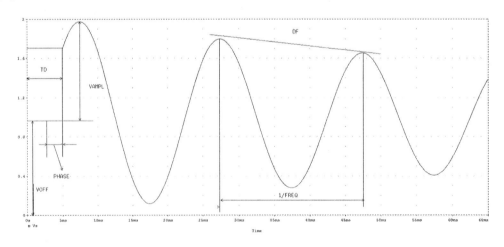

图 5-84　调幅正弦源 VSIN 波形

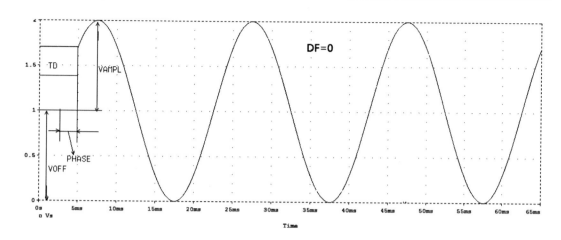

图 5 - 85 正弦源 VSIN 波形

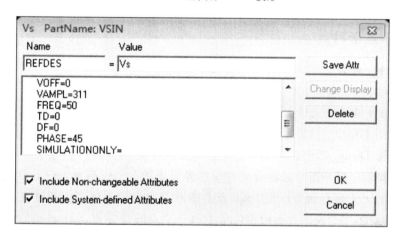

图 5 - 86 VSIN 属性编辑对话框

2. 绘制其余元件图符

电容元件初始电压为 50 V，绘制好电容及电阻元件图符，连接好的电路如图 5 - 83 所示。

步骤二：设置分析类型

本例为瞬态分析，瞬态分析参数设置如图 5 - 87 所示。

步骤三：运行分析

单击"Analysis/Simulate"菜单命令，开始模拟，分析计算完后，界面自动跳入图形后处理程序 Probe 窗口。

步骤四：观察分析结果

电容电压瞬态模拟曲线如图 5 - 88 所示。

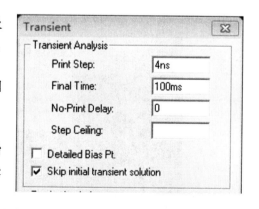

图 5 - 87 瞬态分析设置对话框

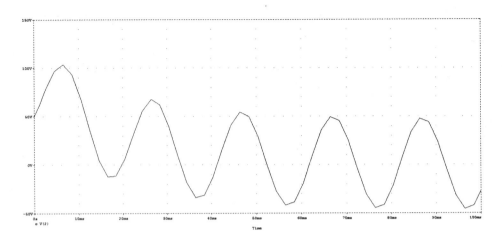

图 5 - 88　瞬态分析模拟曲线

四、相关知识点学习

下面介绍 Probe 窗口中的工具 Tools 菜单的使用。使用 Tools 菜单可以获得模拟曲线上各点的坐标值。

Tools 菜单及其下拉菜单如图 5 - 89 所示，其中指针 Cursor 菜单命令的作用是利用光标在模拟曲线图上定位，然后显示定位点的坐标。首先用鼠标单击 Cursor 菜单命令，在弹出的菜单中单击 Display(指针开关)，打开指针显示开关，如图 5 - 90 所示，要关闭再次单击该菜单命令即可。打开指针显示开关后窗口界面如图 5 - 91 所示，右下角小窗口中的数据就是模拟曲线上光标点的坐标值。A1 表示的数值为当前光标定位指针在模拟曲线上定位点的横纵坐标值，A2 表示的是模拟曲线上第一个点的坐标值，dif 表示的是两者的横纵坐标差值。Cursor 下拉菜单中其他菜单命令的意义见表 5 - 2。例如想观察曲线上的最大值，用鼠标点击菜单命令"Max"后，界面变为图 5 - 91 所示界面，图中指针定位在最大值点处，Probe Cursor 窗口中 A1 的读数即为最大值点处的坐标，即当时间 t 为 6.5602 ms 时，变量 V(2)取最大值，最大值为 103.695 V。

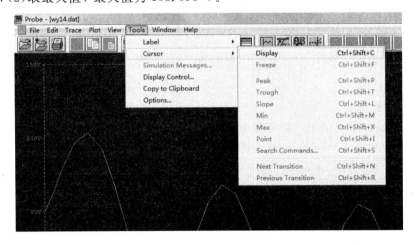

图 5 - 89　Tools 下拉菜单

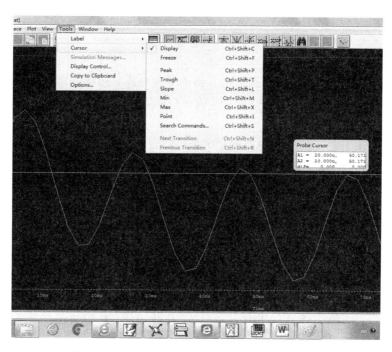

图 5-90 Cursor 下拉菜单及 Probe Cursor 窗口

表 5-2 Cursor 下拉菜单中的菜单命令

Freeze	冻结定位指针，使光标在图形显示区域内进行其他操作
Peak	将指针定位在光标所在位置附近的波峰处
Trough	将指针定位在光标所在位置附近的波谷处
Slope	将指针定位在光标所在位置附近的曲线最大斜率处
Min	将指针定位在曲线上的最小值处
Max	将指针定位在曲线上的最大值处
Point	将指针定位在曲线上的下一个定位点处
Search Commands	输入指针搜索命令
Next Transition	查找下一个数字转换点
Previous Transition	查找前一个数字转换点

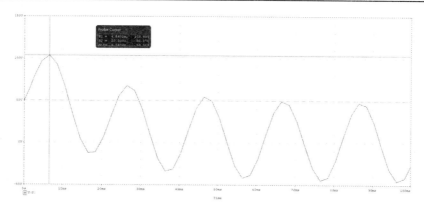

图 5-91 模拟曲线上定位指针在最大值点处的显示结果

习 题 五

5-1 图 5-92 所示电路为一实际电容器的等效电路，充电后通过泄漏电阻释放其储存的能量，设 $u_C(0_-)=10^4$ V，$C=500\ \mu$F，$R=4$ MΩ。试计算：

(1) 电容 C 的初始储能。

(2) 零输入响应 $u_C(t)$，电阻电流的最大值。

(3) 电容电压降到人身安全电压 36 V 时所需时间。

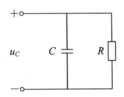

图 5-92 题 5-1 图

5-2 图 5-93 所示各电路中开关 S 在 $t=0$ 时动作，试求各电路在 $t=0_+$ 时刻的电压、电流。已知图 5-93(d) 中的 $e(t)=100\ \sin(\omega t+\pi/3)$ V，$u_C(0_-)=20$ V。

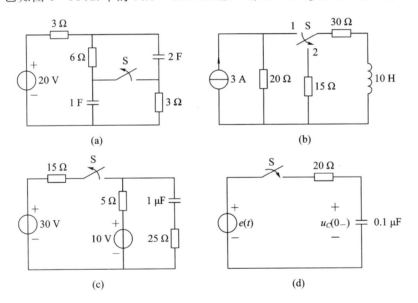

图 5-93 题 5-2 图

5-3 图 5-94 所示电路为一测量电路。假设电流表的读数为 5 A，$R=50$ Ω，$L=150$ H，电压表的内阻 $R=60$ kΩ，电流表内阻为 $R_1=0$。测量完毕后先将开关 S_1 打开，试回答下列问题：

(1) 求电感电流 i_L 和电压表端电压 u_V。

(2) 若电压表反向电压超过 300 V，则电压表将被损坏，上述测量操作步骤将会带来什么后果？应如何改进才能避免。

5-4 求图 5-95 所示电路的零输入响应 u_R，已知 $u_C(0_-)=10$ V。

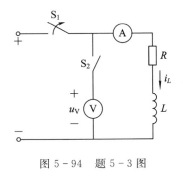

图 5-94 题 5-3 图

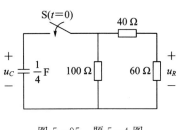

图 5-95 题 5-4 图

5-5 在图 5-96 所示电路中，$i_L(0_-)=5\text{ A}$，$R_1=1\ \Omega$，$R_2=6\ \Omega$，$L=1\text{ H}$，控制系数 $K=3$。求零输入响应 i_L，并画出波形图。

5-6 图 5-97 中开关 S 在位置 1 已久，$t=0$ 时合向位置 2，求换路后的 $u_C(t)$ 和 $i(t)$。

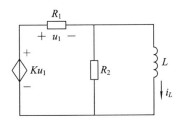

图 5-96 题 5-5 图

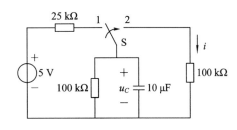

图 5-97 题 5-6 图

5-7 如图 5-98 所示电路，开关 S 在位置 1 已久，$t=0$ 时合向位置 2，求 $t>0$ 时的 $i(t)$ 和 $u_L(t)$。

5-8 图 5-99 所示电路可作延时控制，控制电压由电容两端输出。若要求开关 S 闭合后 0.5 s，电容电压 u_C 达到 10 V，电压源 U_s 的数值应选择多大。

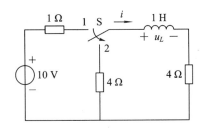

图 5-98 题 5-7 图

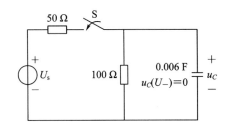

图 5-99 题 5-8 图

5-9 分别求图 5-100 所示电路的零状态响应，各待求响应已标在图中。

5-10 图 5-101 所示电路中，若 $t=0$ 时开关 S 打开，求 $t>0$ 时的 u_C 和电流源发出的功率。

5-11 图 5-102 所示电路中开关 S 闭合前，电容电压 u_C 为零。$t=0$ 时 S 闭合，求 $t>0$ 时的 $u_C(t)$ 和 $i_C(t)$。

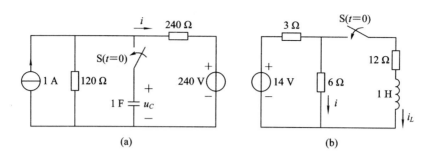

图 5 - 100　题 5 - 9 图

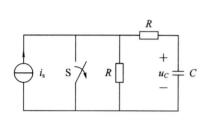

图 5 - 101　题 5 - 10 图

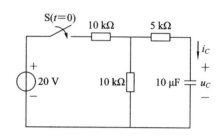

图 5 - 102　题 5 - 11 图

5 - 12　图 5 - 103 所示电路中开关 S 打开前已处于稳态。$t=0$ 时开关 S 打开，求 $t>0$ 时的 $u_L(t)$ 和电压源发出的功率。

5 - 13　图 5 - 104 所示电路，$t=0$ 时开关 S 闭合，求 S 闭合后的 i_L 和电压源发出的功率。

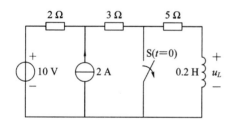

图 5 - 103　题 5 - 12 图

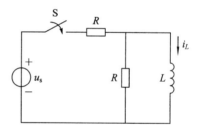

图 5 - 104　题 5 - 13 图

5 - 14　图 5 - 105 所示电路中开关闭合前电容无初始储能，$t=0$ 时开关 S 闭合，求 $t>0$ 时的电容电压 $u_C(t)$。

5 - 15　图 5 - 106 所示电路中电容原未充电，求当 i_s 给定为下列情况时的 u_C 和 i_C。

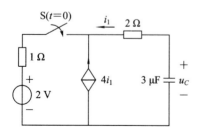

图 5 - 105　题 5 - 14 图

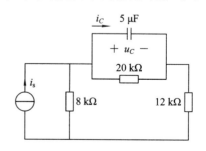

图 5 - 106　题 5 - 15 图

（1）$i_s = \varepsilon(t)$。

（2）$i_s = 25\varepsilon(t)$。

5-16 图 5-107 所示电路中，$u_{s1} = \varepsilon(t)$，$u_{s2} = 5\varepsilon(t)$，试求电路响应 $i_L(t)$。

5-17 图 5-108 所示电路原已稳定，在 $t = 0$ 时开关 S 由 1 合向 2，试求 $t > 0$ 时的 $u_C(t)$ 和 $i_R(t)$。

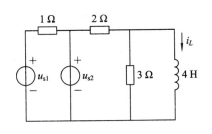 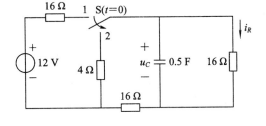

图 5-107 题 5-16 图   图 5-108 题 5-17 图

5-18 图 5-109 所示电路中，开关 S 动作前电路已稳定，求开关动作后的 $i_C(t)$ 和 $u_C(t)$。

5-19 图 5-110 所示电路原已稳定，$t = 0$ 时开关 S 闭合，求 $i_L(t)$ 的全响应。

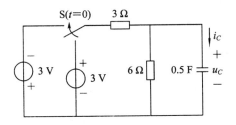 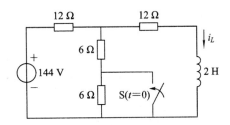

图 5-109 题 5-18 图   图 5-110 题 5-19 图

5-20 图 5-111 所示电路原已稳定，$t = 0$ 时开关 S 闭合，试求 $t > 0$ 时的 $i_L(t)$。

5-21 如图 5-112 所示电路，电路已处于稳定状态，在 $t = 0$ 时，开关 S 由位置 a 掷向位置 b，试用三要素法求 $t > 0$ 时的电流 $i_L(t)$ 和 $i(t)$。

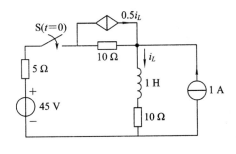 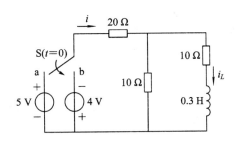

图 5-111 题 5-20 图   图 5-112 题 5-21 图

5-22 图 5-113 所示电路 $t = 0$ 时开关 S_1 打开，S_2 闭合，在开关动作前，电路已达到稳态。试求 $t>0$ 时的 $u_L(t)$ 和 $i_L(t)$。

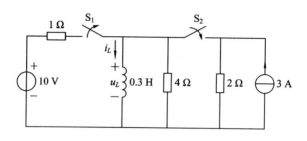

图 5-113 题 5-22 图

5-23 电路如图 5-114 所示,开关长时间闭合,电路已处于稳定状态。$t=0$ 时,开关打开,试求电容电压 $u_C(t)$,并计算开关打开后多少毫秒,存储在电容中的能量是它终值的 36%。

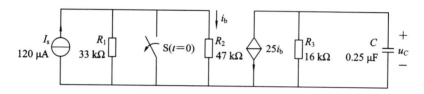

图 5-114 题 5-23 图

5-24 电路如图 5-115 所示,求当开关由 a 合向 b 后的电容电压 $u_C(t)$。

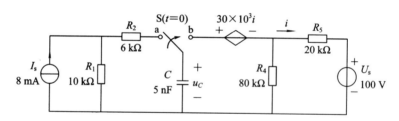

图 5-115 题 5-24 图

5-25 电路如图 5-116 所示,开关 S 在 a 点已很长时间,在 $t=0$ 时开关 S 由 a 合向 b,试求 $t>0$ 时的 $i_L(t)$ 及 $u_L(t)$。

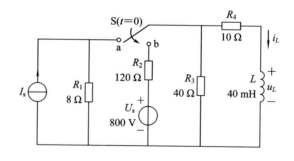

图 5-116 题 5-25 图

5-26 图 5-117(a)所示电路中电流源电流 $i_s(t)$ 的波形如图 5-117(b)所示，试求零状态响应 $u(t)$，并画出其波形图。

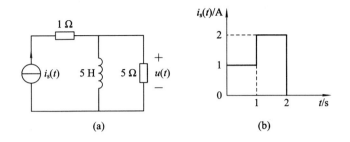

图 5-117 题 5-26 图

5-27 试求图 5-118(a)所示电路中在下列两种情况下的电流 $i_C(t)$：

(1) $u_C(0_-)=6$ V，$u_s(t)=0$。

(2) $u_C(0_-)=0$，$u_s(t)$ 的波形如图 5-118(b)所示。

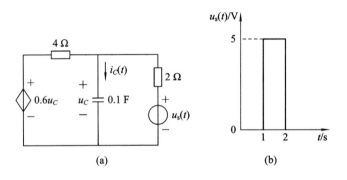

图 5-118 题 5-27 图

5-28 图 5-119(a)方框内是一个线性无源网络，当在端口 $1-1'$ 施加一个单位阶跃电压激励，而端口 $2-2'$ 开路时，求得阶跃响应 $u_C(t)=5(1-e^{-10t})\varepsilon(t)$；当在端口 $2-2'$ 施加一个单位阶跃电流激励，而端口 $1-1'$ 短路时，求得 $u_C(t)=-2(1-e^{-10t})\varepsilon(t)$。现假设在端口 $1-1'$ 施加电压激励 $u_s(t)$，其波形如图 5-119(b)所示，并同时在端口 $2-2'$ 施加电流激励 $i_s(t)$，其波形如图 5-119(c)所示，求零状态响应 $u_C(t)$。

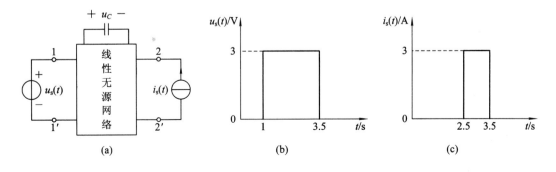

图 5-119 题 5-28 图

5 - 29　电路如图 5 - 120 所示，进行了两次换路。试用三要素法求出电路中电容的电压响应 $u_C(t)$ 和电流响应 $i_C(t)$，并绘出它们的波形图。

5 - 30　密勒电路（Miller-integrator）如图 5 - 121 所示，求 $t>0$ 时的 $u_0(t)$。

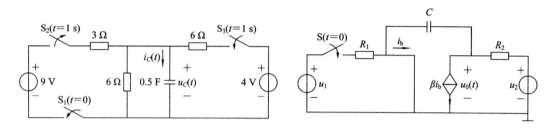

图 5 - 120　题 5 - 29 图　　　　　　　　　　图 5 - 121　题 5 - 30 图

5 - 31　电路如图 5 - 122 所示，开关动作前电路已处于稳定，求 $t>0$ 时的 $u_C(t)$、$i_L(t)$ 和 $i(t)$。

5 - 32　电路如图 5 - 123 所示，开关动作前电路已稳定，试求 $t>0$ 时的 $i_L(t)$ 和 $u_C(t)$。

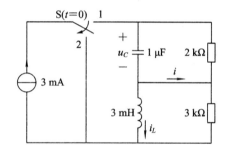

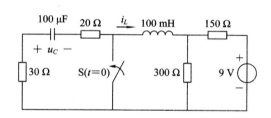

图 5 - 122　题 5 - 31 图　　　　　　　　　图 5 - 123　题 5 - 32 图

5 - 33　电路如图 5 - 124 所示，原已稳定，求开关闭合后的 i_L。

5 - 34　图 5 - 125 所示电路原已稳定，$t=0$ 的开关 S 闭合，试求：

（1）$u_{s2}=6$ V 时的 $u_C(t)$（$t>0$）。

（2）$u_{s2}=?$ 时，换路后不出现过渡过程。

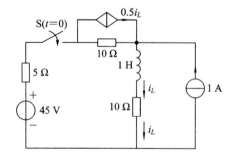

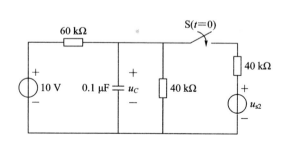

图 5 - 124　题 5 - 33 图　　　　　　　　　图 5 - 125　题 5 - 34 图

5-35　电路如图 5-126 所示，图(b)中的脉冲信号脉宽 $T=RC$，施加于图(a)所示的 RC 串联电路，电路为零状态，试求使 $u_C(t)$ 在 $t=2T$ 时仍能回到零状态所需负脉冲的幅度 U_s。

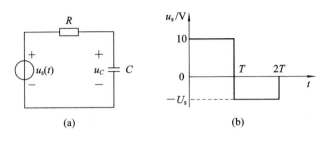

图 5-126　题 5-35 图

5-36　电路如图 5-127 所示，N_R 为线性电阻网络，开关 S 在 $t=0$ 时闭合，已知输出端的零状态响应为 $u_0(t)=\dfrac{1}{2}$ V$+\dfrac{1}{8}\mathrm{e}^{-0.25t}V(t>0)$，若电路中的电容换为 2H 的电感，试求该情况下输出端的零状态响应 $u_0(t)$。

5-37　图 5-128 所示电路原已稳定，开关 S 在 $t=0$ 时闭合，在 $t=100$ ms 时又打开，求 u_{ab}，并绘出波形图。

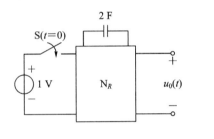

图 5-127　题 5-36 图

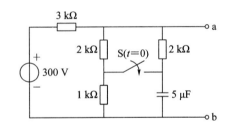

图 5-128　题 5-37 图

5-38　电路如图 5-129 所示，已知 $i_s(t)=10$ A$+15\varepsilon(t)$A，试求 $u_C(t)$。

5-39　如图 5-130 所示电路，输入为单位阶跃电流，已知 $u_C(0_-)=1$ V，$i_L(0_-)=2$ A，试求电流 i_L。

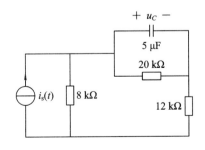

图 5-129　题 5-38 图

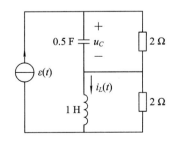

图 5-130　题 5-39 图

实验五　一阶电路的响应和时间常数的测定

一、实验目的

（1）研究一阶网络的零输入响应和零状态响应的基本规律及其特点。

（2）了解电路参数对响应的影响。

（3）学习用示波器观察和分析一阶电路的暂态过程，学习测量时间常数的方法。

（4）研究电容补偿衰减器。通过实验，了解一阶 RC 电路的应用。

二、实验原理

1. 电容

电容是一种储能元件，它由两片金属中间夹绝缘介质构成。电容器的种类很多，按结构分有纸介电容、薄膜电容、云母电容、电解电容等。电容的主要技术指标有：准确度、标称值、耐压、绝缘电阻、损耗、温度系数等。电容在电路中常用字母 C 表示，其单位是法拉，简称法，以字母 F 表示。

电容的标志方法一般有两种：第一种是文字符号直标法，它将电容的名称、材料、分类、序号等用字母表示与标称容量一起直接标在电容上。例：CCG1（C→电容，C→高频瓷，G→高功率，1→圆片）圆片高功率瓷介电容。第二种是代码标志法，体积较小的电容常用三位数字表示其标称容量值，前两位是容量的有效数字，第三位是乘数，表示乘以 10 的几次方，单位为 pF。例：104→10^5 pF（0.1 μF）

许多类型的电容器是有极性的，例如：电解电容、油浸电容等，一般极性符号（"＋"或"－"）都直接标在相应的端脚位置上，有时也用箭头来指明相应端脚。

2. 零输入响应

一阶动态电路是指由一个储能元件（电容或电感）和若干个电阻元件组成的电路。它是由一阶常系数微分方程描述的。

一阶网络在没有外加输入信号仅由起始储能产生的响应称为零输入响应。SY 图 5-1 所示为一阶网络，设电容上具有初始电压 U_0，则可有公式：

$$u_C = U_0 e^{-\frac{t}{\tau}} \tag{5-1}$$

其中，$\tau = RC$。

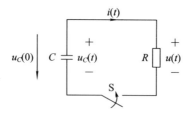

SY 图 5-1　零输入响应电路图

电容上的端电压 U_C 是一个随时间衰减的指数函数,如 SY 图 5-2 所示,其衰减速度取决于电路的时间常数 τ。由 SY 图 5-2 可知,当 $t=\tau$ 时,$u_C(\tau)=0.37U_0$,电压下降到初始值的 37%;当 $t=4\tau$ 时,$u_C(4\tau)=0.018U_0$,电压已下降到初始值的 1.8%,一般认为这时电压已衰减到零(理论上 $t=\infty$ 时才能衰减到零),因此时间常数越小,电压衰减越快;反之时间常数越大,电压衰减越慢。由此可见,RC 电路的零输入响应由电容的初始电压 U_0 和电路的时间常数 τ 来决定。

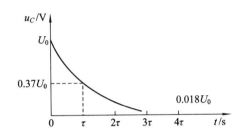

SY 图 5-2 零输入响应曲线

3. 零状态响应

在一阶网络中,动态元件的起始储能为零时,仅由施加于电路的输入所产生的响应称为零状态响应。SY 图 5-3 所示电路为 RC 并联电路,可得出 u_C 表示的方程如下:

$$C\frac{\mathrm{d}u_C}{\mathrm{d}t}+\frac{1}{R}u_C=I_s \qquad t\geqslant 0 \qquad (5-2)$$

其中,I_s 为常量,当起始状态是零时,得微分方程的初始条件:$u_C(0)=0$。

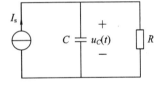

SY 图 5-3 零状态响应电路图

在零起始状态时电容电压的完全解,即零状态解为

$$u_C(t)=I_s R(1-\mathrm{e}^{-\frac{1}{RC}t}) \qquad t\geqslant 0 \qquad (5-3)$$

电容电压从零值开始按指数规律上升趋向于稳态值 RI_s,其时间常数仍为 $\tau=RC$,时间常数 τ 越小,u_C 上升越快;反之,τ 越大,u_C 上升越慢。当 $t=\tau$ 时,u_C 上升到 $I_s R$ 值的 63%,当 $t=4\tau$ 时,一般认为 u_C 上升到 $I_s R$ 值。电容电压 u_C 随时间变化规律如 SY 图 5-4 所示。

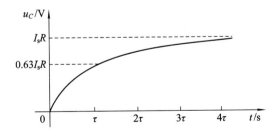

SY 图 5-4 零状态响应曲线

4. 电容补偿衰减器

电容补偿衰减器原理图如 SY 图 5 - 5 所示，这种补偿衰减器常用于测量仪器的输入端，如示波器。图中 R_1 和 R_2 组成分压，使输入电压幅值减小（衰减），C_2 是衰减器的负载电容，由于此电容的存在会使信号产生失真，为此加上补偿电容 C_1，若 C_1 值适合，则输入信号通过衰减器就不会失真，因此 C_1 多半可调。

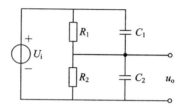

SY 图 5 - 5　电容补偿衰减器电路图

若输入信号为阶跃信号 $U_i\varepsilon(t)$，则由 SY 图 5 - 5 可得：

$$u_o = \left[\frac{R_2}{R_1 + R_2} + \left(\frac{C_1}{C_1 + C_2} - \frac{R_2}{R_1 + R_2}\right)e^{-\frac{t}{\tau}}\right]U_i(t) \tag{5-4}$$

式中，

$$\tau = \frac{R_1 R_2}{R_1 + R_2}(C_1 + C_2) \tag{5-5}$$

当 $t \to \infty$ 时，

$$u_o(\infty) = \frac{R_2}{R_1 + R_2}U_i \tag{5-6}$$

即衰减器输出信号的稳态值仅与信号幅度及 R_1、R_2 值有关，与电容 C_1、C_2 无关，衰减器分压比为

$$\frac{R_2}{R_1 + R_2} = \frac{u_o(\infty)}{U_i} \tag{5-7}$$

当 $t = 0_+$ 时

$$u_o(0_+) = \frac{C_1}{C_1 + C_2}U_i \tag{5-8}$$

即衰减器输出信号的起始值仅与输入信号幅度及 C_1、C_2 值有关，与电阻 R_1、R_2 无关。改变 C_1 可以得到不同的结果。

（1）最佳补偿。

当 C_1 的取值满足 $R_1 C_1 = R_2 C_2$ 时，$\dfrac{C_1}{C_1 + C_2} = \dfrac{R_2}{R_1 + R_2}$，$\tau = \dfrac{R_1 R_2}{R_1 + R_2}(C_1 + C_2) = R_1 C_1 = R_2 C_2$，因而 $u_o(0_+) = \dfrac{C_1}{C_1 + C_2}U_i = \dfrac{R_2}{R_1 + R_2}U_i = u_o(\infty)$，此时输入和输出均为阶跃信号，只是输出幅度减小，没有失真，见 SY 图 5 - 6。

（2）过补偿。

当 C_1 的取值过大，使 $R_1 C_1 < R_2 C_2$，$\dfrac{C_1}{C_1 + C_2} < \dfrac{R_2}{R_1 + R_2}$，$\tau = \dfrac{R_1 R_2}{R_1 + R_2}(C_1 + C_2) > R_1 C_1$，因而 $u_o(0_+) = \dfrac{C_1}{C_1 + C_2}U_i < u_o(\infty) = \dfrac{R_2}{R_1 + R_2}U_i$，衰减器输出信号出现尖峰，见 SY 图 5 - 6。

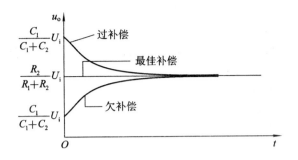

SY 图 5 - 6 电容补偿衰减的不同结果曲线图

(3) 欠补偿。

当 C_1 的取值过小，使 $R_1C_1 < R_2C_2$，$\dfrac{C_1}{C_1+C_2} < \dfrac{R_2}{R_1+R_2}$，$\tau = \dfrac{R_1R_2}{R_1+R_2}(C_1+C_2) > R_1C_1$，

因而 $u_o(0_+) = \dfrac{C_1}{C_1+C_2}U_i < u_0(\infty) = \dfrac{R_2}{R_1+R_2}U_i$，衰减器输出信号起始值小于稳态值，见 SY 图 5 - 6。

三、实验内容

1. 零输入响应

(1) 如 SY 图 5 - 7 接好电路，检查无误。函数发生器输出 10 kHz、4 V 的方波，$C=1000$ pF，$R=10$ kΩ。

(2) 用示波器观测 u_1、u_2 波形，并标出 τ 值。

2. 零状态响应

(1) 如 SY 图 5 - 8 接好电路，检查无误。函数发生器输出 10 kHz、4 V 的方波，$C=1000$ pF，$R=10$ kΩ。

(2) 用示波器观测 u_1、u_2 波形，并标出 τ 值。

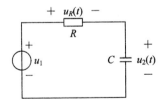

SY 图 5 - 7 零输入响应电路图

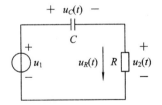

SY 图 5 - 8 零状态响应电路图

3. 电容补偿衰减器

(1) 最佳补偿。

① 按 SY 图 5 - 9 接好电路，检查无误。函数发生器输出 1 kHz、4 V 的方波，$C_1 = C_2 = 1000$ pF，$R_1 = R_2 = 10$ kΩ。

② 用示波器观察并记录 u_i、u_o 波形。注意测量电压 u_o 的幅值。

③ 计算理论 τ 值。

（2）欠补偿。

① 按 SY 图 5-10 接好电路，检查无误。函数发生器输出 1 kHz、4 V 的方波，$C_1 = 1000$ pF，$C_2 = C_2' + C_2'' = 1000$ pF $+ 4700$ pF $= 5700$ pF，$R_1 = R_2 = 10$ kΩ。

② 用示波器观察并记录 u_i、u_o 波形。要求测量起始值 $u_{(0_+)}$ 和稳态值 $u_{o(\infty)}$，测定时间常数 τ，并在图上标出。

③ 计算理论 τ 值。

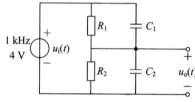

SY 图 5-9　最佳补偿电路图　　　　　SY 图 5-10　欠补偿电路图

（3）过补偿。

① 按 SY 图 5-11 接好电路，检查无误。函数发生器输出 1 kHz、4 V 的方波，$C_2 = 1000$ pF，$C_1 = C_1' + C_1'' = 1000$ pF $+ 4700$ pF $= 5700$ pF，$R_1 = R_2 = 10$ kΩ。

② 用示波器观察并记录 u_i、u_o 波形。要求测量起始值 $u_{(0_+)}$ 和稳态值 $u_{o(\infty)}$，测定时间常数 τ，并在图上标出。

③ 计算理论 τ 值。

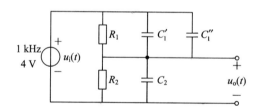

SY 图 5-11　过补偿电路图

四、实验设备

（1）函数发生器。

（2）双踪示波器。

（3）器件及导线若干。

五、实验报告

（1）绘制出各种参数条件下的响应波形，并标注出 τ 值。

（2）分析实验结果，得出相应结论。

（3）回答下列问题：

① 时间常数 τ 是否与初始储能和外加输入有关？

② 电路参数变化时,对响应有何影响?

实验六 微分电路和积分电路

一、实验目的

(1) 加深对 RC 电路过渡过程和微积分电路的理解。

(2) 学习使用示波器及观察过渡过程方法。

(3) 测量一阶电路响应和时间常数 τ。

二、实验原理

电路中的暂态过程是由于储能元件的能量不能跃变而产生的。在 RC 电路中,u_C 不能跃变,因此响应(各支路的电压和电流)有过渡过程。过渡过程的快慢由时间常数 $\tau = RC$ 决定。

1. RC 微分电路

电路如 SY 图 $6-1$(a)所示,有

$$u_2 = Ri = RC \frac{\mathrm{d}u_C}{\mathrm{d}t} = RC \frac{\mathrm{d}}{\mathrm{d}t}(u_1 - u_2)$$

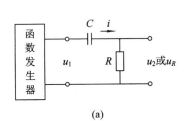

(a)

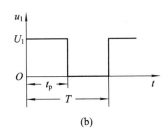

(b)

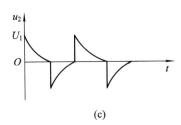

(c)

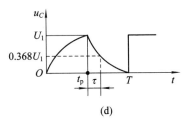

(d)

SY 图 $6-1$ 微分电路

其中,$u_C = U_1(1 - \mathrm{e}^{-t/\tau})$,$u_2 = U_1 \mathrm{e}^{-t/\tau}$,则

$$u_2 = RC \frac{\mathrm{d}}{\mathrm{d}t}(u_1 - U_1 \mathrm{e}^{-t/\tau})$$

若 $\tau \ll t_p$(例如 $10\tau = t_p$),则在一个脉宽($0 < t < t_p$)的绝大部分时间内 $\mathrm{e}^{-t/\tau} = 0$,所以

$$u_2 \approx RC \frac{\mathrm{d}u_1}{\mathrm{d}t}$$

电阻上的输出电压 u_2 与输入电压 u_1 的导数成正比,故称为微分电路。

2. RC 积分电路

电路如 SY 图 6-2(a)所示。

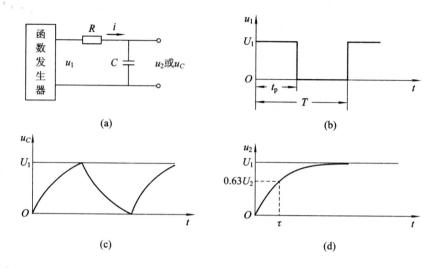

(a)　　　　　　　　　　(b)

(c)　　　　　　　　　　(d)

SY 图 6-2　积分电路

电路已稳定,当输入脉冲到来时,有

$$u_2 = \frac{1}{C}\int_0^t i(\xi)\mathrm{d}\xi \qquad (0 \leqslant t \leqslant t_\mathrm{p})$$

若 $\tau \gg t_\mathrm{p}$(例如 $\tau = 5t_\mathrm{p}$),则 $u_2 \ll u_1$,即

$$i = \frac{u_1 - u_2}{R} \approx \frac{u_1}{R}$$

$$u_2 \approx \frac{1}{RC}\int_0^t u_1(\xi)\mathrm{d}\xi$$

在脉冲到来的区间内,电容电压 u_2 与 u_1 近似为积分关系,故把电路称为积分电路。

3. 时间常数的测量

当电路的时间常数 $\tau <$ 方波的周期 T 时,在 SY 图 6-1(b)所示的方波的前半个周期(即时间 $t_\mathrm{p} = T/2$)内可认为电容电压已充满,电容电压值为 $u_2 \approx U_1$,而在后半个周期(即时间 $t_\mathrm{p} < t < T$)内认为电容电压已放电完毕,电容电压降到 0,以后不断重复以上步骤。充放电过程中 $u_2(t)$ 即 $u_R(t)$ 和 $u_C(t)$ 的波形分别如 SY 图 6-1(c)、6-2(c)所示。

在前半个周期内,电路的响应为零状态响应,$u_C(t)$ 可表示为

$$u_C(t) = U_1(1 - \mathrm{e}^{-\frac{1}{\tau}t})$$

当 $t = \tau$ 时,$u_C(t) = 0.63U_1$,如 SY 图 6-2(d)所示。

在后半个周期内,电路的响应为零输入响应,$u_C(t)$ 可表示为

$$u_C(t) = U_1 \mathrm{e}^{-\frac{t - \frac{T}{2}}{\tau}}$$

当 $t - \dfrac{T}{2} = \tau$ 时,$u_C(t) = 0.368U_1$,如 SY 图 6-1(d)所示。

从示波器上测出 u_C 从 0 增加到 $0.63U_1$ 和从最大值 U_1 降到 $0.368U_1$ 所用的时间即为时间常数 τ。(建议:测量 τ 值时最好用有光标测量法的示波器。)

三、实验内容

1. 测 $U_R(t)$

（1）按 SY 图 6 - 3 接线，$C=1000$ pF，$R=10$ kΩ。

（2）电路输入端接函数发生器的电压输出端，使其波形选择置脉冲输出，调整频率幅度及占空比，使 u_1 为频率 $f=10$ kHz，脉冲高度 $U=6$ V 的方波。

（3）用示波器测试并观察 $u_R(t)$ 的波形，用坐标纸按 1：1 的比例描绘 $u_R(t)$ 的波形，并求时间常数 τ 值。

（4）改变 R 分别为 500 kΩ、51 kΩ、5.1 kΩ、2 kΩ、1.2 kΩ，重复(1)～(3)。

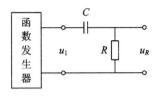

SY 图 6 - 3　微分电路

2. 测 $u_C(t)$

（1）按 SY 图 6 - 4 接线，$R_1=10$ kΩ，$C=1000$ pF。

（2）电路输入端接函数发生器的电压输出端，使其波形选择置脉冲输出，调整频率幅度及占空比，使 u_1 为频率 $f=10$ kHz，脉冲高度 $U=6$ V 的方波。

（3）用示波器测试并观察 $u_C(t)$ 波形，用坐标纸按 1：1 的比例描绘 $u_C(t)$ 的波形，并求时间常数 τ 值。

（4）改变 R 分别为 500 kΩ、51 kΩ、5.1 kΩ、2 kΩ、1.2 kΩ，重复(1)～(3)。

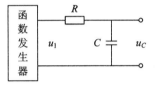

SY 图 6 - 4　积分电路

四、实验设备

（1）函数发生器一台。

（2）双踪示波器一台。

（3）实验箱一个。

五、实验报告

（1）在坐标纸上绘出 SY 图 6 - 3、SY 图 6 - 4 电路的输出波形，计算 τ 值，并与实验结果比较分析误差。

（2）当电容具有初始值时，RC 电路在阶跃激励下是否会出现没有暂态响应的现象，为什么？

实验七　二阶电路的零输入响应及零状态响应

一、实验目的

（1）观察二阶网络在过阻尼、临界阻尼和欠阻尼三种情况下的响应波形。

（2）研究二阶网络参数与响应的关系。

（3）学习用示波器测量衰减振荡角频率和衰减系数。

二、实验原理

1. 电感元件

电感的主要特性是储存磁场能。它一般是由金属导线绕在绝缘骨架上而成。电感在电路中常用字母 L 表示，它的单位是亨利，简称为亨，以字母 H 表示。

2. 二阶电路

描述含有两个独立储能元件网络特性的方程为二阶微分方程，故称该网络为二阶网络。SY 图 7-1 所示的线性 RLC 串联电路是一个典型的二阶电路，其二阶常系数微分方程为

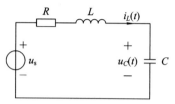

SY 图 7-1　线性 RLC 串联电路

$$LC \frac{\mathrm{d}^2 u_C}{\mathrm{d}t^2} + RC \frac{\mathrm{d}u_C}{\mathrm{d}t} + u_C = U_s \qquad (7-1)$$

初始状态为 $u_C(0_-) = U_0$。

$$\left. \frac{\mathrm{d}u_C(t)}{\mathrm{d}t} \right|_{t=0} = \frac{i_L(0_-)}{C} = \frac{I_0}{C} \qquad (7-2)$$

由此可得 $u_C(0_+)$，从而再求得：

$$i_L(0_+) = i_C(0_+) = \left. C \frac{\mathrm{d}u_C(t)}{\mathrm{d}t} \right|_{t=0_+} \qquad (7-3)$$

3. RLC 串联电路零输入响应的类型与元件参数的关系

当网络的激励为零，仅由储能元件初始能量作用产生的响应为零输入响应。定义衰减系数（阻尼系数）$\alpha = \dfrac{R}{2L}$，谐振角频率 $\omega_0 = \dfrac{1}{\sqrt{LC}}$，电路如 SY 图 7-2 所示，其特征根或固有频率为

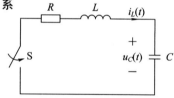

SY 图 7-2　RLC 串联电路零
　　　　　输入响应电路图

$$\begin{cases} s_1 = -\alpha + \sqrt{\alpha^2 - \omega_0^2} \\ s_2 = -\alpha - \sqrt{\alpha^2 - \omega_0^2} \end{cases} \qquad (7-4)$$

（1）当 $\alpha > \omega_0$，即 $R > 2\sqrt{\dfrac{L}{C}}$ 时，响应是非振荡性的，称为过阻尼情况。其特征根 $s_1 = -\alpha + \sqrt{\alpha^2 - \omega_0^2}$，$s_2 = -\alpha - \sqrt{\alpha^2 - \omega_0^2}$，为两个不相等的负实数。

（2）当 $\alpha = \omega_0$，即 $R = 2\sqrt{\dfrac{L}{C}}$ 时，响应是临近振荡性的，称为临界阻尼情况。其特征根为两个相等的负实根 $-\alpha$。

（3）当 $\alpha < \omega_0$，即 $R < 2\sqrt{\dfrac{L}{C}}$ 时，响应是振荡性的，称为欠阻尼情况。其衰减振荡角频率为 $\omega_d = \sqrt{\omega_0^2 - \alpha^2} = \sqrt{\dfrac{1}{LC} - \dfrac{R^2}{4L^2}}$。

（4）当 $R = 0$ 时，响应是等幅振荡的，称为无阻尼情况。等幅振荡角频率即为谐振角频

率 ω_0。

对于欠阻尼情况，衰减振荡角频率 ω_d 和衰减系数 α 可以从响应波形中测出来，例如：在响应 $i(t)$ 的波形（SY图 7-3）中，ω_d 可以利用示波器测出 $\omega_d = \dfrac{2\pi}{T_d}$；对于 α，由

于有 $i_{1m} = Ae^{-\alpha t_1}$，$i_{2m} = Ae^{-\alpha t_2}$，故 $\dfrac{i_{1m}}{i_{2m}} = e^{-\alpha(t_1-t_2)} = e^{\alpha(t_2-t_1)}$，

由图可知 $t_2 - t_1$ 即为周期 T_d，所以 $\alpha = \dfrac{1}{T_d}\ln\dfrac{i_{1m}}{i_{2m}}$。由此可

见，用示波器测出周期 T_d 和幅值 i_{1m}、i_{2m} 后，就可以算出 α 的值。

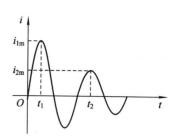

SY图 7-3　欠阻尼情况响应波形

三、实验内容

$L = 1$ mH，$C = 0.1$ μF，$R = 10$ Ω、20 Ω、100 Ω、200 Ω、400 Ω

（1）按 SY图 7-4 接线，检查无误，函数发生器输出 1 kHz、4 V 方波，$L = 1$ mH，$C = 0.1$ μF，$R = 20$ Ω。

（2）用双踪示波器观察并记录 u_o 和 u_i 波形。

（3）通过示波器测量并记录欠阻尼情况下的衰减振荡角频率，测量并计算阻尼系数。

（4）分别改变 R 的值为 10 Ω、100 Ω、200 Ω、400 Ω，观察并记录过阻尼、欠阻尼、临界阻尼三种情况下的响应波形。

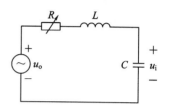

SY图 7-4　RLC 串联电路零输入响应电路图

四、实验设备

（1）函数发生器；

（2）双踪示波器；

（3）电阻箱；

（4）器件及导线若干。

五、实验报告

（1）在坐标纸上绘制各参数下的响应波形，计算出欠阻尼（$R = 20$ Ω）时的阻尼系数。

（2）分析实验结果，得出相应结论。

（3）回答下面问题：

① RLC 串联二阶电路中，若电路为欠阻尼状态，增大或减小电容对振荡周期有何影响？

② RLC 串联二阶电路中，衰减系数（阻尼系数）α、谐振角频率 ω_0 的大小与什么有关？

第六章　正弦稳态电路的分析

在前面我们已经学习了直流电路及动态电路的分析。从本章开始，我们将学习交流电路的分析，这是电路分析中最大的一块内容。主要是指电路中激励或响应均为同频率的稳定的正弦量，故称这种电路为正弦稳态交流电路，也称正弦稳态电流电路，包括分析线性正弦稳态电路的有效方法——相量法和用相量法分析线性正弦稳态电路的响应。这两部分内容有：正弦量、正弦量的相量表示、电路定律的相量形式、阻抗与导纳、相量图、电路方程的相量形式、线性电路定理的相量描述和应用、正弦电流电路的瞬时功率、有功功率、无功功率、视在功率、复功率、最大功率的传输问题、电路的谐振现象和电路的频率特性、交流电路的计算机辅助分析。

第一节　正　弦　量

一、正弦量的三要素

数学中的正弦函数指 sin 函数，余弦函数指 cos 函数。电路分析中，把按正弦规律变化的电压或电流统称为正弦量。在电路分析中，可用 sin 函数也可用 cos 函数来描述正弦量，但要注意用的函数形式应统一，不可混用。本书用相量法分析正弦稳态电路时，一律采用 cos 函数代表正弦量。

以支路中的电流 i 为例，设电流 i 的函数形式为

$$i = I_m \cos(\omega t + \psi_i)$$

这个电流表达式称为电流正弦量。式中有三个要素，即 I_m、ω 和 ψ_i，称为正弦量的三要素。

I_m 为正弦量的最大值，称为正弦量的振幅。它是等幅振荡的正弦量在各个周期中达到的最大值。

$(\omega t + \psi_i)$ 称为正弦量的相位或相角。其中 ω 称为正弦量的角频率，它是相位的变化率，即

$$\omega = \frac{\mathrm{d}(\omega t + \psi_i)}{\mathrm{d}t}$$

单位为 rad/s 或 (°)/s。由于正弦量一个周期 T 对应的角度为 2π 弧度，所以 $\omega = 2\pi/T$，而频率 f 又为周期的倒数，故 $\omega = 2\pi f$。其中，$f = 1/T$，单位为 Hz(赫兹，简称赫)，即 1/s。我国工业用电的频率为 50 Hz，简称工频。一般指的市电，其频率即工频 50 Hz。工程中常以频率区分电路，如低频电路、高频电路、甚高频电路等。

ψ_i 是相位在 $t=0$ 时刻的值，称为初相角(位)，即

$$\psi_i = (\omega t + \psi_i)\,|_{t=0}$$

其单位为 rad 或 (°)，通常 ψ_i 有一个主值范围，即 $|\psi_i| \leqslant 180°$。初相角与计时起点的选取有

关，对任一正弦量，初相角是可以任意指定的，但对于一个电路中各个相关的正弦量，它们只能由一个共同的计时起点来确定各自的相位。

当 $\psi_i = 0$ 时，即 $i = I_m \cos\omega t$，其波形如图 6-1(a)所示；当 $\psi_i > 0$ 时，即 $i = I_m \cos(\omega t + \psi_i)$，其波形如图 6-1(b)所示，图(b)中波形比图(a)中波形达到最大值的角度（或时刻）超前；当 $\psi_i < 0$ 时，即 $i = I_m \cos(\omega t + \psi_i)$，其波形如图 6-1(c)所示，图(c)中波形比图(a)中波形达到最大值的角度（或时刻）落后。

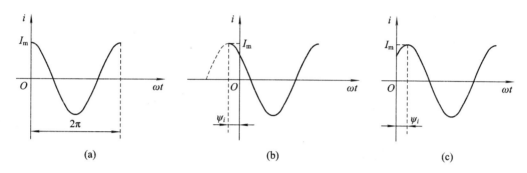

图 6-1　正弦量的波形图

图 6-2(a)所示电路中，电流 i 的波形图也可以时间 t 作为横坐标，则其表达式为

$$i = 10 \cos\left(\frac{2\pi}{0.1}t + 0.02 \times \frac{2\pi}{0.1}\right)\text{A}$$

图 6-2(b)所示电路中，横坐标是 ωt，这时电流 i 的表达式为

$$i = 10 \cos\left(\frac{2\pi}{0.1}t - \frac{\pi}{4}\right)\text{A}$$

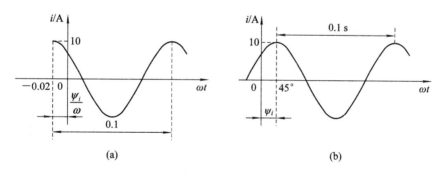

图 6-2　根据波形图列写电流 i 表达式示例

二、正弦量的相位差

两个同频率正弦量的相位之差称为它们的相位差，用 φ_{12} 表示。例如，$i_1 = I_{m1} \cos(\omega t + \psi_1)$，$i_2 = I_{m2} \cos(\omega t + \psi_2)$，则 i_1 与 i_2 的相位差为

$$\varphi_{12} = \omega t + \psi_1 - (\omega t + \psi_2) = \psi_1 - \psi_2$$

上式表示两个同频率正弦量的相位差 φ_{12} 即为它们的初相角之差 $\psi_1 - \psi_2$。相位差的取值范围也为 $|\varphi_{12}| \leqslant 180°$。如果正弦量 i_1 达到最大值的角度超前正弦量 i_2，我们说正弦量 i_1 超前正弦量 i_2（在相位上）；如果正弦量 i_1 达到最大值的角度落后正弦量 i_2，我们说正弦量 i_1 滞后正弦量 i_2；如果正弦量 i_1 达到最大值的角度等于正弦量 i_2，我们说正弦量 i_1 与正弦量

i_2 同相。我们可以通过计算 φ_{12} 的正负来判断两个同频率正弦量的相位关系。

若 $\varphi_{12} > 0$，则 i_1 超前 i_2。例如，图 6-1(b) 中电流波形为 i_1，图 6-1(a) 中电流波形为 i_2，且两者周期相同。显然 $\varphi_{12} > 0$，而 i_1 确实超前 i_2。

若 $\varphi_{12} < 0$，则 i_1 滞后 i_2。例如，图 6-1(c) 中电流波形为 i_1，图 6-1(a) 中电流波形仍为 i_2，且两者周期相同。显然 $\varphi_{12} < 0$，而 i_1 确实滞后 i_2。

若 $\varphi_{12} = 0$，则 i_1 与 i_2 同相。如图 6-3 所示。图中相位差 $\varphi_{12} = 0$，而 i_1 与 i_2 同时达到最大值，即同相。同相时，i_1 与 i_2 同时达到 0 值和正、负最大值。

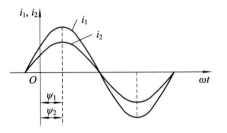

图 6-3 i_1 与 i_2 同相的波形图

当 $\varphi_{12} = \pm\pi/2$ 时，我们称 i_1 与 i_2 正交，如图 6-4(a) 所示，显然正交时，其中一个变量达到最大值时，另一个变量为零。而它达到零时，另一个变量则为正或负的最大值。当 $\varphi_{12} = \pm\pi$ 时，我们称 i_1 与 i_2 反相，如图 6-4(b) 所示，显然反相时 i_1 与 i_2 同时达到零，但当一个达到正（负）的最大值而另一个则为负（正）的最大值。

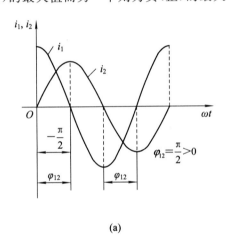

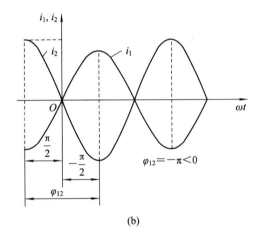

(a)   (b)

图 6-4 两个同频率正弦量相位的特殊关系波形图示例

相位差可以通过观察波形来确定，如图 6-4 所示。在同一个周期内，两个波形正的最大值（或负的最大值）之间的角度值（$\leqslant 180°$），即为两者的相位差，先达到最大值的为超前波。i_1 超前 i_2，则 $\varphi_{12} > 0$；i_1 滞后 i_2，则 $\varphi_{12} < 0$。相位差与计时零点（起点）的选取无关，而各变量的初相角则要作相应的变动。

正弦量的初相角与对其所设定的参考方向有关。当改变某一正弦量的参考方向时，则该正弦量相当于反相，即其初相将改变 π 角度，它与其他正弦量的相位差也将相应地改变 π 角度。例如在图 6-5(a) 所示电路中，正弦电流 i 参考方向由 A 指向 B，在图 6-5(b) 所示电路中，它的参考方向改为由 B 指向 A。在图 (a) 中，若 $i = I_m \cos(\omega t + \psi_i)$，则在图 (b) 中，

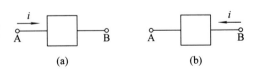

图 6-5 电流参考方向的改变对其初相角的影响

$i = -I_m \cos(\omega t + \psi_i) = I_m \cos(\omega t + \psi_i + \pi)$，即初相角增加了 π。

三、正弦量的有效值

首先介绍周期量的有效值。若在一个周期内周期量与一个直流量所产生的平均效应相等，则该直流量称做这个周期量的有效值。以热效应为例，周期量 i 通过一个电阻 R 在一个周期内所产生的热量为 $\int_0^T i^2 R \, \mathrm{d}t$，直流量 I 通过该电阻在一个周期内所产生的热量为 $I^2 RT$，则根据有效值的意义

$$\int_0^T i^2 R \, \mathrm{d}t = I^2 RT$$

由上式有

$$I \xlongequal{\text{def}} \sqrt{\frac{1}{T} \int_0^T i^2 \, \mathrm{d}t}$$

故有效值 I 是周期量 i 的方均根值。

现在介绍正弦量的有效值。若 $i = I_\mathrm{m} \cos(\omega t + \psi_i)$，则有效值为

$$I = \sqrt{\frac{1}{T} \int_0^T [I_\mathrm{m} \cos(\omega t + \psi_i)]^2 \, \mathrm{d}t} = \sqrt{\frac{1}{T} \int_0^T I_\mathrm{m}^2 \frac{1 + \cos[2(\omega t + \psi_i)]}{2} \mathrm{d}t} = \frac{I_\mathrm{m}}{\sqrt{2}}$$

或

$$I_\mathrm{m} = \sqrt{2} I$$

上式表明正弦量的最大值为其有效值的 $\sqrt{2}$ 倍。于是有

$$i = \sqrt{2} I \cos(\omega t + \psi_i)$$

I、ω、ψ_i 也可用来表示正弦量的三要素。工程中使用的交流电气设备铭牌上标出的电压、电流额定值，交流电压表、电流表表面上标出的数字都是有效值。

第二节　正弦量的相量表示法

各正弦量之间的运算在时域中为三角函数的运算，如果电路中含有动态元件，变量之间的方程就为微分方程，这无疑是很复杂的。为此引入正弦量的相量，从而把三角函数的运算变为相量的运算。相量为一复数，所以建立的变量间的电路方程为复数形式的代数方程，从而使电路的计算变得容易，这种用正弦量的相量形式求解正弦稳态响应的方法称为相量法。

设正弦电流 i 为

$$i = \sqrt{2} I \cos(\omega t + \psi_i)$$

构造一复指数函数

$$\sqrt{2} I \mathrm{e}^{\mathrm{j}(\omega t + \psi_i)} = \sqrt{2} I \cos(\omega t + \psi_i) + \mathrm{j} \sqrt{2} I \sin(\omega t + \psi_i)$$

从上式中看出

$$\mathrm{Re}[\sqrt{2} I \mathrm{e}^{\mathrm{j}(\omega t + \psi_i)}] = \sqrt{2} I \cos(\omega t + \psi_i)$$

即正弦电流 $i = \mathrm{Re}[\sqrt{2} I \mathrm{e}^{\mathrm{j}(\omega t + \psi_i)}]$，此式说明正弦电流 i 是所构造的复指数函数的实部。把复指数函数变形为 $\sqrt{2} I \mathrm{e}^{\mathrm{j}\psi_i} \mathrm{e}^{\mathrm{j}\omega t}$，于是有

$$i = \mathrm{Re}[\sqrt{2}I\mathrm{e}^{\mathrm{j}\psi_i}\,\mathrm{e}^{\mathrm{j}\omega t}]$$

式中，令常数部分 $I\mathrm{e}^{\mathrm{j}\psi_i}$ 为 $\dot{I}$，即有

$$\dot{I} \stackrel{\mathrm{def}}{=\!=\!=} I\mathrm{e}^{\mathrm{j}\psi_i} = I\angle\psi_i$$

$\dot{I}$ 称为正弦量的相量，为一复数。其模 I 为正弦量 i 的有效值，辐角 ψ_i 为正弦量的初相。字母 I 上面的小圆点是用来表示相量的，并与有效值区分，也可以与一般复数相区分。把正弦量有效值定义的相量 $\dot{I}$ 称为"有效值"相量，也可以把 $\dot{I}_\mathrm{m} = \sqrt{2}I\mathrm{e}^{\mathrm{j}\psi_i} = I_\mathrm{m}\angle\psi_i$ 定义为最大值相量，本书中一律使用有效值相量 $\dot{I} = I\angle\psi_i$。相量 $\dot{I}$ 与正弦量 $i = \sqrt{2}I\cos(\omega t + \psi_i)$ 有一一对应关系。例如，正弦量为 $u = 220\sqrt{2}\cos(\omega t - 35°)\mathrm{V}$，它的相量为 $\dot{U} = 220\angle(-35°)\mathrm{V}$。反之，正弦量的相量若为 $\dot{U} = 100\angle60°\mathrm{V}$，则其所对应的正弦量为 $u = 100\sqrt{2}\cos(\omega t + 60°)\mathrm{V}$。若已知其角频率 $\omega = 100\ \mathrm{rad/s}$，则该正弦量完整的表达式为 $u = 100\sqrt{2}\cos(100t + 60°)\mathrm{V}$。

　　$\dot{I}$ 在复平面上的图形称为相量图，如图 6-6 所示。图中的有向线段的长度为 $\dot{I}$ 的模 I，其与实轴的夹角为 $\dot{I}$ 的辐角 ψ_i。上述构造的复指数函数的函数部分 $\mathrm{e}^{\mathrm{j}\omega t}$ 在复平面上相当于长为 1，以角速度 ω 在复平面上逆时针旋转的因子，复振幅 $\sqrt{2}\dot{I} = \sqrt{2}I\angle\psi_i$（以电流为例）乘以旋转因子 $\mathrm{e}^{\mathrm{j}\omega t}$，相当于把最大值相量 $\sqrt{2}\dot{I}$ 以角速度 ω 在复平面上逆时针旋转，所以称 $\sqrt{2}\dot{I}\mathrm{e}^{\mathrm{j}\omega t}$ 为旋转相量。而正弦量 i 即为这一旋转相量取实部，其表达式为

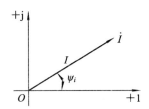

图 6-6　正相量的相量图

$$i = \mathrm{Re}[\sqrt{2}\dot{I}\mathrm{e}^{\mathrm{j}\omega t}]$$

或正弦量 i 为旋转相量在复平面实轴上的投影，这一对应关系可用图 6-7 说明。显然图中显示旋转相量在实轴上的投影为一角频率为其角速度 ω 的正弦波。

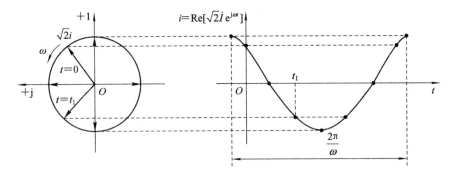

图 6-7　正弦波与旋转相量在实轴上的投影的对应关系

$\dot{I}\mathrm{e}^{\pm\frac{\pi}{2}\mathrm{j}}$ 表示将 $\dot{I}$ 在复平面实轴上逆时针或顺时针旋转 $\pi/2$；$\dot{I}\mathrm{e}^{\pm\pi\mathrm{j}}$ 表示把 $\dot{I}$ 在复平面上逆时针或顺时针旋转 π，因此 $\pm\mathrm{j}$、-1 均为特殊的旋转因子。

第三节　正弦量运算的相量形式

　　正弦量乘以常数、正弦量的微分、正弦量的积分及同频率正弦量的代数和，结果仍是

一个同频率的正弦量。下面用旋转相量取实部即为正弦量这一关系加以说明，并将这些运算转换为相对应的相量运算。

一、同频率正弦量的代数和

设 $i_1=\sqrt{2}I_1\cos(\omega t+\psi_1)$，$i_2=\sqrt{2}I_2\cos(\omega t+\psi_2)$，$\cdots$，这些同频率正弦量的和设为 i，则有

$$i=i_1+i_2+\cdots=\mathrm{Re}[\sqrt{2}\dot{I}_1\mathrm{e}^{\mathrm{j}\omega t}]+\mathrm{Re}[\sqrt{2}\dot{I}_2\mathrm{e}^{\mathrm{j}\omega t}]+\cdots$$
$$=\mathrm{Re}[\sqrt{2}(\dot{I}_1+\dot{I}_2+\cdots)\mathrm{e}^{\mathrm{j}\omega t}]$$
$$=\mathrm{Re}[\sqrt{2}\dot{I}\mathrm{e}^{\mathrm{j}\omega t}]$$

上式表明 i 为旋转相量取实部，且角频率即为各电流的角频率 ω，所以同频率正弦量的代数和仍为一同频率的正弦量，且它的相量 $\dot{I}$ 为

$$\dot{I}=\dot{I}_1+\dot{I}_2+\cdots$$

即电流 i 的相量 $\dot{I}$ 为各电流相量的代数和。

二、正弦量的微分

设正弦量 $i=\sqrt{2}I\cos(\omega t+\psi_i)$，对 i 求导，有

$$\frac{\mathrm{d}i}{\mathrm{d}t}=\frac{\mathrm{d}\,\mathrm{Re}[\sqrt{2}\dot{I}\mathrm{e}^{\mathrm{j}\omega t}]}{\mathrm{d}t}=\mathrm{Re}\left[\frac{\mathrm{d}(\sqrt{2}\dot{I}\mathrm{e}^{\mathrm{j}\omega t})}{\mathrm{d}t}\right]=\mathrm{Re}[\sqrt{2}(\mathrm{j}\omega\dot{I})\mathrm{e}^{\mathrm{j}\omega t}]$$

上式说明正弦量 i 的导数仍为一同频率正弦量，其相量为 $\mathrm{j}\omega\dot{I}$，即正弦量导数的相量为原正弦量 i 的相量 $\dot{I}$ 乘以 $\mathrm{j}\omega$。$\mathrm{j}\omega\dot{I}=\omega I\angle(\psi_i+\pi/2)$，此相量的模比 $\dot{I}$ 的模增大 ω 倍，辐角则超前 $\pi/2$。

对 i 的高阶导数 $\mathrm{d}^n i/\mathrm{d}t^n$，其相量为 $(\mathrm{j}\omega)^n\dot{I}$。

三、正弦量的积分

设 $i=\sqrt{2}I\cos(\omega t+\psi_i)$，则对 i 积分，有

$$\int i\,\mathrm{d}t=\int\mathrm{Re}[\sqrt{2}\dot{I}\mathrm{e}^{\mathrm{j}\omega t}]\mathrm{d}t=\mathrm{Re}\left[\int\sqrt{2}\dot{I}\mathrm{e}^{\mathrm{j}\omega t}\,\mathrm{d}t\right]=\mathrm{Re}\left[\sqrt{2}\frac{\dot{I}}{\mathrm{j}\omega}\mathrm{e}^{\mathrm{j}\omega t}\right]$$

上式说明正弦量 i 的积分仍为一同频率的正弦量，且其相量为 $\dot{I}/\mathrm{j}\omega$，即正弦量积分的相量为原正弦量 i 的相量除以 $\mathrm{j}\omega$。$\dot{I}/\mathrm{j}\omega=(I/\omega)\angle(\psi_i-\pi/2)$，此相量的模减小为 $\dot{I}$ 的模 I 的 $1/\omega$，辐角滞后 $\pi/2$。

正弦量 i 的 n 重积分的相量为 $\dot{I}/(\mathrm{j}\omega)^n$。

例 6-1 已知两个同频率正弦量分别为 $i_1=2\cos(314t+45°)\mathrm{A}$，$i_2=2\cos(314t-45°)\mathrm{A}$，试求：(1) i_1+i_2；(2) $\mathrm{d}i_1/\mathrm{d}t$；(3) $\int i_2\,\mathrm{d}t$。

解　(1) i_1 的相量为 $\dot{I}_1$，i_2 的相量为 $\dot{I}_2$，设 $i=i_1+i_2$，则 i 的相量为 $\dot{I}$，于是有

$$\dot{I}=\dot{I}_1+\dot{I}_2=\sqrt{2}\angle45°\,\mathrm{A}+\sqrt{2}\angle(-45°)\mathrm{A}$$
$$=\sqrt{2}\frac{\sqrt{2}}{2}\mathrm{A}+\mathrm{j}\sqrt{2}\frac{\sqrt{2}}{2}\mathrm{A}+\sqrt{2}\frac{\sqrt{2}}{2}\mathrm{A}+\mathrm{j}\sqrt{2}\left(-\frac{\sqrt{2}}{2}\right)\mathrm{A}$$
$$=(1+\mathrm{j}+1-\mathrm{j})\mathrm{A}=2\,\mathrm{A}$$

所以

$$i = 2\sqrt{2}\cos314t \text{ A}$$

(2) di_1/dt 的相量为

$$j\omega\dot{I}_1 = j314\sqrt{2}\angle45° = 314\sqrt{2}\angle(45° + 90°) = 314\sqrt{2}\angle135°$$

所以

$$\frac{di_1}{dt} = \sqrt{2}314\sqrt{2}\cos(314t + 135°) = 628\cos(314t + 135°)$$

(3) $\int i_2 \, dt$ 的相量为

$$\frac{\dot{I}_2}{j\omega} = \frac{\sqrt{2}\angle-45°}{j314} = \frac{\sqrt{2}}{314}\angle(-135°)$$

所以

$$\int i_2 \, dt = \sqrt{2}\frac{\sqrt{2}}{314}\cos(314t - 135°)\text{A} = \frac{2}{314}\cos(314t - 135°)\text{A}$$

相量法是分析求解正弦稳态电路响应的一种有效工具。

第四节　电路定律的相量形式

一、基尔霍夫定律的相量形式

正弦稳态电路(也称正弦电流电路)中各电压、电流变量均为同频率的正弦量，所以由 KCL 及 KVL 的时域形式通过相量法可以转化为相量形式。

对任一节点，由 KCL 有

$$\sum i = 0$$

由于所有支路电流都是同频率的正弦量，故其相量形式为

$$\sum \dot{I} = 0$$

同理，对任一回路，由 KVL 有

$$\sum u = 0$$

由于所有支路电压都是同频率的正弦量，故其相量形式为

$$\sum \dot{U} = 0$$

所以 KCL、KVL 的相量形式与其时域形式一致。即对于节点，电流相量的代数和为零；对于回路，电压相量的代数和为零。

二、R、L、C 元件 VCR 的相量形式

电阻、电感和电容元件的 VCR 的相量形式亦可叙述如下。

图 6-8(a)中所示电路为电阻元件 R 的时域形式，根据欧姆定律有

$$u_R = Ri_R$$

由于 u_R 与 i_R 为同频率的正弦量，上式的相量形式为

$$\dot{U}_R = R\dot{I}_R$$

于是还有

$$U_R = RI_R, \quad \psi_{u_R} = \psi_{i_R}$$

以上说明电阻元件电压与电流变量之间关系的相量形式及它们的有效值之间关系的形式均符合欧姆定律的形式，没有变化。电阻元件的相量形式或者相量模型如图 6-8(b)所示，且电压 u_R 与电流 i_R 同相，其相量图如图 6-8(c)所示。

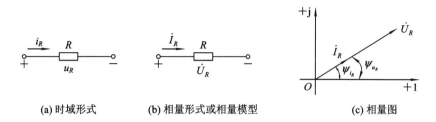

(a) 时域形式   (b) 相量形式或相量模型   (c) 相量图

图 6-8 电阻中的正弦电流

图 6-9(a)所示电路为电感元件 L 的时域形式，根据它的 VCR 有

$$u_L = L\frac{\mathrm{d}i_L}{\mathrm{d}t}$$

其相量形式为

$$\dot{U}_L = \mathrm{j}\omega L\dot{I}_L$$

所以

$$U_L = \omega_L LI_L, \quad \psi_{u_L} = \psi_{i_L} + \frac{\pi}{2}$$

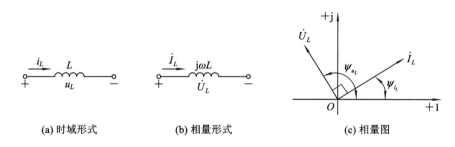

(a) 时域形式   (b) 相量形式   (c) 相量图

图 6-9 电感中的正弦电流

以上说明电感元件的电压与电流变量之间的关系的相量形式及它们的有效值之间的关系仍符合欧姆定律的形式，且电感电压超前电感电流 $\pi/2$。电感元件的相量形式如图 6-9(b)所示，相量图如图 6-9(c)所示。当 $\omega=0$（即变量为直流量时），$\omega L=0$，此时电感元件相当于短路。

图 6-10(a)所示电路为电容元件的时域形式，根据其 VCR 有

$$i_C = C\frac{\mathrm{d}u_C}{\mathrm{d}t} \quad 或 \quad u_C = \frac{1}{C}\int i_C\,\mathrm{d}t$$

其相量形式为

$$\dot{U}_C = \frac{1}{\mathrm{j}\omega C}\dot{I}_C = -\mathrm{j}\frac{1}{\omega C}\dot{I}_C$$

所以

$$U_C = \frac{1}{\omega C} I_C, \quad \psi_{u_C} = \psi_{i_C} - \frac{\pi}{2}$$

以上说明电容元件上电压与电流变量之间的关系的相量形式及它们有效值之间的关系均符合欧姆定律的形式，且电容电压滞后电容电流 $\pi/2$。电容元件的相量形式如图 6-10(b)所示，电容元件的相量图如图 6-10(c)所示。当 $\omega=0$ 时，$1/(\omega C)=\infty$，此时电容相当于开路，称电容的隔直作用。

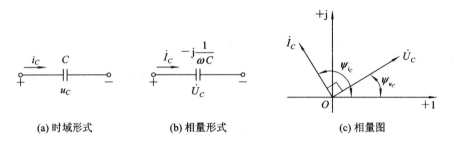

(a) 时域形式   (b) 相量形式   (c) 相量图

图 6-10 电容中的正弦量

受控源的电压或电流与其控制量电压或电流之间关系的相量形式与其时域形式相同。以 VCCS 为例说明，其时域形式的电路图如图 6-11(a)所示，其相量形式的电路图如图 6-11(b)所示。

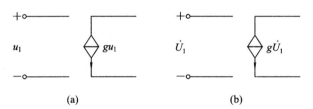

图 6-11 VCCS 的相量形式

综上所述，KCL 与 KVL 的相量形式和 R、L、C 元件的 VCR 的相量形式，前者与电阻电路中的有关关系式的时域形式是一样的，后者与欧姆定律一样。

例 6-2 电路如图 6-12(a)所示，已知：$u_s = 10\cos 2t$ V，$R=2\ \Omega$，$L=2$ H，$C=0.25$ F，求 R、L、C 串联电路中的电流 i 及各元件上的电压 u_R、u_L 及 u_C。

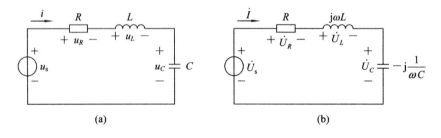

(a)   (b)

图 6-12 例 6-2 图

解 图(a)所示电路的相量形式如图(b)所示，其中 $R=2\ \Omega$，$j\omega L = j2 \times 2\Omega = j4\ \Omega$，

$-j\dfrac{1}{\omega C} = -j\dfrac{1}{2\times 0.25}\ \Omega = -j2\ \Omega$，$\dot{U}_s = \dfrac{10}{\sqrt{2}}\angle 0°$ V。根据各元件 VCR 的相量形式有

$$\dot{U}_R = R\dot{I}, \quad \dot{U}_L = j\omega L\dot{I}, \quad \dot{U}_C = -j\frac{1}{\omega C}\dot{I}$$

由 KVL 的相量形式有

$$\dot{U}_s = \dot{U}_R + \dot{U}_L + \dot{U}_C = R\dot{I} + j\omega L\dot{I} - j\frac{1}{\omega C}\dot{I}$$

所以

$$\dot{I} = \frac{\dot{U}_s}{R + j\omega L - j\dfrac{1}{\omega C}} = \frac{\dfrac{10}{\sqrt{2}}\angle 0°}{2 + j4 - j2}\ \text{A} = 2.5\angle(-45°)\text{A}$$

$$\dot{U}_R = 2 \times 2.5\angle(-45°)\text{V} = 5\angle(-45°)\text{V}$$

$$\dot{U}_L = j4 \times 2.5\angle(-45°\ \text{V}) = 10\angle 45°\text{V}$$

$$\dot{U}_C = -j2 \times 2.5\angle(-45°)\text{V} = 5\angle(-135°)\text{V}$$

以上各相量所对应的正弦量分别为

$$i = 2.5\sqrt{2}\,\cos(2t - 45°)\text{A}$$

$$u_R = 5\sqrt{2}\,\cos(2t - 45°)\text{A}$$

$$u_L = 10\sqrt{2}\,\cos(2t + 45°)\text{A}$$

$$u_C = 5\sqrt{2}\,\cos(2t - 135°)\text{A}$$

例 6 - 3 电路如图 6 - 13 所示，电路中的仪表为交流电流表，电流表所指示的读数为电流的有效值，其中电流表 A_1 的读数为 5 A，电流表 A_2 的读数为 25 A，电流表 A_3 的读数为 20 A。试求电流表 A 及 A_4 的读数。

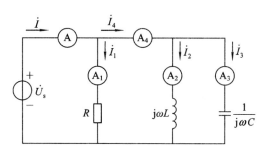

图 6 - 13 例 6 - 3 图

解 A 表的读数即 I 的值；A_1 表的读数即 I_1 的值；A_2 表的读数即 I_2 的值；A_3 表的读数即 I_3 的值；A_4 表的读数即 I_4 的值。

由 KCL 的相量形式有

$$\dot{I} = \dot{I}_1 + \dot{I}_2 + \dot{I}_3$$

选择 RLC 并联电路端口电压相量为参考相量，即令 $\dot{U}_s = U_s\angle 0°\ \text{V}$，根据各个元件上电压、电流的相位关系有

$$\dot{I}_1\ 的初相\ \psi_1 = 0°,\ \dot{I}_2\ 的初相\ \psi_2 = -90°,\ \dot{I}_3\ 的初相\ \psi_3 = 90°$$

于是有

$$\dot{I}_1 = 5\angle 0°\ \text{A}, \quad \dot{I}_2 = 25\angle(-90°)\text{A}, \quad \dot{I}_3 = 20\angle 90°\ \text{A}$$

所以

$$\dot{I} = 5 \text{ A} - \text{j}25 \text{ A} + \text{j}20 \text{ A} = 5 \text{ A} - \text{j}5 \text{ A} = 5\sqrt{2}\angle(-45°)\text{A}$$

$$I = 5\sqrt{2} \text{ A} = 7.07 \text{ A}$$

即 A 表的读数为 7.07 A。

根据 KCL 有

$$\dot{I}_4 = \dot{I}_2 + \dot{I}_3 = -\text{j}25 \text{ A} + \text{j}20 \text{ A} = -\text{j}5 \text{ A} = 5\angle(-90°)\text{A}$$

$$I_4 = 5 \text{ A}$$

即 A_4 表的读数为 5 A。

本题也可用相量图求解，电路的相量图如图 6-14 所示。由图中可知

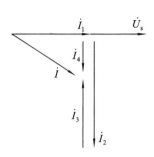

$$I = \sqrt{I_1^2 + (I_2 - I_3)^2} = \sqrt{5^2 + (25-20)^2} \text{ A}$$

$$= 5\sqrt{2} \text{ A} = 7.07 \text{ A}$$

即 A 表的读数为 7.07 A。

$$I_4 = I_2 - I_3 = 25 \text{ A} - 20 \text{ A} = 5 \text{ A}$$

即 A_4 表的读数为 5 A。

图 6-14　电路的相量图

显然，用相量图求解电路，有时更容易。

第五节　阻抗和导纳

一、阻抗

图 6-15(a)所示电路为一无源网络，即不含独立电压源和独立电流源的网络。若在端口处加角频率为 ω 的正弦电压，当电路处于稳定状态下，端口的电流将是同频率的正弦量，反之亦然，这种响应我们称为正弦交流电路的稳态响应。把端口处电压相量与电流相量的比值定义为端口的阻抗，即

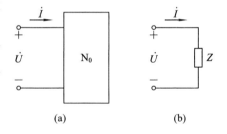

$$Z \overset{\text{def}}{=\!=} \frac{\dot{U}}{\dot{I}} = \frac{U\angle\psi_u}{I\angle\psi_i} = \frac{U}{I}\angle(\psi_u - \psi_i) = |Z|\angle\varphi_z$$

式中，阻抗的模为 $|Z| = U/I$，阻抗的辐角 $\varphi_z = \psi_u - \psi_i = \varphi$，称为阻抗角，显然它也等于端口处电压与电

图 6-15　无源网络及其阻抗

流的相位差 φ。阻抗 Z 实际上是复数阻抗，我们也称其为端口的输入阻抗、等效阻抗及驱动点阻抗，其图形符号如图 6-15(b)所示，它也是无源网络 N_0 的等效电路。

$Z = |Z|\angle\varphi_z$ 为阻抗的极坐标形式，它的代数形式为

$$Z = R + \text{j}X$$

其实部 $\text{Re}[Z] = R$ 称为电阻，虚部 $\text{I}_\text{m}[Z] = X$ 称为电抗。于是有

$$R = |Z|\cos\varphi_z, \quad X = |Z|\sin\varphi_z$$

若一端口网络 N_0 中只是一个元件 R、L 或 C，则这些元件的阻抗为

$$Z_R = R \quad 称为电阻的阻抗$$

$$Z_L = \mathrm{j}\omega L \quad 称为电感的阻抗$$

$$Z_C = -\mathrm{j}\frac{1}{\omega C} \quad 称为电容的阻抗$$

Z_R 只有实部，没有虚部，所以 Z_R 即为电阻 R。Z_L 没有实部，只有虚部，其电抗用 X_L 表示，则有

$$X_L = \omega L \quad 称为感抗$$

Z_C 也没有实部，只有虚部，其电抗用 X_C 表示，则有

$$X_C = -\frac{1}{\omega C} \quad 称为容抗$$

若 $\mathrm{N_0}$ 内部为 R、L、C 串联电路，如图 6-16 所示，则端口的阻抗为

$$Z = \frac{\dot{U}}{\dot{I}} = R + \mathrm{j}\omega L - \mathrm{j}\frac{1}{\omega C} = R + \mathrm{j}\left(\omega L - \frac{1}{\omega C}\right)$$

$$= R + \mathrm{j}X = |Z| \angle \varphi_z$$

Z 的实部就是 R，虚部 X 即电抗，为

$$X = \omega L - \frac{1}{\omega C} = X_L + X_C$$

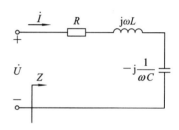

Z 的模及阻抗角分别为

$$|Z| = \sqrt{R^2 + X^2}, \quad \varphi_z = \arctan\frac{X}{R}$$

反之，Z 的电阻及电抗分别为

$$R = |Z|\cos\varphi_z, \quad X = |Z|\sin\varphi_z$$

图 6-16 R、L、C 串联电路的阻抗

当 $X > 0$，即 $\omega L > 1/(\omega C)$ 时，称阻抗 Z 呈感性；

当 $X < 0$，即 $\omega L < 1/(\omega C)$ 时，称阻抗 Z 呈容性；

当 $X = 0$，即 $\omega L = 1/(\omega C)$ 时，称阻抗 Z 呈电阻性。

一般情况下，阻抗 Z 的实部及虚部均为外施激励角频率 ω 的函数，故有

$$Z(\mathrm{j}\omega) = R(\omega) + \mathrm{j}X(\omega)$$

其中，$R(\omega)$ 称为电阻分量，$X(\omega)$ 称为电抗分量。显然，阻抗 Z 的量纲与电阻的量纲相同，均为 Ω。

阻抗 Z 的代数形式中，R、X 及 $|Z|$ 之间的关系可用一个直角三角形表示，称为阻抗三角形，如图 6-17 所示。

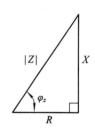

图 6-17 阻抗三角形

二、导纳

导纳为 $\mathrm{N_0}$ 端口电流相量与电压相量的比值，它是阻抗的倒数，用 Y 表示。

$$Y = \frac{1}{Z} = \frac{\dot{I}}{\dot{U}} = \frac{I\angle\psi_i}{U\angle\psi_u} = \frac{I}{U}\angle(\psi_i - \psi_u) = |Y|\angle\varphi_y$$

式中，$|Y| = I/U$，称为导纳的模；$\varphi_y = \psi_i - \psi_u$，称为导纳角。

导纳 Y 的代数形式为

$$U = G + jB$$

其中，Y 的实部 $\mathrm{Re}[Y] = G$ 称为电导，Y 的虚部 $I_m[Y] = B$ 称为电纳，于是有

$$G = |Y| \cos\varphi_y, \quad B = |Y| \sin\varphi_y$$

对于单个元件 R、L、C，它们的导纳分别为

$$Y_R = G \quad \text{称为电阻的导纳}$$

$$Y_L = \frac{1}{j\omega L} = -j\frac{1}{\omega L} \quad \text{称为电感的导纳}$$

$$Y_C = j\omega C \quad \text{称为电容的导纳}$$

Y_R 只有实部没有虚部，所以它就是电导 $G\left(\dfrac{1}{R}\right)$。$Y_L$ 只有虚部没有实部，其电纳用 B_L 表示，则有

$$B_L = -\frac{1}{\omega L} \quad \text{称为感纳}$$

Y_C 只有虚部，没有实部，其电纳用 B_C 表示，则有

$$B_C = \omega C \quad \text{称为容纳}$$

若 N_0 内部为 R、L、C 并联电路，如图 6-18 所示，其导纳为

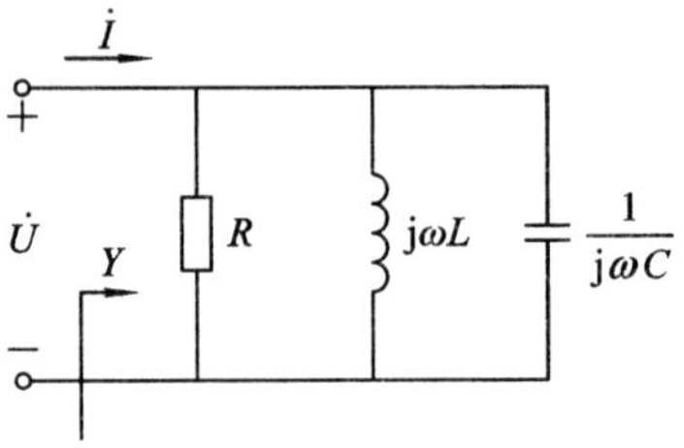

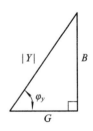

图 6-18　R、L、C 并联电路

$$Y = \frac{\dot{I}}{\dot{U}} = \frac{\dfrac{\dot{U}}{R} + \dfrac{\dot{U}}{j\omega L} + \dfrac{\dot{U}}{\dfrac{1}{j\omega C}}}{\dot{U}} = \frac{1}{R} + \frac{1}{j\omega L} + j\omega C$$

$$= \frac{1}{R} + j\left(\omega C - \frac{1}{\omega L}\right) = G + jB$$

$$= |Y| \angle \varphi_y$$

Y 的实部就是电导 $G(1/R)$，虚部 $B = \omega C - 1/(\omega L) = B_C + B_L$。$Y$ 的模和导纳角分别为

$$|Y| = \sqrt{G^2 + B^2}, \quad \varphi_y = \arctan\frac{B}{G}$$

当 $B > 0$，即 $\omega C > 1/(\omega L)$ 时，称 Y 呈容性；

当 $B < 0$，即 $\omega C < 1/(\omega L)$ 时，称 Y 呈感性；

当 $B = 0$，即 $\omega C = 1/(\omega L)$ 时，称 Y 呈电阻性。

一般情况下，按一端口定义的导纳又称为一端口 N_0 的等效导纳、输入导纳或驱动点导纳，它的实部和虚部都将是外施激励角频率 ω 的函数，此时 Y 可写成

$$Y(j\omega) = G(\omega) + jB(\omega)$$

式中，实部 $G(\omega)$ 称为 Y 的电导分量，虚部 $B(\omega)$ 称为电纳分量。

按导纳 Y 的代数形式，G、B 和 $|Y|$ 之间的关系可用导纳三角形表示，如图 6-19 所示。

图 6-19　导纳三角形

三、阻抗和导纳的等效互换

阻抗和导纳互为倒数，若已知阻抗 Z，可根据此关系求出导纳 Y

$$Y = \frac{1}{Z} = \frac{1}{R + jX} = \frac{R - jX}{R^2 + X^2} = \frac{R}{R^2 + X^2} - j\frac{X}{R^2 + X^2} = G + jB$$

故

$$G = \frac{R}{R^2 + X^2}, \quad B = -\frac{X}{R^2 + X^2}$$

若已知导纳 Y，则阻抗 Z 为

$$Z = \frac{1}{Y} = \frac{1}{G + \mathrm{j}B} = \frac{G - \mathrm{j}B}{G^2 + B^2} = \frac{G}{G^2 + B^2} - \mathrm{j}\frac{B}{G^2 + B^2} = R + \mathrm{j}X$$

故

$$R = \frac{G}{G^2 + B^2}, \quad X = -\frac{B}{G^2 + B^2}$$

当一端口 N_0 中含受控源时，可能会有阻抗的实部 $\mathrm{Re}[Z(\mathrm{j}\omega)] < 0$ 或 $|\varphi_z| > 90°$ 的情况出现。如果 N_0 中为仅由 R、L、C 元件组合的电路，一定会有 $\mathrm{Re}[Z(\mathrm{j}\omega)] \geqslant 0$ 或 $|\varphi_z| \leqslant 90°$。

第六节　阻抗与导纳的串联和并联

阻抗的串联和并联的计算，在形式上与电阻的串联和并联类似。对于 n 个阻抗串联而成的电路，其等效阻抗为

$$Z_{\mathrm{eq}} = Z_1 + Z_2 + \cdots + Z_n$$

各个阻抗上的分电压公式为

$$\dot{U}_k = \frac{Z_k}{Z_{\mathrm{eq}}}\dot{U} \quad k = 1, 2, \cdots, n$$

式中，$\dot{U}$ 为总电压；$\dot{U}_k$ 为第 k 个阻抗 Z_k 的电压。

同理，对于 n 个导纳并联而成的电路，其等效导纳为

$$Y_{\mathrm{eq}} = Y_1 + Y_2 + \cdots + Y_n$$

各个导纳的分流公式为

$$\dot{I}_k = \frac{Y_k}{Y_{\mathrm{eq}}}\dot{I} \quad k = 1, 2, \cdots, n$$

式中，$\dot{I}$ 为总电流；$\dot{I}_k$ 为第 k 个导纳 Y_k 的电流。

图 6-20 中阻抗既有串联又有并联，即混联，此时端口的等效阻抗为

$$Z_{\mathrm{eq}} = Z_1 + \frac{Z_2 Z_3}{Z_2 + Z_3}$$

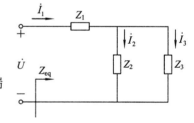

图 6-20　阻抗的混联

式中，$\dfrac{Z_2 Z_3}{Z_2 + Z_3}$ 为 Z_2 与 Z_3 并联电路的等效阻抗。

若 $\dot{U}$ 为已知，则有

$$\dot{I}_1 = \frac{\dot{U}}{Z_{\mathrm{eq}}}, \quad \dot{I}_2 = \frac{Z_3}{Z_2 + Z_3}\dot{I}_1, \quad \dot{I}_3 = \dot{I}_1 - \dot{I}_2$$

例 6-4　RLC 串联电路如图 6-21 所示，已知 $R = 15\ \Omega$，$L = 12\ \mathrm{mH}$，$C = 5\ \mu\mathrm{F}$，端口电压 $u = 100\sqrt{2}\cos 5000t\ \mathrm{V}$。试求电路中的电流 $\dot{I}$ 和各元件的电压相量。

解 各元件阻抗分别为

$$Z_R = 15 \ \Omega$$

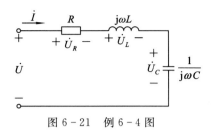

$$Z_L = j\omega L = j5000 \times 12 \times 10^{-3} \ \Omega = j60 \ \Omega$$

$$Z_C = -j\frac{1}{\omega C} = -j\frac{1}{5000 \times 5 \times 10^{-6}} \ \Omega$$

$$= -j40 \ \Omega$$

图 6-21　例 6-4 图

端口等效阻抗为

$$Z_{eq} = Z_R + Z_L + Z_C = 15 \ \Omega + j60 \ \Omega - j40 \ \Omega = 15 \ \Omega + j20 \ \Omega$$

$$= 25\angle 53.13° \ \Omega(感性阻抗)$$

注意：判断电路的性质也可用阻抗角，其原则与用电抗的原则一样。例如本例阻抗角 $\psi_z = 53.13° > 0$，所以阻抗呈感性。

$$\dot{I} = \frac{\dot{U}}{Z_{eq}} = \frac{100\angle 0°}{25\angle 53.13°} \ A = 4\angle(-53.13°) \ A$$

各元件上的电压相量为

$$\dot{U}_R = R\dot{I} = 15 \times 4\angle(-53.13°) \ V = 60\angle(-53.13°) \ V$$

$$\dot{U}_L = j\omega L\dot{I} = j60 \times 4\angle(-53.13°) \ V = 240\angle 36.87° \ V$$

$$\dot{U}_C = -j\frac{1}{\omega C}\dot{I} = -j40 \times 4\angle(-53.13°) \ V = 160\angle(-143.13°) \ V$$

注意：本例中 $U_L > U_s$，$U_C > U_s$，即分压大于总压，这是交流电路不同于电阻电路的地方。

例 6-5 电路如图 6-22 所示，已知 $R_1 = 10 \ \Omega$，$L = 0.5 \ H$，$R_2 = 1000 \ \Omega$，$C = 10 \ \mu F$，$U_s = 100 \ V$，$\omega = 314 \ rad/s$。试求各支路电流相量和电压 $\dot{U}_{ab}$。

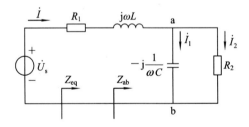

图 6-22　例 6-5 图

解 各元件阻抗为

$$Z_{R_1} = 10 \ \Omega$$

$$Z_{R_2} = 1000 \ \Omega$$

$$Z_L = j\omega L = j314 \times 0.5 = j15 \ \Omega$$

$$Z_C = -j\frac{1}{\omega C} = -j\frac{1}{314 \times 10 \times 10^{-6}} \ \Omega = -j318.47 \ \Omega$$

设 $\dot{U}_s = U_s\angle 0°$，各支路电流相量为 $\dot{I}$、$\dot{I}_1$、$\dot{I}_2$，如图中所示。Z_C 与 Z_{R_2} 之间的等效阻抗为

$$Z_{ab} = \frac{Z_C Z_{R_2}}{Z_C + Z_{R_2}} = \frac{-j318.47 \times 1000}{-j318.47 + 1000} = 303.45\angle(-72.33°) \ \Omega$$

$$= 92.11 \ \Omega - j289.13 \ \Omega$$

从电源端看过去，总的等效阻抗为

$$Z_{eq} = Z_{R_1} + Z_L + Z_{ab} = 10\ \Omega + j157\ \Omega + 92.11\ \Omega - j289\ \Omega$$
$$= 102.11\ \Omega - j132.13\ \Omega = 166.99\angle(-52.30°)\Omega$$

于是

$$\dot{I} = \frac{\dot{U}_s}{Z_{eq}} = \frac{100\angle 0°}{166.99\angle(-53.30°)}A = 0.6\angle 52.30°A$$

$$\dot{I}_1 = \frac{R_2}{Z_C + Z_{R_2}}\dot{I} = 0.57\angle 69.97°A$$

$$\dot{U}_{ab} = Z_{ab}\dot{I} = 182.07\angle(-20.03°)V$$

$$\dot{I}_2 = \frac{\dot{U}_{ab}}{R_2} = 0.18\angle(-20.03°)A$$

第七节　电路的相量图法

电路的相量图是由各支路中的电流相量和电压相量在复平面上组成的。利用电路的相量图可以帮助我们对电路进行分析和计算。这一点在例 6-3 中已经看到。画相量图时要注意把各节点上的支路电流相量画在一起，这些相量应满足 $\sum\dot{I} = 0$，利用相量求和平移法，把这些相量画成首尾相连的封闭多边形。把各回路中的支路电压画在一起，使之满足 $\sum\dot{U} = 0$，利用相量求和平移法把它们画成首尾相连的封闭多边形。一般电路并联时，以并联电路的电压为参考相量；电路串联时，以串联电路的电流为参考相量。

例 6-6　电路如图 6-23(a)所示，电压表 V_1 读数为 15 V，V_2 的读数为 80 V，V_3 的读数为 100 V(电压表的读数为正弦电压的有效值)。试求图中电压 U_s。

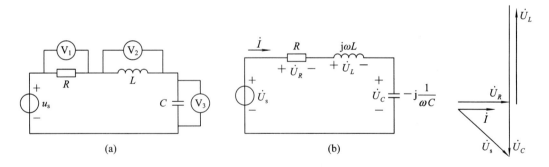

图 6-23　例 6-6 图　　　　　　　　　　　　　　　　图 6-24　电路的相量图

解　图 6-23(a)的相量形式如图 6-23(b)所示，设 $\dot{I} = I\angle 0°$，各元件上的电压相量应满足

$$\dot{U}_s = \dot{U}_R + \dot{U}_L + \dot{U}_C$$

画出的相量图如图 6-24 所示。

$$\dot{U}_s = \sqrt{U_R^2 + (U_C - U_L)^2} = \sqrt{15^2 + (100-80)^2}\ V = \sqrt{15^2 + 20^2}\ V = 25\ V$$

例 6-7　图 6-25(a)所示电路中正弦电压 $U_s = 380$ V，$f = 50$ Hz，电容可调；当电容 $C = 80.95\ \mu F$ 时，交流电流表 A 的读数最小，其值为 2.59 A。试求图中交流表 A_1 的读数。

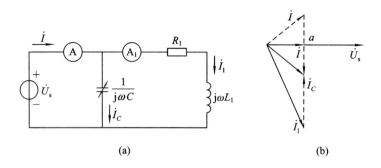

图 6-25 例 6-7 图

解 各支路电流参考方向如图(a)中所示，它们应满足

$$\dot{I} = \dot{I}_C + \dot{I}_1$$

令 $\dot{U}_s = 380\angle 0° \text{ V}$，因为 R_1、L_1 支路是感性的，所以 $\dot{I}_1$ 滞后电压 $\dot{U}_s$，而 $\dot{I}_C$ 超前 $\dot{U}_s 90°$，相量图如图(b)所示。当电容 C 改变时，$\dot{I}_C$ 始终与 $\dot{U}_s$ 垂直，且其末端沿相量图中虚线所示轨迹移动；当到达 a 点时，电流 $\dot{I}$ 最小。此时 $I_C = \omega C U_s = 314 \times 80.95 \times 10^{-6} \times 380 \text{ A} = 9.66 \text{ A}$，而 $I = 2.59 \text{ A}$，由电流直角三角形解得

$$I_1 = \sqrt{2.59^2 + 9.66^2} \text{ A} = 10 \text{ A}$$

即 A_1 表的读数为 10A。

例 6-8 电路如图 6-26 所示，已知交流电压表 V_1、V_4、V 的读数分别为 60 V、50 V、90 V，试求交流电压表 V_2、V_3 的读数。

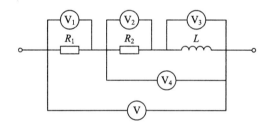

图 6-26 例 6-8 图

解 图 6-26 所示电路的相量形式如图 6-27 所示，图中各相量的相量图如图 6-28 所示。在 $\dot{U}_1$、$\dot{U}_4$ 及 $\dot{U}$ 组成的三角形中，由余弦定理得

$$\cos\beta = \frac{U_1^2 + U_4^2 - U^2}{2 U_1 U_4} = \frac{60^2 + 50^2 - 90^2}{2 \times 60 \times 50} = -\frac{1}{6}$$

$$\cos\alpha = \cos(180° - \beta) = -\cos\beta = -\left(-\frac{1}{6}\right) = \frac{1}{6}$$

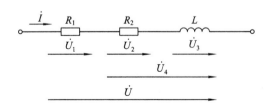

图 6-27 图 6-26 电路的相量形式

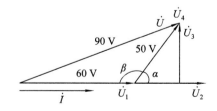

图 6-28 图 6-27 的相量图

在 $\dot{U}_2$、$\dot{U}_3$ 及 $\dot{U}_4$ 组成的直角三角形中，有效值 U_2 即交流电压表 V_2 的读数为

$$U_2 = U_4 \cos\alpha = 50 \text{ V} \times \frac{1}{6} = \frac{25}{3} \text{ V}$$

有效值 U_3 即交流电压表 $\textcircled{\scriptsize V_3}$ 的读数为

$$U_3 = \sqrt{U_4^2 - U_2^2} = \sqrt{(50 \text{ V})^2 - \left(\frac{25}{3} \text{ V}\right)^2} = \frac{25\sqrt{35}}{3} \text{ V}$$

第八节　正弦稳态电路分析的相量法

前面我们已经用到相量法求解简单的阻抗串并联电路，例如 KCL 及 KVL 的相量形式，各元件欧姆定律的相量形式。当电路较复杂时，求解电路变量需要列方程。在电阻电路中介绍的各种电路分析方法及电路定理均可推广到正弦稳态电路的分析中，区别仅在于所得电路方程为以相量形式表示的代数方程及用相量形式描述的电路定理，而计算为复数的运算。这时电压与电流均变为相量，原来电阻电路中的电阻或电导变成了阻抗或导纳，而电路方程的形式并没有变。另外，正弦激励下的一阶电路，电路进入稳定状态时，即为正弦稳定状态电路，此时可以用相量法分析其稳态解，详见习题 6-57。

例 6-9　电路如图 6-29 所示，要求：

（1）列出电路的节点电压方程。

（2）列出电路的网孔电流方程。

（3）Z_4 作为负载阻抗，求由 Z_4 看过去的戴维南等效电路。

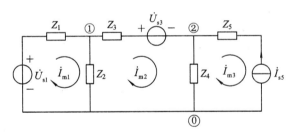

图 6-29　例 6-9 图

解　（1）节点电压方程。

对节点 1、2 列节点电压方程

$$\begin{cases} \left(\dfrac{1}{Z_1} + \dfrac{1}{Z_2} + \dfrac{1}{Z_3}\right)\dot{U}_{n1} - \dfrac{1}{Z_3}\dot{U}_{n2} = \dfrac{\dot{U}_{s1}}{Z_1} + \dfrac{\dot{U}_{s3}}{Z_3} \\[2mm] -\dfrac{1}{Z_3}\dot{U}_{n1} + \left(\dfrac{1}{Z_3} + \dfrac{1}{Z_4}\right)\dot{U}_{n2} = \dot{I}_{s5} - \dfrac{\dot{U}_{s3}}{Z_3} \end{cases}$$

式中，$\dot{U}_{n1}$、$\dot{U}_{n2}$ 为节点 1、2 的节点电压相量；$(1/Z_1 + 1/Z_2 + 1/Z_3)$ 称做节点 1 的自导纳；$-\dfrac{1}{Z_3}$ 称做节点 1、2 之间的互导纳；$(1/Z_3 + 1/Z_4)$ 称做节点 2 的自导纳。

注意：电流源与阻抗串联，阻抗不要记入方程中，该串联支路就等效为该电流源。

（2）网孔电流方程。

网孔电流如图 6-29 中所示，网孔电流方程为

$$\begin{cases} (Z_1 + Z_2)\dot{I}_{m1} - Z_2\dot{I}_{m2} = \dot{U}_{s1} \\ -Z_2\dot{I}_{m1} + (Z_2 + Z_3 + Z_4)\dot{I}_{m2} - Z_4\dot{I}_{m3} = -\dot{U}_{s3} \\ \dot{I}_{m3} = -\dot{I}_{s5} \end{cases}$$

式中，$\dot{I}_{m1}$、$\dot{I}_{m2}$、$\dot{I}_{m3}$ 分别称为网孔1、2、3的网孔电流相量；$(Z_1 + Z_2)$ 称为网孔1的自阻抗；$-Z_2$ 称为网孔1与网孔2之间的互阻抗或网孔2与网孔1之间的互阻抗；$(Z_2 + Z_3 + Z_4)$ 称为网孔2的自阻抗；$-Z_4$ 为网孔2与网孔3的互阻抗。

注意：本例网孔3的网孔电流即为无伴电流源的电流（带负号），所以网孔3的网孔电流方程就为 $\dot{I}_{m3} = -\dot{I}_{s5}$。

（3）戴维南等效电路。

将 Z_4 移开后电路如图6-30(a)所示，求开路电压相量 $\dot{U}_{oc}$。对图中节点1列节点电压方程为

$$\left(\frac{1}{Z_1} + \frac{1}{Z_2}\right)\dot{U}_{n1} = \frac{\dot{U}_{s1}}{Z_1} + \dot{I}_{s5}$$

$$\dot{U}_{n1} = \frac{\dfrac{\dot{U}_{s1}}{Z_1} + \dot{I}_{s5}}{\dfrac{Z_1 + Z_2}{Z_1 Z_2}} = \frac{\dot{U}_{s1} Z_2 + \dot{I}_{s5} Z_1 Z_2}{Z_1 + Z_2}$$

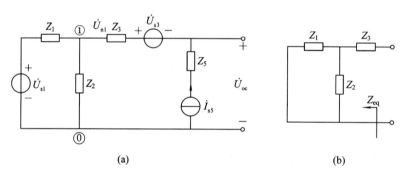

图 6-30 求 $\dot{U}_{oc}$ 及 Z_{eq} 的电路图

于是

$$\dot{U}_{oc} = -\dot{U}_{s3} + Z_3\dot{I}_{s5} + \dot{U}_{n1} = -\dot{U}_{s3} + Z_3\dot{I}_{s5} + \frac{\dot{U}_{s1} Z_2 + \dot{I}_{s5} Z_1 Z_2}{Z_1 + Z_2}$$

将图6-30(a)变为无源网络，如图6-30(b)所示，则有

$$Z_{eq} = \frac{Z_1 Z_2}{Z_1 + Z_2} + Z_3$$

Z_{eq} 为戴维南等效阻抗，于是图6-30(a)的戴维南等效电路如图6-31(a)所示。现将负载 Z_4 还原，则图6-29用戴维南定理化简后的电路如图6-31(b)所示，从图中就可计算出负载电流 $\dot{I}_4$ 为

$$\dot{I}_4 = \frac{\dot{U}_{oc}}{Z_{eq} + Z_4}$$

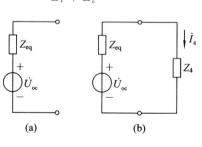

图 6-31 戴维南等效电路

第九节　正弦稳态电路的功率

正弦电流电路与前面讲过的电阻电路不一样。电阻电路从电网吸收能量，并全部转化为热能，而正弦电流电路由于其中含有储能元件电容与电感，因此它除了消耗能量以外，还要和电网进行能量的交换。这样，研究正弦电流电路的功率是十分必要的。正弦电流电路的功率主要有反映耗能特性的有功功率，反映交换能量特性的无功功率，反映电源容量的视在功率，以及把三者统一起来的复功率等。

一、瞬时功率

无源一端口网络仅由 R、L、C 等元件（不含受控源）构成，如图 6-32 所示。端口处电压，电流参考方向已在图中标明，设 u、i 表达式分别为

$$u = \sqrt{2}U \cos(\omega t + \psi_u)$$
$$i = \sqrt{2}I \cos(\omega t + \psi_i)$$

该端口吸收的功率 p 为

$$p = ui = \sqrt{2}U \cos(\omega t + \psi_u) \sqrt{2}I \cos(\omega t + \psi_i)$$
$$= UI \cos(\psi_u - \psi_i) + UI \cos(2\omega t + \psi_u + \psi_i)$$

令 $\psi_u - \psi_i = \varphi$，$\varphi$ 为电压与电流 i 之间的相位差，则有

$$p = UI \cos\varphi + UI \cos(2\omega t + \psi_u + \psi_i) \tag{6-1}$$

上式中的第一项为恒定分量，第二项为 2 倍于端口电压角频率的正弦波，瞬时功率 p 的波形如图 6-33 所示。图中显示在一个周期内，功率 p 正负交替变换两次，说明一端口网络有时从电网吸收功率，有时发出功率，但吸收功率的时间要远远多于发出功率的时间。

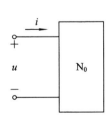

图 6-32　一端口网络

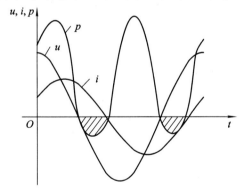

图 6-33　瞬时功率的波形图

对式(6-1)进行恒等变形如下：

$$p = UI \cos\varphi + UI \cos(2\omega t + \psi_u + \psi_u - \psi_u + \psi_i)$$
$$= UI \cos\varphi + UI \cos[2(\omega t + \psi_u) - (\psi_u - \psi_i)]$$
$$= UI \cos\varphi + UI \cos[2(\omega t + \psi_u) - \varphi]$$
$$= UI \cos\varphi + UI \{\cos\varphi \cos[2(\omega t + \psi_u)] + \sin\varphi \sin[2(\omega t + \psi_u)]\}$$

经整理上式变为

$$p = UI \cos\varphi\{1 + \cos[2(\omega t + \psi_u)]\} + UI \sin\varphi \sin[2(\omega t + \psi_u)] \qquad (6-2)$$

其中第一项任何时刻均大于或等于零($|\varphi| \leqslant 90°$),所示为不可逆分量,它代表一端口消耗功率;第二项为 2 倍于端口电压角频率的正弦波,是可逆分量,它在一个周期内正负交替变化两次,说明一端口内部与外部(电网)进行能量的交换。在一半时间内一端口从外施电源吸收能量,在另一半时间又把能量发回给外施电源,因此,可逆分量并不代表电路消耗的功率,而仅代表电路内部与外部能量交换的速率。

瞬时功率不便于测量,为了更好地表述网络消耗功率和与外界交换功率的特性,引用平均功率和无功功率的概念。

二、平均功率、无功功率及视在功率

平均功率是指一端口网络在一个周期内吸收的功率的平均值,又称有功功率(反映电场力在一个周期内平均做了多少功),用大写字母 P 表示,其表达式为

$$P = \frac{1}{T}\int_0^T p \, dt = \frac{1}{T}\int_0^T [UI \cos\varphi + UI \cos(2\omega t + \psi_u + \psi_i)]dt$$
$$= \frac{1}{T}\int_0^T UI \cos\varphi \, dt = UI \cos\varphi$$

显然,有功功率就是式(6-1)中的恒定分量,它代表网络实际消耗了多少功率。有功功率除与端口电压和电流的有效值有关外,还与电压、电流相位差的余弦有关,用 λ 表示 $\cos\varphi$,即有 $\lambda = \cos\varphi$,称为功率因数,φ 也称为功率因数角。

在工程中,还引用无功功率的概念,用大写字母 Q 表示,其定义为

$$Q \xlongequal{\text{def}} UI \sin\varphi$$

显然,Q 就是式(6-2)中可逆分量的最大值,即它代表网络内外部交换能量的最大速率。

许多电力设备是用它们的额定电压和额定电流的乘积来决定其提供电能力的大小,即容量的。为此引入视在(表观)功率的概念,用大写字母 S 表示,其定义为

$$S \xlongequal{\text{def}} UI$$

有功功率、无功功率和视在功率都有功率的量纲,为便于区分,有功功率的单位用 W(瓦),无功功率的单位用 var(乏,即无功伏安),视在功率用 VA(伏安)。

实际上,视在功率 $S = UI$ 是有功功率 P 的最大值,所以当网络没有与外界的能量交换时,电网提供的电能全部消耗在电路中,即容量 S 的利用率最高,此时 $S = P$。因此,功率因数为

$$\cos\varphi = \frac{P}{S}$$

功率因数 $\cos\varphi$ 代表有功功率占视在功率的份额,即电源的利用率。功率因数 $\cos\varphi$ 越大,说明有功功率越大,无功功率越小,即电网的电能被电路利用(消耗)的越多,而与电路来回交换的电能越少,即无功功率越少,减少了电能的浪费。

有功功率 P、无功功率 Q 及视在功率 S 之间的关系为

$$S = \sqrt{P^2 + Q^2}, \qquad \varphi = \arctan\frac{Q}{P}$$

可以用直角三角形来表示,如图 6-34 所示,称为功率三角形。

当一端口网络中为单个元件 R、L 或 C 时，它们的各种功率可由式(6-2)得出。

对于电阻元件 R 有

$$\varphi = \psi_u - \psi_i = 0$$
$$p = UI\{1 + \cos(2\omega t + 2\psi_u)\} \geqslant 0$$

上式说明电阻元件一直在吸收能量，即它是耗能元件。电阻元件的有功功率为

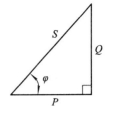

图 6-34　功率三角形

$$P_R = UI\cos\varphi = UI\cos 0° = UI = RI^2 = \frac{U^2}{R}$$

有功功率 P_R 表示电阻元件消耗的功率。电阻元件的无功功率为

$$Q_R = UI\sin\varphi = UI\sin 0° = 0$$

无功功率 Q_R 为 0，表明电阻元件不与外界交换电能。

对于电感元件 L 有

$$\varphi = \psi_u - \psi_i = \frac{\pi}{2}$$
$$p = UI\sin[2(\omega t + \psi_u)]$$

瞬时功率 p 在一个周期内等量地正、负交替变化，说明电感元件是储能元件。电感的有功功率为

$$P_L = UI\cos\varphi = UI\cos\frac{\pi}{2} = 0$$

有功功率 P_L 为 0，表示电感元件不消耗电能。其无功功率为

$$Q_L = UI\sin\varphi = UI\sin\frac{\pi}{2} = UI = X_L I^2 = \frac{U^2}{X_L}$$

无功功率 Q_L 为感抗 X_L 的功率，反映网络与外界交换电能的快慢。

对于电容元件 C 有

$$\varphi = \psi_u - \psi_i = -\frac{\pi}{2}$$
$$p = -UI\sin[2(\omega t + \psi_u)]$$

瞬时功率在一个周期内等量地正、负交替变化，说明电容元件是储能元件。电容元件的有功功率为

$$P_C = UI\cos\varphi = UI\cos\left(-\frac{\pi}{2}\right) = 0$$

有功功率 P_C 为 0，表示电容元件不消耗电能。其无功功率为

$$Q_C = UI\sin\varphi = UI\sin\left(-\frac{\pi}{2}\right) = -UI = -\frac{1}{\omega C}I^2 = X_C I^2 = \frac{U^2}{X_C}$$

无功功率 Q_C 为容抗 X_C 的功率，反映网络与外界交换电能的快慢。

如果一端口 N_0 为 R、L、C 串联电路，它的有功功率为

$$P = UI\cos\varphi$$

无功功率为

$$Q = UI\sin\varphi$$

R、L、C 串联电路可以用一个等效阻抗来代替，该阻抗及阻抗角分别为

$$Z = R + \text{j}\left(\omega L - \frac{1}{\omega C}\right) = R + \text{j}X, \quad \varphi = \arctan\frac{X}{R}$$

阻抗 Z 的有功功率为

$$P = UI\cos\varphi = |Z|I^2\cos\varphi = |Z|\cos\varphi I^2 = RI^2 = P_R$$

即阻抗 Z 的有功功率为其实部电阻分量的有功功率。阻抗 Z 的无功功率为

$$Q = UI\sin\varphi = |Z|I^2\sin\varphi = |Z|\ \sin\varphi I^2 = XI^2$$

即阻抗 Z 的无功功率为其虚部电抗分量的功率。又因

$$X = \omega L - \frac{1}{\omega C} = X_L + X_C$$

所以

$$Q = X_L I^2 + X_C I^2 = Q_L + Q_C$$

即无功功率 Q 为电感的无功功率 Q_L 与电容的无功功率 Q_C 之和。

对于不含受控源的无源网络 N_0，其等效阻抗的实部不可能是负值，因此对阻抗角或阻抗上电压、电流相位差有 $|\varphi| \leqslant \pi/2$，即 $\cos\varphi \geqslant 0$。

由阻抗 Z 的有功功率 P 为其电阻 R 的有功功率 P_R，可以进一步推广到一端口网络 N_0 的平均功率 P 为其内部各个电阻上的平均功率之和，即有 $P = \sum P_R$。由阻抗 Z 的无功功率等于其电抗 X 的无功功率，即感抗 X_L 与容抗 X_C 无功功率之和，可进一步推广到一端口网络 N_0 的无功功率 Q 为其内部电感上的无功功率 Q_L 及电容上的无功功率 Q_C 之和，即 $Q = \sum Q_L + \sum Q_C$。

例 6-10　图 6-35 所示电路中，已知 $u_s = 220\sqrt{2}\cos(314t + \pi/3)$ V，电流表 A 的读数为 2 A，电压表 V_1、V_2 的读数均为 200 V。求参数 R、L、C 及电路的功率 P、Q、S。

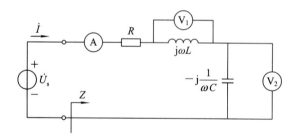

图 6-35　例 6-10 图

解　图 6-35 所示 R、L、C 串联电路的电流相量 $\dot{I}$ 的电流有效值即 A 表的读数，所以 $I = 2$ A。又 $U_s = 220$ V，故电路端口的阻抗 Z 的模为

$$|Z| = \frac{U_s}{I} = \frac{220}{2}\ \Omega = 110\ \Omega$$

因为

$$\omega L = \frac{U_1}{I} = \frac{200}{2}\ \Omega = 100\ \Omega$$

所以

$$L = \frac{100}{314}\ \text{H} = 0.32\ \text{H}$$

又因为

$$\frac{1}{\omega C} = \frac{U_2}{I} = \frac{200}{2}\ \Omega = 100\ \Omega$$

所以

$$C = \frac{1}{314 \times 100}\ \text{F} = 31.85\ \mu\text{F}$$

而 Z 的电抗

$$X = \omega L - \frac{1}{\omega C} = 100\ \Omega - 100\ \Omega = 0$$

所以

$$R = \sqrt{|Z|^2 - X^2} = |Z| = 110\ \Omega$$

有功功率 P 为

$$P = I^2 R = 2^2 \times 110\ \text{W} = 440\ \text{W}$$

无功功率 Q 为

$$Q = Q_L + Q_C = X_L I^2 + X_C I^2 = \omega L I^2 - \frac{1}{\omega C} I^2 = 0$$

视在功率 S 为

$$S = \sqrt{P^2 + Q^2} = P = 440\ \text{VA}$$

由以上计算可知，电路的无功功率为 0，所以电源的容量 S 全部转化为有功功率 P。即电源提供的电能全部被电路消耗掉，转化为热能，R、L、C 电路与电源之间没有能量的交换。但若计算电感与电容上的无功功率，它们分别为

$$Q_L = \omega L I^2 = 100 \times 2^2\ \text{var} = 400\ \text{var}$$

$$Q_C = -\frac{1}{\omega C} I^2 = -100 \times 2^2\ \text{var} = -400\ \text{var}$$

Q_C 中的负号说明电感与电容一个为发出（吸收）无功功率，另一个就为吸收（发出）无功功率，电感与电容之间存在着电能的交换。

三、功率因数的提高

提高功率因数 λ 有着很重要的实际意义，因为生产和生活中使用的大多数电气设备均为感性负载，它们的功率因数 λ 都较低。如异步电动机在额定情况下工作的 λ 为 0.6～0.9，工频感应加热炉的 λ 为 0.1～0.3，荧光灯的 λ 为 0.5～0.6。供电系统的功率因数是由用户负载的大小和性质决定的。一般情况下，供电系统的功率因数总是小于 1。功率因数小会产生下列不利情况。

1. 使电源设备容量不能充分利用

每个供电设备都有额定容量，即视在功率 S。对于非电阻性负载电路，供电设备提供的容量 S 中的一部分为有功功率 $P = S \cos\varphi$，另一部分为无功功率 $Q = S \sin\varphi$。如果功率因数降低，就可能造成有功功率减小，无功功率增加。即电能在供电设备与用电电路之间的电能交换规模加大，而被电路消耗利用的数量减小，从而造成更大的电能浪费，供电设备电能的利用率降低。为此，必须提高功率因数，以提高电源电能的利用率。

2. 增加输电线路上的损耗

功率因数降低，会增加发电机绕组、变压器和线路的功率损耗。当供电电源的电压和用电设备的有功功率不变时，电路中的电流与功率因数成反比，即

$$I = \frac{P}{U \cos\varphi}$$

所以功率因数 $\cos\varphi$ 越低，电路中的电流 I 就越大，线路上的电压也就越高，电路的功率损耗也就越大。这样不仅白白在线路上消耗了一部分电能，而且使得用电设备两端电压降低，从而影响了负载的正常工作。根据供电管理规则，高压供电的工业企业用户的平均功率因数不能低于 0.95，低压供电的用户不能低于 0.9。

3. 经济利益降低

功率因数降低会造成输电线路上的总电流 I 增大，从而提高了供电电源的容量（$S=UI$），而供电设备的额定容量 S 在电路正常工作时是不允许超过的，否则会损坏供电设备。为此必须使用更大容量 S 的供电电源，从而造成成本的提高，使经济利益降低。

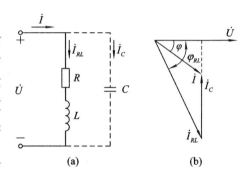

图 6-36　并联电容提高电路的功率因数

提高功率因数常用的方法是在感性负载两端并联电容器，其电路图和相量图分别如图6-36(a)、(b)所示。

由图 6-36 可知，在感性负载 RL 支路上并联电容 C 后，因电源电压 U（额定）和 RL 负载参数均不变，所以负载支路中电流 $\dot{I}_{RL}$ 不变。但由于 $\dot{I}_C$ 的分流作用，从而使线路上的总电流由原来的 $\dot{I}_{RL}$ 变为现在的 $\dot{I}$，显然 $\dot{I}$ 的模 I 减小了，且功率因数角也从原来的 φ_{RL} 减小为 φ，即功率因数由 $\cos\varphi_{RL}$ 提高到 $\cos\varphi$。功率因数的提高是指电源或整个用电电路的功率因数提高，而不是指某个感性负载的功率因数的提高，感性负载的工作状态并未改变。

从图 6-36(b)所示的相量图中可以求得功率因数由 $\cos\varphi_{RL}$ 提高到 $\cos\varphi$ 所需的电容值。电容电流 I_C 表达式为

$$I_C = I_{RL} \sin\varphi_{RL} - I \sin\varphi = I_{RL} \sin\varphi_{RL} - \frac{I_{RL} \cos\varphi_{RL}}{\cos\varphi}\sin\varphi$$

$$= I_{RL} \sin\varphi_{RL} - I_{RL} \cos\varphi_{RL} \tan\varphi = I_{RL} \cos\varphi_{RL} (\tan\varphi_{RL} - \tan\varphi)$$

电路的有功功率 P 不变，其表达式为

$$P = UI_{RL} \cos\varphi_{RL}$$

$$I_{RL} \cos\varphi_{RL} = \frac{P}{U}$$

所以

$$I_C = \frac{P(\tan\varphi_{RL} - \tan\varphi)}{U}$$

又因为

$$I_C = \frac{U}{\dfrac{1}{\omega C}}$$

所以

$$C = \frac{I_C}{\omega U} = \frac{P(\tan\varphi_{RL} - \tan\varphi)}{U^2 \omega} \tag{6-3}$$

上述公式可在计算电容值时直接使用。

例 6 - 11　图 6 - 37 所示电路为荧光灯简化电路图。图中 L 为带铁芯的电感，称为镇流器。已知供电电源电压有效值 $U = 220$ V，频率 $f = 50$ Hz，额定视在功率 $S_N = 10$ kVA，荧光灯负载有功功率 $P = 8$ kW，功率因数 $\cos\varphi_{RL} = 0.6$。试解答下列问题。

（1）该电源提供的电流是否超过额定值？

（2）欲将电路的功率因数由 0.6 提高到 0.95，应并联多大电容 C？

（3）并联电容后，电源流出的电流是多少？

（4）并联电容 C 前后电路的无功功率各为多少？

解　（1）荧光灯感性负载未并电容 C 时，电源发出的电流即为荧光灯支路电流 $\dot{I}_{RL}$，荧光灯支路的功率 $P = 8$ kW，于是有

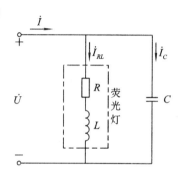

图 6 - 37　例 6 - 11 图

$$P = UI_{RL}\cos\varphi_{RL}$$

$$I_{RL} = \frac{P}{U\cos\varphi_{RL}} = \frac{8 \times 10^3}{220 \times 0.6} \text{ A} = 60.6 \text{ A}$$

电源的额定电流为

$$I_N = \frac{S_N}{U} = \frac{10 \times 10^3}{220} \text{ A} = 45.5 \text{ A}$$

可见电源提供的电流 60.6 A 已超过额定电流 45.5 A，使电源过载工作，此时过载容量为

$$S = UI_{RL} = 200 \text{ V} \times 60.6 \text{ A} = 13\,300 \text{ VA} = 13.3 \text{ kVA} > S_N$$

（2）并联电容 C 后，功率因数由原来的 $\cos\varphi_{RL} = 0.6$ 提高到现在的 $\cos\varphi = 0.95$，即功率因数角由 $\varphi_{RL} = 53.13°$ 减小到 $\varphi = 18.19°$，则有

$$C = \frac{P}{U^2\omega}(\tan\varphi_{RL} - \tan\varphi) = \frac{8 \times 10^3}{220^2 \times 314}(\tan 53.13° - \tan 18.19°)\text{F} = 526 \text{ μF}$$

即欲将功率因数提高到 0.95 需并联 526 μF 的电容。

（3）并联电容 C 后，有功功率 P 及荧光灯支路电流 $\dot{I}_{RL}$ 均不变，电源提供的电流为

$$I = \frac{P}{U\cos\varphi} = \frac{8 \times 10^3}{220 \times 0.95} \text{ A} = 38.3 \text{ A}$$

也可由图 6 - 36(b)得

$$I = \frac{I_{RL}\cos\varphi_{RL}}{\cos\varphi} = \frac{60.6 \times 0.6}{0.95} \text{ A} = 38.3 \text{ A}$$

显然电源此时提供的电流 38.3 A 比未并联电容 C 时的电流 60.6 A 减小了，所以降低了线路的损耗，且比其额定电流 45.5 A 也减小了，使电源不再过载工作。并联电容 C 后，电源向负载提供的视在功率实际为

$$S = UI = 220 \text{ V} \times 38.3 \text{ A} = 8.4 \text{ kVA}$$

比未并联电容时的视在功率 13.3 kVA 减小了，比额定视在功率 10 kVA 也减小了。

(4) 并联电容 C 前无功功率为
$$Q_{RL} = UI_{RL} \sin\varphi_{RL} = 220 \times 60.6 \sin53.13° \text{ var} = 10.7 \text{ kvar}$$
并联电容 C 后，无功功率为
$$Q = UI \sin\varphi = 220 \times 38.3 \times \sin18.19° \text{ var} = 2.6 \text{ kvar}$$
显然并联 C 后电路的无功功率减小了，即电源与电感之间的电能交换减少了，电感所需的无功功率由并联的电容 C 补偿了。

综上所述，并联电容 C 后，电源的相关变量的变化情况见表6-1。

表6-1 并联电容 C 前后电源相关变量的变化结果比较表

和电源相关的各变量	并联电容 C 前	并联电容 C 后	结果
I	60.6 A	38.3 A	减小
S	13.3 kVA	8.4 kVA	减小
P	8 kW	8 kW	不变
Q	10.7 kvar	2.6 kvar	减小
φ	53.13°	18.19°	减小

并联电容 C 后引起功率因数 λ 提高，使线路总电流、电源的视在功率及电路的无功功率均减小，从而降低了线路的损耗，提高了电源容量的利用率，减少了电能的浪费，最终提高了经济效益。

第十节 复 功 率

前面我们学习了正弦电流电路的有功功率 P、无功功率 Q 及视在功率 S，三者之间的关系可以通过"复功率"表述。

一、复功率的概念

设一端口的电压相量为 $\dot{U}$，电流相量为 $\dot{I}$，则复功率定义为
$$\bar{S} = \dot{U}\dot{I}^* \qquad (6-4)$$
式中，$\dot{I}^*$ 是相量 $\dot{I}$ 的共轭复数。复功率的吸收或发出仍根据端口电压和电流的参考方向来判断。式(6-4)还可恒等变形为
$$\bar{S} = U\angle\psi_u (I\angle\psi_i)^* = U\angle\psi_u I\angle(-\psi_i) = UI\angle(\psi_u - \psi_i) = UI\angle\varphi = S\angle\varphi \quad(6-5)$$
式中，S 为视在功率，它是复功率 $\bar{S}$ 的模；φ 为电压、电流相位差，是复功率 $\bar{S}$ 的辐角。写成代数形式为
$$\bar{S} = UI \cos\varphi + jUI \sin\varphi = P + jQ \qquad (6-6)$$
显然 $\bar{S}$ 的实部即为有功功率 P，虚部即为无功功率 Q。由 $\bar{S}$ 的代数形式可知 $\bar{S}$ 的模及辐角分别为
$$|\bar{S}| = \sqrt{P^2 + Q^2} = S, \quad \arctan\frac{Q}{P} = \arctan\frac{UI \sin\varphi}{UI \cos\varphi} = \varphi$$
上式说明复功率 $\bar{S}$ 的模就是视在功率 S，辐角就是电压电流相位差 φ（功率因数角），也是端口的阻抗的阻抗角 φ_z。

复功率 $\bar{S}=\dot{U}\dot{I}^{*}=P+jQ$ 是一个复数，它不代表正弦量，没有任何实际意义。定义复功率 $\bar{S}$ 就是为了把有功功率 P、无功功率 Q、视在功率 S 及功率因数角 φ 统一为一个表达式，以便很容易地获得它们之间的关系。

二、电压和电流的有功分量和无功分量

一端口 N_0 可以用它的等效阻抗(或等效导纳)代替，如图 6-38(a)所示，图中等效阻抗 $Z_{eq}=R_{eq}+jX_{eq}$，把它看成阻抗 R_{eq} 与阻抗 jX_{eq} 的串联。电阻 R_{eq} 上的电压分量 $\dot{U}_R$ 称为一端口电压 $\dot{U}$ 的有功分量；电抗 X_{eq} 上的电压分量 $\dot{U}_X$ 称为 $\dot{U}$ 的无功分量。它们的相量图如图 6-38(b)所示。显然，有功分量 $\dot{U}_R$ 与电流 $\dot{I}$ 同相，无功分量 $\dot{U}_X$ 与电流 $\dot{I}$ 正交。由图 6-38(b)中可知 $U_R=U\cos\varphi$，称为电压有效值 U 的有功分量；$U_X=U\sin\varphi$，称为 U 的无功分量，阻抗 Z_{eq} 的有功功率 $P=UI\cos\varphi=U_R I=R_{eq}I^2$，即一端口 N_0 的有功功率就是它实部 R_{eq} 的有功功率；Z_{eq} 的无功功率

$$Q=UI\sin\varphi=U_X I=X_{eq}I^2$$

即一端口 N_0 的无功功率就是它虚部 X_{eq} 的无功功率。于是可以导出复功率的另一表达式为

$$\bar{S}=P+jQ=R_{eq}I^2+jX_{eq}I^2=(R_{eq}+jX_{eq})I^2=I^2 Z_{eq}$$

即一端口 N_0 的复功率等于流过它的电流有效值的二次方乘以它的等效阻抗。

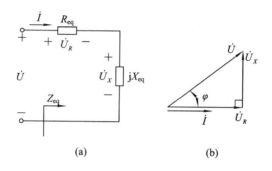

图 6-38 电压的有功分量和无功分量

同理，一端口 N_0 也可用其等效导纳 Y_{eq} 来表示，如图 6-39(a)所示。图中等效导纳 $Y_{eq}=G_{eq}+jB_{eq}$，可看成是导纳 G_{eq} 与 jB_{eq} 的并联。流过电导分量 G_{eq} 的电流 $\dot{I}_G$ 称为端口处总电流 $\dot{I}$ 的有功分量，流过电纳分量 B_{eq} 的电流 $\dot{I}_B$ 称为 $\dot{I}$ 的无功分量，其电流相量图如图 6-39(b)所示。显然，有功分量 $\dot{I}_G$ 与 $\dot{U}$ 同相，无功分量 $\dot{I}_B$ 与 $\dot{U}$ 正交。由图可知 $I_G=$

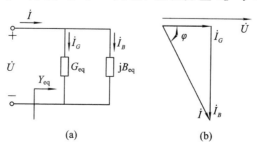

图 6-39 电流的有功分量和无功分量

$I\cos\varphi$，$I_B=I\sin\varphi$，分别称为电流有效值 I 的有功分量和无功分量。一端口 N_0 的有功功率 $P=UI\cos\varphi=UI_G=UUG_{eq}=U^2G_{eq}$，即 N_0 的有功功率就是其等效导纳的电导分量 G_{eq} 的有功功率；一端口 N_0 的无功功率 $Q=UI\sin\varphi=-UI_B=-U(UB_{eq})=-U^2B_{eq}$，即一端口 N_0 的无功功率就是其等效导纳的电纳分量 B_{eq} 的无功功率。由此我们又可推出复功率的另一个表达式为

$$\bar{S}=P+jQ=U^2G_{eq}-jU^2B_{eq}=U^2(G_{eq}-jB_{eq})=U^2Y_{eq}^*$$

以上所述复功率 $\bar{S}$ 的两个表达式也可这样得到

$$\bar{S}=\dot{U}\dot{I}^*=Z_{eq}\dot{I}\dot{I}^*=Z_{eq}I^2$$

$$\bar{S}=\dot{U}\dot{I}^*=\dot{U}(\dot{U}Y_{eq})^*=\dot{U}\dot{U}^*Y_{eq}^*=U^2Y_{eq}^*$$

可以证明，正弦电流电路中复功率是守恒的，即各部分复功率的代数和为零，用数学符号表示为

$$\sum\bar{S}=0$$

当各部分电路上电压相量与电流相量为关联参考方向时，设其为吸收复功率，$\bar{S}$ 前面取"－"号；若为非关联参考方向，设其为发出复功率，$\bar{S}$ 前面取"＋"号。或一端口网络端口处总的复功率等于一端口网络内部各部分复功率之代数和，即 $\bar{S}=\sum\bar{S}_k$。当各部分复功率的电压与电流参考方向的关联性与端口处的电压、电流的关联性一致时，表达式中各复功率前面取"＋"号，不一致时，取"－"号。由此，复功率 $\bar{S}$ 中的实部即有功功率和虚部即无功功率均守恒，用数学表达式表示为

$$\sum P=0,\quad\sum Q=0$$

以上两式中的"＋"、"－"号取法和复功率的一致。或一端口网络端口处总的有功功率等于一端口内部各部分有功功率之代数和，总的无功功率等于各部分无功功率之代数和，用数学表达式表示为

$$P=\sum P_k,\quad Q=\sum Q_k$$

表达式中的"＋"、"－"号与复功率的选取方法一致。但要注意，视在功率 S 不守恒。

例 6-12　电路如图 6-40 所示，它是测量电感线圈参数 R、L 的实验电路，已知电压表的读数为 50 V，电流表的读数为 1 A，功率表的读数为 30 W(指有功功率)，电源的频率 $f=50$ Hz。试求 R、L 各参数的值及电感线圈吸收的复功率 $\bar{S}$。

解　图 6-40 所示电路中功率表测的是电感线圈 RL(点划线框中支路)的有功功率。功率表 W 中有一个电流线圈和一个电压线圈。两个线圈各有一对端子，各线圈两个端子的一个端子连接在一起，用"＊"号标记。电流线圈要串接在被测支路中，电压线圈要并联在被测支路上。

因为

$$P=UI\cos\varphi$$

所以

$$\cos\varphi=\frac{P}{UI}=\frac{30}{50\times1}=0.6$$

$$\varphi=53.13°$$

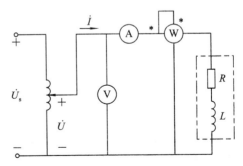

图 6-40　例 6-12 图

又因为

$$|Z| = \frac{U}{I} = \frac{50}{1} \ \Omega = 50 \ \Omega$$

所以

$$Z = |Z| \angle\varphi = 50\angle 53.13° \ \Omega = 30 \ \Omega + j40 \ \Omega$$
$$R = 30 \ \Omega, \quad X_L = 40 \ \Omega, \quad \omega L = 40 \ \Omega$$
$$L = \frac{40}{\omega} = \frac{40}{314} \ \text{H} = 127 \ \text{mH}$$

线圈的复功率为

$$\overline{S} = ZI^2 = (30 + j40) \times 1^2 \ \text{VA} = 30 \ \text{VA} + j40 \ \text{VA}$$

复功率 $\overline{S}$ 也可这样求得，令 $\dot{U} = 50\angle 0°$，$\dot{I} = 1\angle(-53.13)° \text{A}$，$\dot{I}^* = 1\angle 53.13° \text{A}$，得

$$\overline{S} = \dot{U}\dot{I}^* = 50\angle 0° \times 1\angle 53.13° \text{VA} = 50\angle 53.13° \text{VA}$$

还可求得

$$P = 30 \ \text{W}(已知), \quad Q = I_m[\overline{S}] = 40 \ \text{var}, \quad S = |\overline{S}| = 50 \ \text{VA}$$

例 6-13 电路如图 6-41 所示，已知 $R_1 = 1 \ \Omega$，$j\omega L = j1 \ \Omega$，$R_2 = 1 \ \Omega$，$-j\frac{1}{\omega C} = -j1 \ \Omega$，$\dot{I}_s = 1\angle 0° \text{A}$，试求：(1) 电路的等效阻抗 Z_{eq}；(2) 支路电流 $\dot{I}_1$ 及 $\dot{I}_2$；(3) 端口电压 $\dot{U}$；(4) R_1、L 支路的 P_1、Q_1、S_1 及 $\overline{S}_1$。

解 (1) 从电流源看过去电路的等效阻抗为

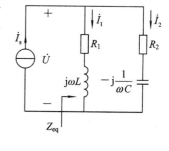

$$Z_{eq} = (R_1 + j\omega L) // \left(R_2 - j\frac{1}{\omega C}\right)$$
$$= \frac{(1+j)(1-j)}{1+j+1-j}\Omega = \frac{1^2 + 1^2}{2}\Omega$$
$$= 1\angle 0° \ \Omega$$

图 6-41 例 6-13 图

(2) 支路电流 $\dot{I}_1$ 及 $\dot{I}_2$ 由分流公式分别为

$$\dot{I}_1 = \frac{R_2 - j\frac{1}{\omega C}}{R_1 + j\omega L + R_2 - j\frac{1}{\omega C}}\dot{I}_s = \frac{(1-j)\Omega}{(1+j+1-j)\Omega} \times 1\angle 0° \text{A} = \frac{\sqrt{2}}{2}\angle -45° \text{A}$$

$$\dot{I}_2 = \frac{R_1 + j\omega L}{R_1 + j\omega L + R_2 - j\frac{1}{\omega C}}\dot{I}_s = \frac{(1+j)\Omega}{(1+j+1-j)\Omega} \times 1\angle 0° \text{A} = \frac{\sqrt{2}}{2}\angle 45° \text{A}$$

(3) 端口电压 $\dot{U}$ 为

$$\dot{U} = Z_{eq}\dot{I}_s = 1\angle 0° \ \Omega \times 1\angle 0° \ \Omega = 1\angle 0° \ \text{V}$$

(4) R_1、L 支路的 P_1、Q_1、S_1 及 $\overline{S}_1$ 分别为

有功功率 $$P_1 = UI_1\cos\varphi_1 = 1 \times \frac{\sqrt{2}}{2}\cos[0° - (-45°)] \ \text{W}$$
$$= 1 \times \frac{\sqrt{2}}{2} \times \cos 45° \ \text{W} = 1 \times \frac{\sqrt{2}}{2} \times \frac{\sqrt{2}}{2} \ \text{W}$$
$$= \frac{1}{2} \ \text{W}$$

无功功率　　$Q_1 = UI_1 \sin\varphi_1 = 1 \times \dfrac{\sqrt{2}}{2} \sin 45° \text{ var}$

$$= 1 \times \frac{\sqrt{2}}{2} \times \frac{\sqrt{2}}{2} \text{ var} = \frac{1}{2} \text{ var}$$

视在功率　　$S_1 = UI_1 = 1 \times \dfrac{\sqrt{2}}{2} \text{ VA} = \dfrac{\sqrt{2}}{2} \text{VA}$

复功率　　$\overline{S_1} = \dot{U}\dot{I}_1{}^* = 1\angle 0° \text{ V} \left(\dfrac{\sqrt{2}}{2} \angle -45° \text{ A} \right)^*$

$$= 1\angle 0° \frac{\sqrt{2}}{2} \angle 45° \text{ VA} = \frac{\sqrt{2}}{2} \angle 45° \text{ VA}$$

第十一节　最大功率传输定理

在通信系统或电子电路中,电源向终端负载传输的功率较小,不必计较传输效率,这时往往要研究使负载获得最大功率(指有功功率)的条件,比如扬声器的阻抗匹配、电视天线的阻抗匹配等。本节将分析在交流条件下,负载获得最大功率的条件。

图 6-42(a)所示含源网络 N_s 可以用戴维南定理化简为图 6-42(b)所示电路。

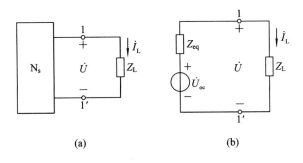

(a)　　　　　　　　　　　　(b)

图 6-42　最大功率传输

设 $Z_{eq} = R_{eq} + jX_{eq}$,$Z_L = R_L + jX_L$,则负载电流 $\dot{I}_L$ 为

$$\dot{I}_L = \frac{\dot{U}_{oc}}{Z_{eq} + Z_L} = \frac{\dot{U}_{oc}}{R_{eq} + jX_{eq} + R_L + jX_L} = \frac{\dot{U}_{oc}}{(R_{eq} + R_L) + j(X_{eq} + X_L)}$$

$$I_L = \frac{U_{oc}}{\sqrt{(R_{eq} + R_L)^2 + (X_{eq} + X_L)^2}}$$

于是负载阻抗 Z_L 所获得的有功功率为

$$P_L = I_L^2 \operatorname{Re}[Z_L] = \frac{U_{oc}^2 R_L}{(R_{eq} + R_L)^2 + (X_{eq} + X_L)^2}$$

若负载 Z_L 的实部 R_L 及虚部 X_L 为任意可变,而其他参数不变时,则为使负载获得最大功率,令 $X_{eq} + X_L = 0$,得 $X_L = -X_{eq}$,于是有

$$P_L = \frac{U_{oc}^2}{\dfrac{(R_{eq} + R_L)^2}{R_L}}$$

再令

$$\frac{\mathrm{d}\dfrac{(R_{\mathrm{eq}}+R_{\mathrm{L}})^2}{R_{\mathrm{L}}}}{\mathrm{d}R_{\mathrm{L}}}=0$$

从中解得

$$R_{\mathrm{L}}=R_{\mathrm{eq}}$$

于是有

$$Z_{\mathrm{L}}=R_{\mathrm{L}}+\mathrm{j}X_{\mathrm{L}}=R_{\mathrm{eq}}-\mathrm{j}X_{\mathrm{eq}}=Z_{\mathrm{eq}}^*$$

此时负载 Z_{L} 获得最大功率，最大功率为

$$P_{\mathrm{Lmax}}=\frac{U_{\mathrm{oc}}^2}{4R_{\mathrm{eq}}}$$

即当负载 Z_{L} 等于含源网络 N_s 的戴维南等效阻抗的共轭复数时，负载获得最大功率，称为最大功率传输定理。其中获得最大功率的条件 $Z_{\mathrm{L}}=Z_{\mathrm{eq}}^*$ 称为最佳匹配或最大功率匹配。

还有一种情况是负载 Z_{L} 的阻抗角 φ_{L} 不变，但 Z_{L} 的模 $|Z_{\mathrm{L}}|$ 可变，这种情况下，负载如何获得最大功率，本书不再讲述，读者可自己推导或参阅有关书籍。

例 6 - 14　电路如图 6 - 43(a)所示，若负载 Z_{L} 的实部和虚部均能变动，为使 Z_{L} 获得最大功率，试求 Z_{L} 应为何值及最大功率是多少？

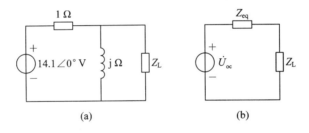

(a)　(b)

图 6 - 43　例 6 - 14 图

解　用戴维南定理将从 Z_{L} 看过去的电路化简为图 6 - 43(b)所示电路，其中

$$\dot{U}_{\mathrm{oc}}=\frac{\mathrm{j}}{1+\mathrm{j}}14.1\angle 0^\circ\ \mathrm{V}=10\angle 45^\circ\ \mathrm{V}$$

$$Z_{\mathrm{eq}}=\frac{\mathrm{j}}{1+\mathrm{j}}\ \Omega=\frac{1}{\sqrt{2}}\angle 45^\circ\ \Omega=0.5\ \Omega+\mathrm{j}0.5\ \Omega$$

于是共轭匹配时，即当 $Z_{\mathrm{L}}=Z_{\mathrm{eq}}^*=0.5\ \Omega-\mathrm{j}0.5\ \Omega$ 时，负载 Z_{L} 获得最大功率，其值为

$$P_{\mathrm{Lmax}}=\frac{U_{\mathrm{oc}}^2}{4R_{\mathrm{eq}}}=\frac{10^2}{4\times 0.5}\ \mathrm{W}=50\ \mathrm{W}$$

第十二节　串联电路的谐振

一、谐振的现象

力学中的共振现象大家已有所了解。传说中，一支军队齐步跨越一所大桥，当部队迈着整齐的步伐到达大桥中部时，大桥突然坍塌，这就是力学中的共振现象。实际上它是由于部队步伐的频率与大桥固有的频率达到一致，此时桥体的振动幅度最大，致使大桥无法

承受而坍塌。那么电学中是否也存在类似的现象呢？

下面用 PSPICE 软件做一个实验。*RLC* 串联电路如图 6 - 44[①] 所示，其中外施激励为正弦电压 $u_i = \sqrt{2}U \sin(\omega t + \psi_u)$[②]（图中为 Vi），电路中电流幅值随电压的频率变化的频率特性曲线经 PSPICE 软件仿真，如图 6 - 45 所示，图中纵坐标表示电流的幅值（最大值）。从图中可看出，电流幅值在某个频率 f_0(251.189 kHz)处达到最大值(9.999 mA)，且 f_0 恰好等于 $1/(2\pi\sqrt{LC})$($=251.05$ kHz)，这一点在下面的理论分析中将得以验证。这个频率 f_0 是由 *RLC* 串联电路的结构和元件参数决定的，称其为电路的固有频率。由此得出结论：

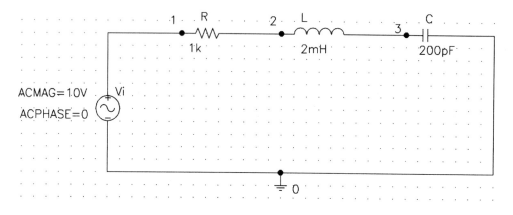

图 6 - 44   *RLC* 串联电路

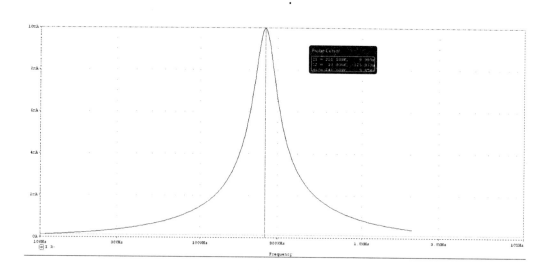

图 6 - 45   电流幅值随频率 f 变化的模拟曲线

RLC 串联电路中外施正弦激励的频率 f 在由小变大的过程中，当其达到该电路的固有频率 f_0 时，电路中的电流幅值最大，这一现象就是 *RLC* 串联电路中的谐振现象。它类

---

① ACMAG 代表交流源的幅值，ACPHASE 代表其初相角。

② PSPICE 软件中正弦量用 sin 函数表示。

似于力学中的共振现象,我们称其为串联谐振。

二、对串联谐振电路的理论分析

在图 6-44 所示的电路中,当输入的正弦电压的频率变动时,电路的工作状况将随频率的变动而变动,这是由于电路中电感和电容的电抗随频率的变动而变动。首先分析该电路的输入阻抗 $Z(j\omega)$ 随频率变化的特性,$Z(j\omega)$ 为

$$Z(j\omega) = R + j\left(\omega L - \frac{1}{\omega C}\right) = R + jX(\omega)$$

由于串联电路中感抗 $X_L = \omega L$ 和容抗 $X_C = -\frac{1}{\omega C}$ 有相互抵消的作用,所以输入阻抗 $Z(j\omega)$ 的虚部即 $X(\omega) = \omega L - \frac{1}{\omega C}$ 在某个角频率 ω_0 处出现 $X(\omega_0) = 0$,此时端口处的电压相量与电流相量同相,工程上称这种电路的工作状态为谐振。串联谐振的条件为

$$I_m[Z(j\omega)] = X(\omega) = 0$$

即

$$\omega L - \frac{1}{\omega C} = 0$$

从中解出

$$\omega = \frac{1}{\sqrt{LC}}$$

令

$$\omega_0 = \frac{1}{\sqrt{LC}}$$

ω_0 称为 RLC 串联电路的谐振角频率,对应的频率为

$$f_0 = \frac{1}{2\pi\sqrt{LC}}$$

f_0 称为谐振频率。谐振频率又称电路的固有频率,它是由电路结构和参数决定的。串联谐振频率是单值的,它由电路中的 L、C 参数决定,而与串联电阻 R 无关。改变 L 或 C 均可改变电路的固有频率,使电路在某一频率时发生谐振或者消除谐振。这种串联谐振也会在电路中某个含 L 和 C 串联的支路中发生。

三、串联谐振的特征

谐振时阻抗的模为最小

$$|Z(j\omega_0)| = \sqrt{R^2 + \left(\omega_0 L - \frac{1}{\omega_0 C}\right)^2} = R$$

在输入正弦电压有效值 U 不变的情况下,电流 I 和电阻电压 U_R 为最大,分别为

$$I_0 = \frac{U}{|Z(j\omega_0)|} = \frac{U}{R}, \quad U_R = RI_0 = U$$

I_0 称为谐振电流,电阻电压等于输入电压,可根据此特点在实验时判断串联谐振电路是否发生谐振。电流 $I(\omega)$ 等随频率变化的关系称为频率特性或频率响应,据此可画出 $I(\omega)$ 等随频率变化的曲线,称为频率特性曲线,或谐振曲线。用 PSPICE 软件仿真绘制的两条对应两个不同的电阻 R_1 和 R_2,但 L 和 C 相同的电路的电流谐振曲线如图 6-46 所示,显然

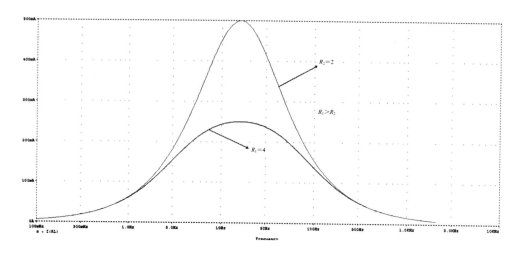

图 6 - 46　不同电阻值下的电流谐振曲线

电阻越大，曲线越平缓。电感的感抗、电容的容抗、阻抗的电抗、阻抗的模的频率特性分别为

$$X_L(\omega) = \omega L$$

$$X_C(\omega) = -\frac{1}{\omega C}$$

$$X(\omega) = \omega L - \frac{1}{\omega C}$$

$$\left| Z(\mathrm{j}\omega) \right| = \sqrt{R^2 + \left(\omega L - \frac{1}{\omega C}\right)^2}$$

它们的频率特性曲线如图 6 - 47 所示。

谐振时还有

$$\dot{U}_R = \dot{U}$$

$$\dot{U}_L = \mathrm{j}\omega_0 L\dot{I}_0 = \mathrm{j}\frac{\omega_0 L}{R}\dot{U} = \mathrm{j}Q\dot{U}$$

$$\dot{U}_C = -\mathrm{j}\frac{1}{\omega_0 C}\dot{I}_0 = -\mathrm{j}\frac{1}{\omega_0 CR}\dot{U} = -\mathrm{j}Q\dot{U}$$

上两式中

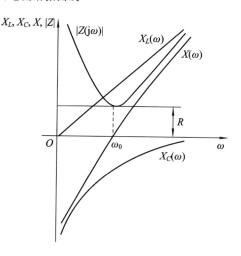

图 6 - 47　各变量的频率
特性曲线

$$Q = \frac{\omega_0 L}{R} = \frac{1}{\omega_0 CR} = \frac{1}{R}\sqrt{\frac{L}{C}}$$

Q 称为品质因数。因此 $\dot{U}_L + \dot{U}_C = 0$，谐振时电感电压与电容电压相互抵消，故又称为电压谐振，电路的相量图如图 6 - 48 所示。如果 $Q > 1$，则有

$$U_L = U_C = QU > U$$

当 $Q \gg 1$ 时，表明在谐振时或接近谐振时，会在电感和电容两端出现大大高于外施电压 U 的高电压，称为过压现象，往往会造成电路中元件的损坏。但谐振时电感 L 和电容 C 两端的等效阻抗为零，相当于短路。谐振时电路阻抗仅为电阻，阻抗角 $\varphi(\omega) = 0$，功率因数 $\lambda =$

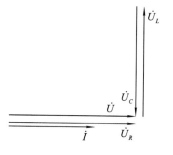

图 6 - 48　电路谐振时的
相量图

$\cos\varphi=1$。有功功率 $P(\omega_0)=UI\cos\varphi=UI=U_m I_m/2$，电感的无功功率 $Q_L(\omega_0)=U_L I_0\sin 90°=\omega_0 L I_0^2$，电容的无功功率 $Q_C(\omega_0)=U_C I_0\sin(-90°)=-I_0^2/(\omega_0 C)$，电感和电容总的无功功率为 $Q_L(\omega_0)+Q_C(\omega_0)=0$。即电路的无功功率为零，但电感和电容的无功功率不为零，谐振时电路不从外部吸收无功功率，而是在内部的电感与电容之间周期性地进行磁场能量和电场能量的交换，这一能量的总和（推导略）为

$$W(\omega_0)=\frac{1}{2}Li^2+\frac{1}{2}Cu_c^2=\frac{1}{2}CQ^2 U_m^2=CQ^2 U^2=\text{常量}$$

串联电阻的大小虽然不影响串联谐振电路的固有频率，但有控制调节谐振时电流和电压幅度的作用。由于它和品质因数 Q 成反比，因此品质因数的大小就反映了这一特性。品质因数是反映电路的某种品质，具体地说是称做选择性的品质一个参数。

四、电路的选择性

分析 RLC 串联电路中电流和电压随频率变化的特性 $I(\omega)$、$U_L(\omega)$、$U_C(\omega)$ 也是必要的，因此常分析输出与输入量之比的频率特性，如 $U_R(\omega)/U$、$U_L(\omega)/U$、$U_C(\omega)/U$，以及电流与谐振电流之比的特率特性 $I(\omega)/I_0$，而这些电压或电流比值可以用分贝表示。

对阻抗 $Z(\mathrm{j}\omega)$ 进行如下处理：

$$Z(\mathrm{j}\omega)=R+\mathrm{j}\left(\omega L-\frac{1}{\omega C}\right)=R\left[1+\mathrm{j}\left(\frac{\omega}{\omega_0}\frac{\omega_0 L}{R}-\frac{1}{(\omega/\omega_0)\omega_0 CR}\right)\right]$$

$$=R\left[1+\mathrm{j}\left(\frac{\omega}{\omega_0}Q-\frac{Q}{\omega/\omega_0}\right)\right]=R\left[1+\mathrm{j}Q\left(\eta-\frac{1}{\eta}\right)\right]$$

式中，$\eta=\omega/\omega_0$，$U_R(\eta)$ 为

$$U_R(\eta)=RI=R\frac{U}{|Z(\mathrm{j}\omega)|}=R\frac{U}{R\sqrt{1+Q^2(\eta-1/\eta)^2}}$$

$$=\frac{U}{\sqrt{1+Q^2(\eta-1/\eta)^2}}$$

由上式得

$$\frac{U_R(\eta)}{U}=\frac{1}{\sqrt{1+Q^2\left(\eta-\dfrac{1}{\eta}\right)^2}}$$

上述关系式适用于不同的 RLC 串联谐振电路，它们都处于同一坐标（η）下，无论 R、L、C 取何值，若能保持 Q 值不变，则关系式是一致的，具有通用性，该关系式所对应的曲线称为通用曲线。图 6－49 给出了 3 个不同 Q 值（$Q_3>Q_2>Q_1$）下的谐振曲线，显然 Q 值对谐振曲线形状有影响。从图 6－49 可以看出，串联谐振电路的这种输入-输出形式对输出具有明显的选择性。在 $\eta=1$（谐振点，$\omega=\omega_0$）时，曲线出现波峰，输出与输入之比达到最大值 1，即输出达到最大值 U。当 $\eta<1$（$\omega<\omega_0$）

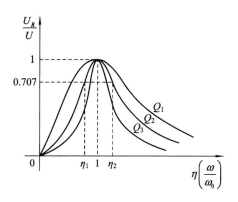

图 6－49　不同 Q 值下 $\dfrac{U_R}{U}$ 的

频率特性曲线

和 $\eta>1(\omega>\omega_0)$，即偏离谐振点时，输出与输入之比逐渐下降，随 $\eta\to0$ 和 $\eta\to\infty$ 而逐渐下降至零。说明串联谐振电路对偏离谐振点的输出具有抑制能力。而在谐振点 $\eta=1$ 附近的区域内，才有较大的输出幅度，电路的这种具有选择谐振点附近的输出为最大的性质称为电路的选择性。电路的选择性的好坏取决于对非谐振频率的输入信号的抑制能力。从图中看出，Q 值越大，曲线在谐振点附近的形状越尖锐，当稍微偏离谐振频率时，输出就会急剧下降，这说明对非谐振频率的输入信号具有较强的抑制能力，选择性好。反之，Q 值越小，在谐振频率附近曲线顶端形状越平缓，对非谐振频率的输出，曲线下降得较慢，抑制能力较弱，选择性就差。

工程中，为了定量地衡量选择性，常用发生在 $U_R(\omega)/U=1/\sqrt{2}=0.707$ 时的两个频率比 η_1 和 η_2 之间的差来说明，这两个频率比的差称为通频带或带宽，用 $\Delta\eta$ 表示，如图 6-49 所示。按这个条件，有

$$\frac{1}{\sqrt{1+Q^2\left(\eta-\dfrac{1}{\eta}\right)^2}}=\frac{1}{\sqrt{2}}$$

从中解得两个正根为

$$\eta_1=-\frac{1}{2Q}+\sqrt{\frac{1}{4Q^2}+1}, \quad \eta_2=\frac{1}{2Q}+\sqrt{\frac{1}{4Q^2}+1}$$

于是

$$\Delta\eta=\eta_2-\eta_1=\frac{1}{Q}$$

通频带还可用 $\Delta\omega$、Δf 描述，其表达式分别为

$$\Delta\omega=\omega_2-\omega_1=\frac{\omega_0}{Q}$$

$$\Delta f=f_2-f_1=\frac{f_0}{Q}$$

可见，Q 值越大，通频带越窄，选择性越好。通频带可用 BW 这个符号表示。

例 6-15 图 6-50 所示电路中，输入正弦电压有效值 $U=10$ V，$R=10$ Ω，$L=20$ mH，$C=200$ pF，电流 $I=1$ A。求：输入正弦电压 u 的频率 ω 及 f、电压有效值 U_L 及 U_C、品质因数 Q 及通频带 BW。

解 $|Z|=\dfrac{U}{I}=\dfrac{10}{1}$ Ω$=10$ Ω$=R$，即电路的输入阻抗 $Z=R$，所以 RLC 串联电路发生谐振。

正弦电压 $\dot{U}$ 的角频率为

$$\omega=\omega_0=\frac{1}{\sqrt{LC}}$$

$$=\frac{1}{\sqrt{20\times10^{-3}\times200\times10^{-12}}}\text{ rad/s}$$

$$=5\times10^5\text{ rad/s}$$

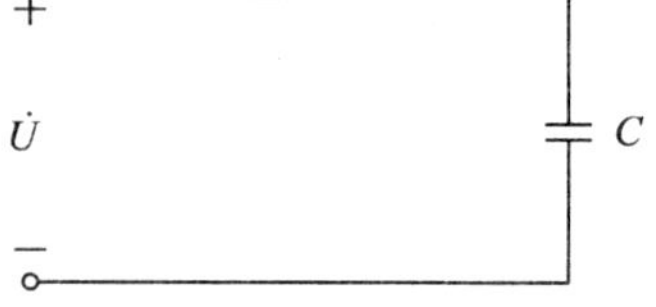

频率为

$$f=f_0=\frac{1}{2\pi\sqrt{LC}}=\frac{\omega_0}{2\pi}=\frac{5\times10^5}{2\times3.14}\text{ Hz}=79.6\text{ kHz}$$

图 6-50 RLC 串联电路

品质因数为

$$Q = \frac{1}{R} \sqrt{\frac{L}{C}} = \frac{1}{10} \sqrt{\frac{20 \times 10^{-3}}{200 \times 10^{-12}}} = 1000$$

电感电压与电容电压的有效值为

$$U_L = U_C = QU = 1000 \times 10 \text{ V} = 10\,000 \text{ V}$$

通频带为

$$BW = \Delta f = \frac{f_0}{Q} = \frac{79.6 \times 10^3}{1000} \text{ Hz} = 79.6 \text{ Hz}$$

或

$$BW = \Delta \omega = \frac{\omega_0}{Q} = \frac{5 \times 10^5}{1000} \text{ rad/s} = 500 \text{ rad/s}$$

或

$$BW = \Delta \eta = \frac{1}{Q} = \frac{1}{1000} = 0.001$$

第十三节 并联电路的谐振

一、RLC 并联电路

这里的并联电路是指 R、L、C 三个元件并联在一起形成的电路，当该电路的端口电压与电流同相时，我们说电路发生谐振，由于是并联电路，所以称为并联谐振。RLC 并联谐振电路如图 $6-51$ 所示。图中电阻元件用电导 G 描述，电感元件用电感的导纳 $1/(\mathrm{j}\omega L)$ 描述，电容元件用电容的导纳 $\mathrm{j}\omega C$ 描述。电路端口处的导纳为

$$Y = G + \mathrm{j}\left(\omega C - \frac{1}{\omega L}\right) = G + \mathrm{j}B(\omega)$$

若电路发生谐振，$\dot{I}$ 与 $\dot{U}$ 要同相，故有

$$B(\omega) = \omega C - \frac{1}{\omega L} = 0$$

由上式得

$$\omega_0 = \frac{1}{\sqrt{LC}}$$

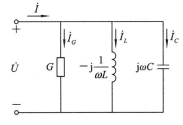

图 $6-51$ RLC 并联电路

ω_0 称为并联电路的谐振角频率。即当外施激励的角频率 ω 等于谐振角频率 ω_0 时，电路发生谐振，与 ω_0 对应的谐振频率为

$$f_0 = \frac{1}{2\pi \sqrt{LC}}$$

谐振时电路的导纳为

$$Y(\mathrm{j}\omega_0) = G$$

并联谐振电路与串联谐振电路为对偶电路。这两种电路的对偶量为

$$串联电路\begin{cases}串与并\\R\ 与\ G\\L\ 与\ C\\C\ 与\ L\\电压\ u\ 与电流\ i\\电流\ i\ 与电压\ u\end{cases}并联电路$$

　　把 RLC 串联谐振电路中的各公式中的变量换为其在 RLC 并联谐振电路中的对偶量，这些公式就变为并联谐振电路的相应公式，即在并联谐振电路中，作了变量替换的这些公式仍旧成立。例如前述并联谐振角频率 ω_0 可以这样导出：在串联谐振电路中谐振角频率为 $\omega_0=\dfrac{1}{\sqrt{LC}}$，在并联谐振电路中谐振角频率根据对偶原理为

$$\omega_0=\frac{1}{\sqrt{CL}}=\frac{1}{\sqrt{LC}}$$

同理，并联谐振频率为

$$f_0=\frac{1}{2\pi\sqrt{CL}}=\frac{1}{2\pi\sqrt{LC}}$$

并联谐振时电路端口的电压（认为端口电流为已知）

$$U_0=\frac{I}{G}$$

上式中导纳的模最小（为 G），所以谐振的电压有效值 U 最大，用 U_0 表示，即 $U_0=U_{max}$。端口电压 $\dot{U}$ 的电压谐振曲线（电压有效值 U 的频率特性）如图 6-52 所示。

　　并联谐振时电导 G 中的电流为

$$I_G(\omega_0)=GU_0=G\frac{I}{G}=I$$

即谐振时，电导中的电流与外施激励电流源的电流 I 相等。电感 L 中的电流为

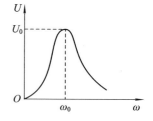

图 6-52　电压谐振曲线

$$\dot{I}_L(\omega_0)=-\mathrm{j}Q\dot{I}（由串联电路中的\ \dot{U}_C=-\mathrm{j}Q\dot{U}\ 得出）$$

电容 C 中的电流为

$$\dot{I}_C=\mathrm{j}Q\dot{I}（由串联电路中的\ \dot{U}_L=\mathrm{j}Q\dot{U}\ 得出）$$

其中 Q 称为并联谐振电路的品质因数，其表达式为

$$Q=\frac{\omega_0 C}{G}=\frac{1}{\omega_0 LG}=\frac{1}{G}\sqrt{\frac{C}{L}}$$

即并联谐振时品质因数 Q 为谐振时的容纳与电导的比值或谐振时的负感纳与电导的比值。谐振时 $\dot{I}_L+\dot{I}_C=0$（所以并联谐振又称电流谐振），且

$$I_L=I_C=QI$$

如果 $Q\gg1$，则谐振时电感和电容中会出现过电流（$I_L=I_C\gg I$）。从 L、C 并联电路两端看进去的电流为零，即等效导纳等于零，等效阻抗等于无穷大，所以相当于开路。并联谐振时的电流相量图如图 6-53 所示，从图中看出谐振时，电感电流与电容电流大小相等，相位相反；电导电流即为并联电路端口处的总电流。谐振时无功功率 $Q_L=-U_0^2/(\omega_0 L)$，

$Q_C = +\omega_0 C U_0^2$，所以 $Q_L + Q_C = 0$，表明在谐振时，电感的磁场能量与电容的电场能量彼此相互交换，两种能量的总和为

$$W(\omega_0) = W_L(\omega_0) + W_C(\omega_0) = LQ^2 I^2 = 常量$$

并联谐振电路电导电流与端口电流之比（输出/输入）的频率特性为

$$\frac{I_G(\eta)}{I} = \frac{1}{\sqrt{1 + Q^2 \left(\eta - \dfrac{1}{\eta} \right)^2}}$$

上式中的频率特性曲线（谐振曲线）如图 6-54 所示。只要保证 Q 值不变，这条谐振曲线称为通用曲线。

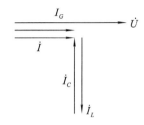

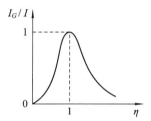

图 6-53　谐振时电流相量图　　　　　　图 6-54　并联谐振电路的通用曲线

二、工程中的并联谐振电路

工程中并联谐振电路采用电感线圈与电容并联来组成，如图 6-55 所示。电路端口的等效导纳为

$$Y_{eq} = \frac{1}{R + j\omega L} + j\omega C = \frac{R - j\omega L}{R^2 + (\omega L)^2} + j\omega C$$

$$= \frac{R}{R^2 + (\omega L)^2} + j\left[\omega C - \frac{\omega L}{R^2 + (\omega L)^2} \right]$$

令其虚部为零，得

$$\omega C - \frac{\omega L}{R^2 + (\omega L)^2} = 0$$

从中解出

$$\omega_0 = \frac{1}{LC} \sqrt{1 - \frac{CR^2}{L}}$$

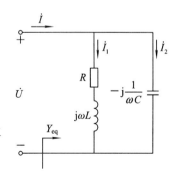

图 6-55　工程中的并联
谐振电路

ω_0 称为谐振角频率。即当激励的角频率 $\omega = \omega_0$ 时，电路发生谐振。显然只有

$$1 - \frac{CR^2}{L} > 0$$

时 ω_0 才是实数，所以当

$$R < \sqrt{\frac{L}{C}}$$

时，电路才会发生谐振。谐振时等效导纳 Y_{eq} 为

$$Y_{eq}(j\omega_0) = \frac{R}{R^2 + (\omega_0 L)^2} = \frac{CR}{L}$$

等效导纳的模 $|Y_{eq}|$ 的频率特性为

$$|Y_{eq}| = \sqrt{\left(\frac{R}{R^2 + (\omega L)^2}\right)^2 + \left[\omega C - \frac{\omega L}{R^2 + (\omega L)^2}\right]^2}$$

很显然，由上式看出，$\omega = \omega_0$ 时，$|Y_{eq}|$ 并不是最小值，即端电

压有效值 U 不是最大值，这种电路只有当 $R \ll \sqrt{L/C}$ 时，它发

生谐振时的特点才与图 $6-51$ 所示 GLC 并联谐振电路接近。

电路在谐振时，端口的电压（设端口电流已知）为

$$U_0 = \frac{I}{Y(j\omega_0)} = \frac{I}{CR/L} = \frac{LI}{CR}$$

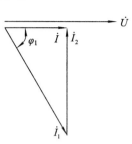

图 $6-56$ 　电路的相量图

谐振时电路的相量图如图 $6-56$ 所示。由图可知，电感线圈的

电流 $I_1 = I/\cos\varphi_1$，电容的电流 $I_2 = I\tan\varphi_1$，即当电感线圈的阻

抗角 φ_1 很大时，谐振时电感支路与电容支路中都将出现超过

端口输入电流很多的过电流（$I_1 \gg I$，$I_2 \gg I$），且 $\dot{I}_1 + \dot{I}_2 = 0$，因此，此时的谐振也称为电流

谐振。

第十四节　正弦稳态电路的频域分析

在本章第十二节串联谐振的特征中已介绍过变量随角频率 ω 变化的关系，称为频率特

性或频率响应。RLC 串联电路的阻抗为

$$Z(j\omega) = R + j\left(\omega L - \frac{1}{\omega C}\right) = \sqrt{R^2 + \left(\omega L - \frac{1}{\omega C}\right)^2} \angle \arctan \frac{\omega L - \dfrac{1}{\omega C}}{R}$$

显然阻抗 Z 的模 $|Z|$ 和阻抗角 φ_j 均随角频率 ω 的变化而变化。再如，RLC 串联电路中响应

电阻电压相量 $\dot{U}_R$ 与外施激励相量 $\dot{U}_s$ 的比值为

$$\frac{\dot{U}_R(j\omega)}{\dot{U}_s} = \frac{R}{R + j\left(\omega L - \dfrac{1}{\omega C}\right)}$$

显然，它也是 $j\omega$ 的函数。我们可以把这个相量形式的比值称做电路的响应对激励的网络函

数[1]。显然网络函数与激励的形式无关，它是由电路的结构和元件的参数决定的，并随着

角频率的变化而变化。我们把这种变量随角频率 ω 变化而变化的分析称为频域分析。频域

形式的网络函数可以表达为

$$H(j\omega) = \frac{输出响应相量}{输入激励相量}$$

于是电阻电压对输入电压的网络函数可以写成

$$H_R(j\omega) = \frac{\dot{U}_R}{\dot{U}_s} = \frac{R}{R + j\left(\omega L - \dfrac{1}{\omega C}\right)} = \frac{1}{1 + j\left(\dfrac{\omega_0 L}{R}\dfrac{\omega}{\omega_0} - \dfrac{1}{\omega_0 CR(\omega/\omega_0)}\right)}$$

---

[1]　后面第十章还会介绍复频域即 S 域形式的网络函数。

即
$$H_R(\eta) = \frac{1}{1 + jQ\left(\eta - \dfrac{1}{\eta}\right)}$$

上式中 Q 为品质因数，$\eta = \dfrac{\omega}{\omega_0}$。该网络函数的模为

$$|H_R(j\omega)| = \frac{R}{\sqrt{R^2 + \left(\omega L - \dfrac{1}{\omega C}\right)^2}}$$

或即

$$|H_R(\eta)| = \frac{1}{\sqrt{1 + Q^2\left(\eta - \dfrac{1}{\eta}\right)^2}}$$

称做网络函数的幅频特性。该网络函数的辐角为

$$\varphi_H(\omega) = -\arctan\frac{\omega L - \dfrac{1}{\omega C}}{R}$$

或
$$\varphi_H(\eta) = -\arctan Q\left(\eta - \dfrac{1}{\eta}\right)$$

称做网络函数的相频特性，代表输出与输入的相位差，称做相移。网络函数 $\dfrac{\dot{U}_R}{\dot{U}_s}$ 的幅频特性曲线如图 6-57 所示，显然在谐振角频率 ω_0 处网络函数的模达到峰值，即 $U_R = U_s$。

网络函数 $\dfrac{\dot{U}_R}{\dot{U}_s}$ 的相频特性曲线如图 6-58 所示。

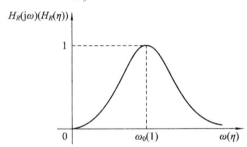

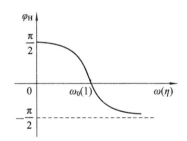

图 6-57 $\dfrac{\dot{U}_R}{\dot{U}_s}$ 的幅频特性曲线　　　　图 6-58 $\dfrac{\dot{U}_R}{\dot{U}_s}$ 的相频特性曲线

显然在谐振角频率 ω_0 处曲线过零点，即输出与输入之间的相移为零，此时电阻电压 $\dot{U}_R$ 与激励电压 $\dot{U}_s$ 同相。当 $\omega \to 0$ 时，输出与输入达到 $90°$ 相移。当 $\omega \to \infty$ 时，输出与输入达到 $-90°$ 相移。从图 6-57 所示频率特性曲线中看出，输出对于接近角频率 ω_0 的信号幅值较大，对于远离 ω_0 的信号幅值较小，这种随角频率的变化呈现出中间大、两端小的特性称做频率响应，具有带通特性。

电容电压对输入电压的网络函数为

$$H_C(j\omega) = \frac{\dot{U}_C}{\dot{U}_s} = \frac{-j\dfrac{1}{\omega C}}{R + j\left(\omega L - \dfrac{1}{\omega C}\right)} = \frac{-jQ}{\eta + jQ(\eta^2 - 1)}$$

该网络函数的模为

$$
|H_C(j\omega)| = \left|\frac{\dot{U}_C}{\dot{U}_s}\right| = \frac{\dfrac{1}{\omega C}}{\sqrt{R^2 + \left(\omega L - \dfrac{1}{\omega C}\right)^2}}
$$

$$
= \frac{Q}{\sqrt{\eta^2 + Q^2(\eta^2 - 1)^2}}
$$

在 $\omega = \omega_0$ 处

$$
|H_C(j\omega_0)| = \frac{U_C(\omega_0)}{U_s} = \frac{\dfrac{1}{\omega_0 C}}{\sqrt{R^2 + \left(\omega_0 L - \dfrac{1}{\omega_0 C}\right)^2}} = \frac{1}{\omega_0 CR}
$$

$$
= \frac{1}{\dfrac{1}{\sqrt{LC}}CR} = \frac{1}{R}\sqrt{\frac{L}{C}} = Q(\text{品质因数})
$$

即

$$
U_C(\omega_0) = QU_s
$$

显然在 $\omega = \omega_0$ 处，$|H_C(j\omega_0)|$ 并没有达到峰值，即谐振角频率点并不是峰值点。

令

$$
\frac{\mathrm{d}|H_C(j\omega)|}{\mathrm{d}\omega} = 0
$$

解得峰值点为

$$
\omega_{C\max} = \omega_0\sqrt{1 - \frac{1}{2Q^2}} < \omega_0
$$

由于 $1 - \dfrac{1}{2Q^2} > 0$，所以有 $Q > 0.707$。

此时峰值为

$$
|H_C(j\omega_{C\max})| = \frac{Q}{\sqrt{1 - \dfrac{1}{4Q^2}}} > Q
$$

上式中 $Q > 0.707$。峰值出现的条件为 $Q > 0.707$，否则不会出现峰值。当 $\omega = 0$ 时，有

$$
|H_C(j\omega)| = \left|\frac{\dot{U}_C(j\omega)}{\dot{U}_s}\right| = 1
$$

即

$$
U_C(0) = U_s
$$

此时电容电压等于输入激励 U_s。当 $\omega = \infty$ 时，有

$$
|H_C(j\omega)| = 0
$$

网络函数 $\dfrac{\dot{U}_C}{\dot{U}_s}$ 的幅频特性曲线如图 6-59 所示。

图中频率响应曲线在低频时幅值较大，在高频时幅值衰减，这种特性称做频率响应具有低通特性。

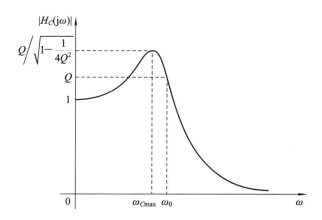

图 6-59 $H_C(j\omega)$ 的幅频响应曲线

电感电压对于输入电压的网络函数为

$$H_L(j\omega) = \frac{\dot{U}_L(j\omega)}{\dot{U}_s} = \frac{j\omega L}{R + j\left(\omega L - \dfrac{1}{\omega C}\right)} = \frac{jQ}{\dfrac{1}{\eta} + jQ\left(1 - \dfrac{1}{\eta^2}\right)}$$

幅频特性为

$$|H_L(j\omega)| = \left|\frac{\dot{U}_L(j\omega)}{\dot{U}_s}\right| = \frac{\omega L}{\sqrt{R^2 + \left(\omega L - \dfrac{1}{\omega C}\right)^2}}$$

$$= \frac{Q}{\sqrt{\left(\dfrac{1}{\eta}\right)^2 + Q^2\left(1 - \dfrac{1}{\eta^2}\right)^2}}$$

当 $\omega = \omega_0$ 时，有

$$|H_L(j\omega_0)| = \frac{\omega_0 L}{R} = Q$$

即

$$U_L(\omega_0) = QU_s$$

显然谐振点不是峰值点。

令 $\dfrac{d|H_L(j\omega)|}{d\omega} = 0$，解得峰值点为

$$\omega_{L\max} = \omega_0\sqrt{\frac{2Q^2}{2Q^2 - 1}} > \omega_0$$

其中 $Q > 0.707$，此时峰值为

$$|H_L(j\omega_{L\max})| = \frac{Q}{\sqrt{1 - \dfrac{1}{4Q^2}}} > Q$$

显然 $|H_C(j\omega_{C\max})| = |H_L(j\omega_{L\max})|$，即电容、电感电压针对激励的网络函数幅频特性曲线的峰值是相等的。当 $\omega = 0$ 时，$|H_L(j\omega)| = 0$。当 $\omega = \infty$ 时，$|H_L(j\omega)| = 1$，即 $U_L(\infty) = U_s$，此时电感电压等于输入电压。$\dfrac{\dot{U}_L}{\dot{U}_s}$ 的幅频特性曲线如图 6-60 所示。

把电容、电感电压网络函数的幅频特性曲线合在一个坐标系里，如图 6-61 所示。

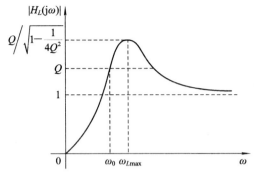

图 6-60 $H_L(j\omega)$ 的幅频响应曲线

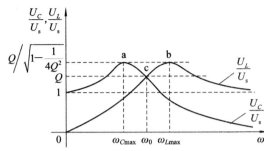

图 6-61 $H_C(j\omega)$ 及 $H_L(j\omega)$ 的幅频特性曲线

图中 $\dfrac{U_C}{U_s}$ 的峰值 a 点和 $\dfrac{U_L}{U_s}$ 的峰值 b 点夹在谐振值 c 点两侧。当 Q 增大时，由 ω_{Cmax} 与 ω_{Lmax} 表达式可以看出 ω_{Cmax} 和 ω_{Lmax} 均向 ω_0 接近。对应的峰值增大，此时谐振值也增大，a 点、b 点越来越向 c 点靠近，且 a、b、c 三点不断抬高。当 $Q \to \infty$ 时，a、b、c 三点合一，即 ω_{Cmax}、$\omega_{Lmax} \to \omega_0$，峰值 $|H_C(j\omega_{Cmax})|$、$|H_L(j\omega_{Lmax})| \to Q$（谐振值），此时电容、电感的峰值点与谐振点重合。

第十五节 实际应用举例

在本章中，我们将以串联谐振电路和阻抗串并联及有功功率的应用作为实际应用举例。

在无线电技术中，常应用串联谐振电路的选择性（选频性）来选择信号，如收音机的调谐功能。接收机通过接收天线，接收到各种频率的电磁波信号，每一种频率的电磁波信号都要在天线回路中产生相应的微弱的感应电流。为了达到选择各个频率信号的目的，通常在收音机中采用如图 6-62(a) 所示的输入电路作为接收机的调谐电路。它的作用是将需要收听的信号从天线所收到的许多不同频率的信号中选出来，其他不需要的信号则尽量把它抑制。

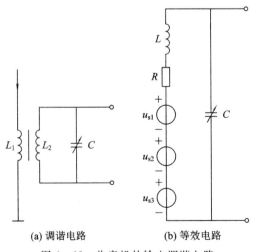

(a) 调谐电路　　　(b) 等效电路

图 6-62 收音机的输入调谐电路

　　输入谐调电路的主要部分是天线线圈 L 与可变电容器 C 组成的串联谐振电路。由于天线回路 L_1 与调谐回路 L_2C 之间有感应作用，于是在 L_2C 回路中便感应出和天线接收到的各种频率的电磁波信号相对应的电压 u_{s1}、u_{s2}、u_{s3} 等（或电动势 e_1、e_2、e_3 等），如图 6-62(b) 所示，图中电阻 R 为线圈 L_2 的电阻。由图可知，各种频率的电压 u_{s1}、u_{s2}、u_{s3} 等与 RLC 电路串联构成回路。把调谐电路中的电容 C 调节到某一值，恰好使这时电路与该值相对应的固有频率（谐振频率）f_0 等于天线接收到的某电台的电磁波信号频率 f_1（或 f_2……），则该信号便使电路发生谐振，因此在 L_2C 回路中频率为 $f_1(=f_0)$ 的信号电流达到最大值，电容 C 上的频率为 $f_1(f_0)$ 的电压也很大（Q 值很大），并送到下一级进行放大，就能收听到该电台的广播节目。其他各种频率的信号虽然在电路中也出现，但由于其频率偏离了固有频率，不能发生谐振，电流很小，被调谐电路抑制掉。收音机的调谐电路像守门员一样，让所需要的信号进入大门，将不需要的信号拒之门外。当再改变电容器的电容值时，使电路和其他某一频率的信号发生谐振，该频率的电流又达最大值，信号最强，其他频率的信号被抑制掉，这样就达到了选择信号及抑制干扰的作用，即实现了选择电台的目的。

　　如图 6-63 所示电路中，线圈 L 的电感为 0.2 mH，要想使接收到的频率为 820 kHz 的信号获得最佳效果，电容器的电容 C 应调节到使电路的固有频率或谐振频率 $f_0=820\text{ kHz}$，即电容 C 应满足关系式

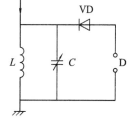

$$f_0 = \frac{1}{2\pi\sqrt{LC}}$$

从上式中解出电容 C 为

$$C = \frac{1}{4\pi^2 f_0^2 L} = \frac{1}{4\times 3.14^2 \times (820\times 10^3)^2 \times 0.2\times 10^{-3}}\text{ F}$$

图 6-63　LC 调谐电路

$$\approx 189\text{ pF}$$

下面分析手持式电吹风机的加热控制电路。

　　手持式电吹风机由一个加热部件和一个小风扇组成。加热部件是由镍铬合金线绕制而成的加热管，相当于一个电阻，通过流过的正弦电流加热。风扇将电阻周围的热气从前端出风口吹出，吹风机原理图如图 6-64 所示。吹风机的加热控制电路如图 6-65 所示。

图 6-64　吹风机原理图

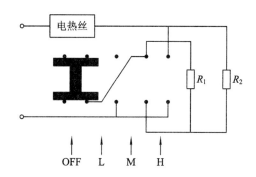

图 6-65　加热控制电路

　　图 6-65 所示电路中构成加热管的电阻丝由两段构成，分别用电阻 R_1 和 R_2 表示。吹风机的开关打开和加热挡的选择由一个四位置开关或滑动开关控制。四位置开关中，一幅

上下用绝缘体相连的金属条将电路中上下两对端子分别短接，哪对端子被短接由开关的具体位置决定。图中的电热丝在正常温度时相当于短路，但是温度非常高时，它相当于开路，切断了电流的通路，停止加热，从而防止了过热造成的火灾或其他伤害事件的发生，起到保护的作用。图中 OFF、L、M、H 分别表示开关处于关闭及低挡、中挡、高挡加热位置。

开关处于低挡、中挡及高挡加热位置时的电路及等效电路如图 6-66、图 6-67、图 6-68 所示。从图中可以看出，低挡设置时，电源的负载为 R_1 和 R_2 串联，等效电阻为 R_1+R_2。中挡时，R_1 开路负载为 R_2；高挡时，负载为 R_1 和 R_2 的并联，等效电阻为 $R_1 /\!/ R_2$。显然 $R_1+R_2 > R_2 > R_1 /\!/ R_2$。即低挡的负载电阻最大，负载电流最小，加热温度最低；中挡时负载电阻大小居中，电流大小居中，加热温度居中；高挡时负载电阻最小，电流大小最大，加热温度最高。

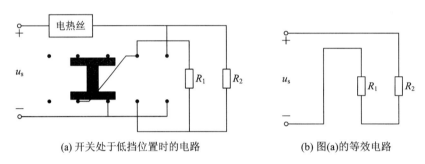

(a) 开关处于低挡位置时的电路　　　　　　　(b) 图(a)的等效电路

图 6-66　开关处于低挡加热时的电路和其等效电路

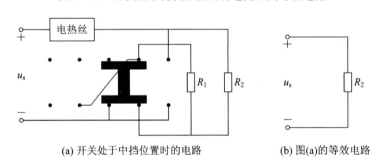

(a) 开关处于中挡位置时的电路　　　　　　　(b) 图(a)的等效电路

图 6-67　开关处于中挡加热时的电路和其等效电路

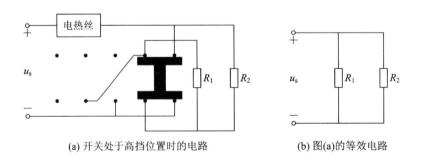

(a) 开关处于高挡位置时的电路　　　　　　　(b) 图(a)的等效电路

图 6-68　开关处于高挡加热时的电路和其等效电路

低挡时，负载上的输出功率为

$$P_{\text{L}} = \frac{U_{\text{s}}^2}{R_1 + R_2}$$

其中 U_{s} 为正弦电压源的有效值。

中挡时，负载上的输出功率为

$$P_{\text{M}} = \frac{U_{\text{s}}^2}{R_2}$$

高挡时，负载上的输出功率为

$$P_{\text{H}} = \frac{U_{\text{s}}^2}{\dfrac{R_1 R_2}{R_1 + R_2}}$$

$$\frac{P_{\text{M}}^2}{P_{\text{M}} - P_{\text{L}}} = \frac{\left(\dfrac{U_{\text{s}}^2}{R_2}\right)^2}{\dfrac{U_{\text{s}}^2}{R_2} - \dfrac{U_{\text{s}}^2}{R_1 + R_2}} = \frac{U_{\text{s}}^2}{\dfrac{R_1 R_2}{R_1 + R_2}} = P_{\text{H}}$$

即

$$P_{\text{H}} = \frac{P_{\text{M}}^2}{P_{\text{M}} - P_{\text{L}}}$$

上式说明三挡输出功率只能有 2 挡是独立输出的。例如已知 $P_{\text{L}} = 250$ W，$P_{\text{M}} = 750$ W，则

$$P_{\text{H}} = \frac{750^2}{750 - 250}\ \text{W} = 1125\ \text{W}$$

例 6 - 16　在吹风机加热控制电路中，若要求低挡功率为 250 W，高挡功率为1125 W，电源激励有效值（r_{ms}）为 220 V，试求该电路的负载 R_1 及 R_2 的阻值。

解　由 $P_{\text{H}} = \dfrac{P_{\text{M}}^2}{P_{\text{M}} - P_{\text{L}}}$，有

$$P_{\text{M}}^2 - P_{\text{H}} P_{\text{M}} + P_{\text{H}} P_{\text{L}} = 0$$

$$P_{\text{M}}^2 - 1125 P_{\text{M}} + 1125 \times 250 = 0$$

$$P_{\text{M}} = \frac{1125 \pm \sqrt{(-1125)^2 - 4 \times 1125 \times 250}}{2} = \frac{1125 \pm 375}{2}$$

解得

$$P_{\text{M1}} = \frac{1125 + 375}{2} = 750\ \text{W}$$

$$P_{\text{M2}} = \frac{1125 - 375}{2} = 375\ \text{W}$$

故该电路中挡功率有 2 个解，一个为 750 W，另一个为 375 W。选择中挡功率 750 W，设计负载电阻 R_1 及 R_2。低挡功率为 250 W 时，有

$$\frac{220^2}{R_1 + R_2} = 250 \tag{6-7}$$

中挡功率为 750 W 时，有

$$\frac{220^2}{R_2} = 750 \tag{6-8}$$

高挡功率为 1125 W 时，有

$$\frac{220^2}{\dfrac{R_1 R_2}{R_1 + R_2}} = 1125 \qquad\qquad (6-9)$$

由式(6-8)解得

$$R_2 = \frac{220^2}{750} = 64.53(\Omega)$$

由式(6-7)解得

$$R_1 = \frac{220^2}{250} - R_2 = \frac{220^2}{250} - 64.53 = 129.1\ \Omega$$

由式(6-9)得

$$\frac{220^2}{\dfrac{R_1 \times 64.53}{R_1 + 64.53}} = 1125$$

从上式解得

$$R_1 = 129.1\ \Omega$$

由式(6-7)、式(6-9)解得电阻 R_1 一样,均为 129.1 Ω,即 $R_1 = 129.1$ Ω, $R_2 = 64.53$ Ω。
若选择 $P_M = 375$ W,则式(6-8)变为

$$\frac{220^2}{R_2} = 375 \qquad\qquad (6-10)$$

解得

$$R_2 = \frac{220^2}{375} = 129.1\ \Omega$$

由式(6-7)得

$$R_1 = \frac{220^2}{250} - R_2 = \frac{220^2}{250} - 129.1 = 64.5\ \Omega$$

即 $R_1 = 64.5$ Ω, $R_2 = 129.1$ Ω。将 R_1 及 R_2 代入式(6-9)有

$$\frac{220^2}{\dfrac{129.1 \times 64.5}{129.1 + 64.5}} = 1125$$

等式两端相当,至此求得 $R_1 = 64.5$ Ω, $R_2 = 129.1$ Ω。

第十六节　用 PSPICE 7.1 分析交流电路

本节我们用 PSPICE 软件分析 RLC 串联谐振电路的各种谐振曲线。

电路如图 6-69 所示,其中 4 条 RLC 串联支路并接于同一交流电压源上,各并联支路中的电感及电容是一样的,但电阻是不一样的,分别取 4 个不同的值,代表 RLC 串联谐振电路的电阻取 4 个不同的值,即品质因数取 4 个不同的值,R1、R2、R3、R4 由大到小,相应的品质因数 Q 则由小到大。

一、绘制电路图

从图符库文件 SOURCE. slb 中调出交流电压源 VAC 图符,双击该图符打开其属性编辑窗口,如图 6-70 所示,其中编号 PKGREF 为 V1,幅值 ACMAG 为 1 V,初相角

ACPHASE 为 0。依次调出 R、L、C 元件以及接地符，按图 6 - 69 中所示分别编辑其属性，最后用画笔连接，绘制好的电路图如图 6 - 69 所示。

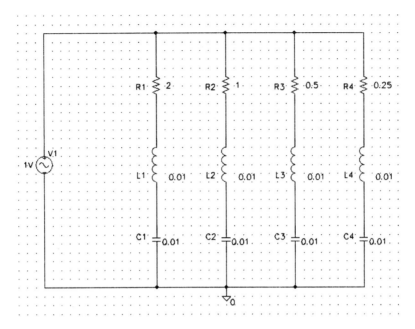

图 6 - 69　4 个电阻值下的 RLC 串联谐振电路

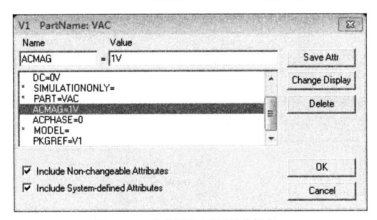

图 6 - 70　交流源 VAC 属性编辑窗口

二、设置分析类型

本例为交流扫描分析。点击菜单命令"Analysis/Setup…"打开分析设置窗口，如图 6 - 71 所示，在其中单击"AC Sweep…"按钮，弹出"AC Sweep and Noise Analysis"对话框，如图 6 - 72 所示。其中在"AC Sweep Type"（交流扫描类型）子框中选择 Decade（按数量级扫描）项；在"Sweep Parameters"（扫描参数）子框中的"Start Freq"（起始频率）栏中填入 0.1 Hz，"End Freq"（终止频率）栏中填入 2 kHz，"Pts/Decade"（每个数量级所取的点数）栏中填入 100。

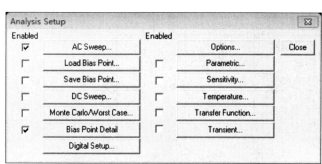

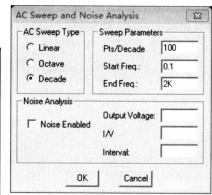

图 6 - 71　"Analysis Setup"窗口　　　　图 6 - 72　"AC Sweep and Noise Analysis"
对话框

三、运行分析

单击 Schematics 窗口中 Analysis 菜单下的"Simulate"菜单命令，开始执行 PSPICE 程序，待交流扫描分析结束后自动跳入 Probe 窗口。

四、查看输出结果

在 Probe 窗口中单击"Trace/Add"菜单命令，弹出"Add Traces"窗口，如图 6 - 73 所示，由于输出变量分别为 4 种 Q 值（由小到大）下的谐振电流，所以用鼠标在 Full List 栏中点选电流变量 I(R1)、I(R2)、I(R3)、I(R4)，其模拟曲线图如图 6 - 74 所示。图中曲线从下往上依次对应电流 I(R1)、I(R2)、I(R3)、I(R4)。显然电阻越小，即 Q 值越大，则曲线越尖锐。

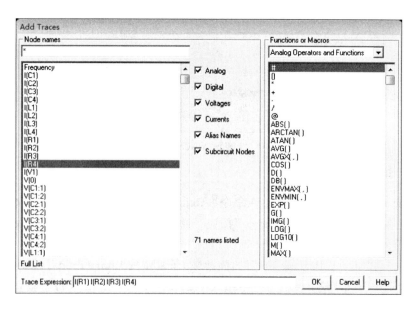

图 6 - 73　Add Traces 窗口

本例电阻取 2 Ω、1 Ω、0.5 Ω 及 0.25 Ω 四个不同的值，即品质因数取 4 个不同的值，

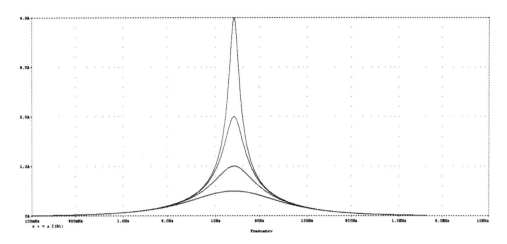

图 6-74　4 种 Q 值下的电流谐振曲线

亦可使用参数扫描分析来得到不同电阻值下各种交流扫描分析模拟曲线图。设置电阻的值为参数变量，名称为"RVAL"，此时 RLC 串联谐振电路如图 6-75 所示，参数扫描分析的设置如图 6-76 所示，分析结果如图 6-77 所示。

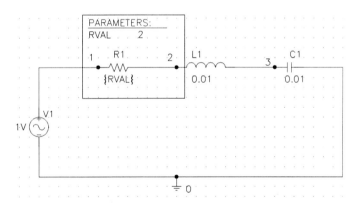

图 6-75　把 R1 的电阻值设置成参数扫描变量

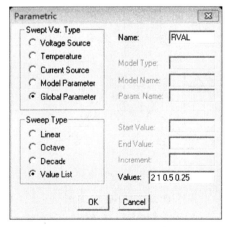

图 6-76　Parametric 窗口

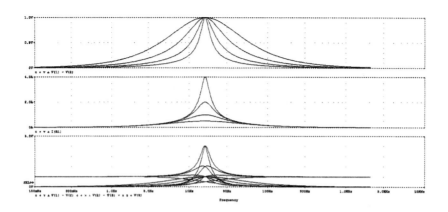

图 6-77　各变量参数扫描分析频率特性模拟曲线

$\bullet\!\!\!\!\!\!-\!\!\!\!\!\!\bullet$　习　题　六　$\bullet\!\!\!\!\!\!-\!\!\!\!\!\!\bullet$

6-1　试写出图 6-78 所示电压波形的时间表达式。

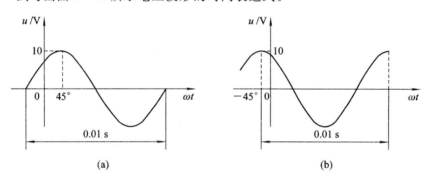

图 6-78　题 6-1图

6-2　如图 6-79 所示，试确定 u、i 波形的周期 T、角频率 ω 和相位差 φ，并写出它们的时间表达式，u、i 周期相同。

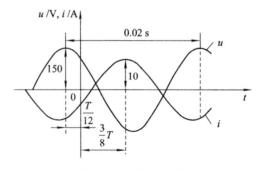

图 6-79　题 6-2图

6-3　若已知 $i_1 = -5\cos(314t + 60°)$ A；$i_2 = 10\sin(314t + 60°)$ A，$i_3 = 4\cos(314t + 60°)$ A。

（1）写出上述电流的相量表达式，并绘出它们的相量图。

（2）求 i_1 与 i_2、i_1 与 i_3 的相位差。

（3）绘出 i_1 的波形图。

（4）若将 i_1 表达式中的负号去掉将意味着什么？

（5）求 i_1 周期 T 和频率 f。

6-4　已知两个同频率正弦电压的相量分别为 $\dot{U}_1 = 50\angle 30°$ V，$\dot{U}_2 = -100\angle -150°$ V，其频率 $f = 100$ Hz。

（1）写出 u_1、u_2 的时域形式。

（2）求 u_1 与 u_2 的相位差。

（3）判断 u_1、u_2 的相位关系。

6-5　电压 u_1 与 u_2 的表达式分别为 $u_1 = 220\sqrt{2}\cos(314t - 120°)$ V，$u_2 = 220\sqrt{2}\cos(314t + 30°)$ V。

（1）画出它们的波形图，求出它们的有效值、频率 f 和周期 T。

（2）写出它们的相量表达式，画出其相量图。

（3）求出它们的相位差，并判断相位关系（超前还是滞后）。

（4）把电压 u_2 的参考方向反向，重新回答（1）、（2）、（3）。

6-6　图6-80所示为 u 和 i 的波形，问 u 和 i 的初相角各为多少？相位差为多少？若将计时起点向右移 $\pi/3$，u 和 i 初相角如何变化？相位差是否改变？u 和 i 哪一个超前？

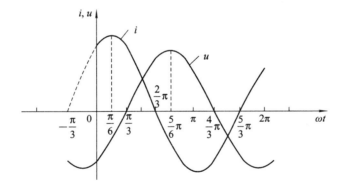

图6-80　题6-6图

6-7　图6-81所示电路除安培表 A 及伏特表 V 的读数未知外，其他各表读数均如图所示，求 A 表及 V 表的读数。

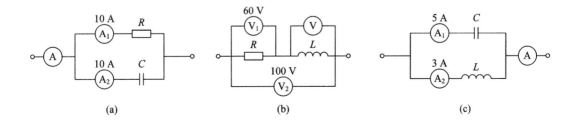

(a)　　　　　(b)　　　　　(c)

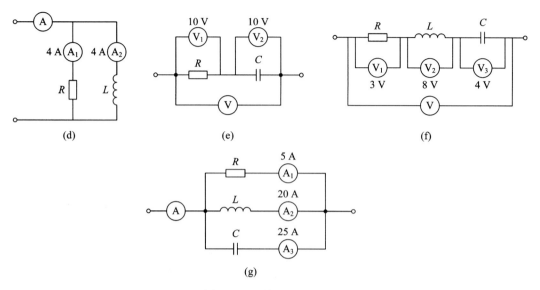

图 6-81 题 6-7 图

6-8 某一元件的电压、电流(关联方向)分别为下述 4 种情况，它可能是什么元件？

(1) $\begin{cases} u=10\cos(10t+45°)\text{V} \\ i=2\sin(10t+135°)\text{A} \end{cases}$　　(2) $\begin{cases} u=10\sin(100t)\text{V} \\ i=2\cos(100t)\text{A} \end{cases}$

(3) $\begin{cases} u=-10\cos t\ \text{V} \\ i=-\sin t\ \text{A} \end{cases}$　　(4) $\begin{cases} u=10\cos(314t+45°)\text{V} \\ i=2\cos(314t)\text{A} \end{cases}$

6-9 已知图 6-82 所示电路中，$I_1=I_2=10$ A，求 $\dot{I}$ 和 $\dot{U}_s$。

6-10 图 6-83 所示电路中，$\dot{I}_s=2\angle 0°$ A，求电压 $\dot{U}$。

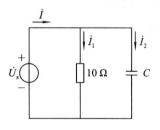

图 6-82 题 6-9 图

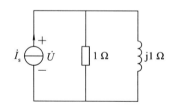

图 6-83 题 6-10 图

(注：以上习题为第一～四节内容的习题)

6-11 试求图 6-84 所示电路中各电路的等效阻抗 Z。

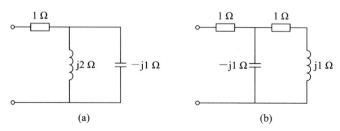

(a)　　　　　　　(b)

图 6-84 题 6-11 图

6-12　试求图6-85所示电路中各电路的等效导纳及等效阻抗。

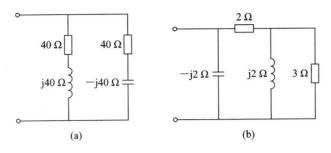

图6-85　题6-12图

6-13　电路如图6-86所示，试确定下述几种情况方框内最简单串联组合的元件值。

(1) $u=10\cos(2t)\,\mathrm{V}$，$i=10\cos(2t+60°)\,\mathrm{A}$

(2) $u=200\cos(314t)\,\mathrm{V}$，$i=10\cos(314t)\,\mathrm{A}$

(3) $u=10\cos(10t+45°)\,\mathrm{V}$，$i=2\cos(10t-90°)\,\mathrm{A}$

(4) $u=100\cos(2t+60°)\,\mathrm{V}$，$i=5\cos(2t-30°)\,\mathrm{A}$

(5) $u=100\cos(2t-30°)\,\mathrm{V}$，$i=10\cos(2t+60°)\,\mathrm{A}$

(6) $u=40\cos(100t+17°)\,\mathrm{V}$，$i=8\sin\left(100t+\dfrac{\pi}{2}\right)\,\mathrm{A}$

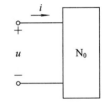

图6-86　题6-13图

6-14　在 RLC 串联电路中，已知 $R=8\ \Omega$，$L=6.37\ \mathrm{mH}$，$C=398$ μF，电源电压 $u=311\cos\omega t\ \mathrm{V}$。当 f 分别为 50 Hz 和 200 Hz 时，求电路中的电流以及电路的性质，并画出相量图。

6-15　已知荧光灯的等效电路如图6-87所示，灯管电阻为 100 Ω，镇流器电阻为 20 Ω，电感为 1 H，电源电压为 $220\angle0°\ \mathrm{V}$，$f=50\ \mathrm{Hz}$，求电路电流 $\dot{I}$ 及电压 $\dot{U}_1$、$\dot{U}_2$。

6-16　电路如图6-88所示，已知 $R=6\ \Omega$，$X_L=10\ \Omega$，$R_1=8\ \Omega$，$X_C=-5\ \Omega$，端电压 $\dot{U}=10\angle0°\ \mathrm{V}$，求电路的等效导纳 Y 和总电流以及各支路电流相量表达式。

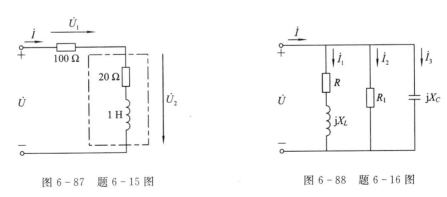

图6-87　题6-15图　　　　　　　图6-88　题6-16图

6-17　在电风扇的电动机绕组中，串联一电感进行调速，其等效电路如图6-89所示，$R=190\ \Omega$，$X_L=260\ \Omega$，电源电压为 220 V，$f=50\ \mathrm{Hz}$，要使 $U_{RL}=180\ \mathrm{V}$，试求串联的 L_x 的值应为多少？

6-18　用三表(电压表、电流表、功率表)法，可测出电感线圈的电阻和电感。电路如图6-90所示，电源为工频电源，三表的读数分别为 15 V、1 A、10 W，试求 R 和 L 的值？

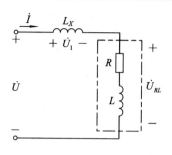

图 6-89 题 6-17 图

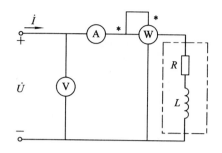

图 6-90 题 6-18 图

6-19 电路如图 6-91 所示，$R_1 = \sqrt{3} X_L$，$R_2 = \sqrt{3} X_C$，$u(t) = 100\sqrt{2} \cos\omega t$ V，求电压 u_{ab}。

6-20 RLC 并联电路如图 6-92 所示，电压电流为关联参考方向，$R = 25\ \Omega$，$L = 50\ \text{mH}$，$C = 50\ \mu\text{F}$，端口电流 $\dot{I}_s = 5\angle 0° \text{ A}$，$\omega = 1000\ \text{rad/s}$，试求 $\dot{U}$、$\dot{I}_R$、$\dot{I}_L$ 和 $\dot{I}_C$，并画出相量图。

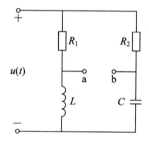

图 6-91 题 6-19 图

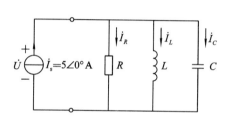

图 6-92 题 6-20 图

6-21 图 6-93 所示电路中，$I_2 = 10$ A，$U_s = 10/\sqrt{2}$ V，求电流 $\dot{I}$ 和电压 $\dot{U}_s$，并画出电路的相量图。

6-22 图 6-94 所示电路中，$U = 8$ V，$Z = 1\ \Omega - \text{j}0.5\ \Omega$，$Z_1 = 1\ \Omega + \text{j}\Omega$，$Z_2 = 3\ \Omega - \text{j}\Omega$，求各支路电流和电路的输入导纳，并画出相量图。

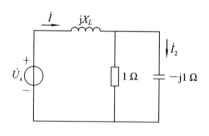

图 6-93 题 6-21 图

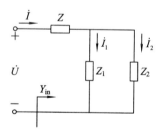

图 6-94 题 6-22 图

6-23 电路如图 6-95 所示，已知 $u = 220\sqrt{2} \cos(250t + 20°)$ V，$R = 220\ \Omega$，$C_1 = 20\ \mu\text{F}$，$C_2 = 80\ \mu\text{F}$，$L = 1$ H，求电路中电流表的读数和电路的输入阻抗。

6-24 电路如图 6-96 所示，已知 $Z_1 = 10\ \Omega + \text{j}50\ \Omega$，$Z_2 = 400\ \Omega + \text{j}1000\ \Omega$，如果要使 $\dot{I}_2$ 和 $\dot{U}_s$ 的相位差为 90°（正交），β 应等于多少？

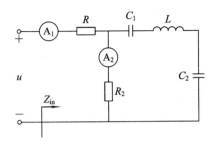

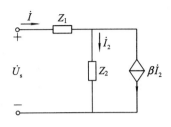

图 6-95　题 6-23 图　　　　　　　　　　　　　　图 6-96　题 6-24 图

6-25　图 6-97 所示电路是阻容移相装置，如果要求 $\dot{U}_C$ 滞后 $\dot{U}_s$ 的角度为 $\pi/3$，参数 R、C 应如何选择？

6-26　图 6-98 中 $i_s=14\sqrt{2}\cos(\omega t+\psi)\,\text{mA}$，调节可变电容 C，使电压 $\dot{U}=U\angle\psi$，电流表 A_1 的读数为 50 mA。求电流表 A_2 的读数（提示：用相量图法）。

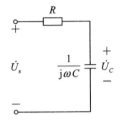

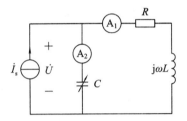

图 6-97　题 6-25 图　　　　　　　　　　　　图 6-98　题 6-26 图

6-27　列出图 6-99 所示电路的节点电压方程，$\dot{U}_s$ 为已知。

6-28　列出图 6-100 所示电路的节点电压方程，已知 $u_s=14.14\cos(2t)\,\text{V}$，$i_s=1.414\cos(2t+30°)\,\text{A}$。

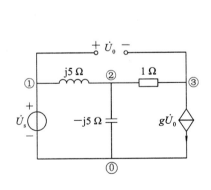

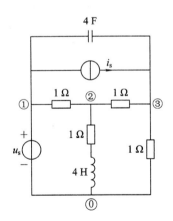

图 6-99　题 6-27 图　　　　　　　　　　　图 6-100　题 6-28 图

6-29　电路如图 6-101 所示，用网孔分析法求 $i_1(t)$、$i_2(t)$。

6-30　列出图 6-102 所示电路的网孔电流方程。已知 $u_{s1}=18.3\sqrt{2}\cos(4t)\,\text{V}$，$i_s=2.1\sqrt{2}\cos(4t-35°)\,\text{A}$，$u_{s2}=25.2\sqrt{2}\cos(4t+10°)\,\text{V}$。

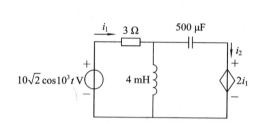

图 6-101　题 6-29 图

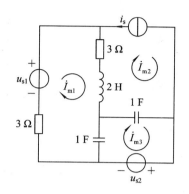

图 6-102　题 6-30 图

6-31　列出图 6-103 所示电路的节点电压方程和网孔电流方程。

6-32　求图 6-104 所示电路的戴维南等效电路。

6-33　三个并联负载接到 220 V 正弦电源上，各负载取用的功率和电流分别为：$P_1 = 4.4$ kW，$I_1 = 44.7$ A（感性）；$P_2 = 8.8$ kW，$I_2 = 50$ A（感性）；$P_3 = 6.6$ kW，$I_3 = 60$ A（容性），求电源供给的总电流和电路的功率因数。

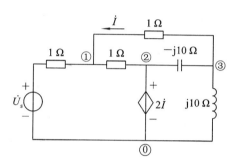

图 6-103　题 6-31 图

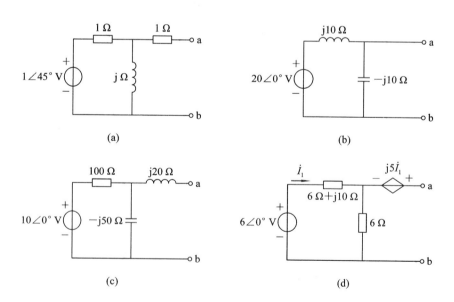

(a)

(b)

(c)

(d)

图 6-104　题 6-32 图

6-34　某一教学楼有功功率为 40 W，功率因数为 0.5 的荧光灯 100 只，并联在 220 V 的工频电网上，求此时电路的总电流及功率因数，如果把功率因数提高到 0.9，应并联多大的电容？总电流变为多少？

6-35 有一个 $U=220$ V、$P=40$ W、$\lambda=0.443$ 的荧光灯,为了提高功率因数,给它并联一个 $C=4.75$ μF 的电容器,试求并联后电路的电流和功率因数。荧光灯接市电($U_s=220$ V,$f=50$ Hz)。

6-36 求图 6-105 所示电路的有功功率、无功功率和复功率。

6-37 在自动控制系统中,常用交流功率放大器带动两相异步电动机的控制绕组,控制绕组的功率因数较低,为减小放大器容量,可并联电容器以提高功率因数。在图 6-106 所示电路中,K 为功率放大器,电动机控制绕组的参数 $R=21$ Ω,$L=0.5$ H。已知放大器输出电压 $U=110$ V,信号频率为 50 Hz,问使放大器容量为最小,应并联多大的电容?放大器的容量是多少?

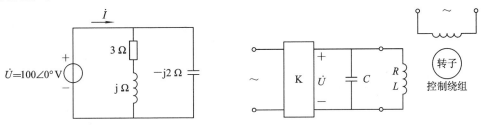

图 6-105 题 6-36 图   图 6-106 题 6-37 图

6-38 图 6-107 所示电路中 $I_s=10$ A,$\omega=1000$ rad/s,$R_1=10$ Ω,$j\omega L_1=j25$ Ω,$R_2=5$ Ω,$-j\dfrac{1}{\omega C_2}=-j15$ Ω,求:

(1) 各支路吸收的复功率、电路的功率因数。

(2) 等效导纳 Y_{eq},电流源电压 $\dot{U}$ 及其瞬时表达式 u。

(3) 电流源发出的复功率,并验证复功率守恒。

6-39 图 6-108 所示电路中,Z_L 的实部、虚部均能变动,若使 Z_L 获得最大功率,求 Z_L 的最佳匹配及其最大功率 P_{Lmax}。

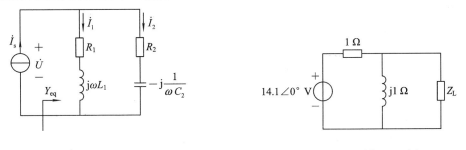

图 6-107 题 6-38 图   图 6-108 题 6-39 图

(注:以上为第五节~第十一节内容的习题。)

6-40 RLC 串联电路的端电压 $u=10\sqrt{2}\cos(2500t+10°)$ V,当 $C=8$ μF 时,电路中吸收的功率最大,$P_{max}=100$ W。

(1) 求电感 L 和 Q 值。

(2) 作出电路的相量图。

6-41 已知 RLC 串联电路中,$L=10$ mH,$C=100$ pF,$R=20$ Ω,信号源电压 $U_s=$

20 mV。试求谐振角频率 ω_0、谐振电流 I_0、品质因数 Q、电容电压 $U_C(\omega_0)$、电感电压 $U_L(\omega_0)$、通频带 $BW(\Delta\omega$ 或 Δf 或 $\Delta\eta)$。

6－42　RLC 串联电路中，$R=10\ \Omega$，$L=1\ \text{H}$，端电压为 100 V，电流为 10 A，电源的频率为 50 Hz，试求电容 C、串联电路的有功功率 P、无功功率 Q、电源的视在功率 S、电源的利用率即电路的功率因数 λ、电感及电容的无功功率 Q_L 及 Q_C、电路的品质因数 Q、电容电压 U_C 及电感电压 U_L、通频带 Δf。

6－43　计算图 6－109 所示电路的谐振角频率 ω_0。

6－44　如图 6－110 所示电路，谐振时，电流表 A_1、A_2 的读数分别为 12 A、10 A，求电流表 A 的读数(提示：用相量图法)。

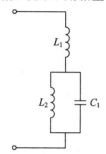

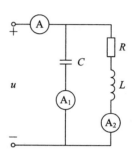

图 6－109　题 6－43 图　　　　　　　图 6－110　题 6－44 图

6－45　一个 $R=12.5\ \Omega$，$L=25\ \mu\text{H}$ 的线圈与 100 pF 的电容并联，端口电压为 100 mV，求谐振时端口电流和各支路电流有效值。

6－46　电路如图 6－111 所示，已知 $R_1=R_2=1\ \text{k}\Omega$，$R_3=1\ \text{M}\Omega$，$R_4=100\ \Omega$，$R_5=1\ \text{k}\Omega$，$C_1=1.414\ \mu\text{F}$，$C_2=0.707\ \mu\text{F}$，VCVS 增益 $\mu=5\times10^5$。输入正弦电压源 u_i 的幅值为 1 V，初相角为 0°，频率可变。要求在频率 1 Hz 到 10 kHz 范围内，按数量级扫描，每个数量级取 100 个点，用 PSPICE 软件绘制输出电压 u_o 的幅频特性曲线，并用指针功能求出 u_o 的幅值由其最大值下降到最大值的 0.707 倍时所对应的频率 f_c。

（注：以上为第十二～十六节内容的习题）

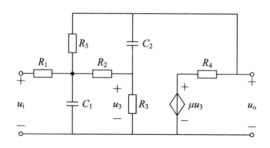

图 6－111　题 6－46 图

6－47　电路如图 6－112 所示，表示在工频下测量线圈参数(R 和 L)的电路。测量时，调节可变电阻使电压表(设内阻为无限大)的读数最小。若此时电源电压为 100 V，R_1 为 50 Ω，R_2 为 15 Ω，R_3 为 6.5 Ω，电压表读数为 30 V，试求 R 和 L 值。

6－48　图 6－113 所示电路为简单选频电路，当角频率等于某一特定值 ω_0 时，U_2 和 U_1 之比可为最大，试求 ω_0 和电路参数 R、C 间的关系式。

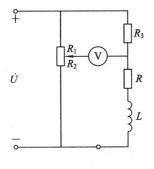

图 6-112　题 6-47 图

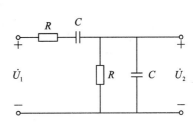

图 6-113　题 6-48 图

6-49　电路如图 6-114 所示，已知 $Z_1 = 100\ \Omega + j500\ \Omega$，$Z_2 = 400\ \Omega + j1000\ \Omega$，欲使电流 $\dot{I}_2$ 滞后电压 $\dot{U}$ 90°，R_3 应为多大？

6-50　图 6-115 所示电路中，已知电源电压 $U = 220\ V$，$f = 50\ Hz$，要求无论 Z_3 如何变化，$I_3 = 10\ A$ 保持不变，试求 L_1 和 C_2 应为多大？

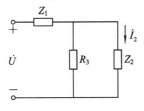

图 6-114　题 6-49 图

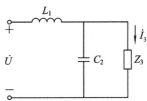

图 6-115　题 6-50 图

6-51　已知图 6-116 所示电路中的电压源为正弦量，$L = 1\ mH$，$R_0 = 1\ k\Omega$，$Z = 3\ \Omega + j5\ \Omega$，试求：

(1) 当 $I_0 = 0$ 时，C 值为多少？

(2) 当条件(1)满足时，试证明输入阻抗为 R_0。

6-52　电路如图 6-117 所示，右半部分表示一个处于平衡($I_g = 0$)的电桥电路。试求：

(1) R 和 X 之值。

(2) $\dot{I}$ 和 $\dot{U}$。

(3) 电路吸收的功率 P。

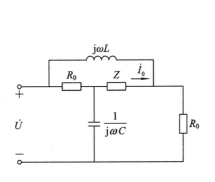

图 6-116　题 6-51 图

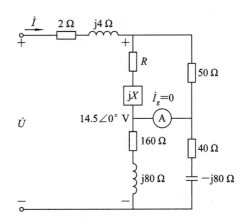

图 6-117　题 6-52 图

6-53 用叠加定理求图 6-118 所示电路中各支路的电流相量。

6-54 用叠加定理求图 6-119 所示电路中的电流相量 $\dot{I}$。

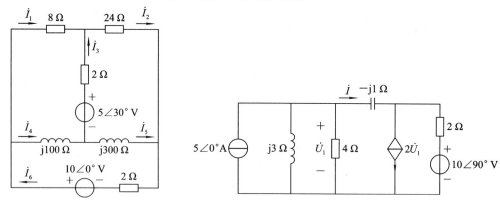

图 6-118 题 6-53 图   图 6-119 题 6-54 图

6-55 电路如图 6-120 所示,试求负载 Z_L 为何值时可获得最大功率?最大功率 P_{max} 为多少?

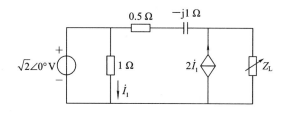

图 6-120 题 6-55 图

6-56 图 6-121 所示电路中,电源电压 $U = 10$ V,角频率 $\omega = 3000$ rad/s。调节电容 C 使电路达到谐振,谐振电流 $I_0 = 100$ mA,谐振电容电压 $U_{C0} = 200$ V,试求 R、L、C 之值及回路的品质因数 Q。

6-57 RC 电路如图 6-122 所示,求开关闭合后的电容电压 u_C。已知,$u_s = 220\sqrt{2}\cos(314t + 45°)$ V,$R = 2$ kΩ,$C = 10$ μF(提示:本题属一阶电路的过渡过程问题,它的输入激励为正弦函数。当开关闭合一段时间后(理论上为 ∞ 时间),电路必进入稳定状态,这时电路各部分的响应与输入激励为同频率的正弦量,即这时的电路为正弦稳态电路,故可以用相量法求解。求解一阶电路任意响应 $r(t)$ 的三要素法的一般式为

$$r(t) = r(\infty) + [r(0_+) - r(\infty) \mid_{t=0_+}]e^{-\frac{t}{\tau}}$$

式中,$r(0_+)$ 为初始值;τ 为时间常数;$r(\infty)$ 即 $t \to \infty$ 时电路进入稳定状态时的响应,称为稳态值,在正弦激励下,$t = \infty$ 时的响应为与正弦激励同频率的正弦量,故 $r(\infty)$ 为稳定正弦量,可以用正弦稳态电路的相量法求出;$r(\infty) \mid_{t=0_+}$ 为稳态值的初始值,将 $t = 0_+$ 代入求得的 $r(\infty)$ 的表达式即可求得其值。本题中待求响应为 $u_C(t)$,所以用相量法先求出其稳态值 $u_C(\infty)$ 的相量 $\dot{U}_C(\infty)$,再转化为瞬时值 $u_C(\infty)$。另外两个要素 $u_C(0_+)$ 及 τ 的求法与第五章所述方法一致。将求得的各变量值代入上述三要素公式,,即可求得电容电压 $u_C(t)$。

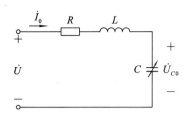

图 6-121 题 6-56 图

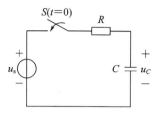

图 6-122 题 6-57 图

6-58 图 6-123 所示电路为电桥电路，U_i 为输入信号，问什么条件下电桥平衡？怎样在电桥平衡条件下，测出 R_x 和 L_x？

（提示：电压表两端的节点之间的电压相量为零时，电桥平衡。）

6-59 图 6-124 所示电路中，$R_1 = R_2 = 10\ \Omega$，$L = 0.25\ H$，$C = 10^{-3}\ F$，电压表的读数为 20 V，功率表的读数为 120 W，试求 $\dot{U}_2 / \dot{U}_s$ 和电源发出的复功率。

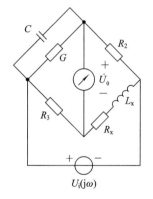

图 6-123 题 6-58 图

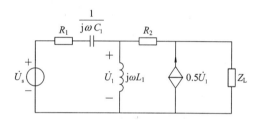

图 6-124 题 6-59 图

6-60 求图 6-125 所示电路的戴维南等效电路。

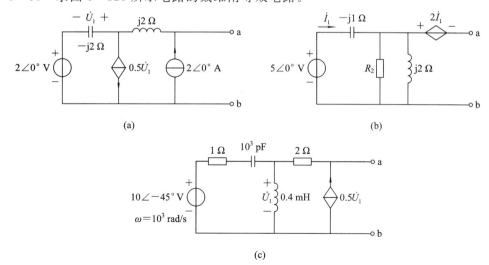

图 6-125 题 6-60 图

6-61 电路如图 6-126 所示，电路中的独立源全部为同频率正弦量，列出回路电流方程，并求各支路电流相量。其中，图(b)只要求列写回路电流方程。

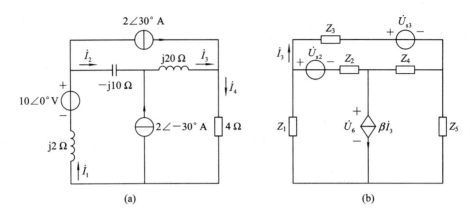

图 6-126 题 6-61 图

（提示：为使方程列写简单，应使受控电流源只在一个回路中出现，还应注意控制量方程的列写）。

6-62 图 6-127 所示电路为 RC 选频电路，被广泛应用于正弦波发生器中，通过电路参数的恰当选择，在某一频率下可使输出电压 $\dot{U}_2$ 与输入电压 $\dot{U}_1$ 同相。若 $R_1 = R_2 = 250\ \text{k}\Omega$，$C_1 = 0.01\ \mu\text{F}$，$f = 1000\ \text{Hz}$，试问 $\dot{U}_2$ 与 $\dot{U}_1$ 同相时的 C_2 应为何值？

6-63 电路如图 6-128 所示，它是收音机中波波段的天线回路，用于接收 550 Hz 至 1650 kHz 的调幅信号，试回答下列问题：

（1）磁棒与拉杆各有何用途？

（2）主线圈组成的回路是串联谐振电路，还是并联谐振电路？

（3）为什么副线圈的匝数比主线圈的匝数少很多？

（4）可变电容 C 的电容量为 $10 \sim 180$ pF，问主线圈的电感量应取多大？微调电容 C_1 的电容量大约应调到多大？

（提示：第(4)问主线圈回路应考虑谐振频率存在的条件。）

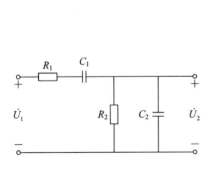

图 6-127 题 6-62 图

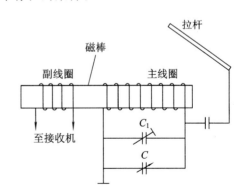

图 6-128 题 6-63 图

实验八　正弦交流电路中 *RLC* 元件的性能

一、实验目的

(1) 研究 R、L、C 元件在正弦交流电路中的基本特性。

(2) 研究 R、L、C 并联电路中总电流和分电流之间的关系。

二、实验原理

线性时不变渐近稳定电路在正弦信号激励下的响应，可以通过该电路的微分方程式来表示求解，其解是由对应的齐次方程的解和非齐次方程的特解组成。特解即是该电路的稳态解，其形式和激励一样也是正弦量。运用相量法求电路的稳态响应，可以不必列出电路的微分方程，只需列出相量的代数方程便可求出电路的稳态响应，从而使电路的计算大为简化。

1. *R*、*L*、*C* 元件的相量关系

R、L、C 单个元件在正弦稳态电路中其伏安关系的分析常用相量形式表达为 $Z = \dot{U}/\dot{I}$。

(1) 对于电阻元件 R 来说，在正弦交流电路中的伏安关系和直流电路中并没有什么区别，其相量关系为

$$\dot{U} = \dot{I}R \tag{8-1}$$

其中，$\dot{U} = U\angle\psi_u$，$\dot{I} = I\angle\psi_i$ 分别为电压和电流相量，将其代入式(8-1)中，有

$$U\angle\psi_u = I\angle\psi_i R \rightarrow \begin{cases} R = \dfrac{U}{I} \\ \varphi_2 = \psi_u - \psi_i = 0 \end{cases} \tag{8-2}$$

由式(8-2)可知，电阻元件两端的电压幅值和电流幅值符合欧姆定律，电流和电压是同相的。电阻值与频率无关。

(2) 电感元件 L 的相量关系为

$$\dot{U} = \dot{I}Z_L \tag{8-3}$$

其中，$\dot{U} = U\angle\psi_u$，$\dot{I} = I\angle\psi_i$，$Z_L = j\omega L$，将以上各式代入式(8-3)中得

$$U\angle\psi_u = I\omega L\angle\psi_i \rightarrow \begin{cases} \omega L = \dfrac{U}{I} \\ \varphi_2 = \psi_u - \psi_i = 90° \end{cases} \tag{8-4}$$

式(8-4)表示电感 L 的阻抗是频率的函数，频率越高，电感的阻抗值越大，在电压一定的情况下流过电感的电流越小；反之，频率越低，感抗越小，流过电感的电流越大。电感中的电流落后其端电压 90°。

(3) 电容元件 C 的相量关系为

$$\dot{U} = Z_C\dot{I} \tag{8-5}$$

其中，电压相量 $\dot{U} = U\angle\psi_u$，电流相量 $\dot{I} = I\angle\psi_i$，$Z_C = \dfrac{1}{j\omega C}$，将上式代入式(8-5)得

$$U\angle\psi_u = I\dfrac{1}{\omega C}\angle\psi_i \rightarrow \begin{cases} \dfrac{1}{\omega C} = \dfrac{U}{I} \\ \varphi_2 = \psi_u - \psi_i = -90° \end{cases} \tag{8-6}$$

式(8-6)表示电容器 C 端电压的幅度和电流幅值不仅和电容 C 的大小有关，而且和角频率的大小有关。当电容 C 一定时，ω 越高，电容器的阻抗越小，在电压一定的情况下电流的幅值就越大；反之，频率越低，电容器的阻抗越大，流过电容的电流就越小。同时，公式还表示流过电容的电流超前其端电压 $90°$。

2. RLC 并联电路中总电流和分电流的关系

SY 图 8-1 为 RLC 并联电路，其中 r 为电感的绕线电阻。根据基尔霍夫电流定律：

$$\dot{I} = \dot{I}_R + \dot{I}_L + \dot{I}_C \tag{8-7}$$

其中，$\dot{I}_R = \dfrac{\dot{U}}{R}$，$\dot{I}_L = \dfrac{\dot{U}}{r+j\omega L} = \dfrac{U}{\sqrt{r^2+(\omega L)^2}}\angle(\psi_u - \varphi)$，$\varphi = \mathrm{arctg}\dfrac{\omega L}{r}$，$\dot{I}_C = j\omega C\dot{U}$。

所以

$$\dot{I} = \left(\frac{1}{R} + \frac{1}{r+j\omega L} + j\omega C\right)\dot{U} \tag{8-8}$$

式(8-8)说明，总电流相量 $\dot{I}$ 是各支路电流 $\dot{I}_R$、$\dot{I}_L$、$\dot{I}_C$ 相量的代数和。

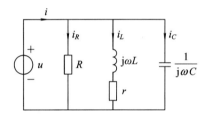

SY 图 8-1 RLC 并联电路

三、预习要求

(1) 把理论计算值填入 SY 表 8-1 内(忽略 1 Ω 电阻)。

SY 表 8-1 R、L、C 元件在交流电路中的性能数据表

频率/kHz		5			10			15		
		计算	实测	误差	计算	实测	误差	计算	实测	误差
U /mV	R									
	L									
	C									
I /mA	R									
	L									
	C									
$\|Z\|$	R									
	L									
	C									

续表

频率/kHz		20			25			30		
		计算	实测	误差	计算	实测	误差	计算	实测	误差
U /mV	R									
	L									
	C									
I /mA	R									
	L									
	C									
$\vert Z \vert$	R									
	L									
	C									

（2）以 $\vert Z \vert$ 为纵坐标，以 f 为横坐标，画出三元件理论计算 $\vert Z \vert$ 值随 f 变化的频率特性曲线。

四、实验内容

（1）实验电路按 SY 图 8-2 连接，其中 $R=620\ \Omega$，$L=4.7\ \mathrm{mH}$，$C=0.1\ \mu\mathrm{F}$（注：L 是带内阻的，计算时应将 L 内阻 r 算入或用电感箱）。

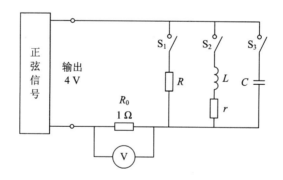

SY 图 8-2　测量 R、L、C 元件在交流电路中的性能电路图

（2）将函数发生器的输出电压（有效值）调到并保持 4 V，频率 f 为 5～30 kHz，每调到一频率时分别闭合 S_1、S_2、S_3 开关，测量各支路的电流 I_R、I_L、I_C 及电流 I，将测量结果填入 SY 表 8-1 中。

电流的测量采用间接测量法，用毫伏表测量 $R_0=1\ \Omega$ 上的电压，然后再折算成电流。

五、实验设备

（1）函数发生器；

（2）毫伏表；

（3）双踪示波器；

（4）器件及导线若干。

六、实验报告

（1）根据实验结果，说明 R、L、C 元件在交流电路中的性能。

（2）试说明在正弦激励下，RLC 并联电路中稳态电流的关系。

（3）以 $|Z|$ 为纵坐标，以 f 为横坐标，画出三元件实测 $|Z|$ 随 f 变化的特性曲线，将理论值与实测值进行比较，得出结论。

（4）回答下列问题：

① 电容器的容抗和电感器的感抗与哪些因素有关？

② 在直流电路中电容和电感的作用如何？

实验九　　RC 电路的频率特性测试

一、实验目的

（1）了解 RC 串并联电路的幅频特性及相频特性。

（2）学会用振荡器、晶体管毫伏表和示波器测量 RC 串并联电路的幅频特性和相频特性。

二、实验设备

（1）函数发生器；

（2）毫伏表；

（3）双踪示波器；

（4）器件及导线若干。

三、实验原理

（1）用函数发生器的正弦信号作为电路的输入信号，在保持输入电压 U_i 不变的情况下，通过输入信号频率的变化，用晶体管毫伏表测出电路输出端相应各频率下的输出电压 U_o，将这些数值画在横轴为 f、纵轴为 U_o 的坐标纸上，用一条光滑的曲线连接这些点，即得到电路的幅频特性曲线。

（2）RC 串并联电路如 SY 图 9-1 所示，其幅频特性如 SY 图 9-2 所示。它的数学表达式为

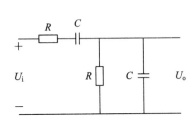

SY 图 9-1　RC 串并联电路

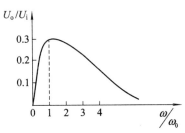

SY 图 9-2　RC 串并联电路幅频特性

$$|H(j\omega)| = \cfrac{1}{\sqrt{3^2 + \left(\cfrac{\omega}{\omega_0} - \cfrac{\omega_0}{\omega}\right)^2}}$$

其中，$\omega_0 = \cfrac{1}{RC}$。

显然，当 $\omega = \omega_0$ 时，$|H(j\omega)| = \cfrac{U_o}{U_i} = \cfrac{1}{3}$，此时 U_o 与 U_i 同相。由幅频特性可见，RC 串并联电路具有带通特性。

（3）将振荡器接在被测网络的输入端，示波器接在输出端，改变输入信号的频率，观测相应的输入和输出波形间的时延 τ 及信号的周期 T，则两波形的相位差角 $\varphi = \cfrac{\tau}{T} \times 360° = \varphi_o - \varphi_i$（输出相位和输入相位之差）。将各个不同频率下的相位差 φ 画在横坐标为 f、纵坐标为 φ 的坐标纸上，用光滑的曲线将这些点连接起来，即是相频特性曲线。

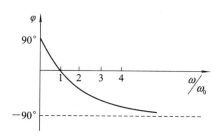

SY 图 9－3　RC 串并联电路的相频特性

（4）如 SY 图 9－1 所示，RC 串并联电路的相频特性如 SY 图 9－3 所示。它的数学表示式为

$$\angle H(j\omega) = -\arctan \cfrac{1}{3}\left(\cfrac{\omega}{\omega_0} - \cfrac{\omega_0}{\omega}\right)$$

当 $\omega = \omega_0 = \cfrac{1}{RC}$ 时，显然 $\angle H(j\omega) = 0$。

四、实验任务与要求

测试 RC 串并联电路的幅频特性及相频特性。其中，$R = 510\ \Omega$，$C = 0.047\ \mu F$。

五、注意事项

由于信号源内阻的影响，注意测试时保持电路输入电压不变。

六、预习要求

（1）估计电路的特定频率值 $f_0 = \cfrac{\omega_0}{2\pi}$。弄清交流电路中相位超前、滞后的概念。

（2）推导 RC 串并联电路的幅频特性 $|H(j\omega)|$ 数学表示式。

（3）根据实验任务拟定实验电路及实验步骤，并设计数据表格。

七、报告要求

（1）根据测试数据画出幅频特性曲线，横坐标为 $\cfrac{\omega}{\omega_0}$，纵坐标为 $\cfrac{U_o}{U_i}$。

（2）根据测试数据画出相频特性曲线，横坐标为 $\cfrac{\omega}{\omega_0}$，纵坐标为 $\varphi = \varphi_o - \varphi_i$。

（3）讨论测试结果。

实验十　RLC 串联谐振电路

一、实验目的

(1) 学习测量 RLC 串联电路的谐振曲线。

(2) 研究电路参数对谐振特性的影响。

(3) 了解什么是二阶带通网络。

二、实验原理

SY 图 10-1 所示电路为 RLC 串联电路，若取电阻 R 的端电压 U_2 为输出电压，则该电路的转移电压比为

$$\frac{U_2}{U_1} = \frac{R}{\left| R + j\left(\omega L - \frac{1}{\omega C}\right) \right|} = \frac{R}{\sqrt{R^2 + \left(\omega L - \frac{1}{\omega C}\right)^2}} \angle -\mathrm{arctg}\,\frac{\omega L - \frac{1}{\omega C}}{R}$$

由上式可知，输出输入电压的幅度比是角频率 ω 的函数，当频率很高和很低时，幅度比都将趋于零，而在某一频率 ω_0 时，$\omega_0 L = \frac{1}{\omega_0 C}$，即振幅比等于 1，为最大值。我们把具有这种性质的函数称为带通函数，该网络称为二阶带通网络。

二阶带通函数输出电压和输入电压的振幅比是频率的函数，其特性曲线如 SY 图 10-2 所示，称为该网络的幅频特性曲线，出现尖峰的频率 ω_0 称为中心频率和谐振频率(其中 $\omega_0 = 2\pi f_0$，$\omega_1 = 2\pi f_1$，$\omega_2 = 2\pi f_2$。这时，电路中的电抗部分为零，阻抗的值最小，成为纯电阻电路，电路中电流最大且与输入电压同相。我们把电路的这种工作状态称为谐振。由此可见电路的谐振条件是：

$$\omega_0 L - \frac{1}{\omega_0 C} = 0$$

即 $\omega_0 = \frac{1}{\sqrt{LC}}$。

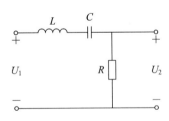

SY 图 10-1　RLC 串联电路

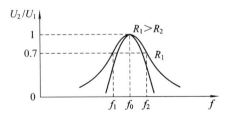

SY 图 10-2　RLC 串联电路谐振曲线

改变角频率 ω 时，振幅比随之变化，当振幅比下降到峰值的 $1/\sqrt{2} = 0.707$ 倍时，两个频率 ω_1、ω_2 分别叫做下三分贝频率和上三分贝频率。这两个频率的差值定义为该网络的通频带 BW，有

$$BW = \omega_2 - \omega_1$$

理论推导证明通频带 $BW = \omega_2 - \omega_1 = R/L$，由电路的参数决定。

RLC 串联电路的幅频特性的陡度，可以用品质因数 Q 来衡量。Q 的定义为

$$Q = \frac{\omega_0}{BW} = \frac{\omega_0 L}{R} = \frac{1}{\omega_0 CR}$$

可见，品质因数 Q 是由电路的参数决定的。当 LC 一定时，电阻 R 越小，Q 值越大，通频带也越窄；反之，电阻 R 越大，品质因数越小，通频带也越宽，如 SY 图 10-2 所示。

其次，当电路谐振时，$X_L = X_C$，电路为纯电阻性的，电流最大 $I_m = U_{1m}/R$，因此，电容及电感上电压的幅值分别为

$$U_{Lm} = I_m \omega_0 L = \frac{\omega_0 L}{R} U_{1m} = Q U_{1m}$$

$$U_{Cm} = I_m \frac{1}{\omega_0 C} = \frac{1}{\omega_0 RC} U_{1m} = Q U_{1m}$$

其幅值为输入电压幅值的 Q 倍。若 $\omega_0 L = \dfrac{1}{\omega_0 C}$ 远远大于电阻 R，则品质因数 Q 远远大于 1。在这种情况下，电容及电感上的电压就会远远超过输入电压。这种现象在无线电通信中获得了广泛的应用，而在电力系统中，这种现象应极力设法避免。

串联谐振电路中，电感、电容的电压为

电感电压：
$$U_L = I\omega L = \frac{\omega L U_s}{\sqrt{R^2 + (\omega L - 1/\omega C)^2}}$$

谐振时：$\omega L = 1/(\omega C)$，即 $X_L = X_C$，则

$$U_L = \frac{\omega L}{R} U_s = Q U_s$$

电容电压：
$$U_C = I \frac{1}{\omega C} = \frac{U_s}{\omega C \sqrt{R^2 + (\omega L - 1/\omega C)^2}}$$

谐振时：$\omega L = 1/(\omega C)$，则

$$U_C = \frac{U_s}{R\omega C} = Q U_s$$

U_L 和 U_C 都是激励源角频率 ω 的函数，$U_L(\omega)$ 和 $U_C(\omega)$ 曲线如 SY 图 10-3 所示，当 $Q > 0.707$ 时，U_C 和 U_L 才能出现峰值，且 U_{Cmax} 出现在 $\omega = \omega_C < \omega_0$ 处，U_{Lmax} 出现在 $\omega = \omega_L > \omega_0$ 处。

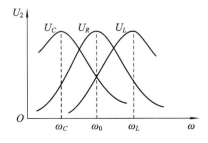

SY 图 10-3　RLC 幅频特性曲线

三、实验内容

（1）实验电路按 SY 图 10-4 接线，图中 $L=2.2$ mH，$C=0.1$ μF，$R=51$ Ω，$r=17$ Ω，r 为电感线圈绕线电阻。

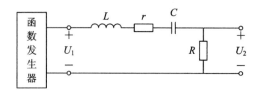

SY 图 10-4 *RLC* 串联电路

（2）调节函数发生器使其输出电压 $U_{1有效}=4$ V 的正弦信号，接入电路，依次改变输入信号的频率，将所测得的输出电压 $U_{2有效}$ 填入 SY 表 10-1 中。

注意： 改变信号频率时保持 $U_1=4$ V。

SY 表 10-1 *RLC* 串联电路幅频特性数据表 1

f/kHz	2	4	6	8	10	12	14	16	18	20
$U_{2有效}$/V										

（3）将 SY 图 9-4 中的电阻 R 改为 120 Ω，重做上述内容，将所测得的结果填入 SY 表 10-2 中。

SY 表 10-2 *RLC* 串联电路幅频特性数据表 2

f/kHz	2	4	6	8	10	12	14	16	18	20
$U_{2有效}$/V										

（4）自己设计测量谐振频率的方法，并记录 f_0 及 U_{2max}。

（5）用双踪示波器测量上三分贝频率和下三分贝频率时，计算输出电压和输入电压的相位差。

四、实验设备

（1）函数发生器；

（2）高频毫伏表；

（3）双踪示波器；

（4）器件及导线若干。

五、实验报告

（1）根据 SY 表 10-1、SY 表 10-2 中的测量数据绘制 *RLC* 串联电路的谐振曲线。

（2）计算实验电路的通频带 BW、谐振频率 ω_0 和品质因数 Q，并与实测值相比较，找出产生误差的原因。

（3）分析实验结果，得出结论。

（4）回答下列问题：

① 在实验中如何判别电路已处于谐振？

② 通过谐振曲线分析电路参数对它的影响。

③ 如何利用 SY 表 10 - 1 中的数值来求得电路的品质因数 Q？

④ 并联谐振电路的谐振条件及特性是什么？

实验十一　日 光 灯 实 验

一、实验目的

（1）通过日光灯实验加深对一般正弦交流电路的认识。

（2）学习使用功率表。

（3）了解提高功率因数的意义和方法。

二、实验原理

1. 日光灯电路的构成

日光灯电路主要由日光灯管、镇流器和启辉器三部分构成，如 SY 图 11 - 1 所示。镇流器是一个带铁心的线圈，实际上相当于一个电感和等效电阻相串联的元件。镇流器在电路中与日光灯串联。启辉器是一个充有氖气的小玻璃泡，内装一个固定电极触片和 U 型可动双金属电极触片。U 型电极触片受热后，其触点会与固定电极的触点闭合。启辉器与日光灯并联。日光灯管为一内壁涂有荧光粉的玻璃管，灯管两端各有一个灯丝，管内抽真空，充有惰性气体和水银蒸气。

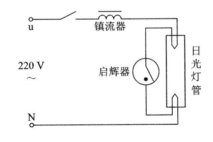

SY 图 11 - 1　日光灯电路

2. 日光灯工作原理

电源刚接通时，由于灯管尚未导通，启辉器的两极因承受全部电压而产生辉光放电，启辉器的 U 型电极触片受热弯曲与固定触片接触，电流流过镇流器、灯管两端灯丝及启辉器构成回路。同时启辉器的两极接触后，辉光放电结束，双金属片变冷，启辉器两极重新断开，使在两极断开瞬间镇流器产生的较高感应电动势与电源电压一起（共约 400～600 V）加在灯管两极之间，使灯管中气体电离而放电，产生紫外线，激发管壁上的荧光粉。灯管点燃后，由于镇流器的限流作用，使得灯管两端的电压低（约 90 V），而启辉器与日光灯并联，较低的电压不能使启辉器再次启动。此时，它处于断开状态，即使将启辉器拿掉也并不影响灯管正常工作。

日光灯电路导通时，其灯管相当于一个纯电阻，镇流器是具有一定内阻 r 的电感线圈。所以整个电路为一 RL 串联交流电路。此时，若在灯管与镇流器串联后的两端并联一适当值的电容 C，则电路为 RL 与 C 并联的交流电路，这时电路的功率因数 $\cos\varphi$ 将比未并联时高。

3. 功率的测量

功率表属于电动式仪表，既可测直流功率，也可测交流有功功率。使用功率表，应根据功率表上所注明的电压、电流限量，将电流线圈（固定线圈）串联在被测电路中，电压线圈（可动线圈）并联在被测电路两端。

三、实验内容

警告：

① 认真检查接线，确认无误，通电前将与测量无关的导线、工具、器件从电路中全部清理干净，确保人身安全，方可通电。

② 实验过程中需要改线，一定要先断开电源开关 S 后再操作。

③ 实验过程中若要断开导线，一定将该导线两端全部断开，并将导线从电路中移出以确保安全。

1. 用功率表测日光灯和镇流器的总功率

(1) 按 SY 图 11-2 接好线路，检查无误。闭合开关 S，S_1 断开，调整调压器输出为 220 V。观察启辉器有闪烁然后日光灯点亮，功率表有指示。

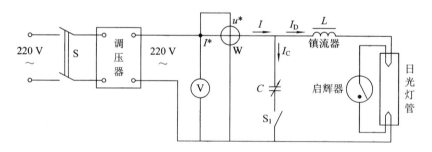

SY 图 11-2 用功率表测日光灯和镇流器总功率的电路图

(2) 闭合 S_1 将电容并联，分别调整电容箱电容值为 1 μF、2 μF、5 μF、10 μF、15 μF、20 μF，依次测量电源电压 U，电路总电流 I，并联电容支路电流 I_C，灯管电流 I_D，镇流器和日光灯管总功率 P（用功率表测量），镇流器端电压 U_L，灯管端电压 U_D，计算功率因数 $\cos\varphi$，并将数据填入 SY 表 11-1 中。

(3) 断开 S_1 将电容断开，测量 I、I_C、I_D，镇流器端电压 U_L，灯管端电压 U_D，镇流器和日光灯管总功率 P，并将数据填入 SY 表 11-1 中。

SY 表 11 - 1　用功率表测日光灯和镇流器总功率的数据表

电容值	0(并联前)	1 μF	2 μF	5 μF	10 μF	15 μF	20 μF
U/V							
I/mA							
I_C/mA							
I_D/mA							
P/W							
U_L/V							
U_C/V							
$\cos\varphi = P/UI$							

2. 用功率表测量日光灯管的功率

（1）按 SY 图 11 - 3 接好线路，检查无误。闭合开关 S，S_1 断开，调整调压器输出为 220 V。日光灯点亮，功率表有指示。

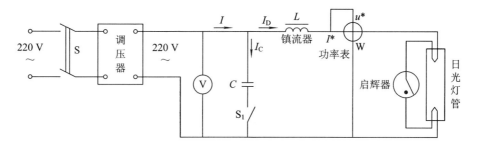

SY 图 11 - 3　用功率表测量日光灯管功率的电路图

（2）断开 S_1，用功率表测量日光灯管功率 P_D，计算功率因数 $\cos\varphi$，将结果填入 SY 表 11 - 2。闭合 S_1，并入 5 μF 电容，重测 P_D，并计算 $\cos\varphi$，将结果填入 SY 表 11 - 2。SY 表 11 - 2 中其他数据可借鉴 SY 表 11 - 1 中数据，也可全部重测。

SY 表 11 - 2　功率表测量日光灯管功率的数据表

电容值	I /mA	I_D /mA	I_C /mA	U /V	U_D /V	U_L /V	P /W	P_D /W	$\cos\varphi = P/UI$
0(并联前)									
5 μF									

注意：① 测量功率时若功率表表针反偏，表明被测负载不是消耗功率，而是发出功率，应对换电流端钮上的接线或转换极性开关，使表针正向偏转。

② 为保护功率表的电压线圈和电流线圈，流过电流线圈的电流和加到电压线圈的电压均不可超过其额定值。

③ 为保护功率表表头的安全，使用前应先将测量挡位置放于最大挡。

四、实验设备

(1) 交流电压表；

(2) 交流电流表；

(3) 功率表；

(4) 40 W 日光灯管、座一套；

(5) 电容箱；

(6) 镇流器，启辉器；

(7) 器件及导线若干。

五、实验报告

(1) 根据 SY 表 11-1 中的数据，在坐标纸上绘出以电容量为自变量，日光灯管的电流 $I_D = f(C)$，电容器电流 $I_C = f(C)$，总电流 $I = f(C)$，功率因数 $\cos\varphi = f(C)$ 的函数曲线。

(2) 根据 SY 表 11-1、SY 表 11-2 中的实测数据，求出日光灯等效电阻 R_D，镇流器等效电阻 R_L，镇流器电感 L。

(3) 回答下列问题：

① U_D 与 U_L 的和，为什么大于 U？

② 并联电容后，为什么总功率不变，而总电流减少？

③ 提高功率因数的意义何在？

第七章　含有互感电路的分析

　　本章主要介绍互感的基本概念，带耦合电感电路的分析与计算，并提出空心变压器和理想变压器的初步概念。互感电路在工程中有着广泛的应用。

第一节　互　　感

　　本节主要介绍自感与互感的基本概念，重点在于互感电压表达式的正确书写，并引入耦合系数的概念。

一、自感与互感

　　图 7-1 所示电路为一画出了绕向的电感线圈，假想它是由无阻（理想）导线绕制而成，其中的芯子并不意味着确实存在，只是为了使读者能够看清线圈的绕向。就是说这一电感线圈实际上是指实际线圈的理想化电路模型，即指理想电感元件。当有电流 i 从 1 端流入线圈时，根据右手螺旋法则，该电流在线圈内部产生的磁通 ϕ_L 的参考方向将由端子 1 指向端子 $1'$，如图 7-1 所示。当线圈的匝数为 N 时，若磁通 ϕ_L 与所有 N 匝都交链，则磁通 ϕ_L 与匝数 N 的乘积称为磁链，用 ψ_L 表示，且 $\psi_L = N\phi_L$。当电流 i 为恒定量时，ϕ_L

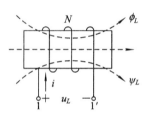

图 7-1　电感线圈

与 ψ_L 也为恒定量，这时线圈两端 1-1′ 之间不会感应出电压。但当电流 i 变化时，ϕ_L 与 ψ_L 也随着变化，这时在线圈端子 1-1′ 之间就会感应出电压，用 u_L 表示。由于此时 ϕ_L、ψ_L 及 u_L 均为线圈自身中的电流 i 产生的，因此称 ϕ_L 为自感磁通，ψ_L 为自感磁链，u_L 称自感电压；而电流 i 则称为施感电流，电流 i 流入的端子 1 称为施感电流的进端。上面已经说过把施感电流 i 与其产生的自感磁通 ϕ_L 或磁链 ψ_L 的参考方向规定为右手螺旋关系，这时有

$$\psi_L = Li$$

式中，L 为正实常数，称为自感（系数），也就是第五章电感元件这一节中所说的电感（系数）。自感磁链的变化率（对时间的导数）即为自感电压。若规定自感电压与施感电流为关联参考方向，这时自感电压与自感磁链的参考方向也符合右手螺旋关系，则有

$$u_L = \frac{\mathrm{d}\psi_L}{\mathrm{d}t} = \frac{\mathrm{d}Li}{\mathrm{d}t} = L\frac{\mathrm{d}i}{\mathrm{d}t}$$

即

$$u_L = L\frac{\mathrm{d}i}{\mathrm{d}t}$$

上式在第五章中就已推导出。在交流稳态电路中，该式的相量形式为

$$\dot{U}_L = \mathrm{j}\omega L\dot{I}$$

式中，$Z_L = j\omega L$ 称为自感阻抗，$X_L = \omega L$ 称为自感抗。电压 u_L 的参考极性如图 7-1 所示。

若在图 7-1 的电感线圈附近放置另一个电感线圈，如图 7-2 所示，图中两线圈编号分别为 1、2，匝数分别为 N_1、N_2，自感分别为 L_1、L_2，此时线圈 1 中电流 i_1 产生的自感磁通 ϕ_{11}(或磁链 ψ_{11})除与自身线圈 1 交链外，其中还有一部分或全部与其附近的线圈 2 也交链，这部分磁通称为互感磁通，用 ϕ_{21} 表示，而 $\psi_{21} = N_2\phi_{21}$ 称为互感磁链。这种两个线圈之间存在着磁场的相互联系的现象称为磁耦合或互感，这对有着磁耦合的电感线圈称做耦合电感或互感元件，它是从实际耦合线圈中抽象出来的理想电路元件。有时耦合电感不只有两个电感元件，可能是 3 个或更多，只要它们之间彼此都存在着磁耦合，就把它们的整体称做一个耦合电感(元件)或互感元件。若在线圈 2 中通以电流 i_2，则 i_2 也会在自身线圈中产生自感磁通 ϕ_{22} 及自感磁链 $\psi_{22} = N_2\phi_{22}$，同时在它附近的线圈 1 中还会产生互感磁通 ϕ_{12} 及互感磁链 $\psi_{12} = N_1\phi_{12}$，i_2 的变化会在线圈 2 中产生自感电压。这些在图 7-2 中均有画出。两个耦合线圈中的磁通存在下述关系：

$$\phi_{21} \leqslant \phi_{11}, \quad \phi_{12} \leqslant \phi_{22}$$

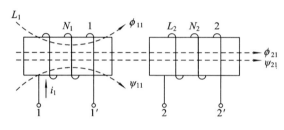

图 7-2　互感线圈

两个耦合线圈中的电流发生变化时，不仅在各自的线圈中产生自感电压，同时在其附近的另一个线圈中还将感应出互感电压。以线圈 1 为例说明这一现象。在图 7-3 中，当线圈 1 中的电流 i_1 发生变化时，其在线圈 2 中的互感磁通 ϕ_{21} 或互感磁链 ψ_{21} 也发生变化，ψ_{21} 与 i_1 成正比例关系，即有

$$\psi_{21} = M_{21}i_1$$

式中，M_{21} 为正实常数，称为互感(系数)，单位为 H(亨利)。互感磁链 ψ_{21} 的变化(对时间的导数)即为在线圈 2 两端感应出的互感电压，用 u_{21} 表示。规定互感磁链 ψ_{21} 与其产生的互感电压 u_{21} 的参考方向符合右手螺旋关系，u_{21} 的参考方向如图 7-3 所示。于是有

$$u_{21} = \frac{\mathrm{d}\psi_{21}}{\mathrm{d}t} = \frac{\mathrm{d}M_{21}i_1}{\mathrm{d}t} = M_{21}\frac{\mathrm{d}i_1}{\mathrm{d}t}$$

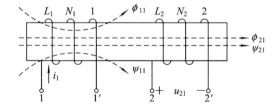

图 7-3　互感元件的互感电压

即

$$u_{21} = M_{21}\frac{\mathrm{d}i_1}{\mathrm{d}t} \tag{7-1}$$

上式表示互感电压与产生它的施感电流的变化率成正比，但比例系数并不是电感 L_1，而是互感 M_{21}。在正弦稳态交流电路中，式(7-1)的相量形式为

$$\dot{U}_{21} = \mathrm{j}\omega M_{21}\dot{I}_1 \tag{7-2}$$

若在线圈 2 中通以电流 i_2，同理 i_2 的变化也会在线圈 1 中感应出互感电压，用 u_{12} 表示，如图 7-4 所示。其表达式为

$$u_{12} = \frac{\mathrm{d}\psi_{12}}{\mathrm{d}t} = \frac{\mathrm{d}M_{12}i_2}{\mathrm{d}t} = M_{12}\frac{\mathrm{d}i_2}{\mathrm{d}t}$$

即

$$u_{12} = M_{12}\frac{\mathrm{d}i_2}{\mathrm{d}t} \tag{7-3}$$

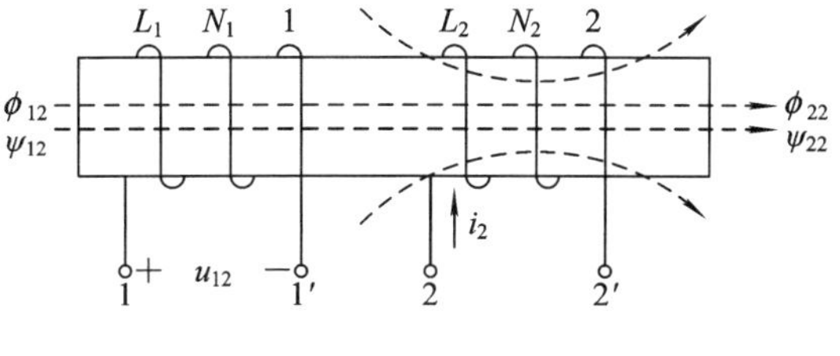

图 7-4　互感元件中的互感电压

在交流稳态电路中，式(7-3)的相量形式为

$$\dot{U}_{12} = \mathrm{j}\omega M_{12}\dot{I}_2 \tag{7-4}$$

可以证明 $M_{12}=M_{21}$，所以令 $M=M_{12}=M_{21}$，于是式(7-1)、式(7-2)、式(7-3)、式(7-4)分别变为

$$u_{21} = M\frac{\mathrm{d}i_1}{\mathrm{d}t}$$

$$\dot{U}_{21} = \mathrm{j}\omega M\dot{I}_1$$

$$u_{12} = M\frac{\mathrm{d}i_2}{\mathrm{d}t}$$

$$\dot{U}_{12} = \mathrm{j}\omega M\dot{I}_2$$

上面各式中，M 为互感(系数)。$Z_M=\mathrm{j}\omega M$ 称为互感阻抗，$X_M=\omega M$ 称为互感抗，它们的单位均为 Ω。

　　综上所述，耦合电感中各个电感线圈除考虑自感电压外还要考虑互感电压，所以各线圈两端的电压是自感电压和互感电压的叠加。一般设各线圈的自感电压与该线圈中的施感电流为关联参考方向，而该施感电流在另一线圈中的互感磁通(或互感磁链)与其产生的互感电压成右手螺旋关系，各线圈两端的总电压也与该线圈中的电流为关联参考方向，如图 7-5 所示。图中 u_{11}、u_{22} 分别为线圈 1、线圈 2 的自感电压；u_{12}、u_{21} 分别为线圈 1、线圈 2 的互感电压；u_1、u_2 分别为线圈 1、线圈 2 的总电压。于是有

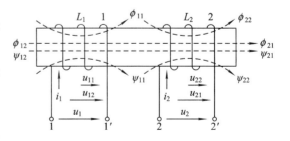

图 7-5　耦合线圈的电压

　　时域形式：

$$u_1 = u_{11} + u_{12} = L_1\frac{\mathrm{d}i_1}{\mathrm{d}t} + M\frac{\mathrm{d}i_2}{\mathrm{d}t}$$

　　相量形式：

$$\dot{U}_1 = \dot{U}_{11} + \dot{U}_{12} = \mathrm{j}\omega L_1 \dot{I}_1 + \mathrm{j}\omega M \dot{I}_2$$

时域形式：

$$u_2 = u_{22} + u_{21} = L_2 \frac{\mathrm{d}i_2}{\mathrm{d}t} + M \frac{\mathrm{d}i_1}{\mathrm{d}t}$$

相量形式：

$$\dot{U}_2 = \dot{U}_{22} + \dot{U}_{21} = \mathrm{j}\omega L_2 \dot{I}_2 + \mathrm{j}\omega M \dot{I}_1$$

这里需特别注意的是，互感电压的参考方向一定要与产生它的互感磁通或互感磁链的参考方向成右手螺旋关系，即互感电压的参考方向要根据产生它的互感磁通的参考方向及其所在线圈的绕向，再配合右手螺旋法则来标定。但有时实际的耦合线圈是被封装好的，如图 7 - 6(a)所示，有时互感元件是用符号表示的，如图 7 - 6(b)所示，这样线圈的绕向就被隐去了。然而两个线圈的施感电流及其互感电压与线圈的绕向都有关系，若不知道线圈的绕向，就无法判断互感电压的参考方向。为了解决这一问题，引入了同名端的概念。

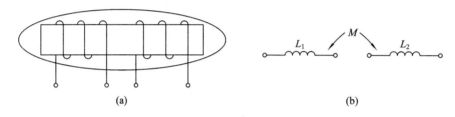

(a)   (b)

图 7 - 6　隐去绕向的耦合电感

二、同名端

耦合电感的每个电感线圈各有一对端子，但其中一个线圈施感电流的进端与其在另一个线圈产生的互感电压的正极性端总有一一对应的关系，我们把这对端子称做同名端，用相同的符号标记，例如"＊"号或小圆点"·"等。例如在图 7 - 7 中，线圈 L_1 施感电流的进端为端子 1，线圈 L_2 互感电压的"＋"极性端为端子 $2'$，于是这对端子$(1, 2')$即为同名端，用小圆点标记。而另一对端子$(1', 2)$自然也互为同名端。这样我们就可以用图 7 - 8 所示的图形符号来表示耦合电感。

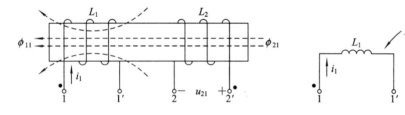

图 7 - 7　耦合线圈的同名端　　　　　图 7 - 8　耦合电感的图形符号

注意：这里互感电压的参考方向与产生它的互感磁通的参考方向之间的关系是按右手螺旋法则来规定的，只有二者的参考方向符合右手螺旋关系，这时互感电压 u_M 的表达式中 M 前面取"＋"号，即有

$$u_M = M \frac{\mathrm{d}i}{\mathrm{d}t}$$

上式的相量形式为

$$\dot{U}_M = j\omega M\dot{I}$$

否则 M 前面将取"－"号。例如使二者为左手螺旋关系，但一般都不这样做。这样我们便得到了标记互感电压参考方向的规则，即在耦合电感中，某个线圈中的施感电流若在另一个线圈中感应出互感电压，则该互感电压的参考正极性端应标注在与该施感电流的进端互为同名端的那个端子处，这时互感电压在表达式中取"＋"号，否则取"－"号。例如在图 7-9 中，施感电流在电感 L_1 的进端为端子 1，电感 L_2 中与该进端互为同名端的那个端子为 $2'$ 端，因此电感 L_2 中的互感电压"＋"极性端就标记在端子 $2'$ 处，此时 $u_{21}=M\dfrac{\mathrm{d}i_1}{\mathrm{d}t}$，其相量形式为 $\dot{U}_{21}=j\omega M\dot{I}_1$。在图 7-9 中，若电感 L_2 有电流 i_2 从 2 端流进，在线圈 L_1 中与该施感电流进端互为同名端的端子为 $1'$ 端，所以互感电压 u_{12} 的"＋"极性端要标注在 $1'$ 端，这时电感线圈 L_1 的 $1-1'$ 两端的电压 u_1 的表达式为

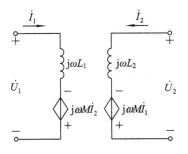

$$u_1 = L_1\frac{\mathrm{d}i_1}{\mathrm{d}t} - u_{12} = L_1\frac{\mathrm{d}i_1}{\mathrm{d}t} - M\frac{\mathrm{d}i_2}{\mathrm{d}t}$$

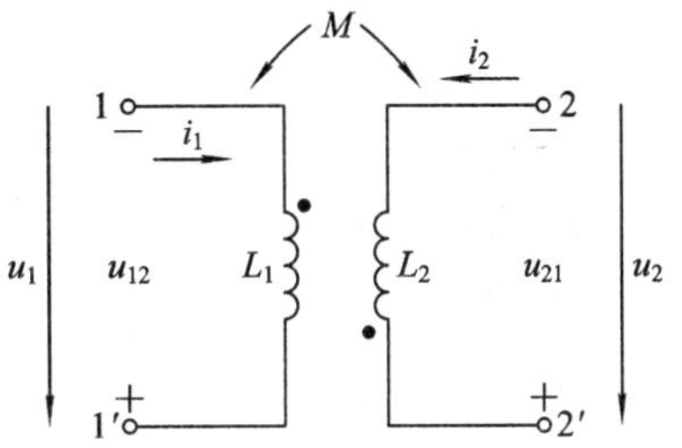

注意：一般自感电压与其施感电流总为关联参考方向。

图 7-9　互感电压参考极性

上式的相量形式为

$$\dot{U}_1 = j\omega L_1\dot{I}_1 - j\omega M\dot{I}_2$$

同理，电感 L_2 的 $2-2'$ 端口处的电压 $\dot{U}_2$ 的表达式为

$$\dot{U}_2 = j\omega L_2\dot{I}_2 - j\omega M\dot{I}_1$$

根据这一相量形式也可画出其受控源电路模型，如图 7-10 所示，这时电路模型中不再有互感 M。图中的受控源为电流控制电压源，此时电路相当于无互感的电路，其计算按照普通的正弦稳态交流电路计算即可。

如果耦合电感中不只有两个电感线圈，而是有两个以上的线圈，彼此之间存在着磁耦合时，同名端应当一对一对地加以标记，但每一对必须用不同的符号。例如一对用"△"，另一对必须换用另一种符号"＊"或"•"等。

另外，工程上常用实验的方法来确定耦合线圈的同名端。当有增大的施感电流流入线圈（进端）时，则它与耦合线圈的另一线圈中电位升高的一端构成同名端。例如在图 7-11 中，电感线圈 L_1 的 1 端有增大的电流 i_1 流进，即 $\dfrac{\mathrm{d}i_1}{\mathrm{d}t}>0$。根据焦耳-楞次定律，在线

图 7-10　耦合电感的受控源
　　　　形式的相量模型

圈 L_2 中的感生电流 i_g 产生的磁通 ϕ_g 与施感电流 i_1 产生的互感磁通 ϕ_{21} 方向相反，根据右手螺旋法则，感生电流 i_g 应从线圈 L_2 的 2 端流进，从 $2'$ 端流出，ϕ_g 与 i_g 的方向在图7-11 中标出。因 i_g 流出的一端 $2'$ 端即为互感电压 u_{21}（感生电压 u_g）的"＋"极性端，也就是电位

升高的一端，显然此时互感电压 u_{21} 与互感磁通 ϕ_{21} 成右手螺旋关系，其极性如图7-11所示。因此根据同名端的定义，电位升高的一端即 2′端与增大的施感电流的进端即 1′端互为同名端。

图7-12为用实验的方法测定同名端的接线图。接直流电压源 U_s 的一边为耦合线圈的一次侧，接毫安表的一边为二次侧。毫安表的"＋"接线柱接二次侧的 2 端，"－"接线柱接二次侧的 2′端。将一次侧的开关 S 快速合上，与此同时观察毫安表指针的偏转，若指针为正向偏转，则表明感生电流 i_g 从 2 端流出，即 2 端为感生电压 u_g 的高电位端（正极性端），从而断定二次侧的 2 端与一次侧的 1 端互为同名端，否则 2′端与 1 端互为同名端。当然另一对端子(1′，2′)亦为同名端。

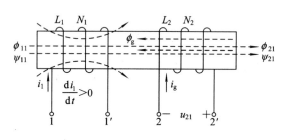

图7-11 确定同名端的实验方法

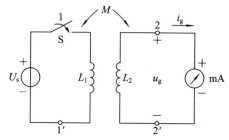

图7-12 测同名端的实验电路

例7-1 图7-13所示电路，已知互感 $M=0.0125$ H，电感 $L_1=0.01$ H，电流源 $i_s=10\cos800t$ A，求二次侧开路电压 u_{oc} 及一次侧电压 u_{11}。

解 设耦合线圈二次侧的开路电压 u_{oc} 的参考方向如图中所示。二次侧线圈 L_2 的互感电压 u_{21} 根据同名端的概念，其"＋"极性端应设在与施感电流 i_s 的进端(一次侧的 1 端)互为同名端的端子 2′处，如图中所示。此时有

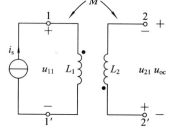

图7-13 例7-1图

$$\dot{U}_{21} = j\omega M \dot{I}_s$$
$$= j800 \times 0.0125 \times \frac{10}{\sqrt{2}}\angle 0° \text{ V}$$
$$= \frac{100}{\sqrt{2}}\angle 90° \text{V}$$

由于 $\dot{U}_{oc}$ 与 $\dot{U}_{21}$ 参考方向相反，所以

$$\dot{U}_{oc} = -\dot{U}_{21} = -\frac{100}{\sqrt{2}}\angle 90° \text{V} = \frac{100}{\sqrt{2}}\angle(-90°)\text{V}$$

于是

$$u_{oc} = \sqrt{2} \times \frac{100}{\sqrt{2}}\cos(800t-90°)\text{V} = 100\cos(800t-90°)\text{V}$$

一次侧 1-1′端子间的电压 u_{11} 的参考方向如图中所示。由于二次侧为开路状态，所以二次电流为零，即一次侧电感 L_1 中没有互感电压，只有自感电压。自感电压为

$$\dot{U}_{11} = j\omega L_1 \dot{I}_s = j800 \times 0.01 \times \frac{10}{\sqrt{2}}\angle 0° \text{ V} = \frac{80}{\sqrt{2}}\angle 90° \text{V}$$

于是

$$u_{11} = \sqrt{2}\,\frac{80}{\sqrt{2}}\cos(800t + 90°)\,\mathrm{V} = 80\cos(800t + 90°)\,\mathrm{V}$$

工程上为了定量地描述两个耦合线圈的耦合紧疏程度，引入耦合系数的概念。

三、耦合系数

把两线圈的互感磁链与自感磁链的比值的几何平均值定义为耦合系数，用 K 表示：

$$K \stackrel{\mathrm{def}}{=\!=\!=} \sqrt{\frac{|\psi_{12}|}{\psi_{11}} \cdot \frac{|\psi_{21}|}{\psi_{22}}} \leqslant 1$$

由于 $|\psi_{12}| = Mi_2$，$\psi_{11} = L_1 i_1$，$|\psi_{21}| = Mi_1$，$\psi_{22} = L_2 i_2$，代入上式后有

$$K = \sqrt{\frac{Mi_2}{L_1 i_1} \cdot \frac{Mi_1}{L_2 i_2}} = \frac{M}{\sqrt{L_1 L_2}} \leqslant 1$$

即

$$K \stackrel{\mathrm{def}}{=\!=\!=} \frac{M}{\sqrt{L_1 L_2}}$$

上式表明 $M_{\max} = \sqrt{L_1 L_2}$，即互感量的最大值为两个自感量的几何平均值。因此耦合系数也可以定义为两个耦合线圈的互感量与互感量最大值的比值，即

$$K \stackrel{\mathrm{def}}{=\!=\!=} \frac{M}{M_{\max}}$$

两个线圈耦合的紧疏程度即耦合系数 K 的大小与线圈的结构、两线圈的相互位置以及周围的磁介质有关。如果两个线圈靠得很紧或很密地绕在一起，则耦合系数 K 值可能接近于 1，理想化时可认为是 1。反之，如果两个线圈相隔很远，或者它们的轴线互相垂直，则 K 值可能很小，甚至可能接近于 0，理想化时可认为是 0。由此可见，改变或调整它们的相互位置可以改变耦合系数 K 值的大小；当 L_1、L_2 一定时，也就相应地改变了互感 M 的大小。

显然，在 $L_1 = L_2 = L$ 时，$M_{\max} = L$，即

$$K = \frac{M}{L}$$

$K = 1$ 时，称全耦合，M 达最大值，$M_{\max} = \sqrt{L_1 L_2}$；

$K = 0$ 时，称无耦合，M 达最小值，$M = 0$；

$K > 0.5$ 时，称紧耦合；

$K < 0.5$ 时，称松耦合。

互感最主要的应用是变压器。一般变压器为松耦合，主要应用于级联耦合。

当 $K = 1$ 时，称全耦合变压器，主要应用在电源变压器上。在工程上，为了使耦合系数 K 值尽可能接近于 1，一般采用铁磁材料作线圈的芯子，来达到这一目的。

当 $K = 1$ 且 $L_1 = \infty$、$L_2 = \infty$、$M = \infty$ 时，称为理想变压器，主要应用于高频电路 LC 回路。

在工程上有时要尽量减小互感作用，以避免线圈之间的相互干扰。除了采用屏蔽手段外，一个有效的方法是合理布置这些线圈的相互位置，以便大大减小互感的作用。

在例 7-1 中若增补 $L_2 = 0.25\,\mathrm{H}$，则 K 值为

$$K = \frac{M}{\sqrt{L_1 L_2}} = \frac{0.0125}{\sqrt{0.01 \times 0.25}} = \frac{1.25}{5} = 0.25 < 0.5$$

该耦合电感为松耦合。

第二节   含有耦合电感电路的计算

本节主要介绍耦合电感串、并联及耦合电感的去耦等效电路的计算。

一、耦合电感串联电路的计算

耦合电感的串联有两种接法：顺接方式和反接方式。顺接就是异名端相连接，反接就是同名端相连接，具体电路如图 7-14 和图 7-15 所示。

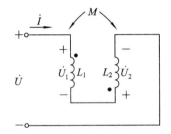
图 7-14   耦合电感顺接串联电路

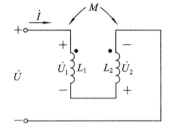
图 7-15   耦合电感反接串联电路

1. 耦合电感顺接串联电路

图 7-14 中电流 $\dot{I}$ 对两电感线圈 L_1 与 L_2 均从同名端流入，线圈 L_1 与 L_2 为异名端相连，所以该耦合电感为顺接串联。耦合电感顺接串联电路的两端电压 $\dot{U}$ 为电感 L_1 与 L_2 两端电压 $\dot{U}_1$ 与 $\dot{U}_2$ 之和：

$$\dot{U} = \dot{U}_1 + \dot{U}_2 = j\omega L_1 \dot{I} + j\omega M \dot{I} + j\omega M \dot{I} + j\omega L_2 \dot{I}$$

$$\dot{U} = j\omega(L_1 + L_2 + 2M)\dot{I} = j\omega L \dot{I}$$

上式中

$$L = L_1 + L_2 + 2M$$

由此可知，顺接串联的耦合电感可以用一个等效电感 L 来代替，等效电感 L 等于两电感线圈自感量 L_1 与 L_2 之和，再加它们之间的互感量 M 的 2 倍。

2. 耦合电感反接串联电路

图 7-15 中由于电流 $\dot{I}$ 是由两电感线圈 L_1 和 L_2 的异名端流入，L_1 和 L_2 为同名端相连接，所以该耦合电感为反接串联。耦合电感反接串联电路两端电压 $\dot{U}$ 为电感 L_1 与 L_2 两端电压 $\dot{U}_1$ 与 $\dot{U}_2$ 之和：

$$\dot{U} = \dot{U}_1 + \dot{U}_2 = j\omega L_1 \dot{I} - j\omega M \dot{I} - j\omega M \dot{I} + j\omega L_2 \dot{I}$$

$$\dot{U} = j\omega(L_1 + L_2 - 2M)\dot{I} = j\omega L \dot{I}$$

上式中

$$L = L_1 + L_2 - 2M$$

由此可知，反接串联的耦合电感可以用一个等效电感 L 来代替，等效电感 L 等于两电感线圈自感量 L_1 与 L_2 之和，再减它们之间的互感量 M 的 2 倍。由于电感是储能元件，储能 $W_L = \dfrac{1}{2} L i_L^2$，它不能为负值。因此，等效电感 L 必须是正值，也就是说两线圈自感量之和

必须大于或等于 2 倍的互感量，即

$$L_1 + L_2 \geqslant 2M$$

顺接时等效电感增加，反接时等效电感减小。这说明反接的互感有消弱自感的作用，互感的这种作用称为互感的"容性"效应。在一定条件下，可能有一个电感 L_1 或 L_2 小于互感 M，则该电感呈容性反应。

二、耦合电感并联电路的计算

耦合电感的并联也有两种接法：同侧并联和异侧并联。下面我们作简单介绍。

1. 耦合电感同侧并联电路

耦合电感同侧并联电路如图 7-16 所示，其同名端在同侧，所以称为同侧并联。并联电路主要是计算并联支路中的电流 $\dot{I}_1$ 与 $\dot{I}_2$，输入端口的等效阻抗 Z_{eq}。若端口电压为 $\dot{U}$，根据 KVL 有

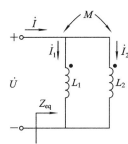

$$\dot{U} = j\omega L_1 \dot{I}_1 + j\omega M \dot{I}_2$$

$$\dot{U} = j\omega M \dot{I}_1 + j\omega L_2 \dot{I}_2$$

联立上面两式可解出 $\dot{I}_1$ 与 $\dot{I}_2$。再根据 KCL 有

$$\dot{I} = \dot{I}_1 + \dot{I}_2$$

于是输入端口等效阻抗为

$$Z_{eq} = \frac{\dot{U}}{\dot{I}}$$

图 7-16　耦合电感同侧
并联电路

经计算，耦合电感同侧并联电路所呈现的电感可以用一个电感 L_{eq} 来代替，其表达式为

$$L_{eq} = \frac{L_1 L_2 - M^2}{L_1 + L_2 - 2M}$$

由于电感 L_{eq} 不可能为负值，上式分母也不可能为负值，因此要求分子也不能为负值，即

$$L_1 L_2 \geqslant M^2$$

显然互感 M 的最大值是两电感线圈自感量的几何平均值。这一概念，我们在第一节"三、耦合系数"中已经使用到了。

2. 耦合电感异侧并联电路

耦合电感异侧并联电路如图 7-17 所示，其同名端在异侧，所以称为异侧并联。与同侧并联相比较，由于同名端位置发生了改变，所以改变了各电感线圈中的互感电压参考方向。将同侧并联电路中各表达式中带 M 的项前面的"＋"、"－"号相互改变，就得到异侧并联电路中相应的各表达式。经计算，耦合电感异侧并联电路所呈现的电感也可以用一个等效电感 L_{eq} 来代替，其表达式为

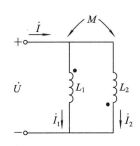

图 7-17　耦合电感异侧
并联电路

$$L_{eq} = \frac{L_1 L_2 - M^2}{L_1 + L_2 + 2M}$$

三、耦合电感电路变换为去耦等效电路的计算

在工程设计中，耦合电感中两电感线圈 L_1 与 L_2 常设一公共端钮，由此再和第三条支路连接，如图 7-18(a)所示。图中两电感线圈的同名端均靠近公共端子，即在同一侧。此时我们可以将耦合电感电路变换为没有耦合的等效电路来计算，称为去耦电路，如图 7-19所示。

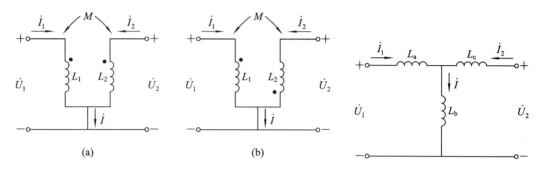

图 7-18　有公共端的耦合电感电路　　　　图 7-19　去耦等效电路

在图 7-18(a)中，耦合电感两电感线圈 L_1 与 L_2 的电压分别为
$$\dot{U}_1 = \mathrm{j}\omega L_1 \dot{I}_1 + \mathrm{j}\omega M \dot{I}_2, \quad \dot{U}_2 = \mathrm{j}\omega M \dot{I}_1 + \mathrm{j}\omega L_2 \dot{I}_2$$

在图 7-19中，去耦等效电路的输入、输出电压分别为
$$\dot{U}_1 = \mathrm{j}\omega L_a \dot{I}_1 + \mathrm{j}\omega L_b (\dot{I}_1 + \dot{I}_2) = \mathrm{j}\omega (L_a + L_b) \dot{I}_1 + \mathrm{j}\omega L_b \dot{I}_2$$
$$\dot{U}_2 = \mathrm{j}\omega L_c \dot{I}_2 + \mathrm{j}\omega L_b (\dot{I}_1 + \dot{I}_2) = \mathrm{j}\omega L_b \dot{I}_1 + \mathrm{j}\omega (L_b + L_c) \dot{I}_2$$

根据等效原理有
$$L_a + L_b = L_1, \quad L_b = M, \quad L_b + L_c = L_2$$

进而有
$$L_a = L_1 - M, \quad L_b = M, \quad L_c = L_2 - M$$

如果改变图 7-18(a)所示电路中同名端的位置，如图 7-18(b)所示，图中两电感线圈同名端一个靠近公共端，另一个背离公共端，即同名端在异侧。这时图 7-19去耦等效电路的 L_a、L_b、L_c 各式中 M 前及图 7-18(a)所示电路相应的各表达式中带 M 的各项前的符号也要作相应的改变，即"+"、"-"号要相互改变，则与图 7-18(b)所示电路相对应的图 7-19去耦等效电路中 L_a、L_b、L_c 的各表达式变为
$$L_a = L_1 + M, \quad L_b = -M, \quad L_c = L_2 + M$$

记忆的原则为
$$L_b = \pm M \begin{cases} \text{同名端在同侧，} M \text{ 前取 "+" 号，简称同正。} \\ \text{同名端在异侧，} M \text{ 前取 "-" 号，简称异负。} \end{cases}$$

$$\left. \begin{array}{l} L_a = L_1 \mp M \\ L_b = L_2 \mp M \end{array} \right\} M \text{ 前的符号与 } L_b \text{ 中 } M \text{ 前的符号相反。}$$

例 7-2　电路如图 7-20(a)所示，已知 $R_1 = 3\ \Omega$，$R_2 = 5\ \Omega$，$\omega L_1 = 7.5\ \Omega$，$\omega L_2 = 12.5\ \Omega$，$\omega M = 6\ \Omega$，电压 $\dot{U} = 50\angle 0°\mathrm{V}$，求当开关 S 断开和闭合时的电流 $\dot{I}$。

解　开关 S 断开时，两线圈为顺接串联，于是

$$\dot{I} = \frac{\dot{U}}{R_1 + R_2 + j\omega(L_1 + L_2 + 2M)} = \frac{\dot{U}}{R_1 + R_2 + j(\omega L_1 + \omega L_2 + 2\omega M)}$$

$$= \frac{50\angle 0°}{3 + 5 + j(7.5 + 12.5 + 2 \times 6)}A = 1.53\angle(-75.96°)\ A$$

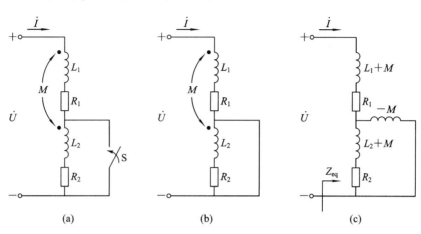

图 7 - 20　例 7 - 2 图

开关 S 闭合时，图 7 - 20(a)变为图 7 - 20(b)。图 7 - 20(b)的去耦等效电路如图 7 - 20(c)所示，此时电路的等效阻抗为

$$Z_{eq} = j\omega(L_1 + M) + R_1 + \frac{[j\omega(L_2 + M) + R_2]j\omega(-M)}{[j\omega(L_2 + M) + R_2] - j\omega M}$$

$$= j(\omega L_1 + \omega M) + R_1 + \frac{[j(\omega L_2 + \omega M) + R_2](-j\omega M)}{[j(\omega L_2 + \omega M) + R_2] - j\omega M}$$

$$= j(7.5 + 6)\Omega + 3\ \Omega + \frac{[j(12.5 + 6) + 5](-j6)}{[j(12.5 + 6) + 5] - j6}$$

$$= 3.99\ \Omega + j5.02\ \Omega = 6.41\angle 51.52°\Omega$$

于是有

$$\dot{I} = \frac{\dot{U}}{Z_{eq}} = \frac{50\angle 0°}{6.41\angle 51.52°}\ A = 7.8\angle -51.52°\ A$$

第三节　空芯变压器

从本节开始，我们介绍变压器的初步概念。

变压器是电子技术中经常用到的器件，它是利用互感来实现从一个电路向另一个电路传输能量或信号的一种器件。它通常有一个初级线圈和一个次级线圈，初级线圈接电源，次级线圈接负载，能量可以通过磁场的耦合从电源传递给负载。

变压器可以有铁芯，也可以没有铁芯。有铁芯的变压器称铁芯变压器，不用铁芯的变压器称空芯变压器。铁芯变压器处于紧耦合状态，而空芯变压器处于松耦合状态。

空芯变压器可列变压器方程计算，也可以利用引入阻抗计算。下面主要介绍引入阻抗的计算。

一、空芯变压器的引入阻抗

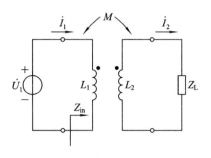

图 7 - 21 是空芯变压器的简化电路模型(没有考虑线圈的电阻)。与电源相连接的一边称为一次侧,其线圈称为一次绕组,L_1 表示一次绕组的电感;与负载相连接的一边称为二次侧,其线圈称为二次绕组,L_2 表示二次绕组的电感,$\dot{U}_1$ 是电源电压相量,Z_L 作为负载阻抗。于是空芯变压器的回路方程为

图 7 - 21 空芯变压器简化
电路模型

$$j\omega L_1 \dot{I}_1 - j\omega M \dot{I}_2 = \dot{U}_1 \qquad (7-5)$$
$$-j\omega M \dot{I}_1 + (j\omega L_2 + Z_L)\dot{I}_2 = 0 \qquad (7-6)$$

该方程组的系数矩阵为

$$D = \begin{vmatrix} j\omega L_1 & -j\omega M \\ -j\omega M & j\omega L_2 + Z_L \end{vmatrix} = j\omega L_1(j\omega L_2 + Z_L) + (\omega M)^2$$

而

$$D_1 = \begin{vmatrix} \dot{U}_1 & -j\omega M \\ 0 & j\omega L_2 + Z_L \end{vmatrix} = \dot{U}_1(j\omega L_2 + Z_L)$$

于是

$$\dot{I}_1 = \frac{D_1}{D} = \frac{(j\omega L_2 + Z_L)\dot{U}_1}{j\omega L_1(j\omega L_2 + Z_L) + (\omega M)^2} = \frac{\dot{U}_1}{j\omega L_1 + \dfrac{(\omega M)^2}{j\omega L_2 + Z_L}}$$

一次侧输入阻抗或等效阻抗为

$$Z_{in} = \frac{\dot{U}_1}{\dot{I}_1} = j\omega L_1 + \frac{(\omega M)^2}{j\omega L_2 + Z_L}$$

负载 Z_L 对一次电流的影响可用引入阻抗 Z_y 表示,引入阻抗 Z_y 也称反映阻抗,即

$$Z_y \overset{\text{def}}{=} \frac{(\omega M)^2}{j\omega L_2 + Z_L} = \frac{X_M^2}{Z_{22}}$$

记忆的方法为

$$Z_y = \frac{\text{互感抗 } X_M \text{ 的平方}}{\text{二次回路阻抗 } Z_{22}}$$

二次回路阻抗 Z_{22} 包括二次绕组阻抗与负载阻抗,即 $Z_{22} = j\omega L_2 + Z_L$。引入阻抗 Z_y 是二次侧的回路阻抗通过互感反映到一次侧的等效阻抗,Z_y 的性质与 Z_{22} 相反,即感性(容性)变为容性(感性)。利用引入阻抗可以很方便地计算一次电流 $\dot{I}_1$ 和二次电流 $\dot{I}_2$。

$$\dot{I}_1 = \frac{\dot{U}_1}{Z_{in}}, \quad Z_{in} = j\omega L_1 + Z_y$$

即

$$\dot{I}_1 = \frac{\dot{U}_1}{\text{一次回路阻抗} + Z_y}$$

式(7-5)与式(7-6)组成的方程组的 D_2 为

$$D_2 = \begin{vmatrix} j\omega L_1 & \dot{U}_1 \\ -j\omega M & 0 \end{vmatrix} = j\omega M \dot{U}_1$$

$$\dot{I}_2 = \frac{D_2}{D}$$

$$\frac{\dot{I}_2}{\dot{I}_1} = \frac{D_2/D}{D_1/D} = \frac{D_2}{D_1} = \frac{j\omega M\dot{U}_1}{\dot{U}_1(j\omega L_2 + Z_L)} = \frac{j\omega M}{j\omega L_2 + Z_L}$$

于是

$$\dot{I}_2 = \frac{j\omega M\dot{I}_1}{j\omega L_2 + Z_L} = \frac{Z_M\dot{I}_1}{Z_{22}} \quad 即 \quad \dot{I}_2 = \frac{Z_M\dot{I}_1}{二次回路阻抗}$$

上式可以理解为一次电流 $\dot{I}_1$ 通过互感在二次绕组中感应出电压 $Z_M\dot{I}_1$，于是二次电流 $\dot{I}_2$ 为此互感电压 $Z_M\dot{I}_1$ 与二次回路阻抗 Z_{22} 的比值。

$\dot{I}_1$ 可以用图 7-22 所示的等效电路来表示，称为一次侧等效电路。电路中 Z_{11} 为一次回路阻抗，这里 $Z_{11}=j\omega L_1$。$\dot{I}_2$ 可以用图 7-23 所示的等效电路来表示，称为二次侧等效电路。电路中 Z_{22} 为二次回路阻抗，它包括二次绕组阻抗与负载阻抗，这里 $Z_{22}=j\omega L_2+Z_L$。

注意，若图 7-21 所示电路中同名端位置改变或电流 $\dot{I}_2$ 参考方向改变，都会造成图 7-23 中电源 $j\omega MI_1$ 反向，或电源电压表达式变为 $-j\omega M\dot{I}_1$，即

$$\dot{I}_2 = -\frac{j\omega M\dot{I}_1}{Z_{22}}$$

电流 $\dot{I}_2$ 也可直接从式(7-6)中求出：

$$\dot{I}_2 = \frac{j\omega M\dot{I}_1}{j\omega L_2 + Z_L} = \frac{jX_M\dot{I}_1}{Z_{22}}$$

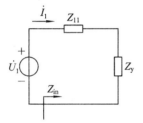

图 7-22 一次侧等效电路

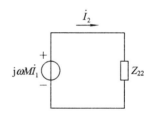

图 7-23 二次侧等效电路

二、变压器的计算

下面举一个例子说明空芯变压器的计算。

例 7-3 电路如图 7-24(a)所示，已知 $\dot{U}_s=1\angle 0°\text{V}$，$Z_L=8\ \Omega$，其他如图所示，试计算 $\dot{I}_1$、$\dot{I}_2$ 及 $\dot{U}_2$。

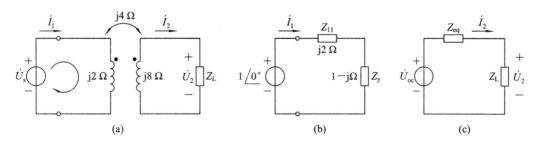

图 7-24 例 7-3 图

解 解该题可以使用三种方法：第一种是引入阻抗法；第二种是网孔电流法；第三种

是戴维南法。

（1）引入阻抗法。

$$Z_y = \frac{X_M^2}{Z_{22}} = \frac{(\omega M)^2}{\mathrm{j}\omega L_2 + Z_L} = \frac{4^2}{\mathrm{j}8 + 8}\Omega = 1\ \Omega - \mathrm{j}\ \Omega$$

一次侧等效电路如图 7-24(b)所示，图中电流 $\dot{I}_1$ 为

$$\dot{I}_1 = \frac{\dot{U}_s}{Z_{11} + Z_y} = \frac{1\angle 0°}{\mathrm{j}2 + 1 - \mathrm{j}}\ \mathrm{A} = \frac{1}{1 + \mathrm{j}}\ \mathrm{A} = \frac{\sqrt{2}}{2}\angle -45°\mathrm{A}$$

二次电流 $\dot{I}_2$ 为

$$\dot{I}_2 = \frac{\mathrm{j}\omega M \dot{I}_1}{Z_{22}} = \frac{\mathrm{j}4 \times \dfrac{\sqrt{2}}{2}\angle -45°}{\mathrm{j}8 + 8}\ \mathrm{A} = \frac{1}{4}\ \mathrm{A}$$

负载阻抗上电压 $\dot{U}_2$ 为

$$\dot{U}_2 = \dot{I}_2 Z_L = \frac{1}{4} \times 8\ \mathrm{V} = 2\ \mathrm{V}$$

（2）网孔电流法。

一次回路方程为

$$\dot{I}_1 \times \mathrm{j}2 - \mathrm{j}4 \times \dot{I}_2 = 1\angle 0°$$

二次回路方程为

$$-\mathrm{j}4 \times \dot{I}_1 + (\mathrm{j}8 + 8)\dot{I}_2 = 0$$

$$D = \begin{vmatrix} \mathrm{j}2 & -\mathrm{j}4 \\ -\mathrm{j}4 & 8 + \mathrm{j}8 \end{vmatrix} = \mathrm{j}16$$

$$D_1 = \begin{vmatrix} 1\angle 0° & -\mathrm{j}4 \\ 0 & 8 + \mathrm{j}8 \end{vmatrix} = 8 + \mathrm{j}8$$

$$D_2 = \begin{vmatrix} \mathrm{j}2 & 1\angle 0° \\ -\mathrm{j}4 & 0 \end{vmatrix} = \mathrm{j}4$$

$$\dot{I}_1 = \frac{D_1}{D} = \frac{8 + \mathrm{j}8}{\mathrm{j}16}\ \mathrm{A} = \frac{\sqrt{2}}{2}\angle -45°\mathrm{A}$$

$$\dot{I}_2 = \frac{D_2}{D} = \frac{\mathrm{j}4}{\mathrm{j}16}\ \mathrm{A} = \frac{1}{4}\ \mathrm{A}$$

$$\dot{U}_2 = \dot{I}_2 Z_L = \frac{1}{4} \times 8\ \mathrm{V} = 2\ \mathrm{V}$$

（3）戴维南法。

将负载 Z_L 开路，开路电压为

$$\dot{U}_{oc} = \mathrm{j}\omega M \dot{I}_1$$

由于二次侧开路，$\dot{I}_2 = 0$，所以一次绕组中无互感电压，只有自感电压，于是一次电流为

$$\dot{I}_1 = \frac{\dot{U}_s}{\mathrm{j}\omega L_1} = \frac{1\angle 0°}{\mathrm{j}2}\mathrm{A} = \frac{1}{\mathrm{j}2}\ \mathrm{A}$$

故

$$\dot{U}_{oc} = \mathrm{j}4 \times \frac{1}{\mathrm{j}2}\mathrm{V} = 2\ \mathrm{V}$$

从二次侧看过去的戴维南等效阻抗为（此时电压源短路）

$$Z_{\mathrm{eq}} = Z'_{22} + \frac{X_{\mathrm{M}}^2}{Z'_{11}} = \mathrm{j}\omega L_2 + \frac{(\omega M)^2}{\mathrm{j}\omega L_1} = \mathrm{j}8 + \frac{4^2}{\mathrm{j}2} = 0$$

注意：上式是将原来的二次侧看成变压器的一次侧，把原来的一次侧(电压源短路)看成变压器的二次侧，这时再把负载阻抗移开，用外加电压法求由负载端看过去的戴维南等效阻抗 Z_{eq}。实际上是利用了引入阻抗的概念，因此式中 Z'_{22} 表示现在的一次回路阻抗，Z'_{11} 表示现在的二次回路阻抗。

戴维南等效电路如图 7－24(c)所示，从图中有

$$\dot{I}_2 = \frac{\dot{U}_{\mathrm{oc}}}{Z_{\mathrm{eq}} + Z_{\mathrm{L}}} = \frac{2}{0 + 8}\ \mathrm{A} = \frac{1}{4}\ \mathrm{A}$$

$$\dot{U}_2 = \dot{I}_2 Z_{\mathrm{L}} = \frac{1}{4} \times 8\ \mathrm{V} = 2\ \mathrm{V}$$

现在回到图 7－24(a)中，根据

$$\dot{I}_2 = \frac{\mathrm{j}\omega M \dot{I}_1}{Z_{22}}$$

于是有

$$\dot{I}_1 = \frac{\dot{I}_2 Z_{22}}{\mathrm{j}\omega M} = \frac{\frac{1}{4}(\mathrm{j}8 + 8)}{\mathrm{j}4}\ \mathrm{A} = \frac{1 - \mathrm{j}}{2}\ \mathrm{A} = \frac{\sqrt{2}}{2} \angle -45°\mathrm{A}$$

第四节　理　想　变　压　器

本节介绍理想变压器。

一、理想变压器的基本概念

理想变压器实际上不存在，但它有实用价值。高频电路中互感耦合电路可看成理想变压器，从而便于计算。

理想变压器的特点是 $K=1$，即全耦合，线圈中无损耗，即电阻为零，且 $L_1 = \infty$，$L_2 = \infty$，$M = \infty$，但 $\sqrt{\dfrac{L_1}{L_2}} = n$，因此它没有 L、M 参数，只有一、二次侧匝数比 n。

理想变压器的图形符号如图 7－25(a)所示。

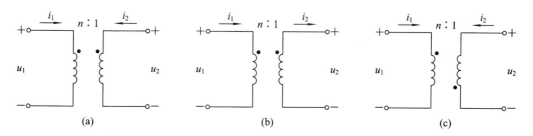

图 7－25　理想变压器图形符号

现在我们对理想变压器电压、电流关系作一描述。一、二次侧匝数比称为变比，用 n 表示，则有

$$n = \frac{N_1}{N_2}$$

一、二次侧电压比与电流比的时域形式为

$$\frac{u_1}{u_2} = n, \quad \frac{i_1}{i_2} = -\frac{1}{n}$$

上述各表达式的相量形式为

$$\frac{\dot{U}_1}{\dot{U}_2} = n, \quad \frac{\dot{I}_1}{\dot{I}_2} = -\frac{1}{n}$$

有效值之间的关系为

$$\frac{U_1}{U_2} = n, \quad \frac{I_1}{I_2} = -\frac{1}{n}$$

以上各式表明理想变压器具有变换电压和电流的功能。

注意：以上电压、电流表达式均是针对图 7-25(a)中电压、电流参考方向及同名端的位置而言的。若其中某变量的参考方向或同名端的位置发生改变，这些表达式中的"＋"、"－"号也将作相应的变化，原则是任意一个电压或电流变量参考方向相对同名端的位置改变一次，它所在的表达式中的正、负号也要交替变化一次。若表达式中两个变量参考方向相对于同名端的位置均改变一次，则相当于没变。总体来说，表达式中各变量参考方向相对于同名端的位置累计起来改变奇数次，则表达式中正、负号要作交替改变；改变偶数次，则表达式不变。例如在图 7-25(b)中，电流 i_2 的参考方向与图 7-25(a)中的相反，致使电流 i_2 由原来的流入同名端变为流出同名端，所以电流比表达式中的正、负号要作相互变换，即为

$$\frac{i_1}{i_2} = \frac{1}{n}$$

而电压比表达式不变。再如图 7-25(c)所示电路中二次绕组同名端位置与图 7-25(a)中的相反，致使电压 u_2 与电流 i_2 参考方向相对同名端位置均发生变化，于是理想变压器的变比与电流比表达式分别变为

$$\frac{u_1}{u_2} = -n, \quad \frac{i_1}{i_2} = \frac{1}{n}$$

二、理想变压器的应用

理想变压器除了变换电压和电流外，更重要的作用是作阻抗变换，因此理想变压器是阻抗变换器。

在副边接上电阻 R、电感 L、电容 C 或阻抗 Z 时，则从一次侧看进去的将分别是 $n^2 R$、$n^2 L_1$、$\frac{C}{n^2}$ 或 $n^2 Z$，所以理想变压器加负载阻抗整体可看成一个元件，这个元件的阻抗值是原负载阻抗值的 n^2 倍，其图形符号如图 7-26(a)所示。下面作简单推导。

在图 7-26(a)中，输入端口的输入阻抗 Z_{in} 为

$$Z_{\text{in}} = \frac{\dot{U}_1}{\dot{I}_1} = \frac{n\dot{U}_2}{-\frac{1}{n}\dot{I}_2} = n^2 \left[-\frac{\dot{U}_2}{\dot{I}_2} \right]$$

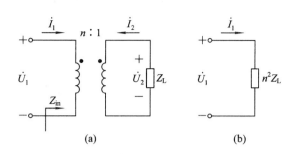

图 7-26 理想变压器变换阻抗的作用

因为 $\dfrac{\dot{U}_2}{\dot{I}_2} = -Z_L$，所以

$$Z_{in} = n^2 Z_L$$

上式说明一次侧等效阻抗或输入阻抗为二次侧负载阻抗 Z_L 的 n^2 倍，因此理想变压器还有变换阻抗的重要作用。其一次侧等效电路如图 7-26(b)所示。

显然，在理想变压器的电压、电流关系中，电感和互感都没出现。作为一种理想的多端元件，它是按前述的关系定义的。

在工程上常采用两方面的措施使实际变压器的性能接近理想变压器：一是尽量采用具有高磁导率的铁磁材料作为芯子；二是尽量紧密耦合，使耦合系数 K 接近于 1，并在保持变比不变的情况下，尽量增加一、二次侧的匝数。

下面我们举例说明理想变压器的计算。

例 7-4 电路如图 7-27(a)所示，已知变压器为理想变压器，正弦电压源 u_s 的有效值 $U_s = 10$ V，其内阻 $R_s = 1\ \Omega$，负载电阻 $R_L = 0.49\ \Omega$，求负载电阻上的正弦电压 u_2 的有效值 U_s。

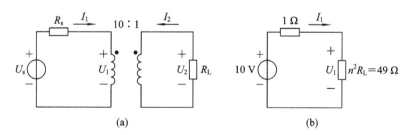

图 7-27 例 7-4 图

解 解该题可以使用等效阻抗法和戴维南法。

(1) 阻抗变换法。

在图 7-27(a)中，由变压器一次侧看进去，其等效阻抗(或输入阻抗)为

$$Z_{eq} = n^2 R_L = 10^2 \times 0.49\ \Omega = 49\ \Omega$$

此时含理想变压器电路的一次侧等效电路图如图 7-27(b)所示。由图 7-27(b)可知：

$$U_1 = \frac{49}{1+49} \times 10\ \text{V} = 9.8\ \text{V}$$

因为 $\dfrac{U_1}{U_2} = n$，所以

$$U_2 = \frac{U_1}{n} = \frac{9.8}{10} \text{ V} = 0.98 \text{ V}$$

（2）戴维南法。

在图 7 - 27(a)中，将负载端开路，其开路电压 U_{oc} 的有效值为

$$U_{\text{oc}} = \frac{U_1}{n}$$

又 $\qquad U_1 = U_s - R_s I_1 = U_s - R_s \times \left(-\frac{1}{n} I_2\right) = U_s + \frac{R_s}{n} I_2$

而负载端为开路，电流 $I_2 = 0$，所以

$$U_1 = U_s + 0 = 10 \text{ V}$$

于是

$$U_{\text{oc}} = \frac{10}{10} \text{ V} = 1 \text{ V}$$

由负载端看过去的求戴维南等效电阻的相关电路如图 7 - 28(a)所示。

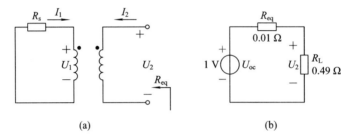

(a)   (b)

图 7 - 28　求戴维南等效电路

由外加电压法得

$$R_{\text{eq}} = \frac{U_2}{I_2} = \frac{\frac{1}{n} U_1}{-n I_1} = -\frac{U_1}{I_1} \frac{1}{n^2} = \frac{R_s}{n^2} = \frac{1}{10^2} \ \Omega = 0.01 \ \Omega$$

于是戴维南等效电路如图 7 - 28(b)所示，由分压公式得

$$U_2 = \frac{0.49}{0.01 + 0.49} \times 1 \text{ V} = 0.98 \text{ V}$$

三、理想变压器的性质

上述已谈到理想变压器具有变换电压、电流及阻抗的特性，但由于理想变压器的电压、电流方程是通过一个参数 n（变比）描述的代数方程，所以理想变压器不是一个动态元件。除此之外，我们还可以讨论一下理想变压器的功率。图 7 - 25(a)中，理想变压器一、二次侧吸收的总功率为

$$u_1 i_1 + u_2 i_2 = u_1 i_1 + \frac{u_1}{n}(-n i_1) = 0$$

即任何时刻理想变压器吸收的功率均为零。这说明理想变压器即不消耗能量也不储存能量，它只是一个传递能量的元件。当电能从理想变压器的一次侧输入时，理想变压器将按原样把电能从二次侧输出。在能量的传输过程中，理想变压器仅仅将电压、电流按变比作数值变换，这就为我们计算负载上的功率提供了一种方法，即负载上的功率等于从一次侧

看过去的等效阻抗上的功率。

例 7 - 5　电路如图 7 - 29(a)所示，已知电源电压 u_s 的有效值 $U_s=100\ \text{V}$，内阻 $R_s=100\ \Omega$，负载电阻 $R_L=1\ \Omega$。

(1) 试选择变比 n 使传输到负载的功率为最大。

(2) 求负载 R_L 获得的最大功率。

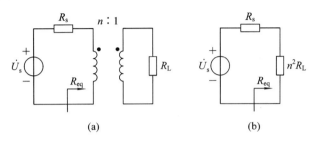

图 7 - 29　例 7 - 5 图

解　理想变压器一次侧等效电路如图 7 - 29(b)所示，其一次侧等效电阻为

$$R_{eq} = n^2 R_L$$

由理想变压器只是传递功率这一性质，可知 R_{eq} 上的功率即为负载 R_L 上的功率。根据第四章戴维南定理中所讲述的负载获得最大功率的条件，当 $R_{eq}=R_s$ 时，R_{eq} 上的功率最大，于是有

$$n^2 R_L = R_s$$

$$n = \sqrt{\frac{R_s}{R_L}} = \sqrt{\frac{100}{1}} = 10$$

即当变比 n 选择 10 时负载 R_L 上获得最大功率，其值为

$$P_{L\,\text{max}} = \frac{U_s^2}{4R_s} = \frac{100^2}{4 \times 100}\ \text{W} = 25\ \text{W}$$

注意：这里的功率指有功功率。

习　题　七

7 - 1　已知两电感线圈自感为 $L_1=16\ \text{mH}$，$L_2=4\ \text{mH}$。

(1) 若 $K=0.5$，求互感 $M=$？

(2) 若 $M=6\ \text{mH}$，求耦合系数 $K=$？

(3) 若两线圈为全耦合，求互感 $M=$？

7 - 2　试确定图 7 - 30 中耦合线圈的同名端。

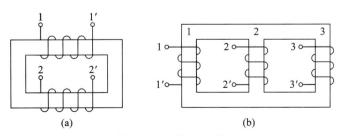

图 7 - 30　题 7 - 2 图

7-3 两个具有耦合的线圈如图 7-31 所示。

(1) 标出它们的同名端。

(2) 当图中开关 S 闭合时或闭合后再打开时，试根据毫伏表的偏转方向确定同名端。

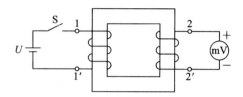

图 7-31 题 7-3 图

7-4 图 7-32 所示电路中 $L_1=6$ H，$L_2=3$ H，$M=4$ H，试求从端子 1-1′看进去的等效电感。

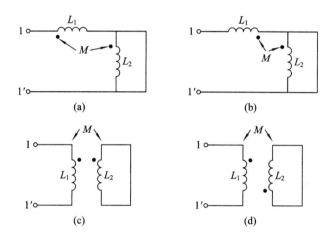

图 7-32 题 7-4 图

7-5 求图 7-33 所示电路的输入阻抗 $Z_{in}(\omega=1$ rad/s$)$。

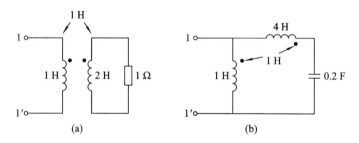

图 7-33 题 7-5 图

7-6 图 7-34 所示电路中 $R_1=R_2=1$ Ω，$\omega L_1=3$ Ω，$\omega L_2=2$ Ω，$\omega M=2$ Ω，$U_1=100$ V，求：

(1) 开关 S 断开时的电流 $\dot{I}_1$。

(2) S 闭合时各支路的电流相量 $\dot{I}_1$、$\dot{I}_2$ 及 $\dot{I}$。

7-7 如图 7-35 所示电路，已知两个线圈的参数为：$R_1=R_2=100$ Ω，$L_1=5$ H，

$L_2 = 5$ H，$M = 5$ H，正弦电压源的电压 $U = 220$ V，$\omega = 100$ rad/s。

（1）试求两线圈端电压 $\dot{U}_1$ 及 $\dot{U}_2$。

（2）证明两个耦合电感反接串联时不可能有 $L_1 + L_2 - 2M < 0$。

（3）画出去耦电路。

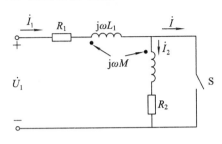

图 7-34　题 7-6 图

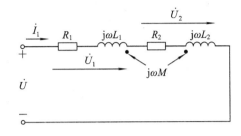

图 7-35　题 7-7 图

7-8　图 7-36 所示电路中 $M = 0.04$ H，求此串联电路的谐振频率。

7-9　求图 7-37 所示电路的开路电压 $\dot{U}_{oc}$。已知 $\omega L_1 = \omega L_2 = 10$ Ω，$\omega M = 5$ Ω，$R_1 = R_2 = 6$ Ω，$U_1 = 60$ V（有效值）。

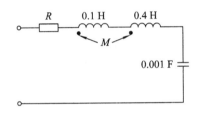

图 7-36　题 7-8 图

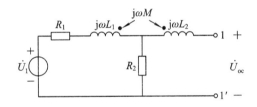

图 7-37　题 7-9 图

7-10　图 7-38 所示电路中 $L_1 = 3.6$ H，$L_2 = 0.06$ H，$M = 0.465$ H，$R_1 = 20$ Ω，$R_2 = 0.08$ Ω，$R_L = 42$ Ω，$u_s = 115 \cos(314t)$ V，求原、副边电流 $\dot{I}_1$、$\dot{I}_2$。

7-11　图 7-39 所示电路中的理想变压器的变比为 10∶1，求电流相量 $\dot{I}_1$ 及电压相量 $\dot{U}_2$。

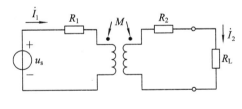

图 7-38　题 7-10 图

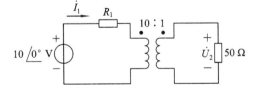

图 7-39　题 7-11 图

7-12　某晶体管收音机，输出变压器二次侧接 4 Ω 的扬声器，今改接 8 Ω 的扬声器，且要求一次侧的等效阻抗保持不变。已知输出变压器的一次绕组的匝数为 $N_1 = 250$ 匝，二次绕组的匝数为 $N_2 = 50$ 匝，若一次绕组匝数不变，问二次绕组的匝数应如何变动，才能实现阻抗匹配。

7-13　电路如图 7-40 所示，试求 $\dot{U}_L$。

7-14　如果使 10 Ω 电阻能获得最大功率，试确定图 7-41 所示电路中理想变压器的变比 n，并求出此最大功率。

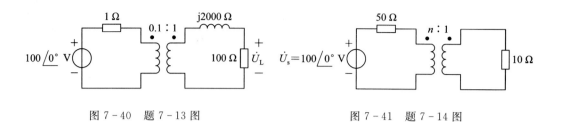

图 7 - 40　题 7 - 13 图　　　　　　　图 7 - 41　题 7 - 14 图

7 - 15　电路如图 7 - 42 所示，试求电路的输入阻抗 Z_{in}。

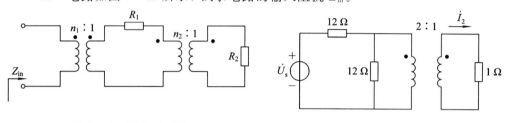

图 7 - 42　题 7 - 15 图

图 7 - 43　题 7 - 16 图

7 - 16　图 7 - 43 所示电路中，已知 $\dot{U}_s = 20\angle 0°$ V，试求电流相量 $\dot{I}_2$。

7 - 17　求图 7 - 44 所示电路的输入电阻。

7 - 18　电路如图 7 - 45 所示，原已稳定，求开关闭合后的 $i_1(t)$ 和 $u_2(t)$。

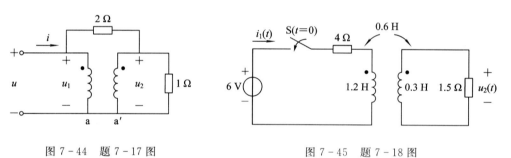

图 7 - 44　题 7 - 17 图　　　　　　图 7 - 45　题 7 - 18 图

第八章 三 相 电 路

本章的主要内容包括：三相电源及三相电路的供电方式，对称三相电路的电压、电流及其计算方法，三相电路的功率，二瓦计法，不对称三相电路的概念和计算。

第一节 三相电路的基本概念

一、三相交流电的产生

工业、农业、商业和民用的电能几乎都是由三相电源提供的，日常生活使用的单相交流电也是由三相电源的一相提供的。

三相交流电是由三相交流发电机产生的。图 8-1(a) 是一台三相交流发电机的示意图。图中 U_1U_2、V_1V_2、W_1W_2 是三个完全相同而空间位置彼此互隔 120°的线圈。线圈的首端用 U_1、V_1、W_1 表示，末端用 U_2、V_2、W_2 表示。三个绕组分别置于发电机定子的六个槽中，定子是不动的。发电机中可以转动的部分称为转子。工艺制造上转子是一对磁极，由永久磁铁制成，同时保证定、转子气隙中的磁通密度沿定子表面的分布是正弦的，最大值在 N 极和 S 极处。当转子以角速度 ω 旋转时，三个定子绕组中都会感应出随时间按正弦规律变化的电压，这三个电压的振幅和频率相同，但由于三个绕组在空间的位置互隔 120°，因此，这三个电压出现最大值的时间也依次相差 $T/3$，彼此间的相位互差 120°，其波形如图 8-1(b) 所示。这三个绕组相当于图 8-2(a) 所示的三个独立的正弦电压源。每个绕组称为一相，则这组电压源称为对称三相电压源。它们的电压瞬时值表达式为

$$
\left.\begin{aligned}
u_U &= U_{pm}\cos\omega t \\
u_V &= U_{pm}\cos(\omega t - 120°) \\
u_W &= U_{pm}\cos(\omega t + 120°)
\end{aligned}\right\} \tag{8-1}
$$

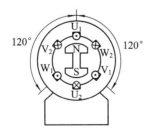

(a) 三相交流发电机产生三相正弦交流电压示意图

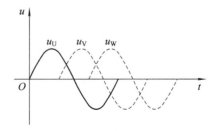

(b) 三相发电机产生的三相电压

图 8-1 三相发电机示意图

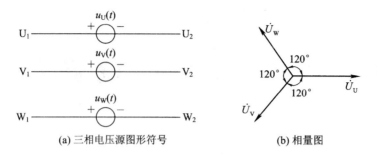

(a) 三相电压源图形符号　　　　　　　　**(b) 相量图**

图 8 - 2　三相正弦电源绕组

它们的相量分别表示为

$$
\left.\begin{array}{l}
\dot{U}_\mathrm{U} = U_\mathrm{p}\angle 0^\circ \\[4pt]
\dot{U}_\mathrm{V} = U_\mathrm{p}\angle -120^\circ \\[4pt]
\dot{U}_\mathrm{W} = U_\mathrm{p}\angle 120^\circ
\end{array}\right\}
\tag{8-2}
$$

显然，由式(8-1)及图 8-2(b)可知，对称三相电压的瞬时值及相量之和均为 0，即

$$
u_\mathrm{U} + u_\mathrm{V} + u_\mathrm{W} = 0
$$

$$
\dot{U}_\mathrm{U} + \dot{U}_\mathrm{V} + \dot{U}_\mathrm{W} = 0
$$

　　上述三个电压到达最大值或零值的先后顺序叫相序，图 8-1(a)发电机转子顺时针旋转，其相序为 U-V-W，称正序。逆时针旋转，相序为 U-W-V，称为负序。图 8-1(b)所示波形图以及相应的式(8-1)、图 8-2(b)的相量图都代表 U-V-W 的相序，即正序，一般都取正序。

二、三相电的供电方式

1. 三相四线制

　　把发电机定子绕组的末端 U_2、V_2、W_2 连在一个公共点 N 上，始端 U_1、V_1、W_1 分别引出，这种连接方式称对称三相电源的星形(Y 形)连接，如图 8-3 所示，公共点 N 称为中性点，U、V、W 三根线是由三相电源引出的，称为端线，俗称火线。从中性点引出的线称为中性线，俗称零线。从三个绕组的首端及中性点引出四条输电线，这种供电方式称为三相四线制，如图 8-3 所示。图中，u_U、u_V、u_W 为每相绕组(或每个电压源)的电压，称相电压；u_UV、u_VW、u_WU 为端线之间的电压，称为线电压。

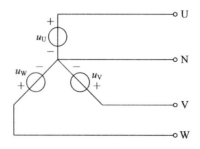

图 8 - 3　Y 连接的三相电源

2. 三相三线制

把发电机三个绕组的始末端顺次相连,从连接点引出三根端线,这种连接方式称三相电源三角形(△形)连接,如图 8-4 所示。u_U、u_V、u_W 为相电压,u_{UV}、u_{VW}、u_{WU} 为线电压。三相电源采用三条线路供电的方式称为三相三线制。根据三相电源连接方式的不同,可分为三角形连接和星形连接两种,三角形连接是指不带中性线的连接方式。

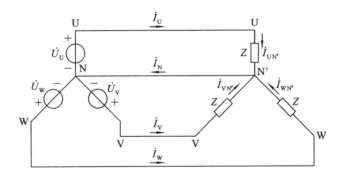

图 8-4 △形连接的三相电源

三、对称三相负载的连接

对称三相负载由三个相同的负载组成,每个负载构成三相负载的一相。

1. 对称三相负载的 Y 连接

图 8-5 为 Y 形连接的负载与 Y 形连接的三相发电机组成的三相电路,每一相负载的阻抗为 $Z=|Z|\angle\varphi$。

$\dot{I}_{UN'}$、$\dot{I}_{VN'}$、$\dot{I}_{WN'}$ 为流过每相负载的电流,称为相电流。$\dot{I}_U$、$\dot{I}_V$、$\dot{I}_W$ 为流过端线的电流,称为线电流。$\dot{I}_N$ 为流过中性线的电流,称为中性线电流。

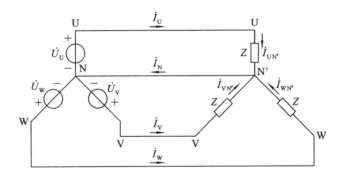

图 8-5 对称 Y-Y 形连接三相电路

2. 对称三相负载的△连接

△连接的三相负载如图 8-6 所示。$\dot{I}_U$、$\dot{I}_V$、$\dot{I}_W$ 为线电流,$\dot{I}_{UV}$、$\dot{I}_{VW}$、$\dot{I}_{WU}$ 为相电流。

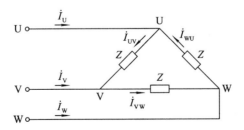

图 8-6 三相负载的△连接

第二节　对称三相电路的电压、电流

一、对称三相电路的电压

1. 相电压

如第一节所述，三个频率、振幅相等、相位互差 120°的电源称为对称三相电源，每个电源称为一相电源，每个电源的电压称为相电压，它们的表达式为

$$\left.\begin{aligned} u_{\mathrm{U}} &= \sqrt{2}U_{\mathrm{p}}\,\cos\omega t \\ u_{\mathrm{V}} &= \sqrt{2}U_{\mathrm{p}}\,\cos(\omega t - 120°) \\ u_{\mathrm{W}} &= \sqrt{2}U_{\mathrm{p}}\,\cos(\omega t + 120°) \end{aligned}\right\} \tag{8-3}$$

相电压的相量表达式见式(8-2)。相电压的有效值记为 U_{p}。

2. 线电压

图 8-3 为三相电源 Y 接法，根据 KVL 有

$$u_{\mathrm{UV}} = u_{\mathrm{U}} - u_{\mathrm{V}}$$
$$u_{\mathrm{VW}} = u_{\mathrm{V}} - u_{\mathrm{W}}$$
$$u_{\mathrm{WU}} = u_{\mathrm{W}} - u_{\mathrm{U}}$$

相电压与线电压的关系可以用电压相量表示，如图 8-7 所示。

相量表达式为

$$\dot{U}_{\mathrm{UV}} = \dot{U}_{\mathrm{U}} - \dot{U}_{\mathrm{V}}$$
$$\dot{U}_{\mathrm{VW}} = \dot{U}_{\mathrm{V}} - \dot{U}_{\mathrm{W}}$$
$$\dot{U}_{\mathrm{WU}} = \dot{U}_{\mathrm{W}} - \dot{U}_{\mathrm{U}}$$

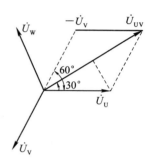

图 8-7　相电压与线电压的关系

由图 8-7 可知

$$\frac{1}{2}U_{\mathrm{UV}} = U_{\mathrm{U}} \cos 30°$$

$$U_{\mathrm{UV}} = \sqrt{3}U_{\mathrm{U}}$$

同理

$$U_{\mathrm{VW}} = \sqrt{3}U_{\mathrm{V}}, \quad U_{\mathrm{WU}} = \sqrt{3}U_{\mathrm{W}}$$

由于 $U_{\mathrm{U}} = U_{\mathrm{V}} = U_{\mathrm{W}} = U_{\mathrm{p}}$，则 $U_{\mathrm{UV}} = U_{\mathrm{VW}} = U_{\mathrm{WU}} = U_{\mathrm{l}}$，$U_{\mathrm{l}}$ 为线电压的有效值，综上所述有

$$U_{\mathrm{l}} = \sqrt{3}U_{\mathrm{p}} \tag{8-4}$$

由图 8-7 可知，$\dot{U}_{\mathrm{UV}}$ 超前 $\dot{U}_{\mathrm{U}}$ 30°，故有

$$\left.\begin{aligned} \dot{U}_{\mathrm{UV}} &= \sqrt{3}\dot{U}_{\mathrm{U}}\angle 30° \\ \dot{U}_{\mathrm{VW}} &= \sqrt{3}\dot{U}_{\mathrm{V}}\angle 30° \\ \dot{U}_{\mathrm{WU}} &= \sqrt{3}\dot{U}_{\mathrm{W}}\angle 30° \end{aligned}\right\} \tag{8-5}$$

若 $\dot{U}_{\mathrm{U}} = U_{\mathrm{p}}\angle 0°$，$\dot{U}_{\mathrm{V}} = U_{\mathrm{p}}\angle -120°$，$\dot{U}_{\mathrm{W}} = U_{\mathrm{p}}\angle 120°$，则有

$$\left.\begin{array}{l} \dot{U}_{\mathrm{UV}} = \sqrt{3}\dot{U}_{\mathrm{p}}\angle 30° \\ \dot{U}_{\mathrm{VW}} = \sqrt{3}\dot{U}_{\mathrm{p}}\angle -90° \\ \dot{U}_{\mathrm{WU}} = \sqrt{3}\dot{U}_{\mathrm{p}}\angle 150° \end{array}\right\} \qquad (8-6)$$

从式(8-6)可知，$\dot{U}_{\mathrm{UV}}$、$\dot{U}_{\mathrm{VW}}$、$\dot{U}_{\mathrm{WU}}$也是三相对称的。

我国的三相四线制低压供电系统中，相电压有效值为 220 V，线电压有效值为 380 V。

图 8-4 为三相电源△连接，这种接法没有中性点，线电压等于相电压，相电压对称时，线电压也是对称的。

$$\left.\begin{array}{l} \dot{U}_{\mathrm{UV}} = \dot{U}_{\mathrm{U}} \\ \dot{U}_{\mathrm{VW}} = \dot{U}_{\mathrm{V}} \\ \dot{U}_{\mathrm{WU}} = \dot{U}_{\mathrm{W}} \end{array}\right\} \qquad (8-7)$$

$$U_{\mathrm{l}} = U_{\mathrm{p}} \qquad (8-8)$$

二、对称三相电路的电流

1. 对称负载 Y 连接

图 8-5 为 Y 连接的电源与 Y 连接的负载构成的电路，每相负载 $Z = |Z|\angle\varphi$，线电流等于相电流。

$$\left.\begin{array}{l} \dot{I}_{\mathrm{U}} = \dot{I}_{\mathrm{UN'}} = \dfrac{\dot{U}_{\mathrm{U}}}{Z} = \dfrac{U_{\mathrm{p}}}{|Z|}\angle -\varphi \\[2mm] \dot{I}_{\mathrm{V}} = \dot{I}_{\mathrm{VN'}} = \dfrac{\dot{U}_{\mathrm{V}}}{Z} = \dfrac{U_{\mathrm{p}}}{|Z|}\angle -\varphi -120° \\[2mm] \dot{I}_{\mathrm{W}} = \dot{I}_{\mathrm{WN'}} = \dfrac{\dot{U}_{\mathrm{W}}}{Z} = \dfrac{U_{\mathrm{p}}}{|Z|}\angle -\varphi +120° \end{array}\right\} \qquad (8-9)$$

在式(8-9)中，$\dot{U}_{\mathrm{U}}$、$\dot{U}_{\mathrm{V}}$、$\dot{U}_{\mathrm{W}}$ 对称，所以 $\dot{I}_{\mathrm{U}}$、$\dot{I}_{\mathrm{V}}$、$\dot{I}_{\mathrm{W}}$ 也对称，它们的相量图如图 8-8 所示。由图 8-8 可知

$$\dot{I}_{\mathrm{U}} + \dot{I}_{\mathrm{V}} + \dot{I}_{\mathrm{W}} = 0$$

$$\dot{I}_{\mathrm{N}} = \dot{I}_{\mathrm{UN'}} + \dot{I}_{\mathrm{VN'}} + \dot{I}_{\mathrm{WN'}} = 0$$

上式说明，在对称三相电源接对称三相负载电路中，其中性线电流为零，此时取消中性线对电路没有影响，可构成三相三线制电路。由于 $\dot{U}_{\mathrm{U}} + \dot{U}_{\mathrm{V}} + \dot{U}_{\mathrm{W}} = 0$，由节点法可知

$$\dot{U}_{\mathrm{N'N}} = \frac{(\dot{U}_{\mathrm{U}} + \dot{U}_{\mathrm{V}} + \dot{U}_{\mathrm{W}})/Z}{3/Z} = 0$$

上式表明，N′、N 等电位可以用导线连接，此时，三相三线制等效于三相四线制。由式(8-9)可知

$$I_{\mathrm{UN'}} = I_{\mathrm{VN'}} = I_{\mathrm{WN'}} = I_{\mathrm{p}}$$

$$I_{\mathrm{U}} = I_{\mathrm{V}} = I_{\mathrm{W}} = I_{\mathrm{l}}$$

I_{p} 为相电流有效值，I_{l} 为线电流有效值。一般式为

$$I_{\mathrm{l}} = I_{\mathrm{p}} \qquad (8-10)$$

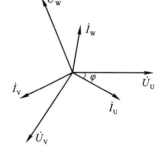

图 8-8 负载 Y 连接的相量图

2. 对称负载△连接

图 8-6 为负载△连接电路，有

$$\dot{U}_{UV} = U_1 \angle 0°$$
$$\dot{U}_{VW} = U_1 \angle -120°$$
$$\dot{U}_{WU} = U_1 \angle 120°$$

则相电流为

$$\left. \begin{aligned} \dot{I}_{UV} &= \frac{\dot{U}_{UV}}{Z} = \frac{U_1}{|Z|} \angle \varphi \\ \dot{I}_{VW} &= \frac{\dot{U}_{VW}}{Z} = \frac{U_1}{|Z|} \angle -\varphi -120° \\ \dot{I}_{WU} &= \frac{\dot{U}_{WU}}{Z} = \frac{U_1}{|Z|} \angle -\varphi +120° \end{aligned} \right\} \tag{8-11}$$

在式(8-11)中，由于 $\dot{U}_{UV}$、$\dot{U}_{VW}$、$\dot{U}_{WU}$ 对称，所以 $\dot{I}_{UV}$、$\dot{I}_{VW}$、$\dot{I}_{WU}$ 也对称。

根据 KCL，由图 8-6 可知

$$\dot{I}_U = \dot{I}_{UV} - \dot{I}_{WU}, \quad \dot{I}_V = \dot{I}_{VW} - \dot{I}_{UV}, \quad \dot{I}_W = \dot{I}_{WU} - \dot{I}_{VW}$$

相电流与线电流关系的相量图如图 8-9 所示，由图 8-9 可知

$$\frac{1}{2} I_U = I_{UV} \cos 30°$$
$$I_U = \sqrt{3} I_{UV}$$

同理

$$I_V = \sqrt{3} I_{VW}, \quad I_W = \sqrt{3} I_{WU}$$

上式中，由于 $I_{UV} = I_{VW} = I_{WU} = I_p$，所以，$I_U = I_V = I_W = I_1$，一般式为

$$I_1 = \sqrt{3} I_p \tag{8-12}$$

由图 8-9 可知 $\dot{I}_U$ 滞后 $\dot{I}_{UV}$ 30°，故有

$$\left. \begin{aligned} \dot{I}_U &= \sqrt{3} \dot{I}_{UV} \angle -30° \\ \dot{I}_V &= \sqrt{3} \dot{I}_{VW} \angle -30° \\ \dot{I}_W &= \sqrt{3} \dot{I}_{WU} \angle -30° \end{aligned} \right\} \tag{8-13}$$

同理

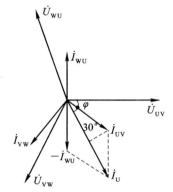

图 8-9 负载的 △ 形
连接相量图

由上式可知，因为 $\dot{I}_{UV}$、$\dot{I}_{VW}$、$\dot{I}_{WU}$ 对称，所以 $\dot{I}_U$、$\dot{I}_V$、$\dot{I}_W$ 也对称。

第三节 对称三相电路的计算

三相电路实际上是正弦电路的一种特殊类型。因此，正弦电路的分析方法对三相电路完全适用。

例 8-1 三相电路如图 8-10 所示，已知 $u_U = 220\sqrt{2} \cos 314t$ V，$u_V = 220\sqrt{2} \cos(314t - 120°)$ V，$u_W = 220\sqrt{2} \cos(314t + 120°)$ V，$Z = 10 \angle 45°$ Ω。试求：

(1) $\dot{I}_U$、$\dot{I}_V$、$\dot{I}_W$、I_1、U_1。

(2) 要求与(1)相同，负载改为 △ 连接。

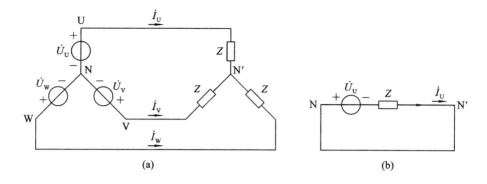

图 8 - 10　例 8 - 1 图

解　(1) 图 8 - 10(a)中，由于 $\dot{U}_{N'N}=0$，假设 N′、N 用理想导线连接，其 U 相等效电路如图 8 - 10(b)所示，则

$$\dot{I}_{U}=\frac{\dot{U}_{U}}{Z}=\frac{220}{10\angle 45°}\text{ A}=22\angle -45°\text{ A}$$

由对称性

$$\dot{I}_{V}=22\angle -45°-120°\text{ A}=22\angle -165°\text{ A}$$

$$\dot{I}_{W}=22\angle -45°+120°\text{ A}=22\angle 75°\text{ A}$$

$$I_{l}=22\text{ A}$$

$$U_{l}=\sqrt{3}U_{p}=\sqrt{3}\times 220\text{ V}=380\text{ V}$$

(2) 负载△连接，电路如图 8 - 11 所示。

$$\dot{U}_{UV}=\sqrt{3}\dot{U}_{U}\angle 30°=380\angle 30°\text{ V}$$

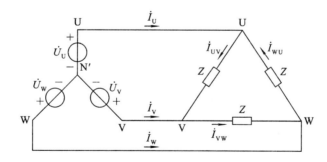

图 8 - 11　例 8 - 1 图

由对称性

$$\dot{U}_{VW}=380\angle -90°\text{ V}$$

$$\dot{U}_{WU}=380\angle 150°\text{ V}$$

$$\dot{I}_{UV}=\frac{\dot{U}_{UV}}{Z}=\frac{380\angle 30°}{10\angle 45°}\text{ A}=38\angle -15°\text{ A}$$

在由对称性

$$\dot{I}_{VW}=38\angle (-15°-120°)\text{ A}=38\angle -135°\text{ A}$$

$$\dot{I}_{WU}=38\angle (-15°+120°)\text{ A}=38\angle 105°\text{ A}$$

由式(8−13)可知

$$\dot{I}_U = \sqrt{3}\dot{I}_{UV}\angle-30° = 38\sqrt{3}\angle(-15°-30°)\ \text{A} = 66\angle-45°\ \text{A}$$

由对称性

$$\dot{I}_V = 66\angle(-45°-120°)\ \text{A} = 66\angle-165°\ \text{A}$$

$$\dot{I}_W = 66\angle(-45°+120°)\ \text{A} = 66\angle75°\ \text{A}$$

$$I_l = 66\ \text{A}, \quad U_l = 380°\ \text{V}$$

把负载由 Y 连接改为△连接，线电流增加为原来的 3 倍，相电流增加为原来的 $\sqrt{3}$ 倍。

三相负载接入电源时，负载采用 Y 连接还是△连接，要根据每相负载的额定电压值来确定。其原则为：每相负载的额定电压等于电源线电压的 $1/\sqrt{3}$ 时，负载采用 Y 形连接；若每相负载的额定电压与电源线电压相等，负载采用△连接。

第四节　对称三相电路的功率

一、有功功率

对称三相电路各相负载阻抗相等，每相负载所消耗的功率相等，每相负载的功率为

$$P = U_p I_p \cos\varphi \tag{8−14}$$

式中，U_p、I_p 为每相负载的相电压、相电流有效值；$\cos\varphi$ 为功率因数；φ 为阻抗角，是相电压与相电流之间的相位差。

根据能量守恒定律，三相电路提供的总的有功功率等于各相负载消耗的有功功率之和，三相电路的三相总功率为

$$P = P_U + P_V + P_W = 3P_p = 3U_p I_p \cos\varphi \tag{8−15}$$

对称三相负载作 Y 形连接时，$I_p = I_l$，$U_p = U_l/\sqrt{3}$。而作△形连接时，$I_p = I_l/\sqrt{3}$，$U_p = U_l$，将上述关系代入式(8−15)可得

$$P = \sqrt{3}U_l I_l \cos\varphi \tag{8−16}$$

不论负载是 Y 连接还是△连接，三相有功功率的总和都可以用式(8−16)计算。

需要指出的是，式(8−15)或式(8−16)仅适用于对称三相负载的 Y 形、△形连接，但绝不是指在线电压相同的情况下，两种连接消耗的功率相等。

二、无功功率

与有功功率分析相同，每相负载的无功功率为

$$Q = U_p I_p \sin\varphi$$

三相无功功率总和

$$Q = 3Q_p = 3U_p I_p \sin\varphi = \sqrt{3}U_l I_l \sin\varphi$$

三、视在功率

三相电路的视在功率是三相电路可能提供的最大功率，是电力网的容量。

$$S = \sqrt{P^2 + Q^2} = 3U_p I_p = \sqrt{3}U_l I_l$$

有的三相电器设备铭牌上所给出的额定功率，指的就是视在功率，即容量。

例 8 - 2　例 8 - 1 中求 Y 和△连接的三相有功功率、无功功率和视在功率。

解　(1) Y 连接。

$$P = 3P_p = \sqrt{3}U_1 I_1 \cos\varphi = \sqrt{3} \times 380 \times 22 \times \cos 45° \text{ W} = 10.2 \text{ kW}$$

$$Q = 3Q_p = \sqrt{3}U_1 I_1 \sin\varphi = \sqrt{3} \times 380 \times 22 \times \sin 45° \text{ var} = 10.2 \text{ kvar}$$

$$S = \sqrt{3}U_1 I_1 = \sqrt{3} \times 380 \times 22 \text{ VA} = 14.5 \text{ kVA}$$

(2) △连接。

$$P = \sqrt{3}U_1 I_1 \cos\varphi = \sqrt{3} \times 380 \times 66 \times \cos 45° \text{ W} = 30.7 \text{ kW}$$

$$Q = \sqrt{3}U_1 I_1 \sin\varphi = \sqrt{3} \times 380 \times 66 \times \sin 45° \text{ var} = 30.7 \text{ kvar}$$

$$S = \sqrt{3}U_1 I_1 = \sqrt{3} \times 380 \times 66 \text{ VA} = 43.4 \text{ kVA}$$

该例的结果可以说明，对称三相电路在线电压相同的情况下，对称负载接成△时的功率是接成 Y 时的功率的三倍。

四、三相平均功率的测量

测量三相负载总的平均功率可用两个功率表来实现。以对称负载作星形连接为例，功率表与三相电路的接线如图 8 - 12 所示，＊端为功率表电压线圈和电流线圈的极性标志端，有时极性标志也用±号表示。两个功率表的电流线圈分别串入两端线中，且标有线圈极性符号的端子与电源相接；两个功率表的电压线圈标有极性符号的端子接在与电流线圈相连的导线上，无极性符号的一端共同接到非电流线圈所在的第三条端线上(图 8 - 12 为 V 端线)。

由图 8 - 12 可知

第一功率表读数

$$P_{W1} = U_{UV} I_U \cos\theta_1 \tag{8 - 17}$$

式中，θ_1 是 $\dot{U}_{UV}$ 与 $\dot{I}_U$ 的初相角之差。

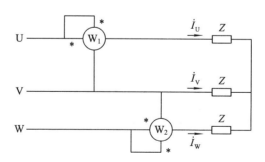

图 8 - 12　二瓦计法

第二功率表读数

$$P_{W2} = U_{WV} I_W \cos\theta_2 \tag{8 - 18}$$

式中，θ_2 是 $\dot{U}_{WV}$ 与 $\dot{I}_W$ 的初相角之差。

可以证明

$$\theta_1 = \varphi + 30°$$

$$\theta_2 = \varphi - 30°$$

式中，φ 为负载的阻抗角。

由式(8-17)、式(8-18)得

$$P_{w1} = U_{UV} I_U \cos(\varphi + 30°) \tag{8-19}$$

$$P_{w2} = U_{WV} I_W \cos(\varphi - 30°) \tag{8-20}$$

由三相电源的对称性得

$$P_{w1} + P_{w2} = 2U_1 I_1 \cos\varphi \cos 30° = \sqrt{3} U_1 I_1 \cos\varphi \tag{8-21}$$

由此可知，两个功率表读数总和为三相负载总的平均功率，这种计算负载总平均功率的方法称为二瓦计法。值得注意的是：在一定条件下（例 $\varphi > 60°$），两个功率表之一的读数可能为负，此时，三相负载总的平均功率为两个瓦特计读数的代数和。一般情况下，单独一个功率表的读数是没有意义的。

例 8-3　如图 8-12 所示，三相对称负载两端的相电压有效值为 220 V，阻抗 $Z = 5\angle 53.1° \ \Omega$，求图中两功率表读数及三相负载总的平均功率。

解

$$U_1 = 220 \times \sqrt{3} \ V = 380 \ V$$

$$I_1 = I_p = \frac{220}{5} \ A = 44 \ A$$

$$P_{w1} = U_1 I_1 \cos(\varphi + 30°) = 380 \times 44 \cos(53.1° + 30°) W = 2009 \ W$$

$$P_{w2} = U_1 I_1 \cos(\varphi - 30°) = 380 \times 44 \cos(53.1° - 30°) W = 15 \ 379 \ W$$

三相总功率为

$$P = P_{w1} + P_{w2} = 2009 \ V + 15 \ 379 \ W = 17 \ 388 \ W$$

或

$$P = \sqrt{3} U_1 I_1 \cos\varphi = \sqrt{3} \times 380 \times 44 \times \cos 53.1° \ W = 17 \ 388 \ W$$

第五节　不对称三相电路的概念

如果三相负载的复数阻抗不相等，形成三相不对称负载。例如，对称三相电路的某端线断开；某一相负载发生短路或开路造成三相不对称负载的运行状态，此时各相电流不相等，中性线电流也不为零。由于中性线的存在，每相负载的电压仍然等于电源相电压，因而各相可以分别独立计算。但是，一旦中性线断开，会使其中一相或两相电压升高，造成负载相电压的不对称，使负载无法正常工作。因此，在负载不对称的情况下，中性线的存在是非常重要的。

例 8-4　电路如图 8-13 所示，三相电源线电压 $\dot{U}_{UV} = 380\angle 30° \ V$，阻抗 $Z_U = 10\angle 30° \ \Omega$，$Z_V = 10\angle 40° \ \Omega$，$Z_W = 10\angle 60° \ \Omega$。求：

(1) 相电流和中性线电流。

(2) 中性线断开后，各相负载的电压相量。

解　(1) 由于中性线 NN′ 存在，各相负载两端的电压为电源相电压，对称三相电源为

$$\dot{U}_U = \frac{\dot{U}_{UV}}{\sqrt{3}} \angle -30° = \frac{380\angle 30° \angle -30°}{\sqrt{3}} \ V = 220\angle 0° \ V$$

由对称性

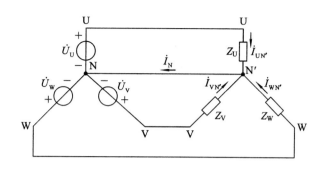

图 8 - 13 例 8 - 4 图

$$\dot{U}_V = 220\angle -120° \text{ V}, \quad \dot{U}_W = 220\angle 120° \text{ V}$$

各相负载电流为

$$\dot{I}_{UN'} = \frac{\dot{U}_U}{Z_U} = \frac{220\angle 0°}{10\angle 30°} \text{ A} = 22\angle -30° \text{ A} = (19.05 - j11) \text{ A}$$

$$\dot{I}_{VN'} = \frac{\dot{U}_V}{Z_V} = \frac{220\angle -120°}{10\angle 40°} \text{ A} = 22\angle -160° \text{ A} = (-20.67 - j7.52) \text{ A}$$

$$\dot{I}_{WN'} = \frac{\dot{U}_W}{Z_W} = \frac{220\angle 120°}{10\angle 60°} \text{ A} = 22\angle 60° \text{ A} = (11 + j19.05) \text{ A}$$

中性线电流

$$\dot{I}_N = \dot{I}_{UN'} + \dot{I}_{VN'} + \dot{I}_{WN'}$$
$$= (19.05 - j11 - 20.67 - j7.52 + 11 + j19.05) \text{ A}$$
$$= (19.38 + j0.53)\text{A} = 9.39\angle 3.23° \text{ A}$$

（2）中性线断开后，电路如图 8 - 14 所示，每相负载的电压不等于电源相电压，N、N′之间存在电压 $\dot{U}_{NN'}$，设 N 为参考点，利用节点法求得 N′点的电位为

$$\dot{U}_{N'} = \frac{\dfrac{\dot{U}_U}{Z_U} + \dfrac{\dot{U}_V}{Z_V} + \dfrac{\dot{U}_W}{Z_W}}{\dfrac{1}{Z_U} + \dfrac{1}{Z_V} + \dfrac{1}{Z_W}} = \frac{\dot{I}_{UN'} + \dot{I}_{VN'} + \dot{I}_{WN'}}{\dfrac{1}{Z_U} + \dfrac{1}{Z_V} + \dfrac{1}{Z_W}} = \frac{9.39\angle 3.23°}{\dfrac{1}{10\angle 30°} + \dfrac{1}{10\angle 40°} + \dfrac{1}{10\angle 60°}} \text{ V}$$

$$= 32.38\angle -40.07° \text{ V} = (24.78 - j20.84) \text{ V}$$

由于 $\dot{U}_N = 0$，故 $\dot{U}_{N'N} = \dot{U}_{N'}$。

$$\dot{U}_{UN'} = \dot{U}_U - \dot{U}_{N'} = 220\angle 0° \text{ V} - (24.78 - j20.84) \text{ V} = 196.33\angle 6.09° \text{ V}$$

$$\dot{U}_{VN'} = \dot{U}_V - \dot{U}_{N'} = 220\angle -120° \text{ V} - (24.78 - j20.84) \text{ V} = 216.7\angle -128.24° \text{ V}$$

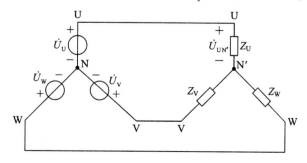

图 8 - 14 例 8 - 4 中性线断开后的电路图

$$\dot{U}_{WN'} = \dot{U}_W - \dot{U}_{N'} = 220\angle120°\text{ V} - (24.78 - j20.84)\text{ V} = 250.68\angle122.52°\text{ V}$$

以上结果表明，不对称负载 Y 连接时，中性线断开后，负载中性点 N′ 与电源中性点 N 之间的电位不再相等，从而产生 $\dot{U}_{N'N}$，使负载电压不对称。这种由于负载不对称，使负载中性点 N′ 与电源中性点 N 的电位不相等的现象称为中性点位移。

第六节 实际应用举例

图 8-15 为一台相序指示器，可以用来测定三相电源的相序。它把一个电容器和两个电阻值相同的灯泡连成星形接入三相电源，若电容器接三相电源的 U 相，两个灯泡接三相电源的 V 相和 W 相。在选择电容时，使 $\dfrac{1}{\omega C} = R = 1/G$。R 为电灯的阻值，相序指示器是通过灯泡的明暗来判定 V 相和 W 相的。

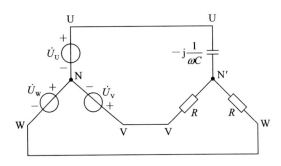

图 8-15 相序指示器电路

对称三相电源为

$$\dot{U}_U = U_p\angle0°\text{ V}$$
$$\dot{U}_V = U_p\angle-120°\text{ V}$$
$$\dot{U}_W = U_p\angle120°\text{ V}$$

设 N 为参考点，根据节点法

$$\dot{U}_{N'N} = \dot{U}_{N'} = \frac{j\omega C\dot{U}_U + G(\dot{U}_V + \dot{U}_W)}{j\omega C + 2G} = U_p(-0.2 + j0.6)$$
$$= 0.63U_p\angle108.4°$$

根据 KVL，V 相灯泡承受的电压为

$$\dot{U}_{VN'} = \dot{U}_V - \dot{U}_{N'N}$$
$$= U_p\angle-120° - (-0.2 + j0.6)U_p$$
$$= 1.5U_p\angle-101.5°$$
$$\dot{U}_{VN'} = 1.5U_p$$

同理，W 相灯泡承受的电压为

$$\dot{U}_{WN'} = 0.4U_p\angle133.4°$$
$$\dot{U}_{WN'} = 0.4U_p$$

由此可见，与 V 端相连的灯泡承受的电压要比与 W 端相连的灯泡所承受的电压大，即 V 相灯泡较 W 相灯泡亮。因此，灯泡亮的一相为 V 相，灯泡暗的一相为 W 相。

习 题 八

8-1 一台三相电动机，每相负载 $Z=(3+j4)\,\Omega$，接于三相电源。三相电源相电压有效值为 220 V，求：

(1) 电源与负载采用 Y-Y 连接时，每相绕组电压、电流的有效值，线电压、线电流的有效值及三相总功率 P。

(2) 若电源与负载采用 Y-△连接，重求(1)。

8-2 一对称三相负载，采用 Y 连接，接于 $U_1=380$ V 的三相电源，负载从电源吸收的功率为 11.43 kW，功率因数 $\lambda=0.87$，求相电流和线电流。

8-3 若负载采用△连接，重做题 8-2。

8-4 三相对称负载，$Z=(6+j8)\,\Omega$，采用 Y 连接，电路如图 8-16 所示，电源线电压 $\dot U_{UV}=380\angle 30°$ V，$\dot U_{VW}=380\angle -90°$ V，$\dot U_{WU}=380\angle 150°$ V，求：

(1) 线电流 $\dot I_U$、$\dot I_V$、$\dot I_W$ 及各相电流。

(2) 三相总功率 P。

8-5 对称三相负载采用△连接，重做 8-4 题。

8-6 如图 8-17 所示，不对称三相负载采用 Y 连接，接入对称 Y 连接的三相电源。已知：U 相电压 $\dot U_U=220\angle 0°$ V，三相电源相序 U-V-W，$Z_U=11\,\Omega$，$Z_V=12\,\Omega$，$Z_W=20\,\Omega$。求：

(1) 各相电流及中性线电流；

(2) 若中性线断开，求各相负载电压。

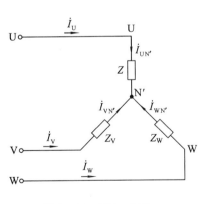

图 8-16 题 8-4 图

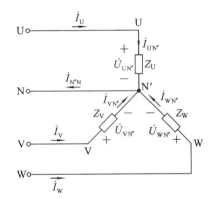

图 8-17 题 8-6 图

8-7 一组 Y 连接负载，每相阻抗中电阻均为 4 Ω，感抗均为 3 Ω，接于线电压为 380 V 的对称三相电源上，相序为正序，u_{UV} 的初相为 60°，求各相电流。

8-8 如图 8-6 所示，对称三相负载采用△连接，$\dot I_U=3\angle 30°$ A，求其余各线电流及相电流。

8-9 对称三相负载采用 Y 连接，接于对称三相电源，已知 $U_1=380$ V，$I_1=6.1$ A，三相总功率为 3.3 kW，求负载阻抗 Z。

8-10 若题 8-9 对称三相负载采用△连接，所求的 Z 是否与题 8-9 相同，试说明原因。

8-11 某建筑物的照明轮廓灯由 300 盏白炽灯组成，每盏灯的额定电压为 220 V，额定功率为 100 W，电源为三相四线制 380/220 V。问：

(1) 白炽灯的分配与接线。

(2) 当轮廓灯点亮时，线电流 $\dot{I}_U$、$\dot{I}_V$、$\dot{I}_W$ 各是多少？

8-12 有一台三相电动机，各相绕组的额定电压为 380 V，阻抗为 $(13.8+j12)\Omega$。问：

(1) 三相绕组如何连接？

(2) 计算负载的相电流及电源的线电流。

8-13 有一台三相电动机，其每相的等效电阻 $R=29\ \Omega$，等效感抗 $X_L=21.8\ \Omega$，三相对称电源的相电压 $U_L=380\ V$。求：

(1) 电动机接成 Y 时的有功功率。

(2) 电动机接成△时的有功功率和无功功率。

8-14 用二瓦计法重做题 8-4(2)。

8-15 如图 8-18 所示对称三相电路，$Z_1=10\ \Omega$，$Z_2=150\angle53.1°\ \Omega$，设电源电压 $\dot{U}_{UV}=380\angle0°\ V$，求线电流 $\dot{I}_U$、$\dot{I}_V$、$\dot{I}_W$ 各是多少？

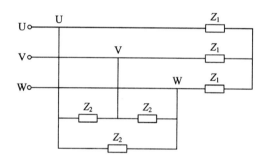

图 8-18 题 8-15 图

8-16 图 8-19 所示电路为一对称星形耦合负载，已知 $R=30\ \Omega$，$L=0.24\ H$，$M=0.12\ H$，对称线电压为 380 V，$f=50\ Hz$，求相电流及负载的总有功功率。（用去耦法）

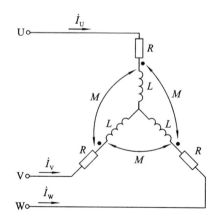

图 8-19 题 8-16 图

8-17 一每相阻抗为 $(3+j4)\Omega$ 的对称三相负载，与一线电压为 380 V 的对称三相电源作无中性线的 Y - Y 连接，试解答下面两个问题：

(1) U 相负载短路，如图 8 - 20(a) 所示，这时负载各相电压和线电流的有效值应为多少？画出各线电压和相电压的相量图。

(2) U 相负载断开，如图 8 - 20(b) 所示，这时负载各相电压和线电流的有效值应为多少？画出各相电压和线电压的相量图。

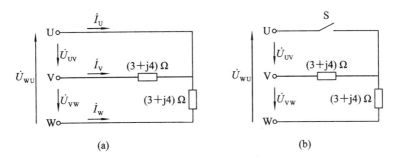

图 8 - 20 题 8 - 17 图

8 - 18 图 8 - 21 所示为对称的 Y - △ 连接三相电路，$U_{UV} = 380$ V，$Z = (27.5 + j47.64)\Omega$，求：

(1) 图中功率表的读数及其代数和有无意义？

(2) 若开关 S 断开，再求(1)。

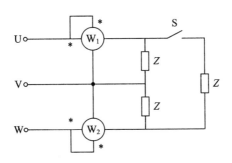

图 8 - 21 题 8 - 18 图

实验十二 三相星形连接电路

一、实验目的

(1) 学习使用三相调压器。

(2) 研究三相负载做星形连接时，在对称和不对称情况下线电压与相电压的关系。

(3) 比较三相供电方式中，三线制和四线制的特点，了解中线的作用。

二、实验原理

(1) 三相电路中，负载的连接方式有三角形连接和星形连接两种方式。三相电路中的电源和负载有对称和不对称两种情况，本实验主要研究三相电源对称，负载为星形连接时电路的几种工作情况。

（2）如 SY 图 12-1 所示，电路中负载为星形连接，若 $Z_A = Z_B = Z_C$ 为三相对称负载，若其中有一个不相等，则为三相不对称负载。在三相对称负载电路中，相电压与线电压之间有下列关系：$\dot{U}_{AB} = \dot{U}_{AN} - \dot{U}_{BN}$，$\dot{U}_{BC} = \dot{U}_{BN} - \dot{U}_{CN}$，$\dot{U}_{CA} = \dot{U}_{CN} - \dot{U}_{AN}$，由于对称，可简化为：$\dot{U}_{AB} = \sqrt{3}\dot{U}_{AN}\angle30°$，$\dot{U}_{BC} = \sqrt{3}\dot{U}_{BN}\angle30°$，$\dot{U}_{CA} = \sqrt{3}\dot{U}_{CN}\angle30°$，即相电压与线电压、相电流与线电流之间的数值关系为：$U_线 = \sqrt{3}U_相$，$I_线 = I_相$，此时中线电流 $I_N = 0$，中线可取消。在三相不对称负载电路中，$U_线 = \sqrt{3}U_相$，但负载的相电流是不对称的，中线电流 $I_N \neq 0$，此时中线非常重要，不能取消。

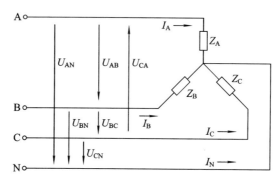

SY 图 12-1　三相星形连接电路

（3）三相电路有功功率的测量方法有三功率表法和两功率表法两种，三功率表法更适用于三相四线制，它由三个功率表分别测出各项消耗的功率，各项功率之和即为三相负载消耗的总功率。

三、实验内容及步骤

警告：

① 认真检查接线，确认无误，通电前将与测量无关的导线、工具、器件从电路中全部清理干净，确保人身安全，方可通电。

② 实验过程中需要改线，一定要先断开电源开关 S 后再操作。

③ 实验过程中若要断开导线，一定将该导线两端全部断开，并将导线从电路中移出以确保安全。

1. 电压和电流的测量

（1）按 SY 图 12-2 接好线路，将三个 40 W 灯泡接成三相对称负载，三相调压器保持输出为 220 V，检查无误后通电。分别测量 S_1 闭合（有中线即三相四线制）和 S_1 断开（无中线即三相三线制）两种情况下，线电压 U_{AB}、U_{BC}、U_{CA}，相电压 U_{AN}、U_{BN}、U_{CN}，线电流 I_A、I_B、I_C，以及中线电流（有中线时）I_N 的值，将所得数据填入 SY 表 12-1 中。

（2）将 C 相 40 W 灯泡换成 15 W，重测上述各被测量，将所得数据填入 SY 表 12-1 中。

（3）将 C 相 15 W 灯泡换回 40 W，把 A 相断开，重测上述各被测量，将所得数据填入 SY 表 12-1 中。

（4）把 A 相短路，必须保持三相三线制，重测上述各被测量，将所得数据填入 SY 表 12-1 中。

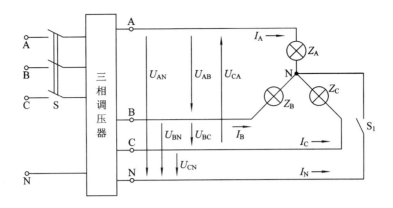

SY 图 12-2 三相星形连接电路电压和电流的测量电路图

SY 表 12-1 三相星形连接电路电压和电流的测量数据表

被测量		U_{AB}	U_{BC}	U_{CA}	U_{AN}	U_{BN}	U_{CN}	I_A	I_B	I_C	I_N
负载对称	有中线										
	无中线										
负载不对称	有中线										
	无中线										
A 相开路	有中线										
	无中线										
A 相短路	无中线										

2. 功率的测量

(1) 按 SY 图 12-3 接好线,将三个 40 W 灯泡接成三相对称负载,三相调压器保持输出为 220 V,检查无误后通电。闭合 S_1 构成三相四线制对称负载电路。测量各相电压 U_{AN}、U_{BN}、U_{CN},相电流 I_A、I_B、I_C,根据 $P_A = U_{AN}I_A$,$P_B = U_{BN}I_B$,$P_C = U_{CN}I_C$,计算各相功率 P_A、P_B、P_C 和总功率 $P = P_A + P_B + P_C$,填入 SY 表 12-2 中。

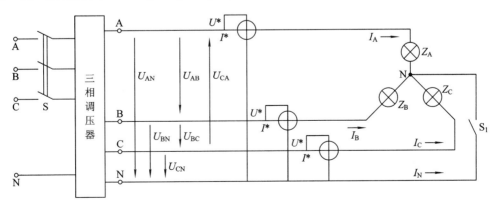

SY 图 12-3 三相星形连接电路功率的测量电路图

(2) 将 C 相 40 W 灯泡换成 15 W，接成三相四线制不对称负载电路，重测上述各被测量，将所得数据填入 SY 表 12 - 2 中。

(3) 用三功率表法依次测量三相四线制对称负载的三个相的功率 P_A'、P_B'、P_C'，并算出总功率 P'，将各测量值填入 SY 表 12 - 2 中。

(4) 将 C 相 40 W 灯泡换成 15 W，用三功率表法依次测量三相四线制不对称负载各相的功率 P_A'、P_B'、P_C'，并算出总功率 P'，将所测结果填入 SY 表 12 - 2 中。

SY 表 12 - 2　三相星形连接电路功率的测量数据表

	相电压/V			计算功率/W			
	U_{AN}	U_{BN}	U_{CN}	P_A	P_B	P_C	P
对称负载							
不对称负载							
	相电流/mA			实测功率/W			
	I_A	I_B	I_C	P_A'	P_B'	P_C'	P'
对称负载							
不对称负载							

四、实验仪器设备

(1) 三相调压器；

(2) 交流电压表；

(3) 交流电流表；

(4) 功率表；

(5) 40 W 灯泡三个，15 W 灯泡一个；

(6) 器件及导线若干。

五、实验报告要求

(1) 用坐标纸画出各种情况下的电压和电流相量图。

(2) 试用实验结果说明三相三线制和三相四线制的特点。

(3) 回答下列问题：

① 采用三相四线制时，为什么中线上不允许装保险丝？

② 在做一相负载短路的实验时，为什么只能做无中线情况？

第九章　非正弦周期电流电路

本章主要讨论当电路的输入信号为非正弦周期量时，求解电路响应的方法。主要内容有非正弦周期函数分解为傅立叶级数和信号的频谱，非正弦周期量的有效值、平均值，非正弦周期电流电路的谐波分析法和平均功率。

第一节　非正弦周期信号

在生产和实验中经常会遇到按非正弦规律变化的电源或信号。例如交流发电机发出的电压波形；通信工程中传输的各种信号，如收音机、电视机收到的信号电压或电流；在自动控制、计算机等技术领域中用到的脉冲信号等都是非正弦周期函数。非正弦周期量的各种波形如图 9-1 所示。

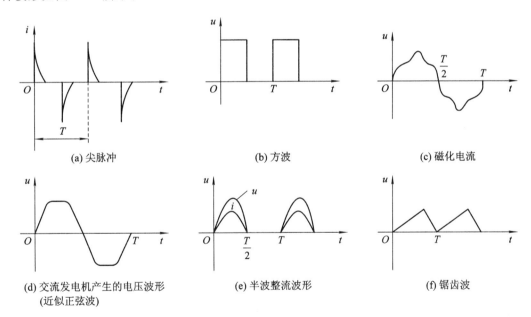

(a) 尖脉冲　　　　　　　(b) 方波　　　　　　　(c) 磁化电流

(d) 交流发电机产生的电压波形　　(e) 半波整流波形　　　　(f) 锯齿波
(近似正弦波)

图 9-1　各种非正弦周期量的波形

另外，如果电路中含有非线性电阻等非线性元件，在正弦电源的作用下，电路中也会产生非正弦周期电压或电流。例如图 9-2 所示二极管半波整流电路，电阻上的输出电压和电流波形如图 9-1(e)所示。

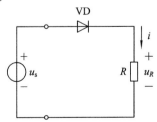

图 9-2　二极管半波整流电路

第二节　非正弦周期函数的傅立叶级数

一、非正弦周期函数分解为傅立叶级数

周期函数可以用一个表达式表示为

$$f(t) = f(t + kT)$$

式中，T 为周期函数 $f(t)$ 的周期，$k = 0$，1，2，$\cdots$。

只要周期函数 $f(t)$ 满足狄里赫利（可参考数学分析方面的书籍）条件，它就可以分解为一个收敛的傅立叶级数，即

$$f(t) = A_0 + A_{1m}\cos(\omega_1 t + \psi_1) + A_{2m}\cos(2\omega_1 t + \psi_2) + \cdots + A_{km}\cos(k\omega_1 t + \psi_k) \qquad (9-1)$$

式中，A_0 称为周期函数 $f(t)$ 的恒定分量或直流分量；$A_{1m}\cos(\omega_1 t + \psi_1)$ 称为 $f(t)$ 的基波或 1 次谐波；$A_{km}\cos(k\omega_1 t + \psi_k)$ 称为 $f(t)$ 的 k 次谐波（$k = 1$，2，3，$\cdots$），如 $k = 2$ 时称为 2 次谐波，$k = 3$ 时称为 3 次谐波；ω_1 是 $f(t)$ 的角频率，$\omega_1 = 2\pi/T$。

以上将一个周期函数展开或分解为一个恒定量、基波与一系列谐波之和的傅立叶级数的过程，称为谐波分析。

二、非正弦周期函数的频谱

为了表示各次谐波的大小或所占的"比重"，可用线段的长度来表示它们的最大值，然后按照它们的频率由小到大依次排列起来，得到图 9-3 所示的图形，该图形称为周期函数 $f(t)$ 的幅度频谱。若把各次谐波的初相用相应线段依次排列，就可以得到相位频谱。由于各次谐波的角频率是原周期函数 $f(t)$ 的角频率 ω_1 的整数倍，所以这种频谱是离散的，有时又称其为

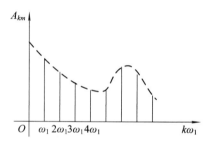

图 9-3　幅度频谱

线频谱。关于如何将一个周期函数分解为傅立叶级数的具体作法可参考相关的数学书籍，这里不再讲述。

第三节　周期函数的有效值、平均值和平均功率

一、有效值

以电流为例，任一周期电流 i 的有效值为

$$I = \sqrt{\frac{1}{T}\int_0^T i^2\,\mathrm{d}t} \qquad (9-2)$$

设周期电流 i 分解为傅立叶级数后的表达式为

$$i = I_0 + \sum_{k=1}^{\infty} I_{km}\cos(k\omega_1 t + \psi_k)$$

将电流 i 表达式代入式（9-2）得其有效值为

$$I = \sqrt{\frac{1}{T} \int_0^T \left[I_0 + \sum_{k=1}^{\infty} I_{km} \cos(k \omega_1 t + \psi_k) \right]^2 \mathrm{d}t}$$

$$= \sqrt{I_0^2 + I_1^2 + I_2^2 + I_3^2 + \cdots} = \sqrt{I_0^2 + \sum_{k=1}^{\infty} I_k^2}$$

即非正弦周期电流 i 的有效值 I 等于恒定分量的平方与各次谐波有效值的平方之和的平方根。对于非正弦周期电压也是如此，即有

$$U = \sqrt{U_0^2 + U_1^2 + U_2^2 + U_3^2 + \cdots} = \sqrt{U_0^2 + \sum_{k=1}^{\infty} U_k^2}$$

式中，U_0 为非正弦周期电压 u 的傅立叶级数的恒定分量，$U_k (k=1, 2, \cdots)$ 分别为各次谐波分量的有效值。

二、平均值

非正弦周期电流的平均值定义为

$$I_{av} \overset{\text{def}}{=\!=\!=} \frac{1}{T} \int_0^T |i| \, \mathrm{d}t$$

若电流 i 为正弦量，其平均值为

$$I_{av} = \frac{1}{T} \int_0^T |I_m \cos(\omega t)| \, \mathrm{d}t = 0.637 I_m = 0.898I$$

三、平均功率

任一端口，其外施激励若为非正弦周期函数，则其瞬时功率（吸收）为

$$p = ui = \left[U_0 + \sum_{k=1}^{\infty} U_{km} \cos(k \omega_1 t + \psi_{uk}) \right] \times \left[I_0 + \sum_{k=1}^{\infty} I_{km} \cos(k \omega_1 t + \psi_{ik}) \right] \quad (9-3)$$

式中，u、i 取关联参考方向。其平均功率（有功功率）为

$$P = \frac{1}{T} \int_0^T p \, \mathrm{d}t$$

将式（9-3）代入平均功率 P 的表达式中，经计算得

$$P = U_0 I_0 + U_1 I_1 \cos \varphi_1 + U_2 I_2 \cos \varphi_2 + \cdots + U_k I_k \cos \varphi_k \quad (9-4)$$

式中

$$U_k = U_{km} / \sqrt{2}; \quad I_k = I_{km} / \sqrt{2}; \quad \varphi_k = \psi_{uk} - \psi_{ik}, \quad k = 1, 2, \cdots$$

即一端口的平均功率等于恒定分量在端口处构成的平均功率和各次谐波在端口处构成的平均功率的代数和。

第四节　非正弦周期电流电路的谐波分析法

当电路的输入端外加非正弦周期激励时，该电路称为非正弦周期电流电路。这时电路的计算应遵循下列原则：

（1）把输入端的非正弦周期激励看成是一个直流电压源和一系列不同频率的正弦电压的叠加（设激励为电压源），如图 9-4 所示。

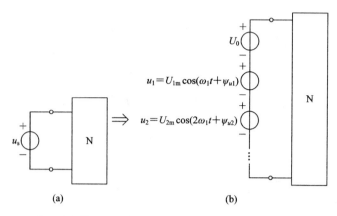

图 9-4　非正弦周期电压源分解为直流电压源与各次谐波电压源的叠加

（2）根据线性电路的叠加定理，在恒定分量 U_0 及各次谐波分量 $u_k = U_{km} \cos(k\omega_1 t + \psi_{uk})$ 共同作用下，电路的响应等于在它们分别单独作用下电路原处的响应的叠加，如图 9-5 所示。

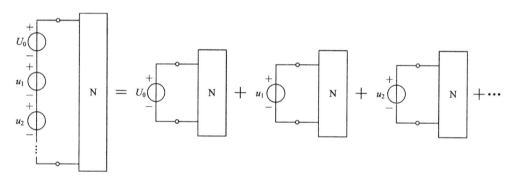

图 9-5　应用叠加定理的分解电路

（3）在直流量 U_0 单独作用下，电路为直流电路，此时电感元件相当于短路，电容元件相当于开路；在各次谐波单独作用下，电路为交流电路，可以用相量法求解，但应注意各次谐波的角频率不同，所以对应的电路各元件的阻抗或导纳也不同，并在计算完响应变量的相量后应将其转化为时域形式。

（4）应用叠加定理把直流分量和各次谐波分量分别单独作用下的响应相加起来，就得到了所需的非正弦周期量的响应。

按以上步骤求解非正弦周期电流电路的方法称为谐波分析法。下面通过具体例子加以说明。

例 9-1　电路如图 9-6 所示，已知：$R = 6\ \Omega$，$\omega L = 2\ \Omega$，$-1/(\omega C) = -18\ \Omega$，$u = [10 + 80 \cos(\omega t + 30°) + 18 \cos(3\omega t)]$V。试求电流 $i(t)$ 和图中各表的读数。

解　图中电压源为非正弦周期量，它已分解为傅立叶级数，即

$$u = [10 + 80 \cos(\omega t + 30°) + 18 \cos(3\omega t)]$$

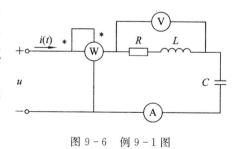

图 9-6　例 9-1 图

上式包含恒定分量、基波及 3 次谐波，相当于 3 个电源同时作用于电路的输入端口。

（1）在 10 V 电压源单独作用下，此时电路为直流电路，电容开路，电感短路，于是有

$I_0 = 0$　电流 $i(t)$ 的恒定分量

$U_{V0} = 0$　R、L 两端电压 u_V 的恒定分量

$U_0 I_0 = 0$　输入端电压 u 的恒定分量在端口处的平均功率

（2）在基波电压 u_1 单独作用下，电路如图 9 - 7(a) 所示，其中基波电压 u_1 的相量为

$$\dot{U}_1 = \frac{80}{\sqrt{2}} \angle 30°$$

于是有

$$\dot{I}_1 = \frac{\dot{U}_1}{R + j\omega L - j\dfrac{1}{\omega C}} = \frac{\dfrac{80}{\sqrt{2}} \angle 30°}{6 + j2 - j18} \text{ A} = \frac{4.68}{\sqrt{2}} \angle 99.4° \text{ A}$$

与相量 $\dot{I}_1$ 对应的 i_1 为

$$i_1 = 4.68 \cos(\omega t + 99.4°) \text{A}$$

R、L 两端电压 u_{V1} 的相量为

$$\dot{U}_{V1} = (R + j\omega L)\dot{I}_1 = (6 + j2)\frac{4.68}{\sqrt{2}} \angle 99.4° \text{ V} = \frac{29.6}{\sqrt{2}} \angle 117.8° \text{ V}$$

u_{V1} 的有效值为

$$U_{V1} = \frac{29.6}{\sqrt{2}} \text{ V}$$

基波构成的电路的平均功率为

$$U_1 I_1 \cos \varphi_1 = \frac{80}{\sqrt{2}} \times \frac{4.68}{\sqrt{2}} \cos(30° - 99.4°) \text{W} = 65.87 \text{ W}$$

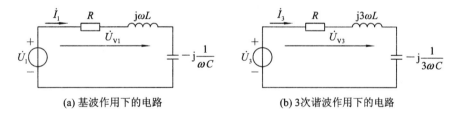

(a) 基波作用下的电路　　　　　　　(b) 3次谐波作用下的电路

图 9 - 7　各次谐波电压作用下的电路

（3）在 3 次谐波 u_3 单独作用下的电路如图 9 - 7(b) 所示。

$$\dot{U}_3 = \frac{18}{\sqrt{2}} \angle 0° \text{ V}$$

$$\dot{I}_3 = \frac{\dot{U}_3}{R + j3\omega L - j\dfrac{1}{3\omega C}} = \frac{\dfrac{18}{\sqrt{2}} \angle 0°}{6 + j3 \times 2 - j\dfrac{18}{3}} \text{ A} = \frac{3}{\sqrt{2}} \angle 0° \text{ A}$$

同时还可以看出 $j3\omega L - j\dfrac{1}{3\omega C} = 0$，所以此时 RLC 电路对 3 次谐波发生串联谐振。

与 $\dot{I}_3$ 对应的 i_3 为

$$i_3 = 3 \cos(3\omega t) \text{ A}$$

R、L 两端电压 u_V 的 3 次谐波相量为

$$\dot{U}_{V3} = (R + j3\omega L)\dot{I}_3 = (6 + j3 \times 2) \times \frac{3}{\sqrt{2}} \text{ V} = 18\angle 45° \text{ V}$$

其有效值为 $U_{V3} = 18$ V。

3 次谐波构成的平均功率为

$$U_3 I_3 \cos\varphi_3 = \frac{18}{\sqrt{2}} \times \frac{3}{\sqrt{2}} \cos(0° - 0°)\text{W} = 27 \text{ W}$$

（4）在非正弦周期电压 u 作用下，根据叠加定理，响应 $i(t)$ 为

$$i(t) = I_0 + i_1 + i_3 = [0 + 4.68\cos(\omega t + 99.4°) + 3\cos(3\omega t)] \text{ A}$$
$$= [4.68\cos(\omega t + 99.4°) + 3\cos(3\omega t)] \text{ A}$$

电流表 A 的读数即电流 $i(t)$ 的有效值为

$$I = \sqrt{I_0^2 + I_1^2 + I_3^2} = \sqrt{0^2 + \left(\frac{4.68}{\sqrt{2}}\right)^2 + \left(\frac{3}{\sqrt{2}}\right)^2} \text{ A} = 3.93 \text{ A}$$

电压表 V 的读数即电压 u_V 的有效值为

$$U_V = \sqrt{U_{V0}^2 + U_{V1}^2 + U_{V3}^2} = \sqrt{0^2 + \left(\frac{29.6}{\sqrt{2}}\right)^2 + 18^2} \text{ V} = 27.61 \text{ V}$$

功率表 W 的读数即电路的平均功率为

$$P = U_0 I_0 + U_1 I_1 \cos\varphi_1 + U_3 I_3 \cos\varphi_3 = 0 + 65.87 \text{ W} + 27 \text{ W} = 92.87 \text{ W}$$

电路的平均功率 P 也可按电阻上的平均功率来计算，于是有

$$P = I^2 R = (I_0^2 + I_1^2 + I_3^2)R = 3.93^2 \times 6 \text{ W} = 92.67 \text{ W}$$

例 9-2 电路如图 9-8 所示，若输入信号为非正弦周期信号，试分析电路的输出 u_o 与输入 u_i 相比有何变化？

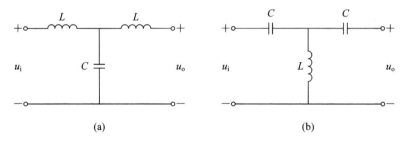

图 9-8 例 9-2 图

解 电感 L 通低频，阻高频；电容 C 通高频，阻低频。图 9-8(a)所示电路，电感 L 抑制高频电流，电容 C 通过高频电流，因此 u_o 与 u_i 相比高频成分大大减弱，故称为低通滤波器。图 9-8(b)所示电路，电容 C 阻断低频电流，电感 L 分流低频电流，因此 u_o 与 u_i 相比低频成分大大减弱，故称为高通滤波器。

◆◇◆◇◆◇◆◇◆◇◆◇◆◇ 习 题 九 ◇◆◇◆◇◆◇◆◇◆◇◆◇◆

9-1 已知图 9-9 所示电路中，无源一端口 N 的电压和电流为

$$u(t) = [100 \cos 314t + 50 \cos(942t - 30°)] \text{ V}$$
$$i(t) = [10 \cos 314t + 1.755 \cos(942t + \theta_3)] \text{ A}$$

如果 N 可以看做 RLC 串联电路，试求：

(1) R、L、C 的值。

(2) θ_3 的值。

(3) 电路消耗的功率。

9 - 2　图 9 - 10 所示电路中两个电压源的频率相同，电压的有效值为 220 V；$u_{s1}(t)$ 只含基波，$u_{s2}(t)$ 含有基波和 3 次谐波，且 3 次谐波的振幅为基波的 $1/4$，试求 1、1′间电压的有效值最大可能是多少？最小可能是多少？

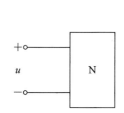

图 9 - 9　题 9 - 1 图

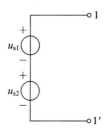

图 9 - 10　题 9 - 2 图

9 - 3　一个 RLC 串联电路，其 $R = 11\ \Omega$，$L = 0.015$ H，$C = 70\ \mu$F，外加电压为
$$u(t) = [11 + 141.4 \cos 1000t - 35.4 \sin 2000t] \text{ V}$$
试求电路中的电流 $i(t)$ 和电路消耗的平均功率。

9 - 4　图 9 - 11 所示电路中，已知 $u = [160 + 250 \cos(\omega t + \pi/2) + 106 \cos(2\omega t + \pi/2)]$ V，$\omega = 314$ rad/s，$R = 14\ \Omega$，$L = 10$ H，$C = 30\ \mu$F，试求：

(1) $i_R(t)$，$u_R(t)$。

(2) 电路中所消耗的平均功率。

9 - 5　电路如图 9 - 12 所示，已知 $R = 20\ \Omega$，$C = 100\ \mu$F，u_1 中直流分量为 250 V，基波有效值为 100 V，基波频率为 100 Hz，求电压有效值 U_2 和电流有效值 I。

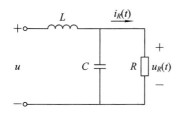

图 9 - 11　题 9 - 4 图

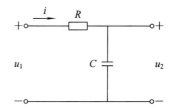

图 9 - 12　题 9 - 5 图

9 - 6　图 9 - 13 所示电路为滤波器电路，要求负载中不含基波分量，但 $4\omega_1$ 的谐波分量能全部传送至负载。如 $\omega_1 = 1000$ rad/s，$C = 1\ \mu$F，求 L_1 和 L_2。

9 - 7　图 9 - 14(a)所示电路为一全波整流器的滤波电路，它由电感 $L = 5$ H 和电容 $C = 10\ \mu$F 组成，负载电阻 $R = 200\ \Omega$。设加在滤波器电路上的电压波形如图 9 - 14(b)所示，其中 $U_m = 157$ V。设 $\omega_1 = 314$ rad/s，求负载两端电压的各谐波分量。

提示：图 9-14(b)中电压的傅立叶级数为

$$u = \frac{4}{\pi} U_m \left(\frac{1}{2} + \frac{1}{3} \cos 2\omega_1 t - \frac{1}{15} \cos 4\omega_1 t + \cdots \right)$$

计算到 4 次谐波即可。

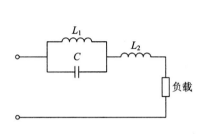

图 9-13　题 9-6 图

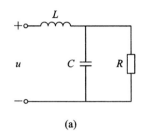

(a)

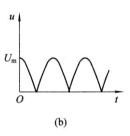

(b)

图 9-14　题 9-7 图

9-8　如图 9-15 所示电路，设：$R = 4\sqrt{3}$ Ω，$\omega L = 4$ Ω，$1/(\omega C) = 5.857$ Ω，$i_1 = [20 + 25 \cos(\omega t - 30°)]$ A，求端电压 u_s 和总电流 i，以及它们的有效值。

9-9　图 9-16 所示电路中，$u_s = [20 + 10\sqrt{2} \cos 10^4 t]$ V，求 i_1、i_2 及它们的有效值。

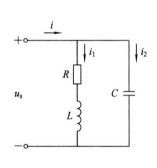

图 9-15　题 9-8 图

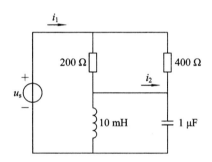

图 9-16　题 9-9 图

9-10　图 9-17 所示电路中，已知：$u = [20 + 20\sqrt{2} \cos\omega t + 15\sqrt{2} \cos(3\omega t + 90°)]$ V，$R_1 = 1$ Ω，$R_2 = 4$ Ω，$\omega L_1 = 5$ Ω，$1/(\omega C_1) = 45$ Ω，$\omega L_2 = 40$ Ω，试求电流表及电压表的读数（图中仪表均为电磁式仪表）。

9-11　图 9-18 所示电路中，$u_s(t) = [220\sqrt{2} \cos(314t + 30°) + 100\sqrt{2} \cos(942t)]$ V，欲使输出电压 $u_o(t)$ 中不含基波电压分量，试确定 C 的数值及 $u_o(t)$ 的表达式。

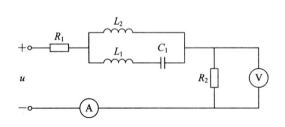

图 9-17　题 9-10 图

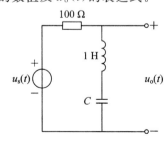

图 9-18　题 9-11 图

第十章　拉普拉斯变换与二端口网络

　　本章介绍拉普拉斯变换的概念，包括拉普拉斯变换的定义、拉普拉斯变换的基本性质、求拉普拉斯反变换的部分分式法。重点是如何应用拉普拉斯变换分析动态电路，又称动态电路过渡过程的复频域分析，包括 KCL 及 KVL 的运算形式、运算阻抗、运算导纳及运算电路。另外还将介绍二端口网络和网络函数的概念。最后将列举实例说明它们在线性电路分析中的应用。

第一节　拉普拉斯变换

一、拉普拉斯变换的定义及意义

　　函数 $f(t)$ 定义在 $[0, \infty)$ 区间，它的拉普拉斯变换式 $F(s)$ 定义为

$$F(s) = \int_{0_-}^{\infty} f(t) e^{-st} \, dt \qquad (10-1)$$

式中，$s = \sigma + j\omega$ 为复数，称为复频率；$F(s)$ 称为 $f(s)$ 的象函数，$F(t)$ 称为 $F(s)$ 的原函数。拉普拉斯变换简称为拉氏变换。

　　式(10-1)表明函数 $f(t)$ 的拉氏变换是一种积分变换，将积分下限取为 0_- 是为了将可能出现于 $t=0$ 时的单位冲激函数[①]及其导数纳入拉氏变换的范围，从而给计算存在冲激函数电压和电流的电路带来方便。

　　为使积分 $\int_{0_-}^{\infty} f(t) e^{-st} \, dt$ 存在，$f(t)$ 和 s 都应满足一定的条件，因为电工技术中遇到的激励函数的拉氏变换一般都是存在的，故这里不再介绍。

　　式(10-1)显示对 $f(t)$ 进行拉氏变换后，所得结果不再是时间 t 的函数，而是复频率 s 的函数，所以拉氏变换是把一个时间域的函数 $f(t)$ 通过一个积分变换到 s 域（复频域）内的复变函数 $F(s)$。

　　拉氏变换有着广泛的适用性，应用拉氏变换求解含有复杂激励的高阶动态电路是一种有效的重要方法，一般称为复频域分析法，由于拉氏变换是一种积分运算，因此又称为运算法。

　　已知象函数 $F(s)$，求与它对应的原函数 $f(t)$ 的变换称为拉普拉斯反变换，可以证明它满足

$$f(t) = \frac{1}{2\pi j} \int_{c-j\infty}^{c+j\infty} F(s) e^{st} \, ds \qquad (10-2)$$

式中，c 为正的有限常数。

---

①　单位冲激函数 $\delta(t)$ 本书不作介绍，读者可参考其他电路分析教材。

通常可用符号 $\mathscr{L}[\ ]$ 表示对方括号里的时域函数作拉氏变换；用符号 $\mathscr{L}^{-1}[\ ]$ 表示对方括号里的复变函数作拉氏反变换。这样，拉氏正、反变换可以分别写为

$$F(s) = \mathscr{L}[f(t)] = \int_{0_-}^{\infty} f(t)\mathrm{e}^{-st}\,\mathrm{d}t \tag{10-3}$$

$$f(t) = \mathscr{L}^{-1}[F(s)] = \frac{1}{2\pi\mathrm{j}}\int_{c-\mathrm{j}\infty}^{c+\mathrm{j}\infty} F(s)\mathrm{e}^{st}\,\mathrm{d}s \tag{10-4}$$

例 10-1 求以下函数的象函数：

(1) 单位阶跃函数。

(2) 指数函数。

解 (1) 求单位阶跃函数的象函数。

$$f(t) = \varepsilon(t)$$

$$F(s) = \mathscr{L}[f(t)] = \int_{0_-}^{\infty} \varepsilon(t)\mathrm{e}^{-st}\,\mathrm{d}t = \int_{0_-}^{\infty} \mathrm{e}^{-st}\,\mathrm{d}t = -\frac{1}{s}\mathrm{e}^{-st}\Big|_{0_-}^{\infty} = \frac{1}{s} \tag{10-5}$$

(2) 求指数函数的象函数。

$$f(t) = \mathrm{e}^{\alpha t} \ (\alpha \text{ 为实数})$$

$$F(s) = \mathscr{L}[f(t)] = \int_{0_-}^{\infty} \mathrm{e}^{\alpha t}\mathrm{e}^{-st}\,\mathrm{d}t = \int_{0_-}^{\infty} \mathrm{e}^{-(s-a)t}\,\mathrm{d}t = -\frac{1}{s-\alpha}\mathrm{e}^{-(s-a)t}\Big|_{0_-}^{\infty} = \frac{1}{s-\alpha} \tag{10-6}$$

二、拉普拉斯变换的基本性质

这里仅分析几个与分析动态电路有关的基本性质。

1. 线性组合性质

$f_1(t)$ 和 $f_2(t)$ 为任意两个时间的函数，它们的象函数分别为 $F_1(s)$ 和 $F_2(s)$，A_1 和 A_2 是两个任意常数，则

$$\mathscr{L}[A_1 f_1(t) + A_2 f_2(t)] = A_1\mathscr{L}[f_1(t)] + A_2\mathscr{L}[f_2(t)]$$
$$= A_1 F_1(s) + A_2 F_2(s) \tag{10-7}$$

证明： $\mathscr{L}[A_1 f_1(t) + A_2 f_2(t)] = \int_{0_-}^{\infty}[A_1 f_1(t) + A_2 f_2(t)]\mathrm{e}^{-st}\,\mathrm{d}t$

$$= A_1\int_{0_-}^{\infty} f_1(t)\mathrm{e}^{-st}\,\mathrm{d}t + A_2\int_{0_-}^{\infty} f_2(t)\mathrm{e}^{-st}\,\mathrm{d}t$$

$$= A_1 F_1(s) + A_2 F_2(s)$$

例 10-2 下列时间函数的定义域为 $[0,\infty)$，求其象函数。

(1) $f(t) = \sin\omega t$。

(2) $f(t) = \cos\omega t$。

(3) $f(t) = A(1-\mathrm{e}^{-\alpha t})$。

解 (1) $\mathscr{L}[\sin\omega t] = \mathscr{L}\left[\dfrac{\mathrm{e}^{\mathrm{j}\omega t} - \mathrm{e}^{-\mathrm{j}\omega t}}{2\mathrm{j}}\right] = \dfrac{1}{2\mathrm{j}}\mathscr{L}[\mathrm{e}^{\mathrm{j}\omega t}] - \dfrac{1}{2\mathrm{j}}\mathscr{L}[\mathrm{e}^{-\mathrm{j}\omega t}]$

$$= \frac{1}{2\mathrm{j}}\frac{1}{s-\mathrm{j}\omega} - \frac{1}{2\mathrm{j}}\frac{1}{s+\mathrm{j}\omega} = \frac{\omega}{s^2+\omega^2} \tag{10-8}$$

(2) $\mathscr{L}[\cos\omega t] = \mathscr{L}\left[\dfrac{\mathrm{e}^{\mathrm{j}\omega t} + \mathrm{e}^{-\mathrm{j}\omega t}}{2}\right] = \dfrac{1}{2}\mathscr{L}[\mathrm{e}^{\mathrm{j}\omega t}] + \dfrac{1}{2}\mathscr{L}[\mathrm{e}^{-\mathrm{j}\omega t}] = \dfrac{1}{2}\dfrac{1}{s-\mathrm{j}\omega} + \dfrac{1}{2}\dfrac{1}{s+\mathrm{j}\omega}$

$$= \frac{1}{2}\frac{s+\mathrm{j}\omega+s-\mathrm{j}\omega}{s^2+\omega^2} = \frac{s}{s^2+\omega^2} \tag{10-9}$$

(3) $\mathscr{L}[A(1-e^{-\alpha t})]=\mathscr{L}[A-Ae^{-\alpha t}]=A\mathscr{L}[1]-A\mathscr{L}[e^{-\alpha t}]$

$$=\frac{A}{s}-\frac{A}{s+\alpha}=\frac{A\alpha}{s(s+\alpha)}$$

由此可见，函数线性组合的拉氏变换就是其象函数的线性组合。

2. 微分性质

若 $\mathscr{L}[f(t)]=F(s)$，则 $f(t)$ 的导数的象函数为

$$\mathscr{L}[f'(t)]=sF(s)-f(0_-) \tag{10-10}$$

证明　略（类似性质 1 的证明，根据拉氏变换的定义式即可证明）。

微分性质表明：时域中的求导运算，对应与复频域中乘以 s 的运算，并以 $f(0_-)$ 计入原始条件。

$f(t)$ 二阶导数的象函数为

$$\mathscr{L}[f''(t)]=\mathscr{L}\left[\frac{\mathrm{d}f'(t)}{\mathrm{d}t}\right]=s\mathscr{L}[f'(t)]-f'(0_-)$$

$$=s\{s\mathscr{L}[f(t)]-f(0_-)\}-f'(0_-)$$

$$=s^2F(s)-sf(0_-)-f'(0_-) \tag{10-11}$$

以此类推，$f(t)$ 的 n 阶导数的象函数为

$$\mathscr{L}[f^{(n)}(t)]=s^nF(s)-s^{n-1}f(0_-)-s^{n-2}f'(0_-)-\cdots-sf^{(n-2)}(0_-)-f^{(n-1)}(0_-) \tag{10-12}$$

式中，n 为正整数。

例 10-3　应用导数性质求下列函数 $f(t)$ 的象函数。

(1) $f(t)=\cos\omega t$。

(2) $f(t)$ 为电路的响应，$e(t)$ 为电路的激励，且 $e(0_-)=0$，它们满足下列输入-输出方程

$$\frac{\mathrm{d}^2f(t)}{\mathrm{d}^2t}+a_1\frac{\mathrm{d}f(t)}{\mathrm{d}t}+a_0f(t)=b_1\frac{\mathrm{d}e(t)}{\mathrm{d}t}+b_0e(t)$$

解　(1)　$$\cos\omega t=\frac{1}{\omega}\frac{\mathrm{d}\sin\omega t}{\mathrm{d}t}$$

$$\mathscr{L}[\cos\omega t]=\frac{1}{\omega}\mathscr{L}\left[\frac{\mathrm{d}\sin\omega t}{\mathrm{d}t}\right]=\frac{1}{\omega}\left(s\frac{\omega}{s^2+\omega^2}-\sin0_-\right)=\frac{s}{s^2+\omega^2} \tag{10-13}$$

(2) 对方程两端进行拉氏变换，得

$$[s^2F(s)-sf(0_-)-f'(0_-)]+a_1[sF(s)-f(0_-)]+a_0F(s)$$

$$=b_1[sE(s)-e(0_-)]+b_0E(s)$$

上式经整理后变为

$$(s^2+a_1s+a_0)F(s)-(s+a_1)f(0_-)-f'(0_-)=(b_1s+b_0)E(s)-b_1e(0_-)$$

代入 $e(0_-)=0$，得

$$F(s)=\frac{b_1s+b_0}{s^2+a_1s+a_0}E(s)+\frac{s+a_1}{s^2+a_1s+a_0}f(0_-)+\frac{1}{s^2+a_1s+a_0}f'(0_-)$$

3. 积分性质

若 $\mathscr{L}[f(t)]=F(s)$，则 $f(t)$ 的积分的象函数为

$$\mathscr{L}\left[\int_{0_-}^{t} f(\xi) \, \mathrm{d}\xi\right] = \frac{F(s)}{s} \tag{10-14}$$

证明 略。

积分性质表明：时域中由 0 到 t 的积分运算，对应于复频域中除以 s 的运算。

例 10-4 利用积分性质求函数 $f(t)=t$ 的象函数。

解
$$t\varepsilon(t) = \int_{0_-}^{t} \varepsilon(t) \, \mathrm{d}t$$

$$\mathscr{L}[\varepsilon(t)] = \frac{1}{s} \quad \mathscr{L}[t\varepsilon(t)] = \mathscr{L}\left[\int_{0_-}^{t} \varepsilon(t) \, \mathrm{d}t\right] = \frac{\mathscr{L}[\varepsilon(t)]}{s} = \frac{\frac{1}{s}}{s} = \frac{1}{s^2} \tag{10-15}$$

据此还可以求出 $f(t)=t^2$ 的象函数为

$$t^2\varepsilon(t) = 2\int_{0_-}^{t} t\varepsilon(t) \, \mathrm{d}t$$

$$\mathscr{L}[t^2\varepsilon(t)] = \mathscr{L}\left[2\int_{0_-}^{t} t\varepsilon(t) \, \mathrm{d}t\right] = 2\mathscr{L}\left[\int_{0_-}^{t} t\varepsilon(t) \, \mathrm{d}t\right]$$

$$= 2\frac{\mathscr{L}[t\varepsilon(t)]}{s} = 2\frac{\frac{1}{s^2}}{s}$$

$$= \frac{2 \times 1}{s^3} = \frac{2!}{s^3} \tag{10-16}$$

同理，$f(t)=t^3$ 的象函数为

$$\mathscr{L}[t^3\varepsilon(t)] = \frac{3!}{s^4} \tag{10-17}$$

$f(t)=t^n$ 的象函数为

$$\mathscr{L}[t^n\varepsilon(t)] = \frac{n!}{s^{n+1}} \tag{10-18}$$

式中，n 为正整数。

4. 时域延迟性质

若 $\mathscr{L}[f(t)]=F(s)$，则 $f(t)$ 的延迟函数的象函数为

$$\mathscr{L}[f(t-t_0)\varepsilon(t-t_0)] = \mathrm{e}^{-st_0} F(s) \tag{10-19}$$

证明 略。

时域延迟性质表明：若原函数在时间上推迟 t_0（即其图形沿时间轴向右移动 t_0），则其象函数应乘以 e^{-st_0}，这个因子可称为时延因子。

例 10-5 求图 10-1 所示矩形脉冲的象函数。

解 图 10-1 中矩形脉冲波形的表达式为

$$f(t) = K[\varepsilon(t) - \varepsilon(t-T)]$$
$$\mathscr{L}[f(t)] = K\mathscr{L}[\varepsilon(t)] - K\mathscr{L}[\varepsilon(t-T)]$$
$$= \frac{K}{s} - K\mathrm{e}^{-sT}\frac{1}{s}$$
$$= \frac{K}{s}(1-\mathrm{e}^{-sT})$$

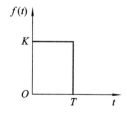

图 10-1 例 10-5 图

5. 频域平移性质

若 $\mathscr{L}[f(t)] = F(s)$，则

$$\mathscr{L}[e^{-\alpha t}f(t)] = F(s+\alpha) \tag{10-20}$$

证明 略。

频域平移性质表明：原函数乘以 $e^{-\alpha t}$，在频域中对应把 s 延实轴平移 α。

例 10-6 利用频域平移性质求 $e^{-\alpha t}\sin\omega t$ 和 $e^{-\alpha t}\cos\omega t$ 的象函数。

解
$$\mathscr{L}[e^{-\alpha t}\sin\omega t] = \left.\frac{\omega}{s^2+\omega^2}\right|_{s=s+\alpha} = \frac{\omega}{(s+\alpha)^2+\omega^2} \tag{10-21}$$

$$\mathscr{L}[e^{-\alpha t}\cos\omega t] = \left.\frac{s}{s^2+\omega^2}\right|_{s=s+\alpha} = \frac{s+\alpha}{(s+\alpha)^2+\omega^2} \tag{10-22}$$

例 10-7 利用频域平移性质求 $e^{-\alpha t}t$、$\frac{1}{2}e^{-\alpha t}t^2$ 及 $\frac{1}{3!}e^{-\alpha t}t^3$ 的象函数。

解
$$\mathscr{L}[e^{-\alpha t}t] = \left.\frac{1}{s^2}\right|_{s=s+\alpha} = \frac{1}{(s+\alpha)^2} \tag{10-23}$$

$$\mathscr{L}\left[\frac{1}{2}e^{-\alpha t}t^2\right] = \left.\frac{1}{s^3}\right|_{s=s+\alpha} = \frac{1}{(s+\alpha)^3} \tag{10-24}$$

$$\mathscr{L}\left[\frac{1}{3!}e^{-\alpha t}t^3\right] = \left.\frac{1}{s^4}\right|_{s=s+\alpha} = \frac{1}{(s+\alpha)^4} \tag{10-25}$$

以上 5 条拉氏变换的性质是与线性电路的分析密切相关的。拉氏变换有很多性质，这里不再多述。表 10-1 给出了一些与分析线性电路有关的常用函数的拉氏变换。

表 10-1 常用函数拉氏变换表

序　号	原　函　数	象　函　数
1	$\varepsilon(t)$	$\dfrac{1}{s}$
2	$e^{-\alpha t}$	$\dfrac{1}{s+\alpha}$
3	t	$\dfrac{1}{s^2}$
4	$\dfrac{1}{2}t^2$	$\dfrac{1}{s^3}$
5	$\dfrac{1}{n!}t^n$	$\dfrac{1}{s^{n+1}}$
6	$\sin\omega t$	$\dfrac{\omega}{s^2+\omega^2}$
7	$\cos\omega t$	$\dfrac{s}{s^2+\omega^2}$
8	$e^{-\alpha t}\sin\omega t$	$\dfrac{\omega}{(s+\alpha)^2+\omega^2}$
9	$e^{-\alpha t}\cos\omega t$	$\dfrac{s+\alpha}{(s+\alpha)^2+\omega^2}$
10	$e^{-\alpha t}t$	$\dfrac{1}{(s+\alpha)^2}$

序　　号	原　函　数	象　函　数
11	$\dfrac{1}{2}\mathrm{e}^{-at}t^2$	$\dfrac{1}{(s+\alpha)^3}$
12	$\dfrac{1}{n!}\mathrm{e}^{-at}t^n$	$\dfrac{1}{(s+\alpha)^{n+1}}$
13	$\sin(\omega t+\psi)$	$\dfrac{s\cos\psi+\omega\sin\psi}{s^2+\omega^2}$
14	$\cos(\omega t+\psi)$	$\dfrac{s\cos\psi-\omega\sin\psi}{s^2+\omega^2}$
15	$1-\mathrm{e}^{-at}$	$\dfrac{\alpha}{s(s+\alpha)}$
16	$2\lvert K\rvert\mathrm{e}^{at}\cos(\omega t+\theta)$	$\dfrac{\lvert K\rvert\angle\theta}{s-(\alpha+\mathrm{j}\omega)}+\dfrac{\lvert K\rvert\angle-\theta}{s-(\alpha-\mathrm{j}\omega)}$
17	$\delta(t)$	1
18	$\delta'(t)$	s

三、拉普拉斯反变换的部分分式法

若用拉普拉斯反变换的定义式即式(10-2)求象函数 $F(s)$ 的拉氏反变换，势必涉及求一个复变函数 $F(s)$ 的积分，一般比较复杂。一些较简单的象函数在表 10-1 中可以查到，这些象函数的拉氏反变换在表 10-1 中是已知的。如果能把象函数经过一些数学处理分解为若干能够从表 10-1 中查到的象函数，这些象函数对应的原函数在表 10-1 中可以查到，再结合拉氏变换的性质，就可得到待求反变换象函数的原函数。电路响应的象函数通常可以表示为两个实系数的 s 的多项式之比，即 s 的一个有理分式：

$$F(s)=\frac{N(s)}{D(s)}=\frac{a_0 s^m+a_1 s^{m-1}+\cdots+a_m}{b_0 s^n+b_1 s^{n-1}+\cdots+b_n} \qquad (10-26)$$

式中，m 和 n 为正整数，且 $n>m$[①]。

把 $F(s)$ 分解成若干简单有理分式之和，而这些简单有理分式在表 10-1 中可以查到，这种方法称为部分分式展开法，或称分解定理。

用部分分式法展开有理真分式时，需要对有理真分式的分母多项式进行因式分解，然后求出 $D(s)=0$ 的根（又称 $F(s)$ 的极点）。$D(s)=0$ 的根分为单根、共轭复根及重根三种情况，下面分别予以讨论。

1. $D(s)=0$ 只有实数单根（$F(s)$ 只有实数单极点）

设 $D(s)=0$ 的 n 个实数单根为 p_1、p_2、$\cdots$、p_n，于是 $F(s)$ 可展开为

$$F(s)=\frac{k_1}{s-p_1}+\frac{k_2}{s-p_2}+\cdots+\frac{k_n}{s-p_n} \qquad (10-27)$$

式中，k_1、k_2、$\cdots$、k_n 是待定系数。

---

① $n>m$，$F(s)$ 称为真分式；$n\leqslant m$，$F(s)$ 称为假分式。本书只考虑真分式的情况，假分式的处理方法可参考其他参考书。

将上式两端同乘以$(s-p_1)$，得

$$(s-p_1)F(s) = k_1 + (s-p_1)\left(\frac{k_2}{s-p_2} + \cdots + \frac{k_n}{s-p_n}\right)$$

显然上式中k_1被分离出来。令$s=p_1$，等式右边除第一项外其他各项都变为零，于是求得k_1为

$$k_1 = (s-p_1)F(s)\,|_{s=p_1}$$

同理可求得k_2、k_3、$\cdots$、k_n。所以求解式$(10-27)$中各项的待定系数的通式为

$$k_i = (s-p_i)F(s)\,|_{s=p_i}, \quad i=1,2,\cdots,n \tag{10-28}$$

确定k_i的值还可以用下列方法：

$$k_i = \lim_{s\to p_i}(s-p_i)F(s) = \lim_{s\to p_i}\frac{(s-p_i)N(s)}{D(s)}$$

$$= \lim_{s\to p_i}\frac{(s-p_i)N'(s)+N(s)}{D'(s)} = \frac{N(p_i)}{D'(p_i)}$$

上式就是确定各待定系数的另一种公式，即

$$k_i = \frac{N(s)}{D'(s)}\bigg|_{s=p_i} \tag{10-29}$$

于是式$(10-27)$所对应的原函数为

$$f(t) = \mathscr{L}^{-1}[F(s)] = k_1 e^{p_1 t} + k_2 e^{p_2 t} + \cdots + k_n e^{p_n t}$$

$$= \sum_{i=1}^{n} k_i e^{p_i t} = \sum_{i=1}^{n}\frac{N(p_i)}{D'(p_i)}e^{p_i t} \tag{10-30}$$

例 10-8 已知某象函数为

$$F(s) = \frac{2s+1}{s(s+2)(s+5)}$$

求相应的原函数$f(t)$。

解 先将$F(s)$展开为部分分式，即

$$F(s) = \frac{k_1}{s} + \frac{k_2}{s+2} + \frac{k_3}{s+5}$$

此处$F(s)$的各极点分别为

$$p_1 = 0, \quad p_2 = -2, \quad p_3 = -5$$

于是各部分分式的待定系数分别为

$$k_1 = sF(s)\,|_{s=p_1} = s\frac{2s+1}{s(s+2)(s+5)}\bigg|_{s=0} = \frac{2s+1}{(s+2)(s+5)}\bigg|_{s=0} = \frac{1}{10}$$

$$k_2 = (s+2)F(s)\,|_{s=p_2} = \frac{2s+1}{s(s+5)}\bigg|_{s=-2} = \frac{-4+1}{-2\times 3} = \frac{1}{2}$$

$$k_3 = (s+5)F(s)\,|_{s=p_3} = \frac{2s+1}{s(s+2)}\bigg|_{s=-5} = \frac{-10+1}{-5\times(-3)} = -\frac{3}{5}$$

故

$$f(t) = \mathscr{L}^{-1}[F(s)] = \mathscr{L}^{-1}\left[\frac{1/10}{s} + \frac{1/2}{s+2} + \frac{-3/5}{s+5}\right]$$

$$= \left(\frac{1}{10} + \frac{1}{2}e^{-2t} - \frac{3}{5}e^{-5t}\right)\varepsilon(t)$$

例 10 - 9 求象函数 $F(s) = \dfrac{s^2 + 3s + 4}{s^3 + 6s^2 + 11s + 6}$ 的原函数 $f(t)$。

解 $D(s) = s^3 + 6s^2 + 11s + 6$，$D'(s) = 3s^2 + 12s + 11$，对 $D(s)$ 进行因式分解，得

$$D(s) = (s+1)(s+2)(s+3)$$

即 $F(s)$ 有 3 个单极点，分别为

$$p_1 = -1, \quad p_2 = -2, \quad p_3 = -3$$

于是 $F(s)$ 可展开为

$$F(s) = \frac{k_1}{s+1} + \frac{k_2}{s+2} + \frac{k_3}{s+3}$$

上式中各项系数根据式(10 - 29)，分别为

$$k_1 = \left. \frac{s^2 + 3s + 4}{D'(s)} \right|_{s=p_1} = \left. \frac{s^2 + 3s + 4}{3s^2 + 12s + 11} \right|_{s=-1}$$

$$= \frac{(-1)^2 + 3(-1) + 4}{3(-1)^2 + 12(-1) + 11} = 1$$

$$k_2 = \left. \frac{s^2 + 3s + 4}{3s^2 + 12s + 11} \right|_{s=-2} = \frac{(-2)^2 + 3(-2) + 4}{3(-2)^2 + 12(-2) + 11} = -2$$

$$k_2 = \left. \frac{s^2 + 3s + 4}{3s^2 + 12s + 11} \right|_{s=-3} = \frac{(-3)^2 + 3(-3) + 4}{3(-3)^2 + 12(-3) + 11} = 2$$

于是有

$$F(s) = \frac{1}{s+1} + \frac{-2}{s+2} + \frac{2}{s+3}$$

$$f(t) = \mathscr{L}^{-1}[F(s)] = (e^{-t} - 2e^{-2t} + 2e^{-3t})\varepsilon(t)$$

2. $D(s) = 0$ 具有共轭复根（$F(s)$ 具有共轭复数极点）

$D(s) = 0$ 的共轭复根为

$$p_1 = \alpha + j\omega, \quad p_2 = \alpha - j\omega$$

于是

$$F(s) = \frac{k_1}{s - p_1} + \frac{k_2}{s - p_2} + \cdots$$

$$k_1 = [s - (\alpha + j\omega)]F(s)\,|_{s=\alpha+j\omega} = \left. \frac{N(s)}{D'(s)} \right|_{s=\alpha+j\omega}$$

$$k_2 = [s - (\alpha - j\omega)]F(s)\,|_{s=\alpha-j\omega} = \left. \frac{N(s)}{D'(s)} \right|_{s=\alpha-j\omega}$$

由于 $F(s)$ 是实系数多项式之比，故 k_1、k_2 为共轭复数。

设 $k_1 = |k_1|e^{j\theta_1}$，则 $k_2 = |k_1|e^{-j\theta_1}$，于是有

$$f(t) = \mathscr{L}^{-1}[F(s)] = k_1 e^{p_1 t} + k_2 e^{p_2 t} + \cdots$$

$$= |k_1|e^{j\theta_1}e^{(\alpha+j\omega)t} + |k_1|e^{-j\theta_1}e^{(\alpha-j\omega)t} + \cdots$$

$$= |k_1|e^{\alpha t}[e^{j(\omega t + \theta_1)} + e^{-j(\omega t + \theta_1)}] + \cdots$$

$$= 2|k_1|e^{\alpha t}\frac{e^{j(\omega t + \theta_1)} + e^{-j(\omega t + \theta_1)}}{2} + \cdots$$

$$= 2|k_1|e^{\alpha t}\cos(\omega t + \theta_1) + \cdots \tag{10 - 31}$$

例 10 - 10　求象函数 $F(s) = \dfrac{s^2 + 3s + 7}{(s^2 + 4s + 8)(s + 1)}$ 的原函数。

解　令分母多项式

$$D(s) = (s^2 + 4s + 8)(s + 1) = 0$$

解得

$$p_1 = -2 + j2, \quad p_2 = -2 - j2, \quad p_3 = -1$$

于是

$$F(s) = \frac{k_1}{s - (-2 + j2)} + \frac{k_2}{s - (-2 - j2)} + \frac{k_3}{s + 1}$$

这里

$$p_1 = -2 + j2 = \alpha + j\omega$$

$$k_1 = [s - (-2 + j2)]F(s) \big|_{s = -2 + j2} = \frac{s^2 + 3s + 7}{[s - (-2 - j2)](s + 1)} \bigg|_{s = -2 + j2} = j\frac{1}{4}$$

$$k_2 = k_1^* = -j\frac{1}{4}$$

$$k_3 = \frac{s^2 + 3s + 7}{s^2 + 4s + 8} \bigg|_{s = -1} = \frac{(-1)^2 - 3 + 7}{(-1)^2 - 4 + 8} = 1$$

即

$$\alpha = -2, \quad \omega = 2, \quad |k_1| = \frac{1}{4}, \quad \theta_1 = 90°, \quad k_3 = 1$$

由式（10 - 31）有

$$f(t) = \mathscr{L}^{-1}[F(s)] = 2 \times \frac{1}{4} e^{-2t} \cos(2t + 90°) + e^{-t}$$

$$= [e^{-t} + 0.5 e^{-2t} \cos(2t + 90°)] \varepsilon(t)$$

3. $D(s) = 0$ 具有重根（$F(s)$ 具有重极点）

设 $D(s) = (s - p_1)^n (s - p_2) \cdots (s - p_n)$，即 $F(s)$ 具有 n 重极点，于是 $F(s)$ 可展开为

$$F(s) = \frac{k_{1n}}{s - p_1} + \frac{k_{1(n-1)}}{(s - p_1)^2} + \frac{k_{1(n-2)}}{(s - p_1)^3} + \cdots + \frac{k_{11}}{(s - p_1)^n} + \frac{k_2}{s - p_2} + \cdots \quad (10 - 32)$$

为便于理解，假设 $n = 3$，则

$$F(s) = \frac{k_{13}}{s - p_1} + \frac{k_{12}}{(s - p_1)^2} + \frac{k_{11}}{(s - p_1)^3} + \frac{k_2}{s - p_2} + \cdots \quad (10 - 33)$$

上式两边同乘以 $(s - p_1)^3$，k_{11} 便可分离出来，故

$$(s - p_1)^3 F(s) = (s - p_1)^2 k_{13} + (s - p_1) k_{12} + k_{11} + (s - p_1)^3 \left(\frac{k_2}{s - p_2} + \cdots \right)$$

$$(10 - 34)$$

令 $s = p_1$，可求得 k_{11} 为

$$k_{11} = (s - p_1)^3 F(s) \big|_{s = p_1} \quad (10 - 35)$$

再对式（10 - 34）两边求 s 的一阶导数，k_{12} 被分离出来，故

$$\frac{\mathrm{d}\,(s - p_1)^3 F(s)}{\mathrm{d}s} = 2(s - p_1) k_{13} + k_{12} + \frac{\mathrm{d}}{\mathrm{d}s} \left[(s - p_1)^3 \left(\frac{k_2}{s - p_2} + \cdots \right) \right] \quad (10 - 36)$$

令 $s = p_1$，可得 k_{12} 为

$$k_{12} = \frac{\mathrm{d}\left[(s - p_1)^3 F(s)\right]}{\mathrm{d}s}\bigg|_{s = p_1} \tag{10-37}$$

同理可得

$$k_{13} = \frac{1}{2} \frac{\mathrm{d}^2 (s - p_1)^3 F(s)}{\mathrm{d}s^2}\bigg|_{s = p_1} \tag{10-38}$$

根据以上分析过程，可以推出 $F(s)$ 具有 n 重极点时式(10-32)中待定系数 k_{1n} 的一般表达式为

$$k_{1n} = \frac{1}{(n-1)!} \frac{\mathrm{d}^{(n-1)} (s - p_1)^n F(s)}{\mathrm{d}s^{(n-1)}}\bigg|_{s = p_1} \quad n = 2, 3, \cdots \tag{10-39}$$

综上所述，式(10-32)中各待定系数分别为

$$k_{11} = (s - p_1)^n F(s) \big|_{s = p_1}$$

$$k_{12} = \frac{\mathrm{d} (s - p_1)^n F(s)}{\mathrm{d}s}\bigg|_{s = p_1}$$

$$k_{13} = \frac{1}{2} \frac{\mathrm{d}^2 (s - p_1)^n F(s)}{\mathrm{d}s^2}\bigg|_{s = p_1}$$

$$k_{14} = \frac{1}{3!} \frac{\mathrm{d}^3 (s - p_1)^n F(s)}{\mathrm{d}s^3}\bigg|_{s = p_1}$$

$$\vdots$$

$$k_{1n} = \frac{1}{(n-1)!} \frac{\mathrm{d}^{(n-1)} (s - p_1)^n F(s)}{\mathrm{d}s^{(n-1)}}\bigg|_{s = p_1}$$

如果 $D(s) = 0$ 具有多个重根，对每个重根分别利用上述方法即可得到各待定系数。

例 10-11 求 $F(s) = \dfrac{1}{(s+1)^3 s^2}$ 的原函数 $f(t)$。

解 显然 $p_1 = -1$ 为 $F(s)$ 的 3 重极点，$p_2 = 0$ 为 $F(s)$ 的 2 重极点，根据式(10-32)，$F(s)$ 可展开为

$$F(s) = \frac{k_{13}}{s+1} + \frac{k_{12}}{(s+1)^2} + \frac{k_{11}}{(s+1)^3} + \frac{k_{22}}{s} + \frac{k_{21}}{s^2}$$

由式(10-39)求得各待定系数分别为

$$k_{11} = (s+1)^3 F(s) \big|_{s=-1} = \frac{1}{s^2}\bigg|_{s=-1} = 1$$

$$k_{12} = \frac{\mathrm{d} (s+1)^3 F(s)}{\mathrm{d}s}\bigg|_{s=-1} = \frac{\mathrm{d}\frac{1}{s^2}}{\mathrm{d}s}\bigg|_{s=-1} = -\frac{2}{s^3}\bigg|_{s=-1} = 2$$

$$k_{13} = \frac{1}{2} \frac{\mathrm{d}^2 (s+1)^3 F(s)}{\mathrm{d}s^2}\bigg|_{s=-1} = \frac{1}{2} \frac{\mathrm{d}\frac{-2}{s^3}}{\mathrm{d}s}\bigg|_{s=-1}$$

$$= \frac{1}{2}(-2)\left(-\frac{3s^2}{s^6}\right)\bigg|_{s=-1} = \frac{3}{s^4}\bigg|_{s=-1} = 3$$

$$k_{21} = s^2 F(s)\bigg|_{s=0} = \frac{1}{(s+1)^3}\bigg|_{s=0} = 1$$

$$k_{22} = \frac{\mathrm{d}s^2 F(s)}{\mathrm{d}s}\bigg|_{s=0} = \frac{\mathrm{d}\dfrac{1}{(s+1)^3}}{\mathrm{d}s}\bigg|_{s=0} = -\frac{3}{(s+1)^4}\bigg|_{s=0} = -3$$

于是

$$F(s) = \frac{3}{s+1} + \frac{2}{(s+1)^2} + \frac{1}{(s+1)^3} + \frac{-3}{s} + \frac{1}{s^2}$$

$$f(t) = \left(3\mathrm{e}^{-t} + 2t\mathrm{e}^{-t} + \frac{1}{2}t^2\mathrm{e}^{-t} - 3 + t\right)\varepsilon(t)$$

第二节 运 算 电 路

如同第六章正弦稳态电路中把基尔霍夫定律的时域形式转化为相量形式一样，由拉氏变换也可把时域形式的基尔霍夫定律转化为 s 域形式（复频域形式）的基尔霍夫定律，也称运算形式的基尔霍夫定律。

时域形式的 KCL 为：对任一节点，有

$$\sum i(t) = 0$$

对上式求拉氏变换，得

$$\sum I(s) = 0 \tag{10-40}$$

式中，$I(s)$ 是电流 $i(t)$ 的象函数。式(10-40)即为基尔霍夫电流定律的运算形式。

时域形式的 KVL 为：对任一回路，有

$$\sum u(t) = 0$$

对上式求拉氏变换，得

$$\sum U(s) = 0 \tag{10-41}$$

式中，$U(s)$ 是电压 $u(t)$ 的象函数。式(10-41)即为基尔霍夫电压定律的运算形式。

正弦稳态电路中各个元件均有相量模型，同样经过拉氏变换各元件也均有 s 域模型（复频域模型）或运算电路。

电阻元件在时域中如图 10-2(a)所示，其 VCR 为

$$u_R(t) = Ri_R(t)$$

(a) 时域形式　　　　(b) 运算电路

图 10-2 电阻元件的模型

对上式两边进行拉氏变换，得

$$U_R(s) = RI_R(s) \tag{10-42}$$

式(10-42)就是电阻元件 VCR 的运算形式，对应的运算电路如图 10-2(b)所示。

电感元件在时域中如图 10-3(a)所示，其 VCR 为

$$u_L = L \frac{\mathrm{d}i_L}{\mathrm{d}t}$$

上式两边取拉氏变换，得

$$U_L(s) = sLI_L(s) - Li_L(0_-) \tag{10-43}$$

式中，sL 称为电感的运算阻抗；$i_L(0_-)$ 表示电感中的初始电流。式(10-43)即为电感元件 VCR 的运算形式，对应的运算电路如图 10-3(b)所示。图中 $Li_L(0_-)$ 为附加电压源的电压，它反映了电感中初始电流的作用。还可以把式(10-43)改写为

$$I_L(s) = \frac{1}{sL}U_L(s) + \frac{i_L(0_-)}{s} \tag{10-44}$$

式中，$\frac{1}{sL}$ 称为电感的运算导纳；$\frac{i_L(0_-)}{s}$ 表示附加电流源的电流。对应的运算电路如图 10-3 (c)所示。

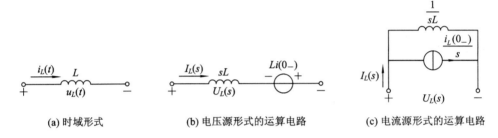

(a) 时域形式　　　　(b) 电压源形式的运算电路　　　　(c) 电流源形式的运算电路

图 10-3　电感元件的模型

同理，图 10-4(a)表示时域形式的电容元件，其 VCR 为

$$u_C(t) = \frac{1}{C} \int_{0_-}^{t} i_C(t)\mathrm{d}t + u_C(0_-)$$

上式两边取拉氏变换，得

$$U_C(s) = \frac{1}{sC}I_C(s) + \frac{u_C(0_-)}{s} \tag{10-45}$$

式中，$\frac{1}{sC}$ 为电容的运算阻抗；$\frac{u_C(0_-)}{s}$ 为附加电压源的电压，反映电容初始电压的作用。式(10-45)即为电容元件 VCR 的运算形式，对应的运算电路如图 10-4(b)所示。式(10-45)也可以变换为

$$I_C(s) = sCU_C(s) - CU_C(0_-) \tag{10-46}$$

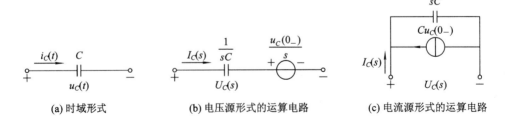

(a) 时域形式　　　　(b) 电压源形式的运算电路　　　　(c) 电流源形式的运算电路

图 10-4　电容元件的模型

式(10-46)中，sC 称为电容的运算导纳；$Cu_C(0_-)$ 为附加电流源的电流，反映电容初始电压的作用。对应的运算电路如图 10-4(c)所示。

互感元件的时域形式如图 10-5(a)所示，其一、二次侧 VCR 分别为

$$u_1 = L_1\frac{\mathrm{d}i_1}{\mathrm{d}t} + M\frac{\mathrm{d}i_2}{\mathrm{d}t}, \quad u_2 = L_2\frac{\mathrm{d}i_2}{\mathrm{d}t} + M\frac{\mathrm{d}i_1}{\mathrm{d}t}$$

对以上两式两边取拉氏变换，得

$$U_1(s) = sL_1I_1(s) - L_1i_1(0_-) + sMI_2(s) - Mi_2(0_-) \tag{10-47}$$

$$U_2(s) = sL_2I_2(s) - L_2i_2(0_-) + sMI_1(s) - Mi_1(0_-) \tag{10-48}$$

式中，sM 为耦合电感的互感运算阻抗；$Mi_2(0_-)$ 和 $Mi_1(0_-)$ 都是由互感引起的附加电压源的电压，附加电压源的方向与电流 i_1、i_2 的参考方向有关。图 10-5(b)为互感元件的运算电路。

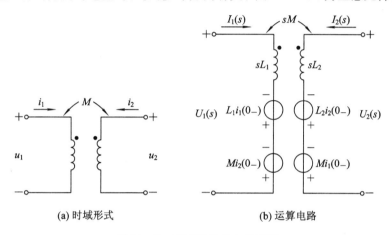

图 10-5 互感元件的电路模型

图 10-6(a)所示电路为 RLC 串联电路。设电压源电压为 $u(t)$，电感的初始电流为 $i(0_-)$，电容的初始电压为 $u_c(0_-)$。如用各元件的运算电路表示，则得整个电路的运算电路，如图 10-6(b)所示。

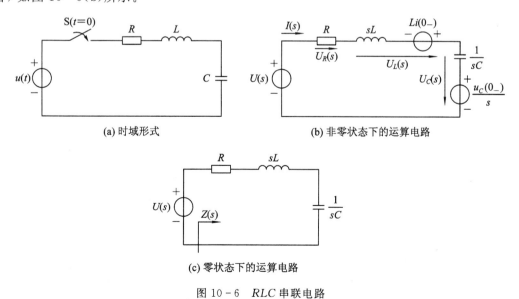

图 10-6 RLC 串联电路

根据 $\sum U(s) = 0$，有

$$U(s) = RI(s) + sLI(s) - Li(0_-) + \frac{1}{sC}I(s) + \frac{u_C(0_-)}{s}$$

$$= \left(R + sL + \frac{1}{sC}\right)I(s) - Li(0_-) + \frac{u_C(0_-)}{s}$$

若动态元件的初始状态 $i(0_-)=0$，$u_C(0_-)=0$，则有

$$U(s) = \left(R + sL + \frac{1}{sC}\right)I(s) = Z(s)I(s) \qquad (10-49)$$

式中，$Z(s) = R + sL + \frac{1}{sC}$ 为 RLC 串联电路的运算阻抗。式(10-49)即为运算形式的欧姆定律，对应的运算电路如图 10-6(c)所示。

图 10-7(a)表示 4 种线性受控源的时域模型。在时域里各种线性受控源的受控变量与控制量之间的关系均为线性函数关系，即

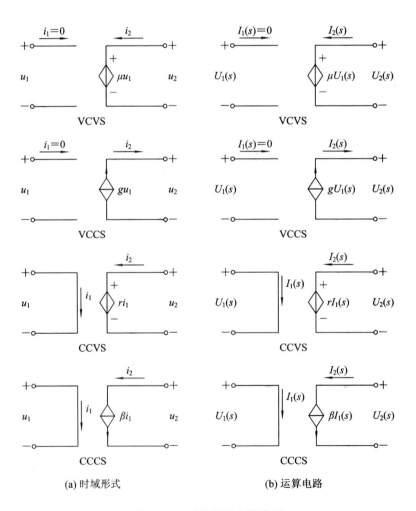

(a) 时域形式　　　　　　　　　(b) 运算电路

图 10-7 受控源的电路模型

$$VCVS \quad u_2 = \mu u_1$$
$$VCCS \quad i_2 = g u_1$$
$$CCVS \quad u_2 = r i_1$$
$$CCCS \quad i_2 = \beta i_1$$

(10 - 50)

对式(10 - 50)进行拉氏变换,得

$$VCVS \quad U_2(s) = \mu U_1(s)$$
$$VCCS \quad I_2(s) = g U_1(s)$$
$$CCVS \quad U_2(s) = r I_1(s)$$
$$CCCS \quad I_2(s) = \beta I_1(s)$$

(10 - 51)

上式即 4 种线性受控源的受控变量与控制量之间关系的运算形式,对应的运算电路如图 10 - 7(b)所示。

例 10 - 12 图 10 - 8 所示电路在换路前已处于稳定状态,试画出换路后的运算电路。

解 换路前电容电压 $u_C(0_-)$ 及电感电流 $i(0_-)$ 由节点电压法求解。

换路前等效电路如图 10 - 8(b)所示,列节点电压方程,由于 $u_{n1} = u_C(0_-)$,所以有

$$\begin{cases} \left(\dfrac{1}{R_1} + \dfrac{1}{R_2}\right) u_C(0_-) = 2i(0_-) + \dfrac{10}{R_2} \\[2mm] i(0_-) = \dfrac{u_C(0_-) - 10}{R_2} \end{cases}$$

联立上述方程组,解得

$$u_C(0_-) = \frac{-10R_1}{R_2 + 3R_1}$$

$$i(0_-) = \frac{-40R_1 - 10R_2}{R_2(R_2 + 3R_1)}$$

图 10 - 8(a)所示电路的运算电路如图 10 - 8(c)所示。

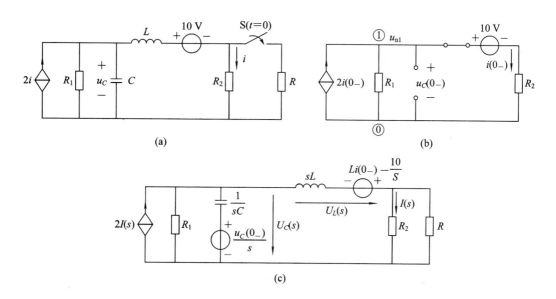

图 10 - 8 例 10 - 12 图

第三节　用运算法分析动态电路的过渡过程

运算法即拉普拉斯变换法，与第六章的相量法分析问题的思路是一致的。相量法是把各正弦激励和响应变量转化为对应的相量，建立各元件的相量模型，然后利用直流电阻电路的分析方法建立复数形式的代数方程。而运算法是把各激励和响应变量转化为对应的象函数，各元件建立它们的 s 域模型（运算电路），然后按照直流电阻电路的分析方法建立 s 域形式的代数方程。这两者的共同点都是避免了可能要建立的复杂的时域微分方程而转换为建立相对简单的代数方程，这使求解方程变得简单易行。两者所建立的方程的区别用对应关系表示为

变量的相量（$\dot{U}$、$\dot{I}$）与变量的象函数（$U(s)$，$I(s)$）

阻抗 $Z(j\omega)$ 与运算阻抗 $Z(s)$

导纳 $Y(j\omega)$ 与运算导纳 $Y(s)$

$j\omega$ 与 s

由响应变量的相量转换到时域与由响应变量的象函数反变换到时域

若电路为零状态，则两者建立的方程形式是类似的。把变量的相量转变为变量的象函数，把 $j\omega$ 转变为 s，就可将复数相量方程转变为 s 域象函数方程。下面用例题说明运算法在分析动态电路过渡过程时的具体作法。

例 10 - 13　图 10 - 9(a)所示电路原已稳定。$t=0$ 时开关 S 闭合，试用运算法求解电路中电流 $i_L(t)$ 及电压 $u_C(t)$。

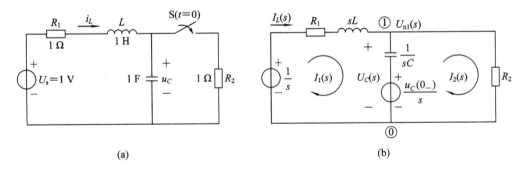

(a) (b)

图 10 - 9　例 10 - 13 图

解　（1）首先求出电路的初始状态。

显然 $t<0$ 时，电容 C 开路，电感 L 短路，故有

$$u_C(0_-) = U_s = 1 \text{ V}, \quad i_L(0_-) = 0$$

（2）画出电路的运算电路，并求解响应变量。

图 10 - 9(a)所示电路的运算电路如图 10 - 9(b)所示。用网孔法建立求解 $I_1(s)$ 的方程，网孔电流如图 10 - 9(b)所示。

$$\left(R_1 + sL + \frac{1}{sC}\right)I_1(s) - \frac{1}{sC}I_2(s) = \frac{1}{s} - \frac{u_C(0_-)}{s}$$

$$-\frac{1}{sC}I_1(s) + \left(R_2 + \frac{1}{sC}\right)I_2(s) = \frac{u_C(0_-)}{s}$$

代入已知数据，得

$$\left(1 + s + \frac{1}{s}\right)I_1(s) - \frac{1}{s}I_2(s) = 0$$

$$-\frac{1}{s}I_1(s) + \left(1 + \frac{1}{s}\right)I_2(s) = \frac{1}{s}$$

解得

$$I_1(s) = \frac{1}{s(s^2 + 2s + 2)}$$

由于 $I_L(s) = I_1(s)$，所以有

$$I_L(s) = \frac{1}{s(s^2 + 2s + 2)}$$

$s^2 + 2s + 2 = 0$ 的根为 $p_1 = -1 + \mathrm{j}$，$p_2 = -1 - \mathrm{j}$，于是

$$I_L(s) = \frac{1}{s[s - (-1 + \mathrm{j})][s - (-1 - \mathrm{j})]} = \frac{k_1}{s - (-1 + \mathrm{j})} + \frac{k_1^*}{s - (-1 - \mathrm{j})} + \frac{k_2}{s}$$

$$k_1 = I_L(s)[s - (-1 + \mathrm{j})]\Big|_{s = -1 + \mathrm{j}} = \frac{1}{s[s - (-1 - \mathrm{j})]}\Big|_{s = -1 + \mathrm{j}}$$

$$= \frac{1}{(-1 + \mathrm{j})(-1 + \mathrm{j} + 1 + \mathrm{j})} = \frac{\sqrt{2}}{4}\angle 135°$$

$$k_1^* = \frac{\sqrt{2}}{4}\angle -135°$$

$$k_2 = sI_L(s)\Big|_{s = 0} = s \times \frac{1}{s(s^2 + 2s + 2)}\Big|_{s = 0} = \frac{1}{2}$$

综上所述，各参数值分别为

$$\alpha = -1, \quad \omega = 1, \quad |k_1| = \frac{\sqrt{2}}{4}, \quad \theta_1 = 135°$$

$I_L(s)$ 的拉氏反变换为

$$i_L(t) = \mathscr{L}^{-1}[I_L(s)] = 2|k_1|\mathrm{e}^{\alpha t}\cos(\omega t + \theta_1) + k_2$$

$$= 2 \times \frac{\sqrt{2}}{4}\mathrm{e}^{-t}\cos(t + 135°)\,\mathrm{A} + \frac{1}{2}\,\mathrm{A}$$

$$= \left[\frac{1}{2} + \frac{\sqrt{2}}{2}\mathrm{e}^{-t}\cos(t + 135°)\right]\varepsilon(t)\,\mathrm{A}$$

本例求解 $U_C(s)$ 时也可建立节点电压方程，由图 10-9(b) 有

$$\left(\frac{1}{R_1 + sL} + sC + \frac{1}{R_2}\right)U_{n1}(s) = \frac{\frac{1}{s}}{R_1 + sL} + \frac{\frac{u_C(0_-)}{s}}{\frac{1}{sC}}$$

$$\left(\frac{1}{1 + s} + s + 1\right)U_{n1}(s) = \frac{1}{s(s + 1)} + 1$$

$$\frac{s^2 + 2s + 2}{s + 1}U_{n1}(s) = \frac{s^2 + s + 1}{s(s + 1)}$$

$$U_{n1}(s) = \frac{s^2 + s + 1}{s(s^2 + 2s + 2)}$$

由于 $U_C(s) = U_{n1}(s)$，所以有

$$U_C(s) = \frac{s^2 + s + 1}{s(s^2 + 2s + 2)} = \frac{k_1}{s-(-1+j)} + \frac{k_1^*}{s-(-1-j)} + \frac{k_2}{s}$$

$$k_1 = [s-(-1+j)]U_C(s)\Big|_{s=-1+j} = \frac{s^2+s+1}{s[s-(-1-j)]}\Big|_{s=-1+j}$$

$$= \frac{(-1+j)^2+(-1+j)+1}{(-1+j)(-1+j+1+j)} = \frac{\sqrt{2}}{4}\angle 45°$$

$$k_1^* = \frac{\sqrt{2}}{4}\angle -45°$$

$$k_2 = sU_C(s)\Big|_{s=0} = \frac{s^2+s+1}{s^2+2s+2}\Big|_{s=0} = -\frac{1}{2}$$

综上所述，各参数为

$$\alpha = -1, \quad \omega = 1, \quad |k_1| = \frac{\sqrt{2}}{4}, \quad \theta_1 = 45°$$

$U_C(s)$ 的拉氏反变换为

$$u_C(t) = \mathscr{L}^{-1}[U_C(s)] = 2|k_1|e^{\alpha t}\cos(\omega t + \theta_1) + k_2$$

$$= 2 \times \frac{\sqrt{2}}{4}e^{-t}\cos(t+45°)\text{V} + \frac{1}{2}\text{V}$$

$$= \left[\frac{1}{2} + \frac{\sqrt{2}}{2}e^{-t}\cos(t+45°)\right]\varepsilon(t)\ \text{V}$$

注意：本例的网孔电流方程中，$\left(R_1 + sL + \dfrac{1}{sC}\right)$ 可以称为网孔 1 的自运算阻抗；$-\dfrac{1}{sC}$ 可以称为网孔 1 与网孔 2（或网孔 2 与网孔 1）的互运算阻抗；$\left(R_2 + \dfrac{1}{sC}\right)$ 可以称为网孔 2 的自运算阻抗。节点电压方程中，$\left(\dfrac{1}{R_1+sL} + sC + \dfrac{1}{R_2}\right)$ 可以称为节点 1 的自运算导纳。无论是运算阻抗还是运算导纳都没有实际意义，所以也没有单位，这一点与相量法中的复数阻抗不同。

例 10 - 14 图 10 - 10 所示电路中，已知 $R_1 = R_2 = 1\ \Omega$，$L_1 = L_2 = 0.1\ \text{H}$，$M = 0.05\ \text{H}$，直流激励 $U_s = 1\ \text{V}$，试用运算法求开关闭合后的电流 $i_1(t)$ 和 $i_2(t)$。

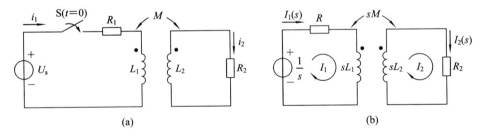

(a) (b)

图 10 - 10 例 10 - 14 图

解 首先画出图 10 - 10(a) 所示电路的运算电路，如图 10 - 10(b) 所示。回路绕行方向与回路电流绕行方向一致，如图 10 - 10(b) 中所示，由 KVL 得

$$R_1 I_1(s) + sL_1 I_1(s) - sMI_2(s) = \frac{1}{s}$$

$$R_2 I_2(s) + sL_2 I_2(s) - sMI_1(s) = 0$$

代入已知数据，得

$$(1 + 0.1s)I_1(s) - 0.05sI_2(s) = \frac{1}{s}$$

$$-0.05sI_1(s) + (1 + 0.1s)I_2(s) = 0$$

解得

$$I_1(s) = \frac{0.1s + 1}{s(0.75 \times 10^{-2} s^2 + 0.2s + 1)}$$

$$I_2(s) = \frac{0.05}{0.75 \times 10^{-2} s^2 + 0.2s + 1}$$

对 $I_1(s)$、$I_2(s)$ 求拉氏反变换，得

$$i_1(t) = \mathcal{L}^{-1}[I_1(s)] = (1 - 0.5e^{-6.67t} - 0.5e^{-20t})\varepsilon(t) \text{ A}$$

$$i_2(t) = \mathcal{L}^{-1}[I_2(s)] = 0.5(e^{-6.67t} - e^{-20t})\varepsilon(t) \text{ A}$$

例 10 - 15　电路如图 10 - 11(a)所示，$t<0$ 时电路处于稳定状态。已知 $i_{s1} = 10$ A，$i_{s2} = 7.8e^{-2t}\varepsilon(t)$ A，试求 $t>0$ 时的响应 $i_L(t)$。

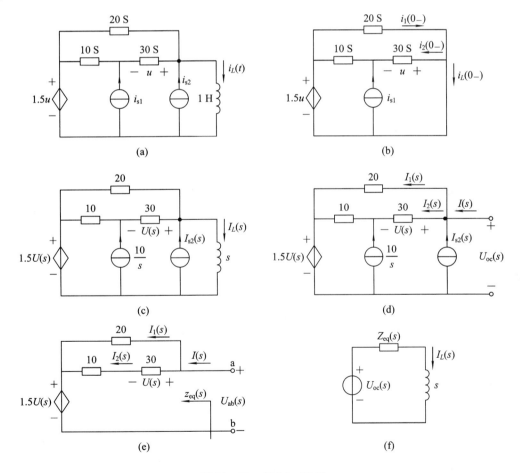

图 10 - 11　例 10 - 15 图

解　$t<0$ 时，电感相当于短路，i_{s2} 相当于开路，等效电路如图 10 - 11(b)所示。

$$i_1(0_-) = 1.5u \times 20 = 30u$$

$$i_2(0_-) = u \times 30 = 30u$$

由 KCL 得

$$i_L(0_-) = i_1(0_-) - i_2(0_-) = 30u - 30u = 0$$

$t>0$ 时，图 $10-11$(a)的运算电路如图 $10-11$(c)所示，用戴维南定理求解 $I_L(s)$。断开电感支路，如图 $10-11$(d)所示，求开路电压 $U_{oc}(s)$。

$$U_{oc}(s) = \frac{I_1(s)}{20} + 1.5U(s) = \frac{I_{s2}(s) - I_2(s)}{20} + 1.5U(s)$$

$$= \frac{I_{s2}(s) - 30U(s)}{20} + 1.5U(s) = \frac{I_{s2}(s)}{20} = \frac{7.8}{20(s+2)}$$

断开两个电流源，求戴维南等效运算阻抗 $Z_{eq}(s)$，如图 $10-11$(e)所示。根据外加电压法，有

$$U_{ab}(s) = \frac{I_2(s)}{10} + U(s) + 1.5U(s) = \frac{30U(s)}{10} + U(s) + 1.5U(s) = 5.5U(s)$$

$$I(s) = I_1(s) + I_2(s) = 20[5.5U(s) - 1.5U(s)] + 30U(s) = 80U(s) + 30U(s) = 110U(s)$$

$$Z_{eq}(s) = \frac{U_{ab}(s)}{I(s)} = \frac{5.5U(s)}{110U(s)} = 0.05$$

画出戴维南等效电路的运算电路，如图 $10-11$(f)所示。由 KVL 得

$$I_L(s) = \frac{U_{oc}(s)}{Z_{eq}(s) + s} = \frac{\dfrac{7.8}{20(s+2)}}{0.05 + s} = \frac{7.8}{20(s+2)(s+0.05)}$$

用部分分式法求 $I_L(s)$ 的拉氏反变换，得

$$i_L(t) = \mathscr{L}^{-1}[I_L(s)] = 0.2(e^{-0.05t} - e^{-2t})\varepsilon(t) \ \text{A}$$

第四节　网络函数与二端口网络

一、网络函数

若线性动态网络中只有一个激励，在零状态下，设激励函数 $e(t)$ 的象函数为 $E(s)$，任意响应 $r(t)$ 的象函数为 $R(s)$，则网络函数定义为响应象函数 $R(s)$ 与激励象函数 $E(s)$ 之比，用 $H(s)$ 表示为

$$H(s) \stackrel{\text{def}}{=\!=} \frac{R(s)}{E(s)} \tag{10-52}$$

进一步有

$$R(s) = H(s)E(s) \tag{10-53}$$

上式表明，电路的零状态响应等于网络函数与激励象函数的乘积。

按激励与响应的分类，网络函数可以具有不同的形式。当电路中只有一个激励作用时，它所在的端口称为驱动点（策动点）。如果响应也在驱动点上，则相应的网络函数称为驱动点（策动点）函数。如果激励为电压，响应为电流，则驱动点函数称为驱动点导纳；反之，称为驱动点阻抗。如果响应不在驱动点上，则相应的网络函数称为转移函数。

二、二端口网络的概念

　　谈到网络函数，就有必要介绍一下二端口网络的概念。在实际工程中，常常涉及一个电路具有两对端子的情况，需要研究两对端子之间的关系。如第七章中的变压器、第九章中的滤波器、第十一章中要介绍的放大器及反馈网络等，均是具有两对端子的电路，如图 10-12(a)、(b)、(c) 所示。如果电流从其中任意一对端子中的一个端子流入，从另一个端子流出，这时两者相等，我们称这任意一对端子为一个端口，而这种具有两个端口的网络，称为二端口网络，简称二端口。二端口之间的电路可以概括在一个方框中，如图 10-12(d) 所示。通常端口 1-1′ 接电源，称为输入端口，端口 2-2′ 接负载，称为输出端口。

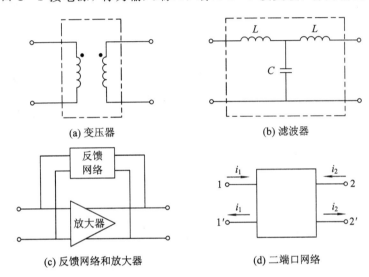

(a) 变压器　　　　　　　　　　　(b) 滤波器

(c) 反馈网络和放大器　　　　　　(d) 二端口网络

图 10-12　二端口网络

三、二端口的参数方程与参数

　　用二端口概念分析电路时，仅对二端口处的电流、电压之间的关系感兴趣，这种相互关系可以通过一些参数表示，而这些参数只取决于构成二端口本身的元件及它们的连接方式。一旦确定表征这个二端口的参数后，当一个端口上的电压、电流发生变化，要确定另一个端口上的电压、电流就比较容易了。同时，还可以利用这些参数比较不同的二端口在传递电能和信号方面的性能，从而评价它们的质量。这里介绍的二端口是由线性电阻、电感、电容和线性受控源组成的，并规定不含任何独立源（如用运算法分析时，还规定电路处于零状态，即不存在附加电源）。

　　图 10-13 所示电路为一个二端口网络，它有四个端口变量，若用运算法表示，则为 $U_1(s)$、$U_2(s)$、$I_1(s)$、$I_2(s)$。由一端口网络的讨论可知，这四个变量中只有两个是独立的，给定其中任何两个变量，其余的两个变量便随之确定了。在四个变量中选取两个作为独立变量的方法共有六种，这样，描述二端口网络

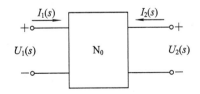

图 10-13　二端口的运算电路

特性方程也就有六种形式,而实际常用的只有四种形式。

若认为图 $10-13$ 所示两端口中的 $U_1(s)$ 和 $U_2(s)$ 为已知,可以利用替代定理把两个端口电压 $U_1(s)$ 和 $U_2(s)$ 都看作外施的独立电压源。这样,根据叠加定理,$I_1(s)$ 和 $I_2(s)$ 应分别等于各个电压源单独作用时产生的电流之和,即

$$\left.\begin{array}{l} I_1(s) = Y_{11}U_1(s) + Y_{12}U_2(s) \\ I_2(s) = Y_{21}U_1(s) + Y_{22}U_2(s) \end{array}\right\} \tag{10-54}$$

式(10-54)还可以写成矩阵形式:

$$\begin{bmatrix} I_1(s) \\ I_2(s) \end{bmatrix} = \begin{bmatrix} Y_{11} & Y_{12} \\ Y_{21} & Y_{22} \end{bmatrix} \begin{bmatrix} U_1(s) \\ U_2(s) \end{bmatrix}$$

其中

$$[Y] \stackrel{\text{def}}{=\!=\!=} \begin{bmatrix} Y_{11} & Y_{12} \\ Y_{21} & Y_{22} \end{bmatrix}$$

称为二端口的 Y 参数矩阵(这里为运算形式)[①],而 Y_{11}、Y_{12}、Y_{21}、Y_{22} 称为二端口的 Y 参数,式(10-54)称为二端口的 Y 参数方程。不难看出 Y 参数属于导纳性质,可以按下述方法计算或由实验实测求得,把图 $10-13$ 所示二端口的输出端口短路,即 $U_2(s)=0$,输入端口外施电压 $U_1(s)$,可得

$$Y_{11} = \left.\frac{I_1(s)}{U_1(s)}\right|_{U_2(s)=0}$$

$$Y_{21} = \left.\frac{I_2(s)}{U_1(s)}\right|_{U_2(s)=0}$$

Y_{11} 表示输出端口 $2-2'$ 短路时,输入端口 $1-1'$ 处的输入导纳或驱动点导纳。Y_{21} 表示输出端口 $2-2'$ 短路时,端口 $2-2'$ 与端口 $1-1'$ 之间的转移导纳。这是因为 $I_2(s)$ 与 $U_1(s)$ 不在同一端口,Y_{21} 是转移网络函数中的一种。同理,把图 $10-13$ 所示二端口的输入端口 $1-1'$ 短路,即 $U_1(s)=0$,在输出端口 $2-2'$ 外施电压 $U_2(s)$,可得

$$Y_{12} = \left.\frac{I_1(s)}{U_2(s)}\right|_{U_1(s)=0}$$

$$Y_{22} = \left.\frac{I_2(s)}{U_2(s)}\right|_{U_1(s)=0}$$

Y_{12} 是端口 $1-1'$ 与端口 $2-2'$ 之间的转移导纳,Y_{22} 是端口 $2-2'$ 的驱动点导纳。在没有受控源的情况下,$Y_{12}=Y_{21}$。

描述二端口外部特征的参数方程常见的还有三种,分别为

$$\left.\begin{array}{l} U_1(s) = Z_{11}I_1(s) + Z_{12}I_2(s) \\ U_2(s) = Z_{21}I_1(s) + Z_{22}I_2(s) \end{array}\right\} \tag{10-55}$$

$$\left.\begin{array}{l} U_1(s) = AU_2(s) - BI_2(s) \\ I_1(s) = CU_2(s) - DI_2(s) \end{array}\right\} \tag{10-56}$$

$$\left.\begin{array}{l} U_1(s) = H_{11}I_1(s) + H_{12}U_2(s) \\ I_2(s) = H_{21}I_1(s) + H_{22}U_2(s) \end{array}\right\} \tag{10-57}$$

---

① 本章中各参数均为运算形式,为简化起见省略了自变量 s。例如 $[Y(s)]$ 写成 $[Y]$,$Y_{11}(s)$ 写成 Y_{11} 等。下面谈到的导纳为运算导纳,阻抗为运算阻抗,为简化省略运算两字。

式(10-55)为二端口的 Z 参数方程,其中 Z_{11}、Z_{12}、Z_{21}、Z_{22} 称为 Z 参数,它们是阻抗性质的。若将端口 2-$2'$ 开路,即 $I_2(s)=0$,在端口 1-$1'$ 施加一个电流源激励 $I_1(s)$,可得

$$Z_{11} = \frac{U_1(s)}{I_1(s)}\bigg|_{I_2(s)=0} \qquad \text{端口 } 1\text{-}1' \text{ 的开路驱动点阻抗}$$

$$Z_{21} = \frac{U_2(s)}{I_1(s)}\bigg|_{I_2(s)=0} \qquad \text{端口 } 2\text{-}2' \text{ 对端口 } 1\text{-}1' \text{ 的开路转移阻抗}$$

若将端口 1-$1'$ 开路,即 $I_1(s)=0$,在端口 2-$2'$ 施加一个电流源激励 $I_2(s)$,可得

$$Z_{12} = \frac{U_1(s)}{I_2(s)}\bigg|_{I_1(s)=0} \qquad \text{端口 } 1\text{-}1' \text{ 对端口 } 2\text{-}2' \text{ 的开路转移阻抗}$$

$$Z_{22} = \frac{U_2(s)}{I_2(s)}\bigg|_{I_1(s)=0} \qquad \text{端口 } 2\text{-}2' \text{ 的开路驱动点阻抗}$$

Z 参数中,在没有受控源的情况下,$Z_{12} = Z_{21}$。

式(10-56)为二端口的 T 参数方程,也称 A 参数方程。其中 A、B、C、D 称为 T 参数或 A 参数、一般参数、传输参数,它们表示的具体含义分别用以下各式说明。

$$A = \frac{U_1(s)}{U_2(s)}\bigg|_{I_2(s)=0} \qquad \text{端口 } 1\text{-}1' \text{ 对端口 } 2\text{-}2' \text{ 的开路转移电压比(量纲为 1)}$$

$$C = \frac{I_1(s)}{U_2(s)}\bigg|_{I_2(s)=0} \qquad \text{端口 } 1\text{-}1' \text{ 对端口 } 2\text{-}2' \text{ 的开路转移导纳}$$

$$B = \frac{U_1(s)}{-I_2(s)}\bigg|_{U_2(s)=0} \qquad \text{端口 } 1\text{-}1' \text{ 对端口 } 2\text{-}2' \text{ 的短路转移阻抗}$$

$$D = \frac{I_1(s)}{-I_2(s)}\bigg|_{U_2(s)=0} \qquad \text{端口 } 1\text{-}1' \text{ 对端口 } 2\text{-}2' \text{ 的短路转移电流比(量纲为 1)}$$

A、B、C、D 四个参数均具有转移函数的性质。在没有受控源的情况下,可以证明 $AD - BC = 1$。

式(10-57)为二端口的 H 参数方程或混合参数方程,其中 H_{11}、H_{12}、H_{21}、H_{22} 为 H 参数或混合参数。它们的含义如下:

$$H_{11} = \frac{U_1(s)}{I_1(s)}\bigg|_{U_2(s)=0} \qquad \text{端口 } 1\text{-}1' \text{ 的短路驱动点阻抗}$$

$$H_{21} = \frac{I_2(s)}{I_1(s)}\bigg|_{U_2(s)=0} \qquad \text{端口 } 2\text{-}2' \text{ 对端口 } 1\text{-}1' \text{ 的短路转移电流比}$$

$$H_{12} = \frac{U_1(s)}{U_2(s)}\bigg|_{I_1(s)=0} \qquad \text{端口 } 1\text{-}1' \text{ 对端口 } 2\text{-}2' \text{ 的开路转移电压比}$$

$$H_{22} = \frac{I_2(s)}{U_2(s)}\bigg|_{I_1(s)=0} \qquad \text{端口 } 2\text{-}2' \text{ 的开路驱动点导纳}$$

在没有受控源的情况下,$H_{21} = -H_{12}$。

在电路分析的后续课模拟电子技术中,晶体管等效电路广泛采用 H 参数来描述。图 10-14 所示电路为一只晶体管在小信号工作条件下的简化电路模型,根据 H 参数的定义,可求得

$$H_{11} = \frac{U_1(s)}{I_1(s)}\bigg|_{U_2(s)=0} = R_1, \qquad H_{12} = \frac{U_1(s)}{U_2(s)}\bigg|_{I_1(s)=0} = 0$$

$$H_{21} = \frac{I_2(s)}{I_1(s)}\bigg|_{U_2(s)=0} = \beta, \qquad H_{22} = \frac{I_2(s)}{U_2(s)}\bigg|_{I_1(s)=0} = \frac{1}{R_2}$$

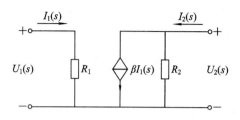

图 10 - 14　晶体管等效电路的运算电路

上述 H 参数中，由于有受控源，所以 $H_{21} \neq -H_{12}$。

二端口的另两组参数方程与 H 参数方程和 T 参数方程相似，只是把电路方程等号两边的端口变量互换而已，这里不再详述。

从以上对二端口的讨论可知：转移函数有四种形式，即转移阻抗、转移导纳、转移电压比及转移电流比。

如果双口网络的两个端口对调后，对端口的电流和电压不产生任何影响，则双口网络是对称的。显然二端口网络在结构上是对称的，则不难证明该二端口网络一定是对称的双口网络。

在对称的双口网络中，Z 参数除了 $Z_{12} = Z_{21}$ 外，还有 $Z_{11} = Z_{22}$；Y 参数除了 $Y_{12} = Y_{21}$ 外，还有 $Y_{11} = Y_{22}$；A 参数除了 $AD - BC = 1$ 外，还有 $A = D$；H 参数除了 $H_{12} = -H_{21}$ 外，还有 $H_{11} H_{22} - H_{12} H_{21} = 1$。显然，对称二端口网络各类参数中的 4 个参数只有两个是独立的。

例 10 - 16　电路如图 10 - 15 所示，试求：

（1）图示电路双口网络的 Z 参数、Z 参数矩阵、Z 参数方程；

（2）图示电路双口网络的 Y 参数、Y 参数矩阵、Y 参数方程。

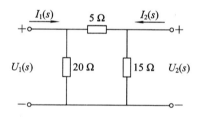

图 10 - 15　例 10 - 16 图

解　方法一：用参数的定义来求各参数。

Z 参数方程为

$$U_1(s) = Z_{11} I_1(s) + Z_{12} I_2(s)$$
$$U_2(s) = Z_{21} I_1(s) + Z_{22} I_2(s)$$

其中各参数分别为

$$Z_{11} = \left. \frac{U_1(s)}{I_1(s)} \right|_{I_2(s) = 0} = 20 \mathbin{/\mkern-5mu/} (5 + 15) = 10$$

$$Z_{21} = \left. \frac{U_2(s)}{I_1(s)} \right|_{I_2(s) = 0} = \frac{\dfrac{20}{20 + (5 + 15)} I_1(s) \times 15}{I_1(s)} = 7.5$$

$$Z_{12} = \left. \frac{U_1(s)}{I_2(s)} \right|_{I_1(s) = 0} = \frac{\dfrac{15}{(20 + 5) + 15} I_2(s) \times 20}{I_2(s)} = \frac{15}{40} \times 20 = 7.5$$

$$Z_{22} = \left. \frac{U_2(s)}{I_2(s)} \right|_{I_1(s) = 0} = (20 + 5) \mathbin{/\mkern-5mu/} 15 = \frac{25 \times 15}{25 + 15} = \frac{75}{8} = 9.375$$

Z 参数矩阵为

$$[Z] = \begin{bmatrix} 10 & 7.5 \\ 7.5 & 9.375 \end{bmatrix}$$

Z 参数方程为

$$U_1(s) = 10I_1(s) + 7.5I_2(s)$$
$$U_2(s) = 7.5I_1(s) + 9.375I_2(s)$$

方法二：用直接列写 Z 参数方程的方法求各参数。

图示电路中，由 KCL 有

$$I_1(s) = \frac{U_1(s)}{20} + \frac{U_1(s) - U_2(s)}{5} = \frac{1}{4}U_1(s) - \frac{1}{5}U_2(s)$$

$$I_2(s) = \frac{U_2(s) - U_1(s)}{5} + \frac{U_2(s)}{15} = -\frac{1}{5}U_1(s) + \frac{4}{15}U_2(s)$$

上面两式整理为

$$\frac{1}{4}U_1(s) - \frac{1}{5}U_2(s) = I_1(s)$$

$$-\frac{1}{5}U_1(s) + \frac{4}{15}U_2(s) = I_2(s)$$

求解上式，得

$$U_1(s) = \frac{\begin{vmatrix} I_1(s) & -\dfrac{1}{5} \\[2mm] I_2(s) & \dfrac{4}{15} \end{vmatrix}}{\begin{vmatrix} \dfrac{1}{4} & -\dfrac{1}{5} \\[2mm] -\dfrac{1}{5} & \dfrac{4}{15} \end{vmatrix}} = \frac{\dfrac{4}{15}I_1(s) - \left[-\dfrac{1}{5}I_2(s)\right]}{\dfrac{1}{4} \times \dfrac{4}{15} - \left(-\dfrac{1}{5}\right)^2} = 10I_1(s) + 7.5I_2(s)$$

$$U_2(s) = \frac{\begin{vmatrix} \dfrac{1}{4} & I_1(s) \\[2mm] -\dfrac{1}{5} & I_2(s) \end{vmatrix}}{\begin{vmatrix} \dfrac{1}{4} & -\dfrac{1}{5} \\[2mm] -\dfrac{1}{5} & \dfrac{4}{15} \end{vmatrix}} = \frac{\dfrac{1}{4}I_2(s) - \left(-\dfrac{1}{5}\right)I_1(s)}{\dfrac{1}{4} \times \dfrac{4}{15} - \left(-\dfrac{1}{5}\right)^2} = 7.5I_1(s) + 9.375I_2(s)$$

即 Z 参数方程为

$$U_1(s) = 10I_1(s) + 7.5I_2(s)$$
$$U_2(s) = 7.5I_1(s) + 9.375I_2(s)$$

Z 参数为

$$Z_{11} = 10, \quad Z_{12} = 7.5, \quad Z_{21} = 7.5, \quad Z_{22} = 9.375$$

Z 参数矩阵为

$$[Z] = \begin{bmatrix} 10 & 7.5 \\ 7.5 & 9.375 \end{bmatrix}$$

（2）求 Y 参数。

由上一问中列出的关于 $I_1(s)$ 及 $I_2(s)$ 的表达式，得 Y 参数方程为

$$I_1(s) = \frac{1}{4}U_1(s) - \frac{1}{5}U_2(s)$$

$$I_2(s) = -\frac{1}{5}U_1(s) + \frac{4}{15}U_2(s)$$

其中 Y 参数分别为

$$Y_{11} = \frac{1}{4}, \quad Y_{12} = -\frac{1}{5}$$

$$Y_{21} = -\frac{1}{5}, \quad Y_{22} = \frac{4}{15}$$

Y 参数矩阵为

$$[Y] = \begin{bmatrix} \dfrac{1}{4} & -\dfrac{1}{5} \\ -\dfrac{1}{5} & \dfrac{4}{15} \end{bmatrix}$$

四、双口网络中各种参数之间的关系

将 Z 参数方程整理为

$$Z_{11}I_1(s) + Z_{12}I_2(s) = U_1(s)$$
$$Z_{21}I_2(s) + Z_{22}I_2(s) = U_2(s)$$

从上两式解出 $I_1(s)$ 及 $I_2(s)$ 分别为

$$I_1(s) = \frac{\begin{vmatrix} U_1(s) & Z_{12} \\ U_2(s) & Z_{22} \end{vmatrix}}{\begin{vmatrix} Z_{11} & Z_{12} \\ Z_{21} & Z_{22} \end{vmatrix}} = \frac{Z_{22}U_1(s) - Z_{12}U_2(s)}{Z_{11}Z_{22} - Z_{12}Z_{21}}$$

$$= \frac{Z_{22}}{\Delta Z}U_1(s) - \frac{Z_{12}}{\Delta Z}U_2(s)$$

$$I_2(s) = \frac{\begin{vmatrix} Z_{11} & U_1(s) \\ Z_{21} & U_2(s) \end{vmatrix}}{\begin{vmatrix} Z_{11} & Z_{12} \\ Z_{21} & Z_{22} \end{vmatrix}} = \frac{Z_{11}U_2(s) - Z_{21}U_1(s)}{Z_{11}Z_{22} - Z_{12}Z_{21}}$$

$$= -\frac{Z_{21}}{\Delta Z}U_1(s) + \frac{Z_{11}}{\Delta Z}U_2(s)$$

由上两式得出 Y 参数和 Z 参数之间的关系为

$$Y_{11} = \frac{Z_{22}}{\Delta Z}, \quad Y_{12} = -\frac{Z_{12}}{\Delta Z}$$

$$Y_{21} = -\frac{Z_{21}}{\Delta Z}, \quad Y_{22} = \frac{Z_{11}}{\Delta Z}$$

其中，$\Delta Z = Z_{11}Z_{22} - Z_{12}Z_{21}$。

同理，可以推导出各参数之间的关系，列于表 10 - 2 中，如果已知某种参数，就可以由表 10 - 1 查到其他参数与该参数之间的转换关系。

表 10 - 2　Z、Y、T(A)及 H 各参数之间的转换关系

	Z	Y	$T(A)$	H
Z	$\begin{matrix} Z_{11} & Z_{12} \\ Z_{21} & Z_{22} \end{matrix}$	$\begin{matrix} \dfrac{Y_{22}}{\Delta Y} & \dfrac{-Y_{12}}{\Delta Y} \\[2mm] \dfrac{-Y_{21}}{\Delta Y} & \dfrac{Y_{11}}{\Delta Y} \end{matrix}$	$\begin{matrix} \dfrac{A}{C} & \dfrac{\Delta T}{C} \\[2mm] \dfrac{1}{C} & \dfrac{D}{C} \end{matrix}$	$\begin{matrix} \dfrac{\Delta H}{H_{12}} & \dfrac{H_{12}}{H_{22}} \\[2mm] \dfrac{-H_{21}}{H_{22}} & \dfrac{1}{H_{22}} \end{matrix}$
Y	$\begin{matrix} \dfrac{Z_{22}}{\Delta Z} & \dfrac{-Z_{12}}{\Delta Z} \\[2mm] \dfrac{-Z_{21}}{\Delta Z} & \dfrac{Z_{11}}{\Delta Z} \end{matrix}$	$\begin{matrix} Y_{11} & Y_{12} \\ Y_{21} & Y_{22} \end{matrix}$	$\begin{matrix} \dfrac{D}{B} & \dfrac{-\Delta T}{B} \\[2mm] \dfrac{-1}{B} & \dfrac{A}{B} \end{matrix}$	$\begin{matrix} \dfrac{1}{H_{11}} & \dfrac{-H_{12}}{H_{11}} \\[2mm] \dfrac{H_{21}}{H_{11}} & \dfrac{\Delta H}{H_{11}} \end{matrix}$
$T(A)$	$\begin{matrix} \dfrac{Z_{11}}{Z_{21}} & \dfrac{\Delta Z}{Z_{21}} \\[2mm] \dfrac{1}{Z_{21}} & \dfrac{Z_{22}}{Z_{21}} \end{matrix}$	$\begin{matrix} \dfrac{-Y_{22}}{Y_{21}} & \dfrac{-1}{Y_{21}} \\[2mm] \dfrac{-\Delta Y}{Y_{21}} & \dfrac{-Y_{11}}{Y_{21}} \end{matrix}$	$\begin{matrix} A & B \\ C & D \end{matrix}$	$\begin{matrix} \dfrac{-\Delta H}{H_{21}} & \dfrac{-H_{11}}{H_{21}} \\[2mm] \dfrac{-H_{22}}{H_{21}} & \dfrac{-1}{H_{21}} \end{matrix}$
H	$\begin{matrix} \dfrac{\Delta Z}{Z_{22}} & \dfrac{Z_{12}}{Z_{22}} \\[2mm] \dfrac{-Z_{21}}{Z_{22}} & \dfrac{1}{Z_{22}} \end{matrix}$	$\begin{matrix} \dfrac{1}{Y_{11}} & \dfrac{-Y_{12}}{Y_{11}} \\[2mm] \dfrac{Y_{21}}{Y_{11}} & \dfrac{\Delta Y}{Y_{11}} \end{matrix}$	$\begin{matrix} \dfrac{B}{D} & \dfrac{\Delta T}{D} \\[2mm] \dfrac{-1}{D} & \dfrac{C}{D} \end{matrix}$	$\begin{matrix} H_{11} & H_{12} \\ H_{21} & H_{22} \end{matrix}$

表中 ΔZ、ΔY、ΔT、ΔH 如果统一用 ΔP 表示，则有

$$\Delta P = P_{11}P_{22} - P_{12}P_{21} \quad P = Z, Y, T, H$$

例如：$\Delta T = T_{11}T_{22} - T_{12}T_{22} = AD - BC$。

例 10 - 17　根据端口变量的测量结果以及表 10 - 2 求 H 参数。电路如图 10 - 16 所示，对这一电阻性双口网络进行测量，第一组数据是在输出端口 $2-2'$ 开路时测得的；第二组数据是在输出端口 $2-2'$ 短路时测得的。测量结果如下：

端口 $2-2'$ 开路	端口 $2-2'$ 短路
$U_1 = 10$ mV	$U_1 = 24$ mV
$I_1 = 10$ μA	$I_1 = 20$ μA
$U_2 = -40$ V	$I_2 = 1$ mA

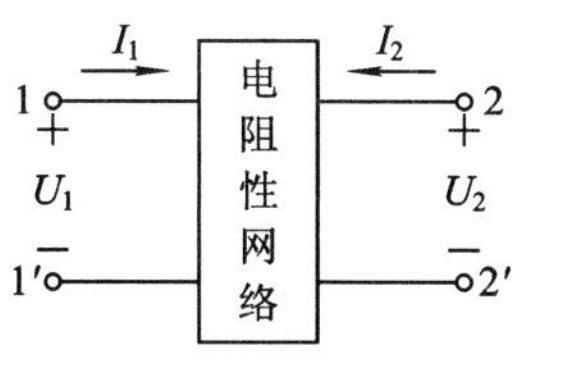

试求该双口网络的 H 参数。

图 10 - 16　例 10 - 17 图

解　H 参数方程为

$$U_1(s) = H_{11}I_1(s) + H_{12}U_2(s)$$
$$I_2(s) = H_{21}I_1(s) + H_{22}U_2(s)$$

由上述方程根据短路测量结果得

$$H_{11} = \left.\frac{U_1(s)}{I_1(s)}\right|_{U_2(s)=0} = \frac{24 \times 10^{-3}/s}{20 \times 10^{-6}/s} = 1.2 \times 10^3$$

$$H_{21} = \left.\frac{I_2(s)}{I_1(s)}\right|_{U_2(s)=0} = \frac{1 \times 10^{-3}/s}{20 \times 10^{-6}/s} = 50$$

参数 H_{12} 和 H_{22} 无法由端口 $2-2'$ 的开路测量结果直接求得，但 $T(A)$ 参数方程中的 4 个 $T(A)$ 参数可以由端口 $2-2'$ 的开路、短路测量结果求得。$T(A)$ 参数方程为

$$U_1(s) = AU_2(s) - BI_2(s)$$
$$I_1(s) = CU_2(s) - DI_2(s)$$

由上述方程根据开路测量结果得

$$A = \frac{U_1(s)}{U_2(s)}\bigg|_{I_2(s)=0} = \frac{10 \times 10^{-3}/s}{-40/s} = -0.25 \times 10^{-3}$$

$$C = \frac{I_1(s)}{U_2(s)}\bigg|_{I_2(s)=0} = \frac{10 \times 10^{-6}/s}{-40/s} = -0.25 \times 10^{-6}$$

根据短路测量结果得

$$B = -\frac{U_1(s)}{I_2(s)}\bigg|_{U_2(s)=0} = -\frac{24 \times 10^{-3}/s}{1 \times 10^{-3}/s} = -24$$

$$D = -\frac{I_1(s)}{I_2(s)}\bigg|_{U_2(s)=0} = -\frac{20 \times 10^{-6}/s}{1 \times 10^{-3}/s} = -20 \times 10^{-3}$$

$$\Delta T = AD - BC = -0.25 \times 10^{-3}(-20 \times 10^{-3}) - (-24)(-0.25 \times 10^{-6})$$
$$= 5 \times 10^{-6} - 6 \times 10^{-6} = -10^{-6}$$

由表 10-2 有

$$H_{12} = \frac{\Delta T}{D} = \frac{-10^{-6}}{-20 \times 10^{-3}} = 5 \times 10^{-5}$$

$$H_{22} = \frac{C}{D} = \frac{-0.25 \times 10^{-6}}{-20 \times 10^{-3}} = 12.5 \times 10^{-6}$$

至此，分别求得 4 个 H 参数，如 H 参数矩阵所示。H 参数矩阵为

$$[H] = \begin{bmatrix} 1.2 \times 10^3 & 5 \times 10^{-5} \\ 50 & 12.5 \times 10^{-6} \end{bmatrix}$$

五、具有端接的二端口网络的分析

当二端口网络没有外接负载及输入激励无内阻抗时，二端口称为无端接的二端口。无端接的二端口主要是分析电压转移函数 $U_2(s)/U_1(s)$，电流转移函数 $I_2(s)/I_1(s)$，转移导纳 $I_2(s)/U_1(s)$ 及转移阻抗 $U_2(s)/I_1(s)$。由于二端口未接负载，输出端口开路，即输出端口的电流为零，所以上述转移函数比较容易求解，读者可自行分析。在实际应用中，二端口的输出往往接有负载阻抗 Z_L，输入端口所接激励往往带有内阻抗 Z_s，这种情况下该二端口称为具有双端接的二端口。如果只计及负载 Z_L 或电源内阻抗 Z_s，则称该二端口为具有单端接的二端口。具有端接的二端口的转移函数与端接阻抗 Z_s 及 Z_L 有关，下面主要对具有双端接的二端口进行分析。

二端口网络其中一个端口接电源，为输入端口，另一个端口接负载，为输出端口。图 10-17 所示电路为具有典型连接的二端口网络的 S 域模型，其中 Z_s 代表电源的内运算阻抗。这种电路的分析是指将端口电压和电流用二端口参数、U_s、Z_s 和

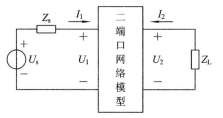

图 10-17 具有端接的二端口网络的 S 域模型

Z_L 表示。

　　具有端接的二端口网络的端口特性由六个特性参数确定：

（1）输入阻抗 $Z_{in} = \dfrac{U_1}{I_1}$。

（2）输出电流 I_2。

（3）输出端口的戴维南等效电路，包括端口开路电压和等效阻抗。

（4）电流放大倍数 $\dfrac{I_2}{I_1}$。

（5）电压放大倍数 $\dfrac{U_2}{U_1}$。

（6）输出对输入激励的电压放大倍数 $\dfrac{U_2}{U_s}$。

　　下面重点分析用 Z 参数表示的这六个特性参数。

　　图 10-18 所示二端口网络的 Z 参数方程为

$$U_1(s) = Z_{11}I_1(s) + Z_{12}I_2(s) \qquad (10-58)$$

$$U_2(s) = Z_{21}I_1(s) + Z_{22}I_2(s) \qquad (10-59)$$

描述二端口网络端口外部电特性的约束方程为

$$U_1(s) = U_s(s) - Z_s I_1(s) \qquad (10-60)$$

$$U_2(s) = -Z_L I_2(s) \qquad (10-61)$$

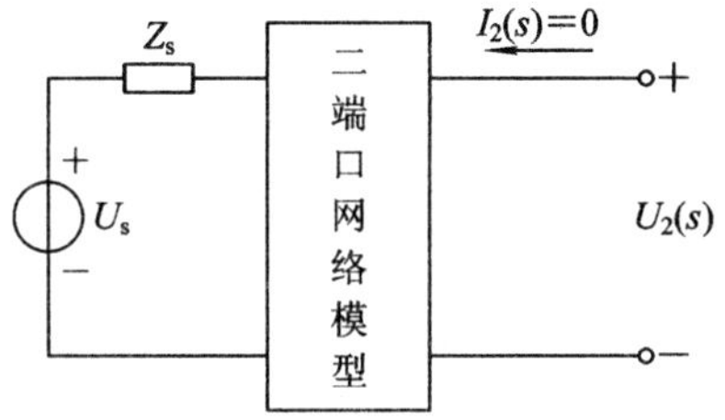

将式(10-61)代入式(10-59)得

$$I_2(s) = \frac{-Z_{21}I_1(s)}{Z_L + Z_{22}} \qquad (10-62)$$

图 10-18　输出端口开路的二端口网络

将式(10-62)代入式(10-58)求得输入阻抗 Z_{in} 为

$$Z_{in} = \frac{U_1}{I_1} = Z_{11} - \frac{Z_{12}Z_{21}}{Z_{22} + Z_L}$$

为求得输出电流 $I_2(s)$，将式(10-60)代入式(10-58)，求得 $I_1(s)$ 为

$$I_1(s) = \frac{U_s - Z_{12}I_2(s)}{Z_{11} + Z_s} \qquad (10-63)$$

将式(10-63)代入式(10-62)求得 $I_2(s)$ 为

$$I_2(s) = \frac{-Z_{21}U_s}{(Z_{11} + Z_s)(Z_{12} + Z_L) - Z_{12}Z_{21}} \qquad (10-64)$$

　　下面推导输出端口的戴维南等效电路。将输出端口开路，即 $I_2(s) = 0$，如图 10-18 所示。由式(10-58)及式(10-59)有

$$U_2(s) \big|_{I_2(s)=0} = Z_{21}I_1(s) = Z_{21} \cdot \frac{U_1(s)}{Z_{11}} \qquad (10-65)$$

由式(10-63)得

$$I_1(s) = \frac{U_s}{Z_{11} + Z_s}$$

将上式代入式(10-60)得

$$U_1(s) = U_s - \frac{U_s Z_s}{Z_{11} + Z_s} = \frac{Z_{11}U_s}{Z_{11} + Z_s}$$

将上式代入式(10-65)得输出端口的开路电压 $U_{oc}(s)$:

$$U_{oc}(s) = U_2(s)\mid_{I_2(s)=0} = Z_{21}\frac{Z_{11}U_s}{(Z_{11}+Z_s)Z_{11}} = \frac{Z_{21}U_s}{Z_{11}+Z_s} \tag{10-66}$$

令 $U_s=0$,求输出端口戴维南等效阻抗的二端口网络如图 10-19 所示。

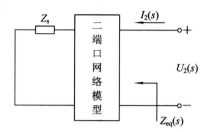

图 10-19　求输出端口戴维南
等效阻抗的电路

由式(10-60)得

$$U_1(s) = -I_1(s)Z_s \tag{10-67}$$

将上式代入式(10-58)求得

$$I_1(s) = \frac{-Z_{12}I_2(s)}{Z_{11}+Z_s} \tag{10-68}$$

将式(10-68)代入式(10-59)求得输出端口的戴维南等效阻抗 $Z_{eq}(s)$ 为

$$Z_{eq}(s) = \frac{U_2(s)}{I_2(s)}\bigg|_{U_s=0} = Z_{22} - \frac{Z_{12}Z_{21}}{Z_{11}+Z_s} \tag{6-69}$$

由式(10-62)求得输出与输入的电流比,即电流放大倍数为

$$\frac{I_2(s)}{I_1(s)} = \frac{-Z_{21}}{Z_L+Z_{22}} \tag{10-70}$$

为求得电压放大倍数 $\dfrac{U_2(s)}{U_1(s)}$,将式(10-61)代入式(10-59)得

$$U_2(s) = Z_{21}I_1(s) + Z_{22}\frac{-U_2(s)}{Z_L} \tag{10-71}$$

将式(10-61)代入式(10-58)得

$$U_1(s) = Z_{11}I_1(s) + Z_{12}\frac{-U_2(s)}{Z_L}$$

由上式得

$$I_1(s) = \frac{U_1(s)}{Z_{11}} + \frac{Z_{12}U_2(s)}{Z_{11}Z_L} \tag{10-72}$$

将式(10-72)代入式(10-71)求得电压放大倍数为

$$\frac{U_2(s)}{U_1(s)} = \frac{Z_{21}Z_L}{Z_{11}Z_L+Z_{11}Z_{22}-Z_{12}Z_{21}} = \frac{Z_{21}Z_L}{Z_{11}Z_L+\Delta Z}$$

其中

$$\Delta Z = Z_{11}Z_{22} - Z_{12}Z_{21}$$

为求得 $\dfrac{U_2(s)}{U_s(s)}$,将式(10-61)代入式(10-59),得

$$U_2(s) = Z_{21}I_1(s) + Z_{22}\frac{-U_2(s)}{Z_L}$$

由上式求得

$$I_1(s) = \frac{U_2(s)}{Z_{21}} + \frac{Z_{22}}{Z_{21}Z_L}U_2(s) = \frac{Z_{22}+Z_L}{Z_{21}Z_L}U_2(s) \tag{10-73}$$

将式(10-73)及式(10-61)代入式(10-58),得

$$U_1(s) = Z_{11}\frac{Z_{22}+Z_L}{Z_{21}Z_L}U_2(s) + Z_{21}\frac{-U_2(s)}{Z_L} = \frac{Z_{11}Z_{22}+Z_{11}Z_L-Z_{12}Z_{21}}{Z_{21}Z_L}U_2(s)$$

$$\tag{10-74}$$

将式(10-73)及式(10-74)代入式(10-60),得

$$\frac{Z_{11}Z_{22}+Z_{11}Z_L-Z_{12}Z_{21}}{Z_{21}Z_L}U_2(s)=U_s(s)-Z_s\frac{Z_{22}+Z_L}{Z_{21}Z_L}U_2(s)$$

由上式求得

$$\frac{U_2(s)}{U_s(s)}=\frac{Z_{21}Z_L}{(Z_{11}+Z_s)(Z_{22}+Z_L)-Z_{12}Z_{21}} \qquad (10-75)$$

表 10-3 中第一组数据总结了用 Z 参数表示的具有端接的二端口网络的 6 个特性参数的表达式,同时也列出了用 Y 参数、$A(T)$ 参数及 H 参数表示的具有端接的二端口网络的 6 个特性参数的表达式。

表 10-3　具有端接的二端口网络特性参数表达式

Z 参数	Y 参数
$Z_{in}=Z_{11}-\dfrac{Z_{12}Z_{21}}{Z_{22}+Z_L}$	$Y_{in}=Y_{11}-\dfrac{Y_{12}Y_{21}Z_L}{1+Y_{22}Z_L}$
$I_2=\dfrac{-Z_{21}U_s(s)}{(Z_{11}+Z_s)(Z_{22}+Z_L)-Z_{12}Z_{21}}$	$I_2=\dfrac{Y_{21}U_s(s)}{1+Y_{22}Z_L+Y_{11}Z_s+\Delta YZ_sZ_L}$
$U_{oc}(s)=\dfrac{Z_{21}}{Z_{11}+Z_s}U_s(s)$	$U_{oc}(s)=\dfrac{-Y_{21}U_s(s)}{Y_{22}+\Delta YZ_s}$
$Z_{eq}(s)=Z_{22}-\dfrac{Z_{12}Z_{21}}{Z_{11}+Z_s}$	$Z_{eq}(s)=\dfrac{1+Y_{11}Z_s}{Y_{22}+\Delta YZ_s}$
$\dfrac{I_2(s)}{I_1(s)}=\dfrac{-Z_{21}}{Z_{22}+Z_L}$	$\dfrac{I_2(s)}{I_1(s)}=\dfrac{Y_{21}}{Y_{11}+\Delta YZ_L}$
$\dfrac{U_2(s)}{U_1(s)}=\dfrac{Z_{21}Z_L}{Z_{21}Z_L+\Delta Z}$	$\dfrac{U_2(s)}{U_1(s)}=\dfrac{-Y_{21}Z_L}{1+Y_{22}Z_L}$
$\dfrac{U_2(s)}{U_s(s)}=\dfrac{Z_{21}Z_L}{(Z_{11}+Z_s)(Z_{22}+Z_L)-Z_{12}Z_{21}}$	$\dfrac{U_2(s)}{U_s(s)}=\dfrac{Y_{21}Z_L}{Y_{12}Y_{21}Z_sZ_L-(1+Y_{11}Z_s)(1+Y_{22}Z_L)}$
$\Delta Z=Z_{11}Z_{22}-Z_{12}Z_{21}$	$\Delta Y=Y_{11}Y_{22}-Y_{12}Y_{21}$
$A(T)$ 参数	H 参数
$Z_{in}=\dfrac{A_{11}Z_L+A_{12}}{A_{21}Z_L+A_{22}}$	$Z_{in}=H_{11}-\dfrac{H_{12}H_{21}Z_L}{1+H_{22}Z_L}$
$I_2=\dfrac{-U_s(s)}{A_{11}Z_L+A_{12}+A_{21}Z_sZ_L+A_{22}Z_s}$	$I_2=\dfrac{H_{21}U_s(s)}{(1+H_{22}Z_L)(H_{11}+Z_s)-H_{12}H_{21}Z_L}$
$U_{oc}=\dfrac{U_s(s)}{A_{11}+A_{21}Z_s}$	$U_{oc}=\dfrac{-H_{21}U_s(s)}{H_{22}Z_s+\Delta H}$
$Z_{oc}=\dfrac{A_{12}+A_{22}Z_s}{A_{11}+A_{21}Z_s}$	$Z_{oc}=\dfrac{Z_s+H_{11}}{H_2Z_s+\Delta H}$
$\dfrac{I_2(s)}{I_1(s)}=\dfrac{-1}{A_{21}Z_L+A_{22}}$	$\dfrac{I_2(s)}{I_1(s)}=\dfrac{H_{21}}{1+H_{22}Z_L}$
$\dfrac{U_2(s)}{U_1(s)}=\dfrac{Z_L}{A_{11}Z_L+A_{12}}$	$\dfrac{U_2(s)}{U_1(s)}=\dfrac{-H_{21}Z_L}{\Delta HZ_L+H_{11}}$
$\dfrac{U_2(s)}{U_s(s)}=\dfrac{Z_L}{(A_{11}+A_{21}Z_s)Z_L+A_{12}+A_{22}Z_s}$	$\dfrac{U_2(s)}{U_s(s)}=\dfrac{-H_{21}Z_L}{(H_{11}+Z_s)(1+H_{22}Z_L)-H_{12}H_{21}Z_L}$
	$\Delta H=H_{11}H_{22}-H_{12}H_{21}$

例 10-18　带端接的二端口网络电路如图 10-20 所示,已知 $T(A)$ 参数为:$A=$

5×10^{-4}，$B = 10 \ \Omega$，$C = 10^{-6} \ \text{s}$，$D = -3 \times 10^{-2}$。输入端口电压为正弦电压源，其幅值 U_{sm} 为 50 mV，内阻抗 Z_{s} 为 100 Ω，输出端口负载阻抗 Z_{L} 为 5 kΩ。

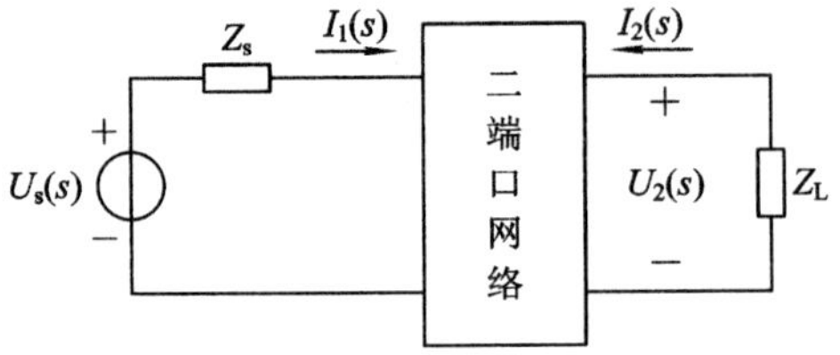

试求：（1）负载的有功功率（平均功率）；

（2）负载获得最大功率时的负载电阻；

（3）负载获得的最大功率。

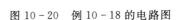

图 10 - 20　例 10 - 18 的电路图

解　（1）由表 10 - 3 中查得 $I_2(s)$ 的表达式为

$$I_2(s) = \frac{-U_{\text{s}}(s)}{AZ_{\text{L}} + B + CZ_{\text{s}}Z_{\text{L}} + DZ_{\text{s}}}$$

将 A、B、C、D 及 Z_{L}、Z_{s} 的数值代入上式，得

$$I_2(s) = \frac{-U_{\text{s}}(s)}{5 \times 10^{-4} \times 5 \times 10^3 + 10 + 10^{-6} \times 100 \times 5 \times 10^3 + (-3 \times 10^{-2}) \times 100}$$

$$= \frac{-U_{\text{s}}(s)}{2.5 + 10 + 5 \times 10^{-1} + (-3)} = -\frac{1}{10}U_{\text{s}}(s)$$

即

$$i_2(t) = -\frac{1}{10}u_{\text{s}}(t)$$

$$I_{2\text{m}} = \frac{1}{10}U_{\text{sm}} = \frac{1}{10} \times 50 \times 10^{-3} = 5 \ \text{mA}$$

$$I_2 = \frac{I_{2\text{m}}}{\sqrt{2}} = \frac{5}{\sqrt{2}} \ \text{mA}$$

$$P_{\text{L}} = I_2^2 R_{\text{L}} = \left(\frac{5}{\sqrt{2}} \times 10^{-3}\right)^2 \times 5 \times 10^3 = 62.5 \ \text{mW}$$

（2）由表 10 - 3 查得输出端口戴维南等效阻抗 Z_{eq} 为

$$Z_{\text{eq}}(s) = \frac{B + DZ_{\text{s}}}{A + CZ_{\text{s}}} = \frac{10 + (-3 \times 10^{-2}) \times 100}{5 \times 10^{-4} + 10^{-6} \times 100} = \frac{35}{3} \times 10^3$$

即

$$Z_{\text{eq}} = \frac{35}{3} \ \text{k}\Omega$$

当 $Z_{\text{L}} = Z_{\text{eq}} = \dfrac{35}{3} \ \text{k}\Omega$ 时，负载获得最大功率。

（3）由表 10 - 3 中查得输出端口的戴维南等效电路中的开路电压为

$$U_{\text{oc}}(s) = \frac{U_{\text{s}}(s)}{A + CZ_{\text{s}}} = \frac{U_{\text{s}}(s)}{5 \times 10^{-4} + 10^{-6} \times 100} = \frac{1}{6} \times 10^4 U_{\text{s}}(s)$$

即

$$U_{\text{ocm}} = \frac{1}{6} \times 10^4 \ U_{\text{sm}}$$

$$U_{\text{oc}} = \frac{1}{6} \times 10^4 \frac{U_{\text{sm}}}{\sqrt{2}} = \frac{1}{6} \times 10^4 \times \frac{50}{\sqrt{2}} \ \text{mV} = \frac{25 \times 10^4}{3\sqrt{2}} \ \text{mV}$$

根据最大功率传递定理，当 $Z_{\text{L}} = Z_{\text{eq}} = \dfrac{35}{3} \ \text{k}\Omega$ 时，负载获得的最大功率为

$$P_{L\max} = \frac{U_{\text{oc}}^2}{4R_{\text{eq}}} = \frac{\left(\dfrac{50 \times 10^4}{6\sqrt{2}} \times 10^{-3}\right)^2}{4 \times \dfrac{35}{3} \times 10^3} = 74.4 \text{ mW}$$

六、二端口的连接

有些复杂二端口，可以看做由若干个简单二端口组成。如果已知这些简单二端口的参数，就可以根据它们与复杂二端口的关系得到复杂二端口的参数，而不需要对原复杂二端口内部进行任何计算。简单二端口是通过不同形式的连接构成复杂二端口的，连接形式有级联、串联和并联，如图 10-21 所示。

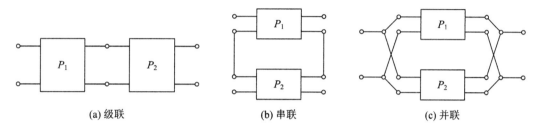

(a) 级联   (b) 串联   (c) 并联

图 10-21 二端口的连接

可以证明，由这些连接形式所构成的复合二端口的参数与部分二端口的参数之间的关系。图 10-21(a)所示级联复合二端口的 T 参数矩阵与部分二端口 P_1 和 P_2 的 T 参数矩阵的关系为

$$[T] = [T'][T''] \tag{10-76}$$

式中，$[T]$ 为复合二端口的 T 参数矩阵，$[T']$ 为部分二端口 P_1 的 T 参数矩阵，$[T'']$ 为部分二端口 P_2 的 T 参数矩阵。图 10-21(b)所示串联复合二端口的 Z 参数矩阵与串联连接的两个二端口 P_1 与 P_2 的 Z 参数矩阵之间的关系为

$$[Z] = [Z'] + [Z''] \tag{10-77}$$

图 10-21(c)所示并联复合二端口的 Y 参数矩阵与构成它们两个并联连接的二端口 P_1 和 P_2 的 Y 参数矩阵的关系为

$$[Y] = [Y'] + [Y''] \tag{10-78}$$

例 10-19 电路如图 10-22(a)所示，$t=0$ 时开关 S 闭合。

(1) 求开关 S 闭合后的网络函数 $\dfrac{U_C(s)}{U_s(s)}$ 及 $\dfrac{I_C(s)}{U_s(s)}$。

(2) 若 $u_s = 5$ V，求零状态响应 $u_C(t)$ 及 $i_C(t)$。

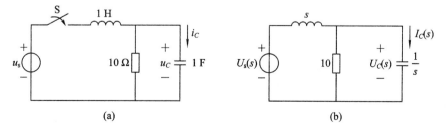

(a)   (b)

图 10-22 例 10-19 图

解 网络函数是一种反映电路处于零状态下响应与激励之间关系的导出参数,因此图 10-22(a)的运算电路如图 10-22(b)所示。根据分压公式有

$$U_C(s) = \frac{\dfrac{10 \times \dfrac{1}{s}}{10 + \dfrac{1}{s}} U_s(s)}{s + \dfrac{10 \times \dfrac{1}{s}}{10 + \dfrac{1}{s}}} = \frac{U_s(s)}{s^2 + 0.1s + 1}$$

故

$$\frac{U_C(s)}{U_s(s)} = \frac{1}{s^2 + 0.1s + 1}$$

由欧姆定律可知:

$$I_C(s) = \frac{U_C(s)}{1/s} = \frac{\dfrac{U_s(s)}{s^2 + 0.1s + 1}}{1/s} = \frac{sU_s(s)}{s^2 + 0.1s + 1}$$

故

$$\frac{I_C(s)}{U_s(s)} = \frac{s}{s^2 + 0.1s + 1}$$

显然,$\dfrac{U_C(s)}{U_s(s)}$ 为转移电压比,$\dfrac{I_C(s)}{U_s(s)}$ 为转移导纳,它们都与输入激励的象函数的具体形式无关,只由电路的结构和参数决定。

若已知 $u_s = 5$ V,则 $U_s(s) = \dfrac{5}{s}$,于是有

$$U_C(s) = \frac{1}{s^2 + 0.1s + 1} \cdot \frac{5}{s}, \quad I_C(s) = \frac{s}{s^2 + 0.1s + 1} \cdot \frac{5}{s}$$

由部分分式法求 $U_C(s)$ 与 $I_C(s)$ 的拉氏反变换,得

$$u_C(t) = \mathscr{L}^{-1}[U_C(s)] = [5 + 5\mathrm{e}^{-0.05t}\cos(t + 177°)]\varepsilon(t) \text{ V}$$

$$i_C(t) = \mathscr{L}^{-1}[I_C(s)] = 5\mathrm{e}^{-0.05t}\sin t\,\varepsilon(t) \text{ A}$$

例 10-20 电路如图 10-23(a)所示,试求其传输参数 A、B、C、D。设输出端开路时流过右边 1 Ω 电阻元件的电流为 1 A,求此时输入端的 u_1 和 i_1。

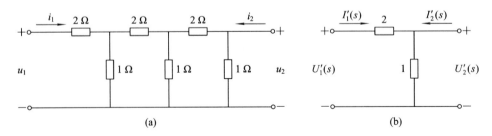

图 10-23 例 10-20 图

解 图 10-23(a)所示二端口可以看做三个图 10-20(b)所示简单二端口(运算形式)的级联所构成的复合二端口。该简单二端口的 T 参数可按定义求出,也可直接由电路结构

推导出。由 KCL 得

$$I_1'(s) = U_2'(s) - I_2'(s)$$

由 KVL 得

$$U_1'(s) = 2I_1'(s) + U_2'(s) = 2[U_2'(s) - I_2'(s)] + U_2'(s) = 3U_2'(s) - 2I_2'(s)$$

即 T 参数方程为

$$U_1'(s) = 3U_2'(s) - 2I_2'(s), \quad I_1'(s) = U_2'(s) - I_2'(s)$$

T 参数矩阵为

$$[T'] = \begin{bmatrix} 3 & 2 \\ 1 & 1 \end{bmatrix}$$

于是待求复合二端口的 T 参数矩阵为

$$[T] = [T'][T'][T'] = \begin{bmatrix} 3 & 2 \\ 1 & 1 \end{bmatrix}\begin{bmatrix} 3 & 2 \\ 1 & 1 \end{bmatrix}\begin{bmatrix} 3 & 2 \\ 1 & 1 \end{bmatrix} = \begin{bmatrix} 41 & 30 \\ 15 & 11 \end{bmatrix}$$

即 $A = 41$，$B = 30$，$C = 15$，$D = 11$。

T 参数方程的矩阵形式为

$$\begin{bmatrix} U_1(s) \\ I_1(s) \end{bmatrix} = \begin{bmatrix} 41 & 30 \\ 15 & 11 \end{bmatrix}\begin{bmatrix} U_2(s) \\ -I_2(s) \end{bmatrix} \tag{10-79}$$

若输出端口开路，即 $I_2(s) = 0$，根据已知条件，有

$$U_2(s) = 1 \times \frac{1}{s} = \frac{1}{s}$$

由式(10-79)得

$$U_1(s) = 41U_2(s) = 41 \times \frac{1}{s} = \frac{41}{s}$$

$$I_1(s) = 15U_2(s) = 15 \times \frac{1}{s} = \frac{15}{s} \text{ A}$$

于是有

$$u_1(t) = \mathscr{L}^{-1}[U_1(s)] = 41 \text{ V}$$

$$i_1(t) = \mathscr{L}^{-1}[I_1(s)] = 15 \text{ A}$$

本例是求 $[T']$ 参数矩阵的，若按 T 参数的定义求，则有

$$A = \left.\frac{U_1'(s)}{U_2'(s)}\right|_{I_2'(s)=0} = \frac{2+1}{1} = 3, \quad B = \left.\frac{U_1'(s)}{-I_2'(s)}\right|_{U_2'(s)=0} = \frac{-2}{-1} = 2$$

$$C = \left.\frac{I_1'(s)}{U_2'(s)}\right|_{I_2'(s)=0} = 1, \quad D = \left.\frac{I_1'(s)}{-I_2'(s)}\right|_{U_2'(s)=0} = \frac{-1}{-1} = 1$$

◆·◆·◆·◆·◆·◆·◆ 习　题　十 ◆·◆·◆·◆·◆·◆·◆

10-1　求下列各函数的象函数：

(1) $\varepsilon(t) - \varepsilon(t-2)$；

(2) $2t^3 - 3t^2 + t + 1$；

(3) $\cos[\omega(t-t_0)]\varepsilon(t-t_0)$；

(4) $\mathrm{e}^{-at}(1-\alpha t)$。

10-2 求下列各函数的原函数：

(1) $\dfrac{1}{(s+1)(s^2+3+1)}$; (2) $\dfrac{1}{(s+1)(s+2)^2}$;

(3) $\dfrac{2s^2+16}{(s^2+5s+6)(s+2)}$; (4) $\dfrac{s}{(s^2+1)^2}$ 。

10-3 图 10-24 所示电路原已稳定，$t=0$ 时把开关 S 合上，分别画出运算电路。

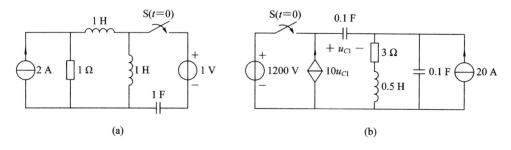

(a) (b)

图 10-24 题 10-3 图

10-4 图 10-25 所示电路中，电源接通前两电容均未充电，试求电源接通后的响应 $u_R(t)$。

10-5 电路如图 10-26 所示，已知初始状态 $u(0_-)=2$ V，$i_L(0_-)=1$ A，试求电路的响应 $u(t)$。

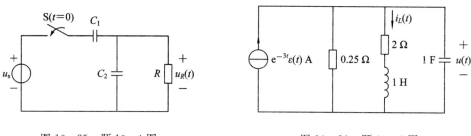

图 10-25 题 10-4 图 图 10-26 题 10-5 图

10-6 试求图 10-27 所示电路的零状态响应 $i_{L1}(t)$ 和 $i_{L2}(t)$。已知 $i_{s1}(t)=\varepsilon(t)$ A，$i_{s2}(t)=2\varepsilon(t)$ A。

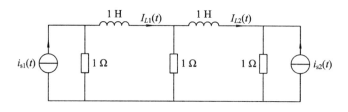

图 10-27 题 10-6 图

10-7 试求图 10-28 所示电路的零状态响应 $i_1(t)$ 和 $i_2(t)$。

10-8 求图 10-29 所示电路中开关断开后的电流 $i(t)$。假设开关在 $t=0$ 时断开，断开前电路处于稳态。

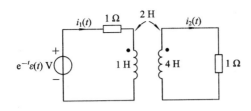

图 10 - 28 题 10 - 7 图

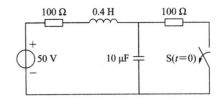

图 10 - 29 题 10 - 8 图

10 - 9 图 10 - 30 所示电路中 $R_1 = 10$ Ω，$R_2 = 10$ Ω，$L = 0.15$ H，$C = 250$ μF，$u = 150$ V，S 闭合前电路已稳定，用运算法求合上 S 后的电感电压 u_L。

10 - 10 电路如图 10 - 31 所示，已知 $i_L(0_-) = 0$ A，$t = 0$ 时将开关 S 闭合，求 $t > 0$ 时的 $u_L(t)$。

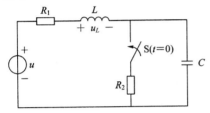

图 10 - 30 题 10 - 9 图

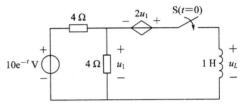

图 10 - 31 题 10 - 10 图

10 - 11 图 10 - 32 所示电路中 $i_C(0_-) = 1$ A，$u_2(0_-) = 2$ V，$u_3(0_-) = 1$ V，试用拉氏变换法求 $t > 0$ 时的电压 $u_2(t)$ 和 $u_3(t)$。

10 - 12 求图 10 - 33 所示电路的网络函数 $H(s) = \dfrac{U_2(s)}{U_1(s)}$。若 $u_1(t) = 220\sqrt{2} \sin(314t + 60°)$V，求稳态电压 $u_2(t)$。

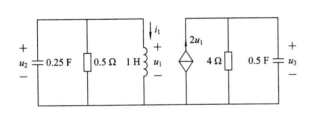

图 10 - 32 题 10 - 11 图

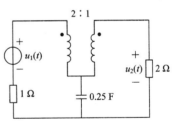

图 10 - 33 题 10 - 12 图

10 - 13 求图 10 - 34 所示电路的转移电压比 $H(s) = \dfrac{U_2(s)}{U_1(s)}$。

10 - 14 求图 10 - 35 所示电路的驱动点导纳 $Y(s)$。

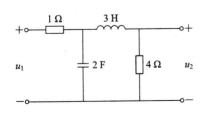

图 10 - 34 题 10 - 13 图

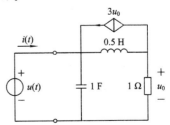

图 10 - 35 题 10 - 14 图

10 - 15 电路如图 10 - 36 所示，当 $e(t) = \varepsilon(t)$ V 时，全响应 $u_C(t) = (3 + 5e^{-2t})$ V，求在相同的初始条件下，$e(t) = 2e^{-t}$ V 时的全响应 $u_C(t)$。

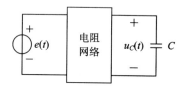

图 10 - 36 题 10 - 15 图

10 - 16 求图 10 - 37 所示二端口的 Y 和 Z 参数矩阵。

10 - 17 求图 10 - 38 所示二端口的 T 参数矩阵。

10 - 18 求图 10 - 39 所示二端口的 H 参数矩阵。

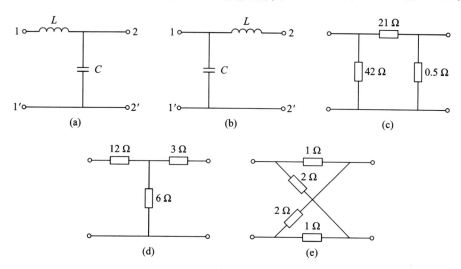

图 10 - 37 题 10 - 16 图

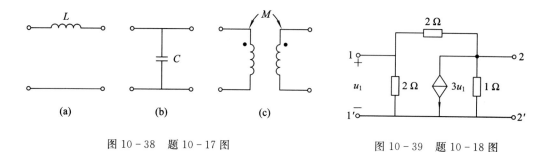

图 10 - 38 题 10 - 17 图

图 10 - 39 题 10 - 18 图

10 - 19 求图 10 - 40 所示二端口的 T 参数矩阵，设内部二端口 P_1 的 T 参数矩阵为

$$T_1 = \begin{bmatrix} A & B \\ C & D \end{bmatrix}$$

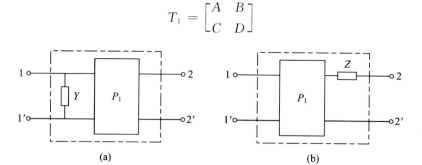

图 10 - 40 题 10 - 19 图

10-20 求图 10-41 所示双 T 电路的 Y 参数。

10-21 二端口电阻性电路如图 10-42 所示，对该二端口网络进行直流测量，其结果为

<table>
<tr><td>端口 2-2′ 开路</td><td>端口 2-2′ 短路</td></tr>
<tr><td>$U_1 = 20$ mV</td><td>$I_1 = 200\ \mu$A</td></tr>
<tr><td>$U_2 = -5$ V</td><td>$I_2 = 50\ \mu$A</td></tr>
<tr><td>$I_1 = 0.25\ \mu$A</td><td>$U_1 = 10$ V</td></tr>
</table>

试求该二端口网络的 Z 参数。

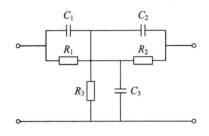

图 10-41 题 10-20 图

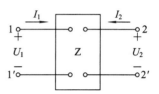

图 10-42 题 10-21 图

10-22 电路如图 10-43 所示，二端口放大器电路的 Y 参数为

$$Y_{11} = 2\text{ ms}, \quad Y_{12} = -3\ \mu\text{s}$$
$$Y_{21} = 100\text{ ms}, \quad Y_{22} = -50\ \mu\text{s}$$

电压源内阻抗 $Z_s = 2500 + j0\ \Omega$，负载的阻抗为 $Z_L = 70\,000 + j0\ \Omega$，理想电压源产生的电压为

$$u_s = 80\sqrt{2}\,\cos 4000t\text{ mV}$$

试求：

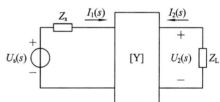

图 10-43 题 10-22 图

(1) 输出端口电压有效值 U_2；

(2) 负载 Z_L 上的平均功率；

(3) 理想电压源提供的平均功率；

(4) 负载获得最大功率时的阻抗 Z_L；

(5) 负载 Z_L 上的最大平均功率；

(6) 当负载 Z_L 获得最大功率时，理想电压源提供的平均功率。

实验十三 二端口网络的参数

一、实验目的

(1) 学习二端口网络参数的基本测试方法。

(2) 理解二端口网络的基本特性。

(3) 了解二端口网络参数间分析、转换的方法。

二、实验原理

（1）如 SY 图 13-1 所示，电流从其中任意一对端子（例如 1，1′）中的一个端子 1 流入，从另一个端子 1′流出，这时两者相等，我们称这任意一对端子为一个端口，而这种具有两个端口的网络，称为二端口网络。

SY 图 13-1　二端口网络

（2）一个二端口网络的电压和电流等 4 个变量之间的关系，可以用多种形式的参数方程来表示。若采用第二端口（输出端）的电压 U_2 和电流 I_2 作为自变量，以第一端口（输入端）的电压 U_1 和电流 I_1 作为应变量，所得的方程称为二端口网络的传输方程。如 SY 图 13-1 所示的二端口网络的传输方程为

$$U_1 = AU_2 + BI_2$$
$$I_1 = CU_2 + DI_2$$

式中，A、B、C、D 为二端口网络的传输参数，其值完全取决于网络的拓扑结构及各支路元件的参数值。这 4 个参数表征了该二端口网络的基本特性，它们的含义分别为

$$A = \frac{U_{10}}{U_{20}} \quad （令 I_2 = 0，即输出端开路时）$$

$$B = \frac{U_{1S}}{I_{2S}} \quad （令 U_2 = 0，即输出端短路时）$$

$$C = \frac{I_{10}}{U_{20}} \quad （令 I_2 = 0，即输出端开路时）$$

$$D = \frac{I_{1S}}{I_{2S}} \quad （令 U_2 = 0，即输出端短路时）$$

由上可知，只要在网络的输入端加上电压，在两个端口同时测量其电压和电流，即可求出 A、B、C、D 等 4 个参数，此即为双端口同时测量法。

（3）若传输端较远不方便使用同时测量法时，则可运用分别测量法，即先在输入端加电压，而将输出端开路和短路，在输入端测量电压和电流，由传输方程可得：

$$R_{10} = \frac{U_{10}}{I_{10}} = \frac{A}{C} \quad （令 I_2 = 0，即输出端开路时）$$

$$R_{1S} = \frac{U_{1S}}{I_{1S}} = \frac{B}{D} \quad （令 U_2 = 0，即输出端短路时）$$

然后在输出端加电压测量，而将输出端开路和短路，由此可得

$$R_{20} = \frac{U_{20}}{I_{20}} = \frac{D}{C} \quad （令 I_1 = 0，即输入端开路时）$$

$$R_{2S} = \frac{U_{2S}}{I_{2S}} = \frac{B}{A} \quad （令 U_1 = 0，即输入端短路时）$$

其中，R_{10}、R_{1S}、R_{20}、R_{2S} 分别表示一个端口开路和短路时另一端口的等效输入电阻，这 4

个参数中有 3 个是独立的 $\left(\dfrac{R_{10}}{R_{20}} = \dfrac{R_{1S}}{R_{2S}} = \dfrac{A}{D} \right)$，即 $AD - BC = 1$。

至此，可求出 4 个传输参数为

$$A = \sqrt{R_{10}/(R_{20} - R_{2S})} ; \quad B = R_{2S}A ; \quad C = A/R_{10} ; \quad D = R_{20}C$$

（4）二端口网络级联（如 SY 图 13 - 2）后的等效二端口网络的传输参数亦可采用前述方法之一求得。从理论上推得，二端口网络级联后的传输参数与每一个参加级联的二端口网络的传输参数之间有如下的关系：

$$A = A_1 A_2 + B_1 C_2 ; \quad B = A_1 B_2 + B_1 D_2$$
$$C = C_1 A_2 + D_1 C_2 ; \quad D = C_1 B_2 + D_1 D_2$$

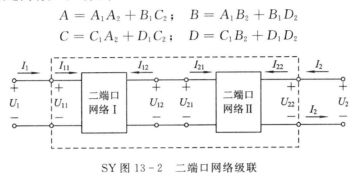

SY 图 13 - 2 二端口网络级联

三、实验内容

（1）用同时测量法分别测定两个二端口网络的传输参数 A_1、B_1、C_1、D_1 和 A_2、B_2、C_2、D_2，并列出它们的传输方程。

① 按 SY 图 13 - 3 接好线路，将直流稳压电源输出调为 10 V，检查接线无误后通电。按 SY 表 13 - 1 中的要求闭合或断开开关 S_1、S_2，并将所得数据填入 SY 表 13 - 1 中。

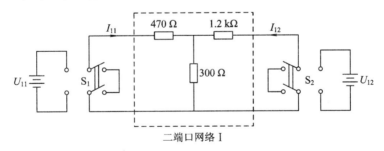

SY 图 13 - 3 二端口网络 I 测量电路图

SY 表 13 - 1 二端口网络 I 测量数据表

	测量值			计算值	
输出端开路 $I_{12} = 0$	U_{110}/V	U_{120}/V	I_{110}/mA	A_1	B_1
输出端短路 $U_{12} = 0$	U_{11S}/V	I_{11S}/mA	I_{12S}/mA	C_1	D_1

② 按 SY 图 13 - 4 接好线路，将直流稳压电源输出调为 10 V，检查接线无误后通电。按 SY 表 13 - 2 中的要求闭合或断开开关 S_1、S_2，并将所得数据填入 SY 表 13 - 2 中。

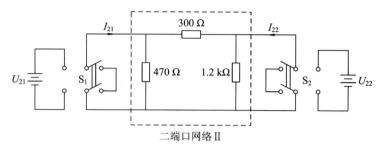

SY 图 13 - 4　二端口网络 Ⅱ 测量电路图

SY 表 13 - 2　二端口网络 Ⅱ 测量数据表

输出端开路 $I_{22} = 0$	测量值			计算值	
	U_{210}/V	U_{220}/V	I_{210}/mA	A_2	B_2
输出端短路 $U_{22} = 0$	U_{21S}/V	I_{21S}/mA	I_{22S}/mA	C_2	D_2

(2) 将两个二端口网络级联，即将一个二端口网络 Ⅰ 的输出端与另一二端口网络 Ⅱ 的输入端连接（参考 SY 图 13 - 2）。将两个二端口网络级联后，用两端口分别测量法测量级联后等效二端口网络的传输参数 A、B、C、D，并将所测结果填入 SY 表 13 - 3 中，验证等效二端口网络传输参数与级联的两个二端口网络传输参数之间的关系。

SY 表 13 - 3　等效二端口网络级联传输参数的测量数据表

输出端开路 $I_2 = 0$			输出端短路 $U_2 = 0$			计算传输参数
U_{10}/V	I_{10}/mA	$R_{10}/k\Omega$	U_{1S}/V	I_{1S}/mA	$R_{1S}/k\Omega$	
输入端开路 $I_1 = 0$			输入端短路 $U_1 = 0$			$A=$
U_{20}/V	I_{20}/mA	$R_{20}/k\Omega$	U_{2S}/V	I_{2S}/mA	$R_{2S}/k\Omega$	$B=$ $C=$ $D=$

四、实验仪器设备

(1) 直流稳压电源。

(2) 万用表。

五、实验报告要求

(1) 列写参数方程。

(2) 验证二端口网络 Ⅰ 和 Ⅱ 级联后组成的复合二端口网络的传输参数与两个部分二端口网络 Ⅰ 和 Ⅱ 的传输参数之间的函数关系。

(3) 思考本实验可否用于交流双口网络的测定？

第十一章 含有理想运算放大器电路的分析

运算放大器是一种重要的多端器件，本章将讨论它的电路模型及在理想条件下的外部特性，重点是理想运算放大器在直流、动态与交流电路中的分析。

第一节 运算放大器及其理想化模型

运算放大器（简称运放）是一种含许多晶体管的集成电路，它是由具有高放大倍数的直接耦合放大电路组成的半导体多端器件（从电路连接的角度看，则是四端器件）。由于运放能完成加法、积分、微分、乘法、除法、求对数和反对数等数学运算而被称为运算放大器，现在它的应用远远超出了运算的范围。

运算放大器的一般作用是把输入电压放大一定倍数后再输送出去，其输出电压与输入电压的比值称为电压放大倍数或电压增益。运放是一种高增益（可达几万倍甚至更高）、高输入电阻、低输出电阻的放大器。

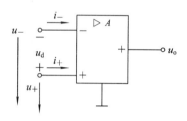

电路分析中所讲的运算放大器，是指实际运算放大器的电路模型，是一种四端元件，它的图形符号如图 11-1 所示。其中标记"－"号的端子称为反相输入端（或倒相输入端），标记"＋"号的端子称为同相输入端（或非倒相输入端）。注意这里"＋"、"－"号不要被误认为电压的参考正、负极性，电压的正、负极性要另外标出或用箭头表示。另外一个标记"＋"号的端子为输出端，标有接地符的端子为接地端[①]（公共端）。运放还有两个接正、负电源的端子（用以维持运放内部晶体管的正常工作），这里没有标出。实际运放的外部端子可能比所述的这些还要多。

图 11-1 中 i_-、i_+ 分别表示流入反相输入端和同相输入端的电流。u_-、u_+ 及 u_o 分别表示反相输入端、同相输入端及输出端对地的电压。u_d 表示 u_+ 与 u_- 之差，即 $u_d \stackrel{\text{def}}{=\!=} u_+ - u_-$，称为差动输入电压，$A$ 定义为输出电压 u_o 与差动输入电压 u_d 的比，即 $A \stackrel{\text{def}}{=\!=} u_o/u_d$，称为运放的开环电压放大倍数或开环电压增益。实际运放的开环电压增益可高达 $10^4 \sim 10^8$。

运放的输出电压 u_o 与差动输入电压 u_d 之间的关系可以用图 11-2 近似地描述。在 $-\varepsilon \leqslant u_d \leqslant \varepsilon$（$\varepsilon$ 是很小的）范围内，u_o 与 u_d 的关系用通过原点的一条直线描述，其斜率等于 A。由于放大倍数 A 值很大，所以这段直线很陡。当 $|u_d| > \varepsilon$ 时，输出电压 u_o 趋于饱和，图中用 $\pm U_{sat}$ 表示正、负饱和电压，此饱和电压值略低于外接直流偏置电压。这个关系曲线称

---

① 接地端不一定要真的接地，有时仪器的底座或金属外壳都可以作为接地端，其电压（电位）为零。

图 11-1 运算放大器图形符号

为运放的外特性(转移特性)。

本章把运放的工作范围限制在线性段，即设$|u_o|<U_{sat}$。由于放大倍数A很大，而U_{sat}一般为十几伏或几伏，这样输入差动电压就必须很小。运放的这种工作状态称为"开环运行"，A称为开环放大倍数。在运放的实际应用中，通常通过一定的方式将输出的一部分接回(反馈)到输入中去，这种工作状态称为"闭环运行"。运算放大器的等效电路模型如图11-3所示。若"+"号端接地，则有$u_o=-Au_-$，即输出u_o与输入u_-反相，因此"-"号端称为反相端；若"-"号端接地，则有$u_o=Au_+$，即输出u_o与输入u_+是同相，因此"+"号端称为同相端。

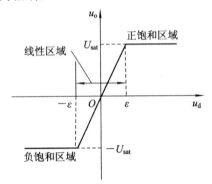

图 11-2　运放的u_d-u_o转移特性

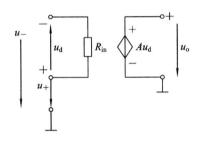

图 11-3　运放的电路模型

在理想化的条件下，运算放大器的模型需具备以下条件：

(1) 流入反相和同相输入端的电流为零，即$i_-=0$，$i_+=0$。即从输入端看进去，运放相当于开路，其输入电阻$R_{in}=\infty$，这称之为"虚断(路)"；

(2) 在线性区域，运放的开环电压增益$A=\infty$。由于输出电压u_o必为有限值，因而$u_d=0$，这说明反相输入端和同相输入端相对于接地端的电压相等，即$u_-=u_+$。此时两输入端之间相当于短路，这可称之为"虚短(路)"。

理想条件下的运放称为理想运放，其转移特性如图11-4所示。它是实际运放转移特性理想化的分段线性近似。因此，原本是非线性四端器件的运放，就其理想模型而言，可以视为一个四端电阻元件。理想运放的图形符号如图11-5所示，图中A变为∞，接地线可以省略，不画出。

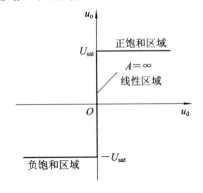

图 11-4　理想运放的转移特性

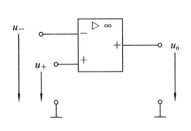

图 11-5　理想运放图形符号

第二节　含有理想运算放大器电路的分析

理想运放最简单的应用电路的例子是电压跟随器，如图 11-6(a)所示。

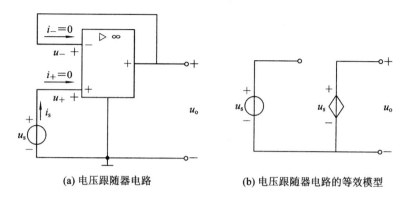

(a) 电压跟随器电路　　　　　(b) 电压跟随器电路的等效模型

图 11-6　电压跟随器

根据理想运放"虚断"的概念，显然有

$$i_s = i_+ = 0$$

即运放输入端口为开路，端口等效电阻为无穷大。

根据理想运放"虚短"的概念，又有

$$u_o = u_- = u_+ = u_s$$

即输出电压完全重复输入电压，而与外接负载无关。这就是电压跟随器命名的缘由。

综上所述，电压跟随器电路的等效电路模型如图 11-6(b)所示，它相当于单位增益的电压控制电压源。

由于电压跟随器的输入电阻 $R_{in} = \infty$，所以它又起"隔离作用"。图 11-7(a)所示电路是由电阻 R_1 与 R_2 构成的分压电路，其中电压 $u_2 = \dfrac{R_2}{R_1 + R_2} u_1$。如果把负载 R_L 直接接到此分压器上，则电阻 R_L 的接入将会影响电压 u_2 的大小。但是如果改为通过图 11-7(b)所示电压跟随器把 R_L 接入，则 u_2 值仍为 $\dfrac{R_2}{R_1 + R_2} u_1$，所以，负载电阻的作用被"隔离"了。因此电压跟随器又被称为隔离放大器或缓冲放大器。

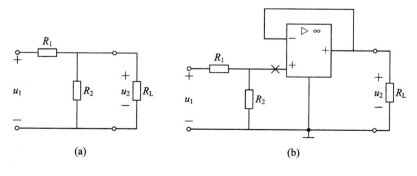

(a)　　　　　　　　　　　　(b)

图 11-7　电压跟随器的隔离作用

下面通过几个实例进一步阐述含理想运放电路的分析。

例 11 - 1 电路如图 11 - 8 所示,试分析电路的作用。

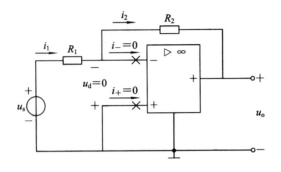

图 11 - 8 例 11 - 1 图

解 根据理想运放"虚断"的条件,"—"号输入端相当于断开(如图中"×"号所示),因此 R_1 与 R_2 是串联的,即 $i_1 = i_2$。又根据理想运放"虚短"的条件,"—"号输入端此时相当于接地,故有

$$\frac{u_s}{R_1} = -\frac{u_o}{R_2}$$

该电路的电压增益为

$$A_u = \frac{u_o}{u_s} = -\frac{R_2}{R_1}$$

上式中的"—"号说明:当输入电压为正时,输出电压为负;反之,当输入电压为负时,输出电压为正。该电路有把输入电压反相的作用,故称之为反相比例放大器。

例 11 - 2 电路如图 11 - 9 所示,图中电路含有理想运放,试求零状态响应 $u_C(t)$,已知 $u_s = 5\varepsilon(t)$ V。

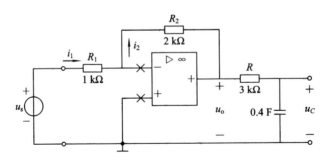

图 11 - 9 例 11 - 2 图

解 由于"—"号输入端断开且接地,所以 $t > 0$ 时,有

$$i_1 = i_2 = \frac{u_s}{R_1} = \frac{5}{1 \times 10^3} \text{ A} = 5 \times 10^{-3} \text{ A}$$

这时 RC 两端的电压 u_o 为

$$u_o = -i_2 R_2 = -5 \times 10^{-3} \times 2 \times 10^3 \text{ V} = -10 \text{ V}$$

于是零状态响应 u_C 为

$$u_C = u_C(\infty)(1 - e^{-\frac{t}{\tau}})$$

其中

$$u_C(\infty) = u_o = -10 \text{ V}$$
$$\tau = RC = 3 \times 10^3 \times 0.4 \text{ s} = 1200 \text{ s}$$

故

$$u_C = -10(1 - e^{-\frac{10^{-3}}{1.2}t})\varepsilon(t) \text{ V}$$

本例也可以用运算法来求解。

图 11 - 9 的运算电路如图 11 - 10 所示。

$$I_1(s) = I_2(s) = \frac{\frac{5}{s}}{R_1} = \frac{5 \times 10^{-3}}{s}$$

$$U_o(s) = -I_2(s)R_2 = -\frac{5 \times 10^{-3}}{s} \times 2 \times 10^3 = -\frac{10}{s}$$

$$U_C(s) = \frac{\frac{1}{0.4s}}{R + \frac{1}{0.4s}}U_o(s) = \frac{-\frac{10}{s}}{0.4s\left(3 \times 10^3 + \frac{1}{0.4s}\right)}$$

$$= -\frac{\frac{1}{12} \times 10^{-1}}{s\left(s + \frac{1}{12} \times 10^{-2}\right)} = \frac{k_1}{s} + \frac{k_2}{s + \frac{1}{12} \times 10^{-2}}$$

$$k_1 = \frac{-\frac{1}{12} \times 10^{-1}}{\frac{1}{12} \times 10^{-2}} = -10$$

$$k_2 = \frac{-\frac{1}{12} \times 10^{-1}}{-\frac{1}{12} \times 10^{-2}} = 10$$

于是有

$$u_C = \mathscr{L}^{-1}[U_C(s)] = -10 \text{ V} + 10e^{-\frac{10^{-2}}{12}t} \text{ V}$$
$$= -10(1 - e^{-\frac{10^{-2}}{12}t})\varepsilon(t) \text{ V}$$

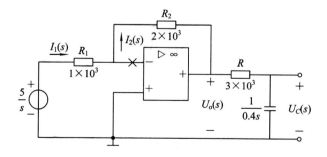

图 11 - 10　例 11 - 2 电路的运算电路

例 11 - 3 求图 11 - 11 所示电路的电压比 $\dot{U}_{\mathrm{o}}/\dot{U}_{\mathrm{s}}$。

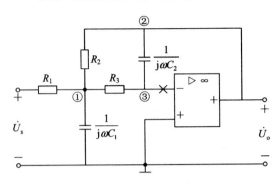

图 11 - 11 例 11 - 3 图

解 根据理想运放"虚短"、"虚断"的性质,节点 3 此时是接地的,且与运放的连接是断开的,如图中"×"号所示。列节点 1 的节点电压方程为

$$\left(\frac{1}{R_1}+\frac{1}{R_2}+\frac{1}{R_3}+j\omega C_1\right)\dot{U}_{\mathrm{n1}}-\frac{1}{R_2}\dot{U}_{\mathrm{n2}}=\frac{\dot{U}_{\mathrm{s}}}{R_1} \tag{11-1}$$

由于 R_3 与 C_2 串联,所以有

$$\frac{\dot{U}_{\mathrm{n1}}}{R_3}=-j\omega C_2\dot{U}_{\mathrm{n2}} \tag{11-2}$$

由式(11 - 2)得

$$\dot{U}_{\mathrm{n1}}=-j\omega C_2 R_3\dot{U}_{\mathrm{n2}} \tag{11-3}$$

把式(11 - 3)代入式(11 - 1)有

$$\left(\frac{1}{R_1}+\frac{1}{R_2}+\frac{1}{R_3}+j\omega C_1\right)\left(-j\omega C_2 R_3\dot{U}_{\mathrm{n2}}\right)-\frac{1}{R_2}\dot{U}_{\mathrm{n2}}=\frac{\dot{U}_{\mathrm{s}}}{R_1}$$

经整理得

$$\frac{\dot{U}_{\mathrm{n2}}}{\dot{U}_{\mathrm{s}}}=\frac{\dfrac{1}{R_1}}{-\left(\dfrac{1}{R_1}+\dfrac{1}{R_2}+\dfrac{1}{R_3}+j\omega C_1\right)j\omega C_2 R_3-\dfrac{1}{R_2}}$$

又因为

$$\dot{U}_{\mathrm{n2}}=\dot{U}_{\mathrm{o}}$$

所以

$$\frac{\dot{U}_{\mathrm{o}}}{\dot{U}_{\mathrm{s}}}=-\frac{G_1}{(G_1+G_2+G_3+j\omega C_1)\dfrac{j\omega C_2}{G_3}+G_2}$$

$$=-\frac{G_1 G_3}{G_2 G_3-\omega^2 C_1 C_2+j\omega(G_1+G_2+G_3)C_2}$$

式中,电阻用电导表示,即 $G_1=1/R_1$,$G_2=1/R_2$,$G_3=1/R_3$。

例 11 - 4 求图 11 - 12 所示电路的电压比 u_2/u_1。

解 节点编号如图 11 - 12 所示。节点 3 的节点电压由"虚断"可知,为

$$u_{\mathrm{n3}}=\frac{R_4}{R_4+R_5}u_2 \tag{11-4}$$

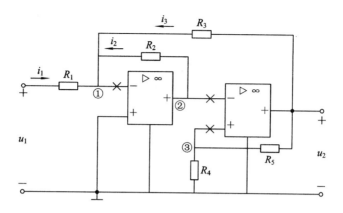

图 11-12　例 11-4 图

节点 2 的节点电压由"虚短"可知，为

$$u_{n2} = u_{n3} = \frac{R_4}{R_4 + R_5} u_2 \tag{11-5}$$

节点 1 由"虚断"和"虚短"可知，其与运放的连接是断开的，且为接地。

根据 KCL 有

$$-\frac{u_1}{R_1} - \frac{u_{n2}}{R_2} - \frac{u_2}{R_3} = 0 \tag{11-6}$$

将式(11-5)代入式(11-6)得

$$-\frac{u_1}{R_1} - \frac{\dfrac{R_4}{R_4 + R_5} u_2}{R_2} - \frac{u_2}{R_3} = 0$$

从中解得

$$\frac{u_2}{u_1} = \frac{-R_2 R_3 (R_4 + R_5)}{R_1 (R_2 R_4 + R_2 R_5 + R_3 R_4)}$$

例 11-5　图 11-13 所示电路为反相比例求和电路，试分析其输出与输入之间的关系表达式。

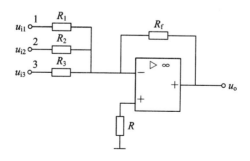

图 11-13　例 11-5 电路图

解　在 u_i 单独作用下，u_{i2} 及 u_{i3} 置零，作短路处理。根据虚短的概念，$u_- = u_+ = 0$，即"—"号端接地(虚地)，所以 R_2 与 R_3 被短路。此时运放相当于反相比例放大器。于是有

$$u_o^{(1)} = -\frac{R_f}{R_1} u_{i1}$$

同理，在 u_{i2} 及 u_{i3} 分别单独作用下，对应的输出电压分别为

$$u_o^{(2)} = -\frac{R_f}{R_2}u_{i2}$$

$$u_o^{(3)} = -\frac{R_f}{R_3}u_{i3}$$

根据叠加定理，在 u_{i1}、u_{i2} 及 u_{i3} 同时作用下，输出为

$$u_o = u_o^{(1)} + u_o^{(2)} + u_o^{(3)} = -\frac{R_f}{R_1}u_{i1} - \frac{R_f}{R_2}u_{i2} - \frac{R_f}{R_3}u_{i3}$$

"＋"号端对地的等效电阻应等于"－"号端对地的等效电阻，此时把输入及输出端接地，于是有

$$R = R_1 \mathbin{/\mkern-5mu/} R_2 \mathbin{/\mkern-5mu/} R_3 \mathbin{/\mkern-5mu/} R_f$$

例 11 - 6 电路如图 11 - 14 所示，称做加减电路，试分析其输出 u_o 与输入 u_{i1} 及 u_{i2} 之间的关系表达式。

解 根据虚断的概念，"＋"号端和"－"号端均开路，于是有 R_2 和 R 串联，R_1 和 R_f 串联。此时

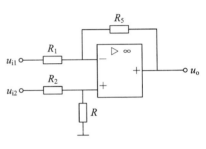

图 11 - 14 例 11 - 6 电路图

$$u_+ = \frac{R}{R_2 + R}u_{i2}$$

根据虚短的概念，$u_- = u_+$，于是有

$$u_- = \frac{R}{R_2 + R}u_{i2}$$

由于 R_1 中的电流等于 R_f 中的电流，所以有

$$\frac{u_{i1} - u_-}{R_1} = \frac{u_- - u_o}{R_f}$$

$$\frac{u_{i1} - \dfrac{R}{R_2 + R}u_{i2}}{R_1} = \frac{\dfrac{R}{R_2 + R}u_{i2} - u_o}{R_f}$$

由上式有

$$u_o = -\frac{R_f}{R_1}u_{i1} + \frac{(R_1 + R_f)R}{R_1(R_2 + R)}u_{i2}$$

根据"－"号端与"＋"号端的对称性，令

$$R_1 \mathbin{/\mkern-5mu/} R_f = R_2 \mathbin{/\mkern-5mu/} R$$

即

$$\frac{R_1 R_f}{R_1 + R_f} = \frac{R_2 R}{R_2 + R}$$

于是有

$$\frac{R_1 + R_f}{R_2 + R} = \frac{R_1 R_f}{R_2 R}$$

故

$$u_o = -\frac{R_f}{R_1}u_{i1} + \frac{R}{R_1} \cdot \frac{R_1 R_f}{R_2 R}u_{i2}$$

由上式，得

$$u_{\rm o} = -\frac{R_{\rm f}}{R_1}u_{\rm i1} + \frac{R_{\rm f}}{R_2}u_{\rm i2}$$

上式表明从"一"号端接入的信号 $u_{\rm i1}$ 前的系数为负，从"＋"号端接入的信号 $u_{\rm i2}$ 前的系数为正。

如果令 $R_1 = R_2 = R'$，此时 $R_{\rm f} = R$，则有

$$u_{\rm o} = \frac{R_{\rm f}}{R'}(u_{\rm i2} - u_{\rm i1})$$

此时电路称做比例差分放大电路。

如果令 $R_{\rm f} = R_1 = R_2 = R'$，则有

$$u_{\rm o} = u_{\rm i2} - u_{\rm i1}$$

此时电路称做减法电路。

例 11-7　电路如图 11-15 所示，试求出输出电压 $u_{\rm o}$ 的表达式，并计算 $u_{\rm o}$ 的数值；计算 R_9、R_{12}、R_{16} 的数值。

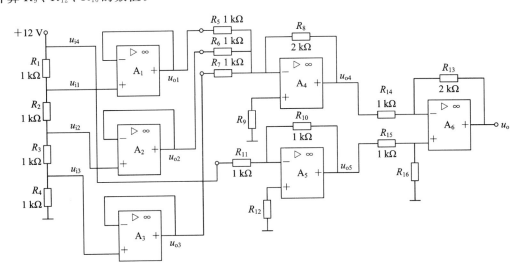

图 11-15　例 11-7 图

解　理想运放 A_1、A_2、A_3 均组成电压跟随器，所以有

$$u_{\rm o1} = u_{\rm i1}, \quad u_{\rm o2} = u_{\rm i2}, \quad u_{\rm o3} = u_{\rm i3}$$

A_4 组成反相比例加法放大电路，所以有

$$u_{\rm o4} = -\frac{R_8}{R_5}u_{\rm o1} - \frac{R_8}{R_6}u_{\rm o2} - \frac{R_8}{R_7}u_{\rm o3} = -2u_{\rm o1} - 2u_{\rm o2} - 2u_{\rm o3} = -2(u_{\rm i1} + u_{\rm i2} + u_{\rm i3})$$

A_5 组成反相比例放大器，所以有

$$u_{\rm o5} = -\frac{R_{10}}{R_{11}}u_{\rm i4} = -u_{\rm i4}$$

A_6 组成加减放大器，所以有

$$u_{\rm o} = -\frac{R_{13}}{R_{14}}u_{\rm o4} + \frac{R_{13}}{R_{15}}u_{\rm o5} = -2u_{\rm o4} + 2u_{\rm o5}$$

$$= -2[-2(u_{\rm i1} + u_{\rm i2} + u_{\rm i3})] + 2(-u_{\rm i4})$$

$$= 4(u_{\rm i1} + u_{\rm i2} + u_{\rm i3}) - 2u_{\rm i4}$$

由于 3 个电压跟随器输入端均为开路，所以有

$$u_{i1} = \frac{3}{4} \times 12 \text{ V} = 9 \text{ V}$$

$$u_{i2} = \frac{2}{4} \times 12 \text{ V} = 6 \text{ V}$$

$$u_{i3} = \frac{1}{4} \times 12 \text{ V} = 3 \text{ V}$$

$$u_{i4} = 12 \text{ V}$$

将上述数值代入 u_o 的表达式中，得

$$u_o = 4(9 + 6 + 3) \text{V} - 2 \times 12 \text{ V} = 48 \text{ V}$$

根据运放"$-$"号端与"$+$"号端对地的等效电阻应相等，有

$$R_9 = R_5 /\!/ R_6 /\!/ R_7 /\!/ R_8 = \frac{\frac{1}{3} \times 2}{\frac{1}{3} + 2} \text{ k}\Omega = \frac{2}{7} \text{ k}\Omega$$

$$R_{12} = R_{10} /\!/ R_{11} = \frac{1}{2} \text{ k}\Omega$$

$$R_{16} = R_{13} = 2 \text{ k}\Omega$$

例 11 - 8　电路如图 11 - 16 所示，试分析输出 u_o 与输入 u_{i1} 及 u_{i2} 之间的关系表达式。

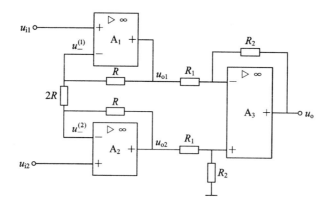

图 11 - 16　例 11 - 8 图

解　方法一：设运放 A_1 及 A_2 的"$-$"号端电压分别为 $u_-^{(1)}$ 及 $u_-^{(2)}$，根据虚短有

$$u_-^{(1)} = u_{i1}, \qquad u_-^{(2)} = u_{i2}$$

根据虚断，A_1 及 A_2 反相输入端均开路，电阻 R、$2R$、R 为串联，所以有

$$u_{o1} - u_{o2} = \frac{R + 2R + R}{2R}(u_-^{(1)} - u_-^{(2)}) = 2(u_{i1} - u_{i2})$$

A_3 为比例差分放大器，所以有

$$u_o = \frac{R_2}{R_1}(u_{o2} - u_{o1}) \approx -\frac{R_2}{R_1}(u_{o1} - u_{o2})$$

例 11 - 9　图 11 - 17 所示电路为同相比例放大电路，试分析其输出电压 u_o 的表达式。

解　由虚短 $u_i = u_+ = u_-$。

由虚断，R_1 与 R_f 串联，于是有

$$\frac{u_-}{R_1} = \frac{u_o - u_-}{R_f}$$

由上式

$$u_o = \frac{R_1 + R_f}{R_1} u_-$$

所以

$$u_o = \left(1 + \frac{R_f}{R_1}\right) u_i$$

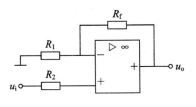

图 11 - 17 例 11 - 9 图

例 11 - 10 电路如图 11 - 18 所示，试分析输出电压 u_o 的表达式以及电阻 R' 的表达式。

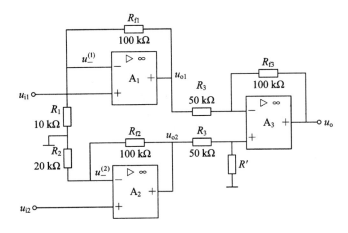

图 11 - 18 例 11 - 10 图

解 A_1 及 A_2 均为同相比例放大器，所以有

$$u_{o1} = \left(1 + \frac{R_{f1}}{R_1}\right) u_{i1}$$

$$u_{o2} = \left(1 + \frac{R_{f2}}{R_2}\right) u_{i2}$$

A_3 为比例差分放大电路，所以有

$$u_o = \frac{R_{f3}}{R_3}(u_{o2} - u_{o1}) = \frac{R_{f3}}{R_3}\left[\left(1 + \frac{R_{f2}}{R_2}\right) u_{i2} - \left(1 + \frac{R_{f1}}{R_1}\right) u_{i1}\right]$$

将各电阻值代入 u_o 的表达式，得

$$u_o = \frac{100}{50}\left[\left(1 + \frac{100}{20}\right) u_{i2} - \left(1 + \frac{100}{10}\right) u_{i1}\right] = 12u_{i2} - 22u_{i1}$$

$$R' = R_{f3} = 100 \text{ k}\Omega$$

第三节　实际应用举例

这里讨论这样一个问题：试用运放（例如 LM741）、电阻器和电位器构成一个线性电阻，其阻值在 $-10 \text{ k}\Omega \sim +10 \text{ k}\Omega$ 连续可调。

由于要求待求线性电阻出现负值，所以有必要先来讨论一下运放构成的负阻变换器。

电路如图 11-19 所示，根据理想运放"虚断"的条件(图 11-19 中用"×"表示)，流入 a 端的电流 i 也是流入电阻 R_f 的电流，同时 R_1 与 R_2 是串联的，于是

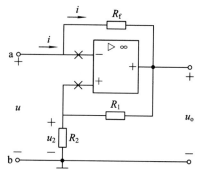

$$u_2 = \frac{R_2 u_o}{R_1 + R_2}$$

又根据理想运放"虚短"的条件，有

$$u_f = u_2 - u_o = \frac{R_2 u_o}{R_1 + R_2} - u_o = -\frac{R_1 u_o}{R_1 + R_2}$$

$$i = \frac{u_f}{R_f} = -\frac{R_1 u_o}{R_f(R_1 + R_2)}$$

$$u = u_2 = \frac{R_2 u_o}{R_1 + R_2}$$

图 11-19　负阻变换器

故有

$$R_{ab} = \frac{u}{i} = \frac{\dfrac{R_2 u_o}{R_1 + R_2}}{-\dfrac{R_1 u_o}{R_f(R_1 + R_2)}} = -\frac{R_f R_2}{R_1}$$

上式中的"-"号表明输入电阻 R_{ab} 是负的。若 $R_1 = R_2$，则有

$$R_{ab} = -R_f$$

上式说明该电路有把正电阻 R_f 变换为一个负电阻的作用。例如 $R_1 = R_2 = 1\ k\Omega$，$R_f = 10\ k\Omega$，则 $R_{ab} = -10\ k\Omega$。因此图 11-19 所示运放电路称为负阻变换器。

下面回到所要讨论的问题。由图 11-19 所示负阻变换器画出图 11-20 所示的电路原理图，图中使用了 LM741 型运放。按该原理图接好线，并接通电源，则在 a、d 之间形成一个 $R_{ad} = -R_f = -10\ k\Omega$ 的线性电阻器。

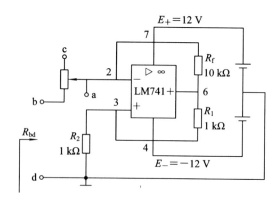

图 11-20　待求可调线性电阻的电路图

为得到一个在 $-10\ k\Omega \sim +10\ k\Omega$ 连续可调的电阻，将一个 $20\ k\Omega$ 电位器用作可变电阻器与上述负电阻串联，其等效电阻为

$$R_{bd} = R_{ab} + R_{ad} = R_{ab} - 10\ k\Omega \tag{11-7}$$

当电位器滑动端从 b 点向 c 点移动时，R_{ab} 由 0 变到 20 kΩ，R_{bd} 则由式(11-7)可知在 -10 kΩ～$+10$ kΩ 连续变化。

为了证实图 11-20 电路确实能实现一个负电阻器，可以用普通万用表的欧姆挡间接测量负电阻 R_{ad}。将万用表(电阻挡)接在 b、d 两点之间，调整电位器滑动端，当其读数为零时，即 $R_{bd}=0$，由式(11-7)得

$$R_{ad} = -R_{ab}$$

只要用万用表测量电位器 a、b 两空间的正电阻 R_{ab}，就能求得负电阻 R_{ad}。

从上述分析，可以确认图 11-20 所示电路 b、d 两点间确能实现一个从 -10 kΩ 连续变换到 $+10$ kΩ 的可变电阻器。

◆◆◆◆◆◆ 习题十一 ◆◆◆◆◆◆

11-1　试求图 11-21 所示运放电路的输出电压 u_o。

11-2　求图 11-22 所示运放电路的电流 i。

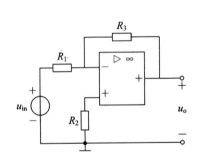

图 11-21　题 11-1 图

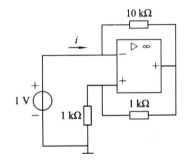

图 11-22　题 11-2 图

11-3　设要求图 11-23 所示电路的输出 u_o 为

$$-u_o = 3u_1 + 0.2u_2$$

已知 $R_3 = 10$ kΩ，求 R_1 和 R_2。

11-4　求图 11-24 所示电路的电压比 u_o/u_s。

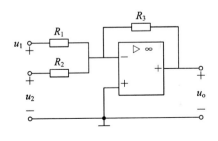

图 11-23　题 11-3 图

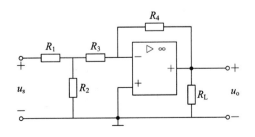

图 11-24　题 11-4 图

11-5　求图 11-25 所示电路的闭环电压增益 u_o/u_i。

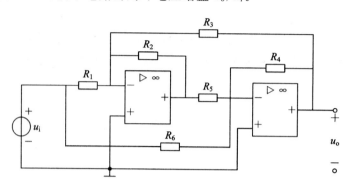

图 11-25　题 11-5 图

11-6　试用叠加定理求图 11-26 所示运放电路的输出电压 u_o。

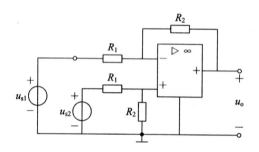

图 11-26　题 11-6 图

11-7　电路如图 11-27 所示，求输入电阻 $R_i (R_i = u/i)$。

11-8　电路如图 11-28 所示，设 $u_i = 2\varepsilon(t)$ V，$R_1 = 20$ kΩ，$R_f = 40$ kΩ，$R_2 = R_3 = 10$ kΩ，$C = 2$ μF，求电路的阶跃响应电容电压 $u_o(t)$。

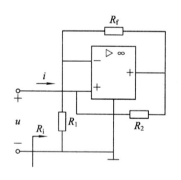

图 11-27　题 11-7 图

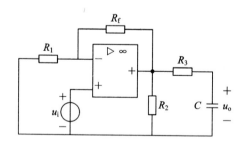

图 11-28　题 11-8 图

11-9　电路如图 11-29 所示，已知 $R_1 = R_2 = 1$ kΩ，$C_1 = 1$ μF，$C_2 = 0.01$ μF，试求图示电路的 $\dot{U}_2/\dot{U}_1$。

11-10　电路如图 11-30 所示，求电路的电压转移函数 $H(s)$，$H(s) = U_o(s)/U_i(s)$。

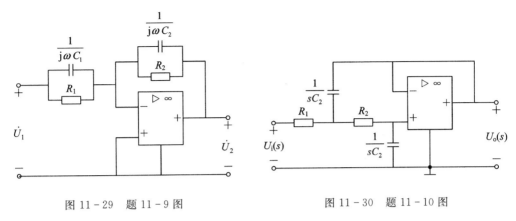

图 11-29　题 11-9 图　　　　　　　　　　图 11-30　题 11-10 图

11-11　电路如图 11-31 所示，试分析输出 u_o 的表达式，并计算 u_o 的数值；电阻 R' 的表达式及数值是什么？

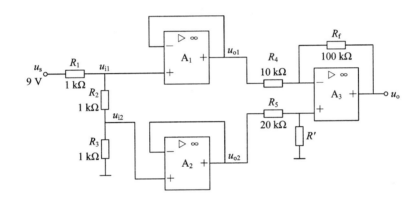

图 11-31　题 11-11 图

11-12　电路如图 11-32 所示，试写出输出 u_o 的表达式及电阻 R 的表达式。

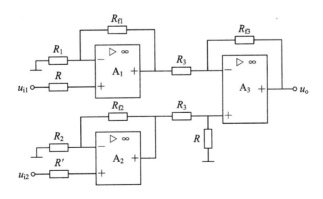

图 11-32　题 11-12 图

11-13　电路如图 11-33 所示，已知电容的初始状态 $U_C(0_-)=20$ V，输入 $u_{i1}=12\varepsilon(t)$ V，输入 $u_{i2}=6\varepsilon(t)$ V，试求 $t>0$ 时的输出 $u_o(t)$ 以及电阻 R'、R''。

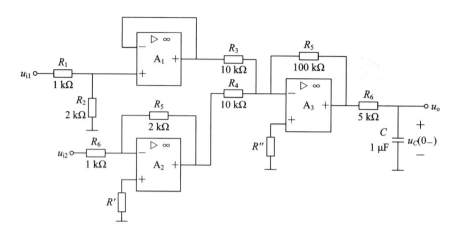

图 11-33　题 11-13 图

11-14　电路如图 11-34 所示，试分析输出 u_o 与输入 u_{i1}、u_{i2}、u_{i3} 及 u_{i4} 之间的关系表达式，并计算出 u_o 的数值；求出电阻 R_7、R_{12} 及 R_{16} 的表达式及数值。

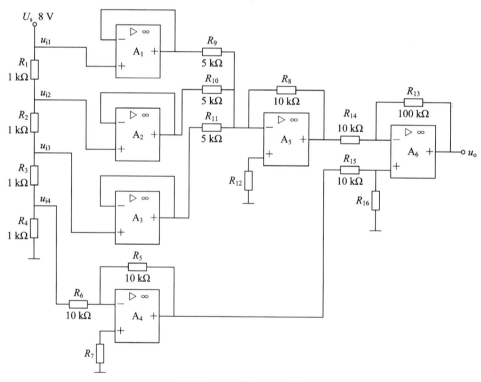

图 11-34　题 11-14 图

实验十四　理想电路运放的分析

一、实验目的

（1）加深理解常用比例运算电路的工作原理。

（2）掌握常用比例运算电路的基本设计，通过实验进一步熟悉其特点、性能，了解影响运算精度的因素。

（3）学习常用比例运算电路的测试和分析方法。

二、预习要求

（1）预习教材中有关反向比例运算放大器、电压跟随器以及反相比例求和运算放大器电路的工作原理。

（2）计算本实验中所有表格内的理论计算值。

三、实验原理

1. 反向比例运算放大器

电子电路中的运算放大器，输入端极性和输出端极性相反的称为反相放大器，如 SY 图 14 - 1 所示。

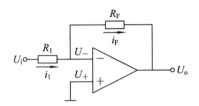

SY 图 14 - 1　反向比例运算放大器

根据其电压传输特性，利用虚短和虚断的概念进行分析，有

$$U_+ = 0 , U_- = U_+ = 0 \quad （虚地）$$

$$i_1 = i_F \quad （虚断）$$

$$\frac{U_i}{R_1} = -\frac{U_o}{R_F}$$

电压放大倍数：

$$A = \frac{U_o}{U_i} = -\frac{R_F}{R_1}$$

由集成运算放大器组成的反向比例运算放大器的电压放大倍数与集成运算放大器本身的参数无关，只与外接电阻有关。

2. 电压跟随器

电压跟随器，顾名思义，就是输出电压与输入电压是相同的，即电压跟随器的放大倍数恒小于且接近 1，其原理图如 SY 图 14 - 2 所示。

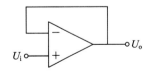

SY 图 14 - 2　电压跟随器原理图

根据理想运放特性，利用虚短和虚断的概念进行分析，显然有 $U_i = U_o$，输出电压完全重复输入电压，与外接负载无关。

3. 反相比例求和运算放大器

反相比例求和运算放大器原理图如 SY 图 14 - 3 所示。

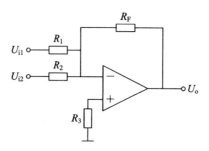

SY 图 14-3　反相比例求和运算放大器原理图

根据"虚短"、"虚断"的概念，有

$$\frac{u_{i1}}{R_1} + \frac{u_{i2}}{R_2} = -\frac{u_o}{R_F}$$

$$u_o = -\left(\frac{R_F}{R_1}u_{i1} + \frac{R_F}{R_2}u_{i2}\right)$$

当 $R_1 = R_2 = R$ 时，则

$$u_o = -\frac{R_F}{R}(u_{i1} + u_{i2})$$

四、实验内容

1. 反向比例运算放大器

（1）按 SY 图 14-4 接好线路，信号发生器依照表 14-1 内容要求进行调节，示波器分别测量 U_i、U_o 输出波形，并将结果填入 SY 表 14-1 中。

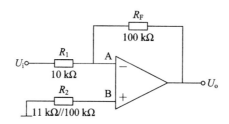

SY 图 14-4　反向比例运算放大器测量电路图

（2）将示波器 U_i、U_o 输出波形记录到坐标纸上并进行比较。

SY 表 14-1　反向比例运算放大器测量数据表 1

直流输入电压 U_i/mV		30	100	300	1000	3000
输出 电压 U_o	理论计算/mV					
	实际测量/mV					
	误差/(%)					

2. 电压跟随器

（1）按 SY 图 14-5 接好线，依照 SY 表 14-2 内容要求实验并将测量结果记录于表中。

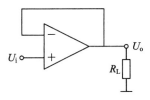

SY 图 14 - 5　电压跟随器测量电路图

SY 表 14 - 2　电压跟随器测量数据表

	U_i/V	-2	-0.5	0	0.5	1
U_o/V	$R_L=\infty$					
	$R_L=5.1\ \mathrm{k\Omega}$					

3. 反相比例求和运算放大器

按 SY 图 14 - 6 接好线，依照 SY 表 14 - 3 内容要求实验并将测量结果记录于表中。

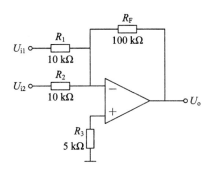

SY 图 14 - 6　反相比例求和运算放大器测量电路图

SY 表 14 - 3　反相比例求和运算放大器测量数据表

U_{i1}/V	0.3	-0.3
U_{i2}/V	0.2	0.2
U_o/V		

五、实验仪器设备

（1）示波器；

（2）万用表；

（3）信号发生器。

六、实验报告要求

（1）总结本实验中 2 种运算电路的特点及特性。

（2）分析理论计算与实际测量结果之间误差的产生原因。

（3）考虑若给实验电路带负载，是否会影响电路的运算精度，为什么？

附录 A 电阻的识别和标识方法

电阻器，通常称为"电阻"，用符号 R 表示，其主要物理特性是对电流呈现阻力，消耗电能，但由于构造上有线绕或刻槽而使得电阻存在有引线电感和分布电容，其等效电路如图 A-1 所示。当电阻工作于低频时其电阻分量起主要作用，电抗部分可以忽略不计，即忽略 L_0 和 C_0 的影响，此时只需测出 R 值就可以了，但当工作频率升高时，电抗分量就不能忽略不计了。此外，工作于交流电路的电阻阻值，由于集肤效应、涡流损耗、绝缘损耗等原因，其等效电阻随频率的不同而不同。实验证明，当频率在 1 kHz 以下时，电阻的交流阻值与直流阻值相差不超过 1×10^{-4}，随着频率的升高，其差值随之增大。

在电路中，电阻是最常用的器件，它的种类很多，按结构形式分，有固定电阻、微调电阻、可调电阻和电位器等，其图形符号如图 A-2 所示。表 A-1 列出了几种常用电阻的结构特点。为了区别不同的电阻，通常会用字母和数字符号表示电阻的材料、分类，其型号命名方法详见表 A-2。

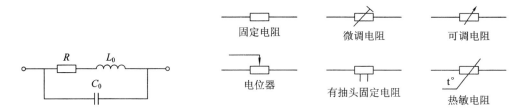

图 A-1 电阻的等效电路图　　　　　图 A-2 电阻的图形符号

表 A-1　几种常见电阻的结构特点

电阻种类	电阻结构特点
碳膜电阻	气态碳氢化合物在高温和真空中分解，碳沉积在磁棒或瓷管上，形成一层结晶碳膜，改变碳膜的厚度和用刻槽的方法变更碳膜的长度，可以得到不同的阻值。碳膜电阻成本较低，性能一般
金属膜电阻	在真空中加热合金，合金蒸发，在磁棒表面形成一层导电金属膜，改变金属膜厚度和刻槽可以控制阻值。与碳膜电阻相比，金属膜电阻体积小、噪声低、稳定性好，但成本较高
碳质电阻	把碳黑、树脂、黏土等混合物压制后经过热处理制成。在电阻上用色环表示它的阻值。这种电阻成本低，阻值范围宽，但性能差，很少采用
绕线电阻	用康铜或镍铬合金电阻丝在陶瓷骨架上绕制而成。这种电阻分为固定和可变两种。其特点是工作稳定、耐热性能好、误差范围小，适用于大功率场合
碳膜电位器	其电阻体是在马蹄形的纸胶板上涂一层碳膜制成的。有的和开关一起组成带开关的电位器
绕线电位器	用电阻丝在环状骨架上绕制而成。其特点是阻值变化范围小、功率较大

表 A－2　电阻的型号命名方法

第一部分：主称		第二部分：材料		第三部分：特征			第四部分：序号
符号	意义	符号	意义	符号	电阻器	电位器	
R	电阻器	T	碳膜	1	普通	普通	对主称、材料相同，仅性能指标、尺寸大小有区别，但基本不影响互换使用的产品，给同一序号。若性能指标、尺寸大小明显影响互换时，则在序号后面用大写字母作为区别代号
W	电位器	H	合成膜	2	普通	普通	
		S	有机实心	3	超高频	—	
		N	无机实心	4	高阻	—	
		J	金属膜	5	高温	—	
		Y	氧化膜	6	—	—	
		C	沉积膜	7	精密	精密	
		I	玻璃釉膜	8	高压	特殊函数	
		P	硼酸膜	9	特殊	特殊	
		U	硅酸膜	G	高功率	—	
		X	线绕	T	可调	—	
		M	压敏	W	—	微调	
		G	光敏	D	—	多圈	
		R	热敏	B	温度补偿用	—	
				C	温度测量用	—	
				P	旁热式	—	
				W	稳压式	—	
				Z	正温度系数	—	

具体标识举例：

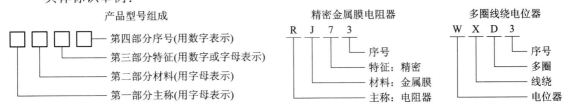

电阻的主要指标是电阻标称数值、精度（允许）误差和额定功率。阻值用来表示电阻器对电流阻碍作用的大小，单位用欧姆（Ω）表示。由于实际条件电阻的标称阻值和其实际阻值不可能完全一致，两者之间存在一定偏差，它们之间的这种相对误差称为精度（允许）误差，用 γ 表示：$\gamma = \dfrac{R_{实际} - R_{标称}}{R_{标称}} \times 100\%$。普通电阻的误差可分为 $\pm 5\%$、$\pm 10\%$、$\pm 20\%$ 三种。额定功率用来表示电阻器所能承受的最大电流，用瓦特（W）表示，有 1/16W、1/8W、1/4W、1/2W、1W、2W 等多种，超过标注的额定功率最大值，电阻器可能会被烧坏。

电阻的主要指标标示如下：

1. 文字符号直标法

有些厂家将电阻的阻值和误差直接用数字和字母印在电阻上（无误差标示则为允许误差范围±20％）。

（1）标称阻值。阻值单位为 Ω、kΩ、MΩ（通常"Ω"不标出），有时还以 Ω、K、M 代替小数点。例如：5.1 kΩ 表示为 5k1，2.7 Ω 表示为 2Ω7。

（2）精度误差。普通电阻误差等级分别用 Ⅰ、Ⅱ、Ⅲ 表示±5％、±10％、±20％。

2. 色环标识法

色标电阻可分为四环和五环两种标志方法，其中五环色标法常用于精密电阻。靠近电阻脚端为第一色环，其后依次为第二、三……色环。不同的环次和不同的颜色都具有不同的含义。色环次序和颜色所表示的数值含义见图 A-3 和表 A-3。

表 A-3　色标法中颜色代表的数值及意义

色环颜色	棕	红	橙	黄	绿	蓝	紫	灰	白	黑	金	银
有效数字	1	2	3	4	5	6	7	8	9	0	—	—
乘数	10^1	10^2	10^3	10^4	10^5	10^6	10^7	10^8	10^9	10^0	10^{-1}	10^{-2}
允许误差％	±1	±2	—	—	±0.5	±0.2	±0.1	—	+50 −20	—	±10	±5

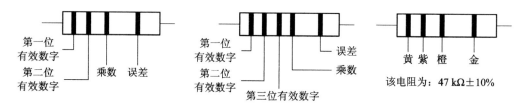

图 A-3　电阻色环标识法

举例：上图电阻阻值算法为 $(4×10+7)×10^3＝47$ kΩ±10％，允许误差为±10％。

附录 B　复数及其运算

前面从第六章开始是用相量法进行正弦稳态电路的分析，这就需要运用复数的运算，本附录对复数的有关知识略作介绍。

一、复数的形式

1. 代数形式

复数 A 的代数形式为

$$A = a + \mathrm{j}b$$

式中，$\mathrm{j} = \sqrt{-1}$ 为虚数单位（在数学中常用 i 表示，在电路中已用 i 表示电流，故改用 j）；a 为复数的实部；b 为复数的虚部，用下列符号表示

$$\mathrm{Re}[A] = a, \quad \mathrm{Im}[A] = b$$

即 $\mathrm{Re}[\ ]$ 是取方括号内复数的实部，$\mathrm{Im}[\ ]$ 是取其虚部。

2. 指数形式

复数 A 的指数形式为

$$A = |A|\,\mathrm{e}^{\mathrm{j}\theta}$$

式中，$|A|$ 为复数的模，θ 为复数的辐角。

3. 三角形式

根据欧拉公式

$$\mathrm{e}^{\mathrm{j}\theta} = \cos\theta + \mathrm{j}\,\sin\theta$$

得复数的三角形式为

$$A = |A|\,(\cos\theta + \mathrm{j}\,\sin\theta) = |A|\cos\theta + \mathrm{j}\,|A|\,\sin\theta$$

4. 极坐标形式

复数的极坐标形式为

$$A = |A|\,\angle\,\theta$$

式中，$|A|$ 为复数的模；θ 为辐角。

二、代数形式与极坐标形式之间的相互转换

已知代数形式，得极坐标形式中的

$$|A| = \sqrt{a^2 + b^2}, \quad \theta = \arctan\frac{b}{a}$$

已知极坐标形式，得代数形式中的

$$a = |A|\cos\theta, \quad b = |A|\sin\theta$$

三、复数的向量

一个复数 A 可以用复平面上一条从原点 O 到另一坐标点 A 之间的有向线段来表示，称其为复数 A 的向量，如图 B-1 所示。图中向量的长度是复数 A 的模，向量与实轴的夹角为复数 A 的辐角，坐标点 A 的横坐标为复数 A 的实部，纵坐标为其虚部。

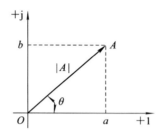

图 B-1　复数 A 的向量

四、复数的运算

1. 复数的加、减运算

复数的加、减运算用复数的代数形式进行。例如，$A=a_1+jb_1$，$B=a_2+jb_2$，则有
$$A \pm B = a_1 + jb_1 \pm (a_2 + jb_2) = a_1 \pm a_2 + j(b_1 \pm b_2)$$

复数的加、减运算也可以在复平面上根据平行四边形法用向量的加、减求得，如图 B-2 所示。

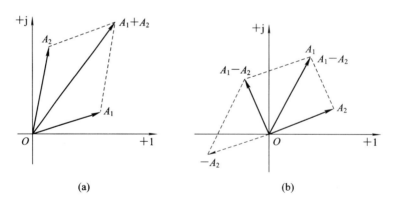

(a)　　　　　　　　　　　　　　　(b)

图 B-2　复数向量的加、减

2. 复数的乘除运算

复数的乘除运算用复数的极坐标形式进行。例如，$A_1=|A_1|\angle\theta_1$，$A_2=|A_2|\angle\theta_2$，则有
$$A_1 A_2 = |A_1|\angle\theta_1 |A_2|\angle\theta_2 = |A_1||A_2|\angle(\theta_1+\theta_2)$$
$$\frac{A_1}{A_2} = \frac{|A_1|\angle\theta_1}{|A_2|\angle\theta_2} = \frac{|A_1|}{|A_2|}\angle(\theta_1-\theta_2)$$

复数的乘除运算也可在复平面上用复数向量的作图法求得，如图 B-3 所示。

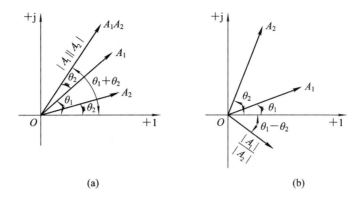

(a)　　　　　　　　　　　　　　　　(b)

图 B-3　复数向量的乘除

附录C　电路实验仪器仪表的使用

第1章　电路实验须知

1.1　电工学实验简介

一、实验目的

电子技术是自然科学理论与生产实践经验相结合的产物。人们在实际工作中，依据理论知识和实践经验，分析和设计电子电路的性能指标，测试和制作电子系统的整机装置，均离不开实验室。从一只小小的电子管到神州5号载人卫星，实验室是科学技术发展的孵化器。

作为学习、研究电子技术不可缺少的教学环节，电子技术实验是一门渗透工程特点的实践课程。通过电子技术实验，可以置身实验室，直接使用电子元器件、连接电子电路、操作电子测试仪器，理解和巩固理论知识，学习实验知识，积累实验经验，提高实验技能，为进一步学习、应用、研发电子应用技术打下较厚实的基础。电工学实验或叫电子技术实验，包括电路实验、模拟电子技术实验和数字电子技术实验，这里讲述的是电路实验。

二、教学要求

电路实验，不是测试数据、计算结果的简单操作，而是正确使用仪器设备，记录测试数据，观察实验现象，排除实验故障，分析实验结果，兑现工程技术指标的工程技术训练。

（1）能够正确使用常用电子仪器。如示波器、信号发生器、万用表、交流毫伏表、稳压电源等。

（2）掌握电子电路的基本测试技术。如正弦波信号和脉冲信号的主要参数、放大电路的静态和动态参数、数字电路的逻辑功能等。

（3）掌握基本电路的调试方法，具有波形分析及其主要参数的工程估算能力。

（4）能够正确记录和处理实验数据，并写出符合要求的实验报告。

（5）能够查阅电子器件手册和在网上查询与电子器件有关的资料。

（6）初步学会分析、寻找和排除实验电路中故障的方法。

1.2　电工学实验的规则

为了顺利完成实验任务，确保人身、设备安全，培养严谨、踏实、实事求是的科学作风和爱护国家财产的优良品质，实验时应遵守必要的实验规则。

（1）实验前必须充分预习，完成指定的预习任务。

（2）使用仪器设备前，应熟悉其性能、操作方法及注意事项。实验时应规范操作，并注意安全用电。

（3）电路接线后，同组人要相互依照接线图认真检查，确认无误方可通电。注意电源与地线间不得短接、反接。初次实验，应经教师审查同意后，才能通电。

（4）实验中一旦发现异常现象（如有器件烫手、冒烟、异味、触电等），应立即关断电源，保护现场，报告教师。待查清原因，排除故障，经教师允许后，再继续进行实验。

（5）实验过程中需改接线路时，应首先关断电源，然后进行操作。给计算机连接外设（如可编程器件的下载电缆）前，应使计算机和相关实验装置断电。

（6）经查明因违章操作损坏元器件、仪器设备或丢失实验设备时，应主动填写事故报告，说明事故原因，汲取经验教训，并照章交纳赔偿金。

（7）仔细观察、记录实验现象，包括实验数据、波形和电路运行状态等。待教师审阅实验记录，签字认可后，方可拆除实验电路。

（8）爱护公物，注意保持实验室整洁文明的环境。室内禁止打闹、喧哗、吃食物、喝饮料、吸烟、吐痰、扔纸屑、乱写乱画。

（9）服从教师的管理，未经允许不得做与本实验无关的事情（包括其他实验），不得动用与本实验无关的设备和它组使用的设备，不得随意将设备带出室外。

（10）实验结束后，应及时拉闸断电，整理仪器设备，填写设备完好登记表。

实验规则应人人遵守，相互监督。

1.3　电工学实验报告的编写

实验报告是对实验全过程的陈述和总结。编写电子技术实验报告，是学习撰写科技报告、科技论文的基础。撰写实验报告，要求语言通顺，字迹清晰，原理简洁，数据准确，物理单位规范，图表齐全，曲线平滑，结论明了。通过编写实验报告，能够找寻理论知识与客观实在的结合点，提高对理论知识的认识理解，训练科技总结报告的写作能力，从而进一步体验实事求是、注重实践的认知规律，培养尊重科学、崇尚文明的科学理念，锻炼严谨认真、一丝不苟的工程素养。

对实验结果、现象，可以以小组的形式进行讨论和分析，但必须每人完成一份实验报告。

电工学实验报告分为预习报告和实验总结报告（简称实验报告）两部分。

一、预习报告

预习报告用于描述实验前的准备情况，避免实验中的盲目性。实验前的准备情况如何，直接影响到实验的进度、质量，甚至成败。因此，预习是实验顺利进行的前提和保证。在完成预习报告前，不得进行实验。

预习实验应做的工作内容，就是在预习报告中应陈述的条目。

（1）实验目的。实验目的也是实验的主题。无目的的实验，只能是盲目的实验，是资源的浪费。

（2）实验原理。实验原理是实验的理论依据。通过理论陈述、公式计算，能够对实验结果有一个符合逻辑的科学估计。陈述实验原理，要求概念清楚，简明扼要。对于设计型实验，还要提出多个设计方案，绘制设计原理图，经过论证选择其一作为首选的实验方案。从这个意义上讲，预习报告也称做设计报告。

（3）仿真分析。对实验电路进行必要的计算机仿真分析，并回答相关的思考问题，有助于明确实验任务和要求，及时调整实验方案，并对实验结果做到心中有数，以便在实物实验中有的放矢，少走弯路，提高效率，节省资源。

（4）测试方案。无论是验证型实验还是设计型实验，均应依照仿真结果绘制实验电路图（也称布线图），拟定测试方案和步骤，针对被测试对象选择合适的测试仪表和工具，准备实验数据记录表格，制定最佳的测试方案。测试方案决定着理论分析与实验结果间的差异程度，甚至关系着实验结论的正确性。

例如，用伏安法测量图 C-1(a) 中电阻 R_2 的值，其理论依据是欧姆定律 $R = U/I$，即用电压表和电流表分别测出被测电阻两端的电压值和流经该电阻的电流值，即可计算出被测电阻 R_2 的阻值。为了减小测量误差，考虑到电压表的分流作用和电流表的分压作用，在将测试仪表接入电路时，若电压表的内阻 R_V 远大于被测电阻 R_2，应采用如图 C-1(b) 所示的方案；若电流表的内阻 R_A 远小于被测电阻 R_2，应采用如图 C-1(c) 所示的方案。

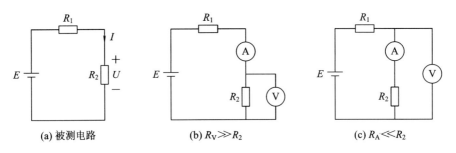

(a) 被测电路   (b) $R_V \gg R_2$ (c) $R_A \ll R_2$

图 C-1 用伏安法测量电阻 R_2

二、实验报告

实验报告用于概括实验的整个过程和结果，是实验工作的最后一个环节。总结报告必须真实可靠，实事求是，来不得半点虚假。一份好的总结报告，必是理论与实践相结合的产物，最终能使作者乃至读者在理论知识、动手能力、创新思维上受到启迪。

实验报告通常包含以下内容：

（1）实验原始记录。实验原始记录是对实验结果进行分析研究的主要依据，须经指导教师签字认可。实验原始记录应包含：经调试后得到的最终实验电路图，主要测试仪器设备的名称、规格、型号和编组号，选用的 EDA 工具，程序设计流程和清单，测试所得的原始数据和信号波形等。

（2）实验步骤。对于一般的实验步骤可简述。对于特殊、关键的实验步骤要陈述其理论依据。

（3）实验结果整理。选用适当的方法对原始记录的测试数据、信号波形进行处理，绘制数据分布曲线，公示分析计算公式。若数据量较大，应使用 Excel 工作软件。对与预习结果相差较大的原始数据要分析原因，必要时应对实验电路和测试方法提出改进方案。

（4）故障分析。如果实验中出现故障，要说明现象，并报告查找原因的过程和排除故障的措施，总结从中汲取的教训。

（5）思考问题。按要求有针对性地回答思考问题是对实验过程的补充和总结，有助于对实验任务的深入理解。

（6）实验结论。实验结论泛指实验的收获和体会，通常来自三个方面。其一，是否完成了实验任务，是否达到了实验目的。其二，是否验证了经验性调试方法、计算公式、技术指标，是否体验到理论与实际的异同之处，是否获得了应用性乃至理论性研发成果。其三，是否在实践能力和综合素质上有所收益。

三、报告封面

将预习报告和实验报告归整在一起，添加目录，配以封面，装订好，在一周内或下次实验前上交。也可以把所有的实验报告汇总装订成册，在课程结束时一起递交。

实验报告封面应注明：课程名称，实验名称，实验者姓名、学院和专业，班号、学号，实验设备编号，预习报告完成日期，实验完成日期，实验报告完成日期。下面给出电路课程实验报告封面，格式如图 C-2 所示。

电路课程实验报告

实验名称：＿＿＿＿＿＿＿＿＿＿＿＿＿＿＿＿

实验设备编组号：＿＿＿＿＿＿＿＿＿＿＿＿

实验人姓名：＿＿＿＿＿＿＿＿＿＿＿＿＿＿

学院与系：＿＿＿＿＿＿＿＿＿＿＿＿＿＿＿

专业：＿＿＿＿＿＿＿＿＿＿＿＿＿＿＿＿＿

学号：＿＿＿＿＿＿＿＿＿＿＿＿＿＿＿＿＿

教师评语：＿＿＿＿＿＿＿＿＿＿＿＿＿＿＿

　　　　　＿＿＿＿＿＿＿＿＿＿＿＿＿＿＿

成绩：＿＿＿＿＿＿＿＿＿＿＿＿＿＿＿＿＿

预习报告完成日期：　　　年　　月　　日

实验完成时间：　　　　　年　　月　　日

实验报告完成日期：　　　年　　月　　日

图 C-2　实验报告格式

第2章 常用仪器仪表使用

2.1 万 用 表

万用表是一种最常用的测量仪表,以测量电压、电流和电阻三大参量为主。一般的万用表都能够测量直流电流、直流电压、交流电压、直流电阻和音频电平,有些万用表还可以测量交流电流、电容、电感及半导体三极管的直流电流放大倍数等。

万用表种类很多,根据测量结果显示方式的不同,可分为模拟式(指针式)万用表和数字式万用表两大类,其结构特点是由一块表头(模拟式)或一块液晶显示器(数字式)来指示读数,用转换开关来实现各种不同测量目的的转换。

2.1.1 模拟万用表

一、工作原理

模拟万用表的测量过程是先通过一定的测量电路,将被测电量转换成电流信号,再由电流信号去驱动磁电式表头指针的偏转,在刻度尺上指示出被测量的大小。测量过程如图 C-3 所示。

图 C-3 模拟万用表的测量过程

二、500HA 型万用表的性能指标及控制面板

500HA 型万用表是一种高灵敏度、多量限携带式整流系仪表。该表共有 23 个测量量限,能分别测量交直流电压、交直流电流、电阻及音频电平等。

1. 主要性能指标

500HA 型万用表的主要性能指标如表 C-1 所示。

表 C-1 500HA 型万用表的主要性能指标

测量范围		灵敏度或电压降	准确度等级
直流电压	0～2.5～10～50～250～500 V	20 000 Ω/V	2.5
	2500 V	4000 Ω/V	5.0
交流电压	0～10～50～250～500 V	4000 Ω/V	5.0
	2500 V	4000 Ω/V	5.0
直流电流	0～50 μA～1 mA～10 mA～100 mA～500 mA	≤0.75 V	2.5
	5 A	0.3 V	2.5
交流电流	5 A	≤1 V	5.0
电阻	0～2 kΩ～20 kΩ～200 kΩ～2 MΩ～20 MΩ		2.5
音频电平	−10～+22 dB		

2. 控制面板简介

500HA 型万用表的控制面板如图 C-4 所示。

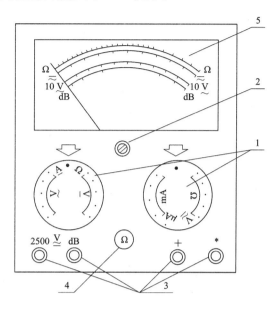

图 C-4 500HA 型万用表控制面板

（1）测量项目和量程选择开关 S1（左）和 S2（右）。S1 和 S2 两个开关配合共同选择测量项目和量程。测量直流电流时，应将左侧开关 S1 置于 A 挡位，同时右侧开关 S2 根据被测电流大小置于 50 μA～500 mA 中的某挡位。测量电阻时，S1 开关置于 Ω 挡位，S2 开关置于 1～10 k 中的某挡位。测量交流或直流电压时，将 S2 置于 V 挡位，S1 则根据被测量的大小选择适当的量程。"·"的位置是仪表停止使用的位置，当万用表使用完毕后，应将 S1 和 S2 均放置在"·"位置，以保护万用表。

（2）机械零点校正旋钮。当电表水平放置时，若指针不在零位，用螺丝刀调节此旋钮使其归零。

（3）测试表笔插口。共有四个插口，根据测试项目和量程进行选择。"＊"是公共插口，测量任何项目时，均将黑表笔插入此插口。红表笔插入哪个插口视情况来定，量程选择为交流 2500 V 或直流 2500 V 电压时，红表笔插入"2500"插口；测量音频电平时，红表笔插入"dB"插口；测量其他量，如直流电流、直流电压、交流电压及电阻时，红表笔插入"＋"插口。

（4）欧姆调零旋钮。用万用表测量电阻时，必须先进行欧姆调零，方法是将红黑表笔短接，然后调节该旋钮使指针指零。

（5）刻度线。500HA 型万用表共有 4 条刻度线，在每条刻度线两侧标注着测量项目的种类。读取测量结果时应根据测量对象找到相应的刻度线，不能读错。四条刻度线从上至下分别为：第一条 ∞～0 刻度线，在测量电阻时使用，注意右侧为零；第二条 0～50 或 0～250 刻度线，在测量直流电压、直流电流和交流电压（除交流 10 V 挡外）时使用；第三条 0～10 V 刻度线，是在使用交流电压 10 V 挡时使用；第四条 −10 dB～＋22 dB 刻度线，在测量音频电平时使用。

每一条刻度线上的数字可以理解为刻度线的格数，具体代表多大电量与所选量程有关，读取测量结果时应进行换算。

3. 仪表的表面标记

很多仪表在表头上标有一些表示其性能和使用范围、使用条件的符号，称为仪表的表面标记。认识这些标记的含义有助于正确选择和使用仪表。下面是 500HA 型万用表上主要符号的含义。

(1) A—V—Ω：表示该表可测量电流、电压和电阻。

(2) 45—65—1000 Hz：表示该表使用频率为 45～65 Hz，最高不得超过 1000 Hz，否则会引起附加误差。

(3) 20 000 Ω/VDC：这是一个非常重要的参数，称为内阻系数或电压灵敏度，表示测量直流电压时每伏所具有的内阻，使用者可从中获得万用表电压挡的内阻大小。如：选择直流电压 100 V 挡时，表的内阻为 100 V×20 000 Ω/V＝2 MΩ。内阻系数越大，测量结果越准确。

(4) ≃：表示该表可用于交流量和直流量测量。

(5) 0 dB＝1 mW、600 Ω：表示在 600 Ω 负载阻抗上 0 dB 的标称功率为 1 mW。

(6) —2.5：表示测量直流电流或直流电压时，仪表准确度为 2.5 级。

(7) ～4.0：表示测量交流电压时，仪表准确度为 4.0 级。

(8) Ω2.5：表示测量电阻时，仪表准确度为 2.5 级。

(9) ≃—2.5 kV 4000 Ω/V：表示测量交流电压以及直流 2.5 kV 挡时，电压表的内阻系数为 4000 Ω/V。

(10) ⌐：表示万用表须水平使用。

(11) 表头右下方的表格(见表 C-2)：在进行音频电平测量时，读数与所选交流电压量程有关，该表左侧表示电压量程，右侧表示分贝附加值。具体用法见后面音频电平测量方法。

表 C-2 表头右下方的表格

交流电压挡～	附加值
10 V	0
50 V	＋14 dB
250 V	＋28 dB

三、500HA 型万用表的使用方法

测试前，先把万用表放置水平状态，并观察表针是否处于零点(指电压、电流刻度的零点)，若不在零点，则应调整表头下方的"机械零点校正旋钮"，使指针指零。

1. 一般步骤

1) 电压和电流的测量

(1) 根据所测物理量，将测试表笔接于相应的插口内，并正确选择万用表的测量项目和量程选择开关"S1"、"S2"的位置。

（2）若不知所测物理量的大小，首先应把量程置于较大的量程上，而后逐渐调到合适的量程，选择量程时最好使指针偏转超过刻度尺的一半，以提高测量的准确程度。

（3）测电压时，万用表表笔应并联在被测电路两端；测电流时，表笔应串联在被测电路中。如测量的是直流量，一定要注意被测量的极性与万用表的极性一致，万用表的"＋"端为电流流入端，或为电压的高电位端。在被测电路极性不甚明朗的情况下，可先置万用表于高量程挡，随后用表笔在被测电路上快速搭一下，根据表的指针偏转方向判断极性。

（4）读数。找好刻度线，根据指针的偏转位置和所选量程读取结果。

$$测量结果 = \frac{量程}{刻度线满偏转格数} \times 指针偏转格数 \qquad (C-1)$$

$$或：测量结果 = \frac{量程}{刻度线满偏转数值} \times 指针偏转处数值 \qquad (C-2)$$

2）电阻的测量

（1）将测试表笔接入相应的插口内（＋和 ＊），S1 置于 Ω 处，S2 视被测电阻的大小选择量程。选量程时，应尽量使指针偏转在中心值附近，以提高测量的准确程度。

（2）测量前必须进行欧姆调零，方法是将两表笔短接，调节"欧姆调零旋钮"使指针指在"0Ω"位置上（右侧为零）。注意每改换一次量程都需要重新进行欧姆调零。如果发现旋动"欧姆调零旋钮"已无法使指针指向"0Ω"处，说明表内电池电压不足，需要更换。

（3）测量。切断与被测电阻有连接关系的其他元件，切断被测电路的电源，将红黑表笔与被测电阻并联。不要用双手捏住表笔的金属尖部分，以免人体电阻并联在被测电阻上，影响测量的准确性。

（4）读数。从第一条读数线读取数据，电阻的读数方法与电压电流均不同，它在 S2 开关上的量程示值实际上是倍率，即

$$被测电阻 = 欧姆刻度线的读数 \times 倍率 \qquad (C-3)$$

例如测量某个电阻，用×10Ω 挡，指针指在欧姆刻度线上的 12 位置上，则被测电阻为 $12 \times 10 = 120$ Ω。

3）音频电平的测量

电平测量的实质就是交流电压的测量，区别是读数方法。

（1）将测试表笔接入相应的插口内（dB 和 ＊），S1 置于 $\underline{V}$ 处，S2 置于测量交流电压的相应的量程挡级。交流电压量程挡级与电平的对应关系是，在 10 V 挡时范围是 -10 dB～+22 dB；50 V 挡时范围是 +4 dB～+36 dB；250 V 挡时范围是 +18 dB～+50 dB。

（2）测量。将测试表笔与被测电路并联。

（3）读数。根据指针指在第四条分贝刻度线的位置读数，测量结果为

$$被测电平 = dB 刻度线的读数 + 附加值 \qquad (C-4)$$

附加值与所选的交流电压量程有关，见表 C-2。

2. 应用范例

范例 C-1　用 500HA 型万用表测量图 C-5(a) 所示电路中的 I_X。

（1）估算 I_X 的范围，$I_X = 0.5$ mA。将 S_1 置于"A"挡，并根据估算结果将 S_2 置于"1mA"挡位。

（2）将万用表串入电路中，红表笔（＋端）接电流流入端，黑表笔（＊端）接电流流出端。

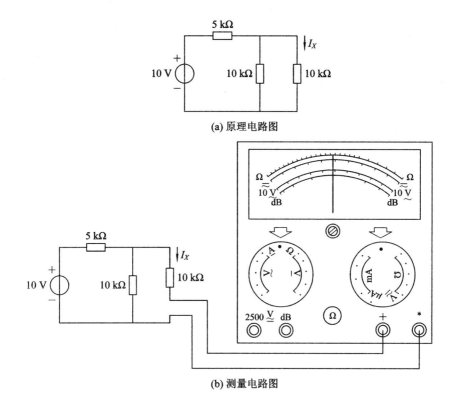

(a) 原理电路图

(b) 测量电路图

图 C-5 用 500HA 型万用表测量电流 I_X

（3）根据指针偏转位置及量程读取结果。如图 C-5(b)所示，读第二行标尺。根据式(C-1)得到

$$I_X = \frac{\text{量程}}{\text{满偏转格数}} \times \text{指针偏转格数} = \frac{1\ \text{mA}}{50} \times 24 = 0.48\ \text{mA}$$

电流 I_X 的实际测量值为 0.48 mA。

范例 C-2 用 500HA 型万用表测量图 C-6(a)电路中的 U_X。

（1）估算 U_X 的范围，$U_X = 30$ V。将 S_2 置于 "$\underset{\sim}{V}$" 挡，并根据估算结果将 S_1 置于 "50 $\underset{\sim}{V}$" 挡位。

（2）将万用表与被测电压并联，红表笔（＋端）接高电位端，黑表笔（＊端）接低电位端。

（3）根据指针偏转位置及量程读取结果。如图 C-6(b)所示，读第二行标尺，根据式(C-1)得到

$$U_X = \frac{\text{量程}}{\text{满偏转格数}} \times \text{指针偏转格数} = \frac{50\ \text{V}}{50} \times 31 = 31\ \text{V}$$

即电压 U_X 的实际测量值为 31 V。

范例 C-3 用 500HA 型万用表测量图 C-7(a) 电路中的 R_{ab}。

（1）估算 R_{ab} 的范围，$R_{ab} = 12.5$ kΩ。将 S_1 置于 "Ω" 挡，根据估算结果将 S_2 置于 "1 kΩ" 挡位。

（2）欧姆调零。

（3）将万用表与被测电阻相接，红表笔（＋端）和黑表笔（＊端）分别接被测电阻的 a、b

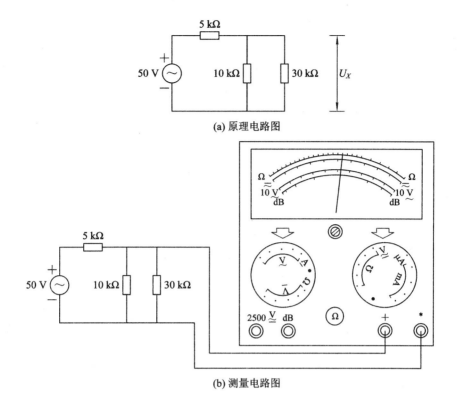

(a) 原理电路图

(b) 测量电路图

图 C - 6 用 500HA 型万用表测量电压 U_X

两端。

（4）根据指针偏转位置及量程读取结果。如图 C - 7(b)所示，读第一行标尺，根据式 (C - 3)得到

$$R_{ab} = 欧姆刻度线读数 \times 倍率 = 12.5 \times 1\ k = 12.5\ k\Omega$$

即电阻 R_{ab} 实际测量值为 12.5 kΩ。

3. 使用注意事项

（1）使用前，应了解万用表的正常使用条件和万用表面板上的技术符号。

（2）务必要分清挡位，严禁用万用表的"电流"挡、"欧姆"挡测量交直流电压。

（3）根据被测量大小选择合适量程，一般选择电压、电流挡位时应使指针偏转超过刻度尺的一半，选择电阻挡位时应使指针偏转在中心值附近。

（4）测量电阻时注意"断电"、"断并联回路"、"调零"。

（5）改换量程时应使表笔脱离电路，即严禁带电改换量程。

（6）测量交流电压、电流时读数为有效值。

（7）万用表使用完毕，应将两个旋钮置于安全挡位上，即两旋钮均置空挡"·"。对于无空挡"·"的万用表应将挡位开关置于交流电压最大挡。

（8）当使用万用表测试二极管或三极管时，应注意内部电源的极性。万用表置于电阻挡位时，红表笔对应内部电池的负极，黑表笔对应内部电池的正极。

（9）万用表长期不用时，应将表内电池取出。

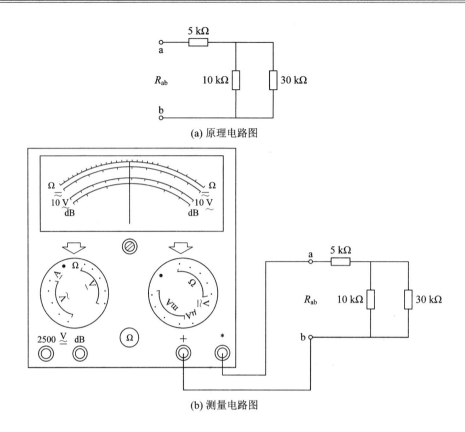

图 C-7 用 500HA 型万用表测量电阻 R_{ab}

2.1.2 数字万用表

一、工作原理

数字万用表的测量过程是先由转换电路将被测量转换成直流电压信号,由模/数 (A/D)转换器将电压模拟量变换成数字量,然后通过电子计数器计数,最后把测量结果用数字直接显示在显示器上。测量过程如图 C-8 所示。

图 C-8 数字万用表的测量过程

二、DT830 型万用表的性能指标及控制面板

DT830 型万用表为三位半显示表,可以测量交直流电压、交直流电流、电阻、晶体管 β 值等。

1. 主要性能指标

表 C – 3　DT830 型万用表主要技性能指标

测量对象	测量范围	精确度	输入阻抗	其他
直流电压	0～200 mV～2 V～20 V～200 V～1000 V 五挡	±(读数的 0.8％＋2 个字)	10 MΩ	
交流电压	0～200 mV～2 V～20 V～200 V～1000 V 五挡	±(读数的 1％＋5 个字)	10 MΩ 100 pF	
直流电流	200 μA～2 mA～20 mA～200 mA～10 A 五挡	±(读数的 1.2％＋2 个字)		
交流电流	200 μA～2 mA～20 mA～200 mA～10 A 五挡	±(读数的 2.0％＋5 个字)		
电阻	200 Ω～2 kΩ～20 kΩ～200 kΩ～2 MΩ～20 MΩ 六挡	±(读数的 2.0％＋3 个字)		
二极管	0～1.5 V			测试电流：1 mA±0.5 mA
晶体管 hFE				测试条件：$U_{CE}=2.8$ V，$I_B=10$ μA

2. 控制面板简介

DT830 型万用表控制面板如图 C-9 所示。

（1）电源开关。

（2）测试表笔插口。共有四个插口，根据测试项目和量程选择。"com"是公共插口，测量任何项目时，均将黑表笔插入此插口。红表笔插入哪个插口视情况来定，当测量 200 mA 以下交、直流电流时，红表笔插入"mA"插口；当测量大于 200 mA 且小于10A 交直流电流时，红表笔插入"10 A"插口；测量直流电压、交流电压、电阻、二极管及短路检测时，红表笔插入"VΩ"插口。

（3）测量项目和量程选择开关。根据测量项目和被测量的大小选择合适的挡位，如不清楚被测量应先选较大量程，再逐渐调换到合适的量程。

（4）hFE 插座。将被测三极管的 E、B、C 分别插入对应的插孔内，以测试 hFE 值。

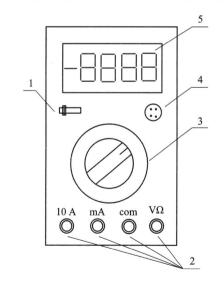

图 C-9　DT830 型数字万用表控制面板

（5）显示器。三位半数字液晶显示。当显示器上只显示数字"1"时，说明被测量大小超过了所选的测量量程，此时应改换量程测量。

三、DT830 型万用表的使用方法

1. 一般应用

1）电压、电流、电阻测试

（1）数字万用表测试方法与模拟万用表类似，都是先根据被测对象将表笔插入相应的插口内，然后将测试项目及量程选择开关置于合适的位置进行测量。

（2）测量电压时表笔与被测量并联，测量电流时表笔与被测量串联，测电阻时将表笔并在被测量的两端（测量前不用进行欧姆调零）。

（3）与模拟万用表使用的主要区别是，读数时不用根据标尺刻度及指针位置进行计算，而是直接从显示器上读取测量结果。注意直接读取结果的单位与万用表所选量程的单位一致。如选择测量量程为 200 mV 时读数为 128，则结果为 128 mV。如选择 200 V 挡时读数为 128，则测量结果为 128 V。

2）二极管检测

（1）该万用表可以用来测试二极管的好坏，测试时将开关旋至 。。。 位置。

（2）当红表笔接二极管正极，黑表笔接二极管负极时（数字万用表红表笔对应内部电源的正极，黑表笔对应负极，此时相当于二极管正向偏置），显示器显示的是二极管的正向导通压降（硅二极管应在 500 mV～800 mV 之间），若显示"000"则表示二极管已经短路，若显示"1"则说明二极管断路了。

（3）当红表笔接二极管的负极，黑表笔接二极管的正极时（此时相当于二极管反向偏置），正常二极管应显示"1"，若显示"000"或其他值，说明管子已损坏。

3）hFE 测试

测试时将开关旋至 。。。 位置，三极管的三只管脚对应插入测试插座，即可以从显示器上直接读出 β 值，若显示"000"说明管子已损坏。

4）短路检测

" •))) "位置用来检测电路中某两点是否短路。红黑表笔与测量电阻时接法相同，将开关置于" •)))"位置，表笔分别接两测试点，若蜂鸣器响，说明所测试的两点短路。

2. 使用注意事项

（1）务必要分清挡位，严禁用万用表的"电流"挡、"欧姆"挡测量交直流电压，测量电流时切忌过载。

（2）根据被测量大小选择合适量程，若被测量未知时，应先选择最大量程然后再逐渐调到合适位置。若出现"1"表明被测量超过了所选量程，应更换量程。

（3）测量电阻时注意"断电"、"断并联回路"、"调零"。

（4）改换量程时应使表笔脱离电路，即严禁带电改换量程。

（5）万用表使用完毕，应将挡位开关置于交流或直流电压最大挡。

（6）万用表置于电阻挡位时，红表笔对应内部电池的正极，黑表笔对应内部电池的负极。

2.2　直流稳压电源

直流稳压电源用于向电子电路提供电能,是实验室必备的仪器设备。

一、基本结构

直流稳压电源由降压变压器、整流器、滤波器、稳压器四部分组成,见图 C-10。

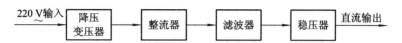

图 C-10　直流稳压电源基本结构示意图

二、性能指标及控制面板

1. DH1718D 型直流稳压电源的主要性能指标

(1) 输出(双路)电压:0~32 V。

(2) 输出(双路)电流:0~2 A。

(3) 输入:交流 220 V±10%,50 Hz±5%。

(4) 跟踪误差:$5 \times 10^{-3} \pm 2$ mV。

2. DH1718D 型直流稳压电源的控制面板

DH1718D 型直流稳压电源的控制面板如图 C-11 所示,各旋钮的功能见表 C-4。

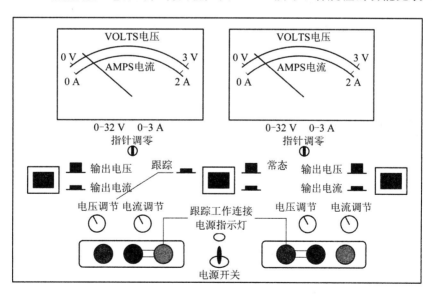

图 C-11　DH1718D 型直流稳压电源的控制面板

表 C-4 **DH1718D 型直流稳压电源面板各旋钮功能**

VOLTS	电压表	指示输出电压
AMPS	电流表	指示输出电流
VOLTAGL	电压调节	调整恒压输出值
CURRENT	电流调节	调整恒流输出值
TRACKING	跟踪工作	串联跟踪工作按键
INDEPENDENT	常态	非跟踪工作
GND	接地端	机壳接地接线柱
CONNECT FOR TRACKING	跟踪工作时连接	串联跟踪工作的串联短路线

三、使用方法

DH1718D 双路稳压稳流电源每路均可输出 0～32 V、0～2 A 的直流电源，具有恒压、恒流功能，且这两种模式可随负载变化而进行自动转换。双电源串联工作时可输出 0～64 V、0～2 A 或 0～±32 V、0～2 A 的单极性或双极性电源，每路输出均有电表显示输出参数。

范例 C-4 稳压电源输出 10 V 直流电压，用数字万用表确认。万用表置于直流电压 20 V 量程处，连线见图 C-12，读数见万用表所示。稳压电源上自带的电压表精度低于万用表，其读数只能作为参考。

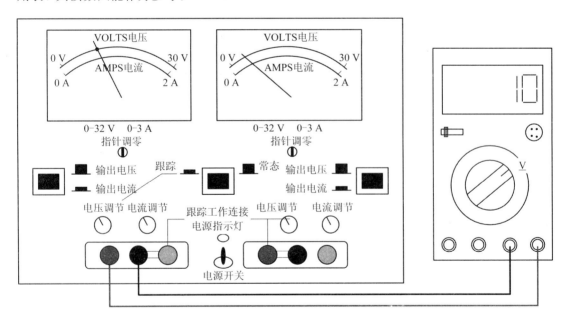

图 C-12 范例 C-4 测试电路

范例 C-5 稳压电源输出 -10 V 电压，用数字万用表确认。万用表置于直流电压 20 V 量程处，连线如图 C-13 所示，读数见万用表所示。

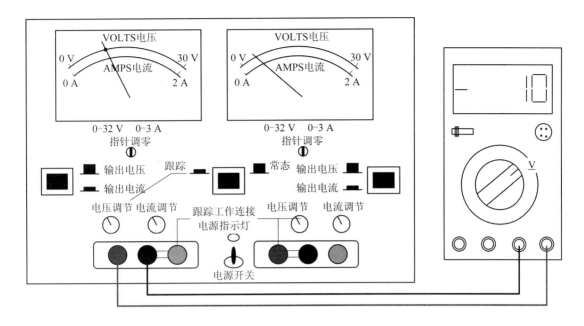

图 C - 13　范例 C - 5 测试电路

2.3　低频信号发生器

信号发生器常作为电子测量系统中的信号源。在电子测量过程中，被测电路的要求是多方面的，因而要求信号发生器可产生不同波形、频率和幅值的信号，所以信号发生器有多种类型。其中最常用的是按照频率范围划分，一般分为低频、高频和超高频。下面介绍的电工学测试中，用得最多的是低频信号发生器。一般低频信号发生器能发出幅值、频率在一定范围内可以调节的正弦波、方波和三角波。

一、基本结构

低频信号发生器的结构如图 C - 14 所示。振荡源是信号发生器的核心，它能产生频率在一定范围内可调的正弦波。电压放大器和波形变换器将振荡器输出的正弦波放大或波形变换，以达到输出的要求。振幅调节电位器起主振输出调节的作用，调节输出电压幅值的大小。阻抗变换器用来匹配不同的负载。

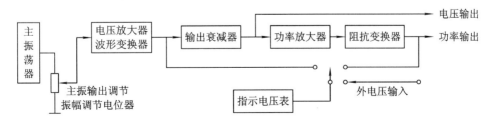

图 C - 14　信号发生器结构框图

二、性能指标及控制面板

1. GFG‑8015G 型信号发生器的主要性能指标

（1）输出波形：正弦波、三角波、方波、斜波、脉冲波。

（2）频率范围：0.2 Hz～2 MHz，分七个频段。

（3）频率误差：±5%。

（4）正弦波输出幅值：0～10 V 连续可调（空载时）。

（5）输出直流电平范围：−10 V～10 V。

（6）正弦波非线性失真度：0.2 Hz～200 kHz 小于 0.5%，200 kHz～2 MHz 小于 1%。

（7）逻辑信号幅值：高电平大于 3 V，低电平小于 0.3 V。

（8）逻辑信号负载能力：大于 5 个 TTL 门电路。

2. GFG‑8015G 型信号发生器的控制面板

GFG‑8015G 型信号发生器的控制面板如图 C‑15 所示，（a）为示意图，（b）为实物图。各旋钮的功能如表 C‑5 所示。

表 C‑5　信号发生器面板旋钮简介

序号	英文名称	中文名称	功　能
①	POWER	电源开关	按入开，同时电源指示灯亮
②	RANGE	频段开关	频段选择开关，共分七挡
③	FUNCTION	波形选择开关	选择输出信号波形（正弦波、方波、三角波）
④	MULT multiple	频率微调旋钮	每频段之间调节输出信号的频率（0.2～2 倍）
⑤	DUTY	占空比调节旋钮	旋到最左端的 CAL 位置，占空比固定为 50%。随着该旋钮的顺时针旋转占空比可调，因而能得到锯齿波和占空比变化的脉冲波
⑥	INV invert	锯齿波/脉冲波反相按钮	此键按下，输出的锯齿波/脉冲波反相
⑦	DC OFFSET	直流偏移量调节旋钮	调节输出信号中的直流成分。直流电平可在 −10 V～+10 V 内连续可调
⑧	AMPLITUDE	幅值微调旋钮	能使选定的输出信号幅值大小可调（0.1～1 倍）
⑨	ATT attenuation	衰减器按钮	此键按下后，可使原定输出信号的幅值衰减十倍
⑩	OUTPUT	信号（电压）输出端	在 ATT 按钮抬起时，可输出峰-峰值为 20 V 的正弦波、方波、三角波等
⑪	PULSE OUTPUT	TTL 信号输出端	可输出上升沿、下降沿为 10 ns 的 TTL 信号

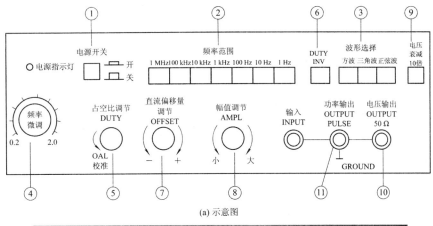

(a) 示意图

(b) 实物图

图 C-15　GFG-8015G 型信号发生器的控制面板图

三、使用方法

范例 C-6　作为信号源，要求信号发生器输出 2 kHz、峰-峰值为 20 V 正弦波，仪器面板各旋钮的位置如表 C-6 所示。

表 C-6　范例 C-6 中信号发生器面板各旋钮位置

频段开关 RANGE	频率微调旋钮 MULT	波形选择开关 FUNCTION	幅值微调旋钮 AMPLITUDE	衰减器按钮 ATT	占空比调节旋钮 DUTY	输出电压 OUTPUT	
						频率	幅值
1 kHz	2.0	正弦波	顺时针到头	抬起	CAL	2 kHz	10V

为了确认信号输出的准确性，可以用示波器检验一下，其连线如图 C-16 所示。

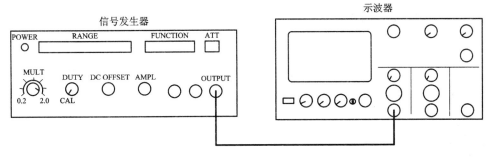

图 C-16　信号发生器与示波器连线示意图

范例 C-7 要求信号发生器输出 20 kHz、峰-峰值为 1 V 正弦波，仪器面板各旋钮的位置如表 C-7 所示。

表 C-7 范例 C-7 中信号发生器面板各旋钮位置

频段开关 RANGE	频率微调旋钮 MULT	波形选择开关 FUNCTION	幅值微调旋钮 AMPLITUDE	衰减器按钮 ATT	占空比调节旋钮 DUTY	输出电压 OUTPUT	
						频率	幅值
10 kHz	2.0	正弦波	调节	按下	CAL	20 kHz	1 V

2.4 毫 伏 表

毫伏表是用来测量正弦交流电压有效值的交流电子电压表，它的指示机构是指针式的。它的最大特点是灵敏度高，能测量出 100 μV 的微小电压信号，测量频率范围在 20 Hz～1 MHz。万用表交流电压的测频范围通常只在 45 Hz～100 Hz 之间，因而欲测量高频小信号时应选用毫伏表。

一、基本结构

毫伏表通常主要由放大电路、检波电路、表头指示电路和整流稳压电路四部分组成，如图 C-17 所示。

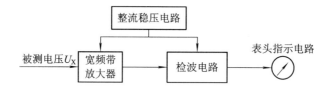

图 C-17 毫伏表的基本结构示意图

放大电路用来提高毫伏表的灵敏度，使其能测量 mV 数量级的微弱信号。毫伏表的频带宽度由目前的放大器决定。由于磁电式微安表头只能指示直流电流，因此在毫伏表中，必须通过检波方式将被测交流信号转变成直流信号，这样才可用磁电式微安表头指示被测的交流信号。磁电式微安表的使用原理同万用表的类似，由表头指针的偏转度指示测量结果。整流稳压电路用于为放大电路和检波电路提供直流电压源。

二、性能指标及控制面板

1. GVT-417B 型毫伏表的主要性能指标

（1）频率测量范围：20 Hz～1 MHz。

（2）电压测量范围：100 μV～100 V。

（3）电平测量范围：−70 dB～+40 dB。

（4）输入阻抗：$R_i \geq 1$ MΩ，$C_i \leq 50$ pF。

2. GVT-417B 型毫伏表的控制面板

GVT-417B 型毫伏表的控制面板如图 C-18 所示。

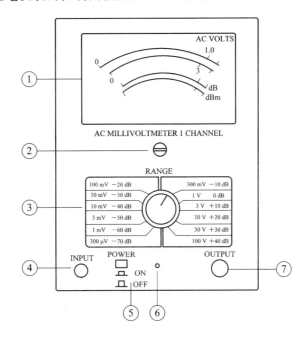

图 C-18 GVT-417B 型毫伏表控制面板示意图

(1) 表盘。共有四条刻度线,供测量时读数用。从上向下数,第一条是 0~1(10)刻度线,凡量程为 $1×10^n$ 时,即 1 mV、10 mV、100 mV、1 V、10 V、100 V 六个量程时,从该刻度线读取数据。第二条是 0~3 刻度线,凡量程为 $3×10^n$ 时,即 300 μV、3 mV、30 mV、300 mV、3 V、30 V 六个量程时,从该刻度线读取数据。第三、第四条线是分贝刻度线,用于电平测量。

(2) 零点调整旋钮。这是个机械调零旋钮。当没有信号输入时,表的指针应在零位置上。若不是,可调此旋钮使其在零位。

(3) 量程选择开关。共有 12 挡量程,各挡量程并列有附加分贝(dB)数,用于电平测量。

(4) 输入端。被测量信号由该端输入。

(5) 电源开关。按下该开关接通电源。

(6) 电源指示灯。电源接通后该灯亮。

(7) 输出端。可作为前置放大器使用,当量程旋钮放置 100 mV 时,仪表的输出信号等于输入信号;当量程旋钮放置 10 mV 时,仪表的输出信号比输入信号衰减 10 分贝;当量程旋钮放置 1 V 时,仪表的输出信号比输入信号放大 10 分贝。

三、使用方法

范例 C-8 被测正弦信号从信号发生器输出,其频率为 1000 Hz、有效值为 1 V。测试时，当量程放置 1 V 时，读第一条刻度线，指针位置见图 C-19。当量程放置 3 V 时，读第二条刻度线，指针位置见图 C-20。

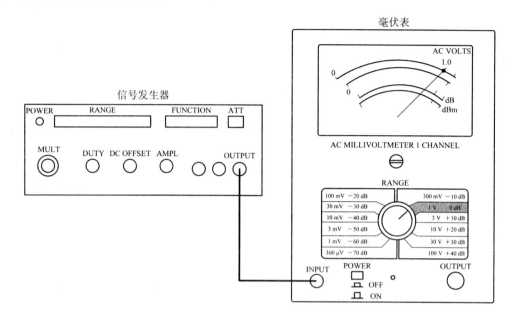

图 C-19　范例 C-8 用 1 V 量程

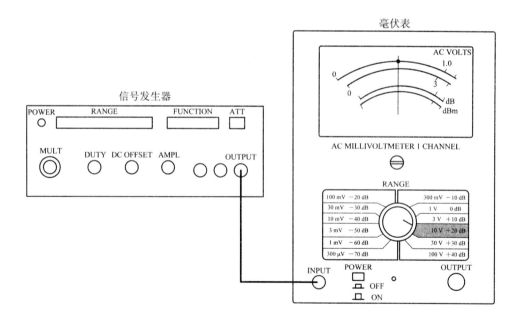

图 C-20　范例 C-8 用 3 V 量程

范例 C-9　被测正弦信号从信号发生器输出，其频率为 10 kHz、有效值为 5 V。测试时，量程放置 10 V，读第一条刻度线，指针在中间位置，见图 C-21。

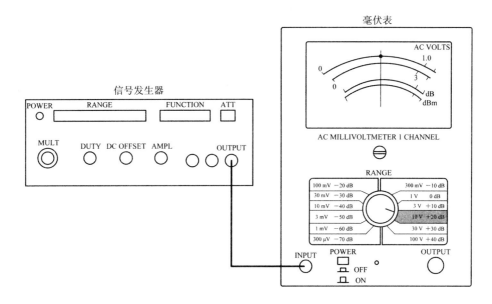

图 C-21 范例 C-9 测试图

范例 C-10 被测正弦信号从信号发生器输出,其频率为 100 kHz、有效值为 15 V。测试时,量程放置 30 V,读第二条刻度线,指针在中间位置,见图 C-22。

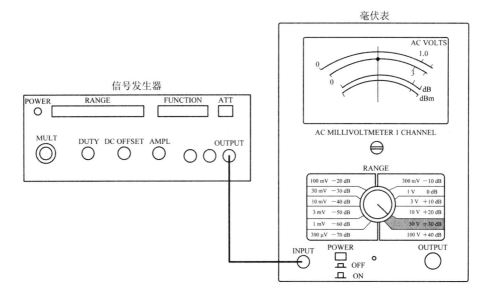

图 C-22 范例 C-10 测试图

2.5 示 波 器

电子示波器一般简称为示波器,是一种供观察和测量各种电器参量的仪器,它是电子测量中最常用的仪器。使用示波器可以看到电信号的真实面目,从而确定某些未知电信息的电压幅值、频率、周期、相位、脉冲的宽度、上升及下降时间等。毫伏表虽然能测出高频信号的有效值，但它不能测出高频信号的频率，就这一点而言示波器要优于毫伏表。

一、基本结构

电子示波器主要由垂直系统（Y 向偏转）、水平系统（X 向偏转）、Z 相电路（增辉电路）、示波管及电源五部分组成，如图 C-23 所示。

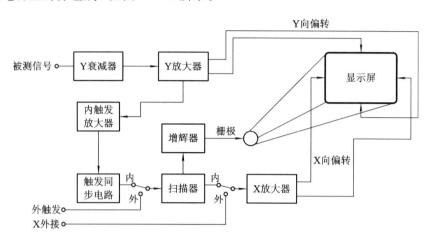

图 C-23　示波器原理框图

由图 C-23 可见，被测信号从外（Y）输入经 Y 相放大后，加在示波管的垂直（Y）偏转板上，使电子枪发射的电子束按被测信号的变化规律在垂直方向产生偏转。扫描发生器产生的锯齿波电压，经 X 相放大后，加到示波管的水平（X）偏转板上，使电子枪发射的电子束水平偏转。为了从示波器的荧光屏上能看到稳定的信号图像，将被测信号的一部分（内触发方式）或外触发源信号（外触发方式）送到触发同步电路，触发同步电路相应于其输入的触发源信号的某个电平和极性产生触发，输出一个触发信号去启动扫描电路，产生由触发信号控制其起点的扫描电压。Z 轴电路在扫描发生器输出的扫描正程时间内产生增辉信号，并加到示波管的栅极上，其作用是在扫描正程加亮示波管荧光屏上的光迹，而在扫描逆程消隐光迹。

下面以 SS-7802 型示波器为例，简单介绍一下示波器的面板、性能指标及使用方法。

二、SS-7802 型示波器性能指标及控制面板

1. SS-7802 型示波器的主要性能指标

（1）垂直通道。

垂直模式：CH1、CH2、ALT（交替）、CHOP（断续）和 ADD（相加）。

输出最大电压：±400 V（DC+ACpeak）。

灵敏度：2 mV/div～5 V/div，分 11 挡可调。

灵敏度微调：2 mV/div～12.5 V/div 连续可调。

精度：±2%。

频带宽度：5 mV/div～5 V/div，DC 至 20 MHz−3 dB；2 mV/div，DC 至 10 MHz−3 dB。

代数加法：CH1+CH2，CH1−CH2。

反相：仅 CH2。

（2）水平通道。

扫描模式：AUTO 自动，NORM 正常，SINGLE 单次。

扫描速率范围：$0.2~\mu S/Div\sim0.5~\mu S/Div$，按 $1-2-5$ 步进，共 20 个挡位。

扩展扫描速度：$\times10$ 倍。

（3）触发系统。

① 触发电平。

内部触发：DC~5 MHz 为 0.4Div；5 MHz~10 MHz 为 1.0Div；10 MHz~20 MHz 为 1.0Div。

外部触发：（内部触发信号过小时）DC~5 MHz 为 80 mV；5 MHz~20 MHz 为 200 mV。

② 触发源：CH1，CH2，LINE（电源），EXT（外）。

③ 触发耦合：AC(f$>$100Hz)，DC(f$>$0)，HF-REJ（抑制高频），LF-REJ（抑制低频）。

④ 电视触发：（确定 NTSC 制式、PAL 制式）ODD，EVEN，BOTH，TV-H。

（4）X-Y 工作状态。断开内部触发扫描，用于显示 CH1 和 CH2 共同作用的图像，如磁滞回线、李沙育图形等。

2. SS-7802 型示波器的控制面板

SS-7802 型示波器的控制面板如图 C-24 所示，各旋钮的功能如表 C-8 所示。

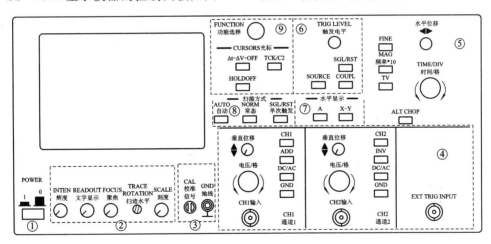

图 C-24 SS-7802 型示波器控制面板示意图

表 C-8 SS-7802 型示波器旋钮功能

部位	英文名	中文名	操作方法	功 能
①	POWER	电源开关	按下	仪器接通 220 V 市电
②	INTEN	辉度	旋转	顺时针旋转，扫迹亮度增加
	READOUT	文字显示	旋转	顺时针旋转，文字亮度增加
	FOCUS	聚焦	旋转	调整扫迹及文字的清晰度
	TRACE ROTATION	扫迹水平	用改锥旋转	当扫迹不水平时，用它调整
	SCALE	刻度	旋转	顺时针旋转，屏幕刻度亮度增加

部位	英文名	中文名	操作方法	功　　能
③	CAL	校准电压输出端	接线	提供 1 kHz、$0.6U_{p-p}$ 的方波信号
	GND	地线接口	接线	接地
④ 垂 直 轴	CH1、CH2	输入信号接口	接线	接输入信号，Y1/Y2 输入接口
	VOLTS/DIV	Y轴电压灵敏度 调节/微调	旋转/按	调节 Y 轴灵敏度。旋转时，屏幕左下电压/分子值相应改变，按下后旋转为灵敏度微调。CH1、CH2 两路信号通道均有
	POSITION	垂直位移	按	可调节波形的垂直位置
	CH1、CH2	通道选择	按	按下则相应通道工作，显示在屏幕左下方
④ 垂 直 轴	GND	接地键	按	按下该键表示该通道的输入端接地，显示在屏幕左下方
	ADD	相加键	按	按下 ADD，显示的波形为两信道信号相加的结果，即（CH1＋CH2）
	INV	相减键	按	按下 INV，显示的波形为两信道信号相减的结果，即（CH1－CH2）
	EXT INPUT	外触发输入端口	接线	
	DC/AC	交流/直流	按	直流时信号直接输入电压单位显示为 V，交流时信号通过电流输入电压单位显示为 ṽ
⑤ 水 平 部 分	TIME/DIV	时间灵敏度调节	旋转/按	水平系统 X 轴的时间灵敏度，调节扫描速度。旋转时，屏幕左上扫描时间因子值相应改变，单位为 s，ms，μs，按下后旋转为灵敏度微调
	MAG	扫描速率扩展键	按	按下 MAG 扫速×10，屏幕中心波形向左右展开，屏幕右下角显示 MAX
	ALT CHOP	交替、断续键	按	同时观测 CH1、CH2 两路信号时，交替工作方式适于观测高频信号（不能低于25 Hz）；断续工作方式（指示灯亮）是实时监测方式，可以观测两路信号的相位差。但被测信号的频率大于 555 kHz 时，电子开关翻转不过来，因此断续工作方式适于观测低频信号
	FINE	位置微调	按	按下 FINE 指示灯亮，可做水平位置微调，再按一次则指示灯灭
	POSITION	水平位移	按	可调节波形的水平位置

续表二

部位	英文名	中文名	操作方法	功　能
⑥触发部分	TRIG LVEVL	触发电平	旋转	旋转该旋钮控制触发电平的高低，可使图像稳定。范围在±9.5 V之间。触发脉冲已产生时，触发指示灯 TRIG'D 亮。等待触发信号来临时，准备指示灯 READY 亮
	SLOPE	触发斜率	按	按该键控制触发信号的斜率，或"＋"上升沿，或"－"下降沿
	SOURCE	触发源选择	按	按该键可选择触发信号的来源：CH1、CH2、LINE（电源频做触发源）、EXT（外触发）。按键每按一次，信号来源改变一次，触发源符号显示在屏幕左上角，扫描因子后方
	COUPL	触发耦合方式	按	按该键可选择触发信号的耦合方式：AC、DC、HFREJ、LFREJ
	TV	视频触发模式	按	按该键可选择电视信号的触发模式：ODD、EVEN、BOYH、TV-H
	READY	单次触发状态指示	指示灯亮或灭	灯亮表示处于单次触发准备状态；触发后，灯灭
⑦水平显示	A	扫描显示	按	按下该键用于显示被测信号
	X－Y	X－Y显示	按	按下该键后 CH1 信号加到 X 轴（水平轴），CH1、CH2、ADD 信号加到 Y 轴（垂直轴）；用于测试磁滞回线或李沙育图形
⑧扫描模式	AUTO	自动扫描	按	按下该键后指示灯亮，适用于测 50 Hz 以上的频率信号
	NORM	常态扫描	按	按下该键后指示灯亮，适用于测 50 Hz 以下的频率信号
	SGL/RST	单次/复原扫描	按	按下一次该键，完成一次扫描，屏幕上显示一次波形
⑨测量辅助	FUNCTION	多功能键	旋转/按	用于光标测量调节，旋转或按该键可设置光标位置（左、右）或选择释抑时间
	Δt-ΔV-OFF	测量光标键	按	第一次按下选择测量 Δt 和 1/Δt；第二次按下选择测量 ΔV；第三次按下选择断开 OFF
	TCK/C2	跟踪光标键	按	在确定好测量光标键 Δt-ΔV-OFF 的基础上，连续按动 TCK/C2 键，可选择同时移动两条光标线（CURSOR1、CURSOR2），还是分别移动一条光标线 CURSOR1 或 CURSOR2
	HOLDOFF	释抑时间	按	当显示波形出现重影时，按下 HOLDOFF 键，旋转 FUNCTION 旋钮调节释抑时间。顺时针方向是增加，逆时针方向是减少，调节范围为 0%～100%

3. SS‑7802 型示波器的屏幕显示

SS‑7802 型示波器屏幕的文字显示区域如图 C‑25 所示,具体显示举例如图 C‑26 所示。

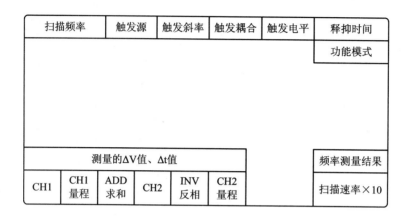

扫描频率	触发源	触发斜率	触发耦合	触发电平	释抑时间
					功能模式

测量的 ΔV 值、Δt 值						频率测量结果
CH1	CH1量程	ADD求和	CH2	INV反相	CH2量程	扫描速率×10

图 C‑25　SS‑7802 型示波器屏幕文字显示区域示意图

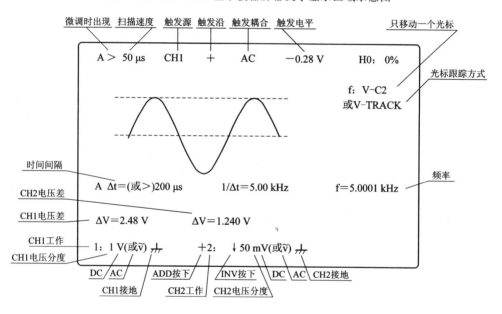

图 C‑26　SS‑7802 型示波器屏幕文字显示举例

三、SS‑7802 型示波器使用方法

1. 一般用法

1)扫描轨迹和屏幕调节

(1)屏幕按键设置,辉度 INTEN、聚焦 FOCUS、文字显示 READOUT 均置中间位置。垂直轴 CH1 的 POSITION 置屏幕中间位置。水平轴 POSITION 置屏幕中间位置。

（2）电源开关置位 ON，按下 AUTO 扫描模式键，按下 A 水平显示键，水平扫描线出现在屏幕中间位置上。

（3）旋转 INTEN 旋钮，使扫描轨迹明亮。

（4）旋转文字显示 READOUT 旋钮可使屏幕上的文字显示得更清晰或关掉文字显示，逆时针拧到头是关掉文字显示。

（5）当波形轨迹模糊不清时，调节聚焦 FOCUS 旋钮，可使波形清晰。

（6）当屏幕上水平扫描线倾斜时，用螺丝刀调节旋钮 TRACE ROTATION，使它在水平位置上。这项工作一般由实验室工作人员完成。

1: 10 mV   2: 5 mV

2）波形垂直和水平位置的操作方法

（1）转动▲POSITION▼转钮可使波形在屏幕内上下移动，即调节波形的垂直位置。

（2）转动◀POSITION▶转钮可使波形在屏幕内左右移动，即调节波形的水平位置。

3）垂直系统

（1）CH1、CH2 信号输入。

① 屏幕显示位置。

② 电压灵敏度的设置。

1: 10 mV   2: 5 mV

表示显示屏上 CH1 信号每格（垂直方向）为 10 mV，若它的正、负半周波形均是两格，则该波形的峰峰值应是 $4×10$ mV＝40 mV，幅值是 20 mV。

1: >10 mV   2: 5 mV

">"表示电压灵敏度旋钮 VOLTS/DIV 被按下，此时该旋钮可设置在两个挡位之间，连续调节，若再按一下 VOLTS/DIV 旋钮，则">"符号消失。

（2）输入信号的耦合。根据输入信号的类型，选择适宜的输入耦合方式，如图 C－27 所示。

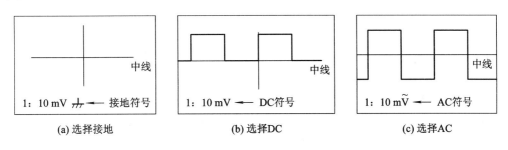

图 C－27 输入信号的耦合

① 选择接地。按下 CH1 的 GND 按钮，垂直放大器的输入接地，这时水平扫描线应在水平中线上。若不是，调节▲POSITION▼旋钮，使其归位，如图 C－27(a)所示。

② 选择 DC。按下 DC/AC 按钮，选择 DC 时，电压单位 V 上无"～"符号。若以校正信号 CAL 作为 CH1 的输入信号，波形图应为图 C－27(b)所示。

③ 选择 AC。按下 DC/AC 按钮，选择 AC 时，电压单位 V 上有"～"符号。若以校正信号 CAL 作为 CH1 的输入信号，波形图应为图 C－27(c)所示。

按下 CH1 或 CH2 可分别显示两路信号。

（3）CH1、CH2 两路信号相加。按下 ADD 键可显示 CH1、CH2 两路信号相加的波形，屏幕左下角有"＋"符号，波形如图 C-28 的右上图所示。

（4）CH1、CH2 两路信号相减。按下 INV 键 CH2 信号反相，屏幕左下角有"↓"符号。这时按下 ADD 键可实现 CH1 与 CH2 两路信号相减的波形，如图 C-28 右下所示。

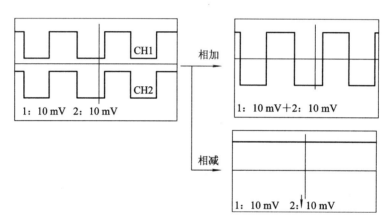

图 C-28 CH1、CH2 两路信号相加/减

4）水平部分调节

（1）设置扫描速率 TIME/DIV。扫描速率显示在屏幕的左上角，它显示了屏幕上每个水平格的时间。若该位置显示数字是 5 ms，波形的周期为 4 个水平格，则信号的周期＝4×5 ms＝20 ms，频率＝500 Hz。

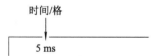

注意：当按下 TIME/DIV 按钮时，扫描速率处于两个挡位之间，且可连续调节，这时有"＞"符号。再按一次 TIME/DIV 按钮，"＞"符号消失。

A＞5 ms

（2）扫描速率扩展 10 倍。按下 MAG×10 键，扫描频率可扩展 10 倍，此时屏幕右下角显示"MAG"，如图 C-29 所示。其目的是将变化快的信号展开显示，易于观测。

（3）交替 ALT、断续 CHOP。当显示两路信号时可选用交替 ALT 工作方式，也可选用断续 CHOP 工作方式。交替 ALT 工作方式适用于观测高频信号；断续 CHOP 工作方式适用于实时观测低频信号（频率应低于 555 kHz），可测出两路信号的相位差。

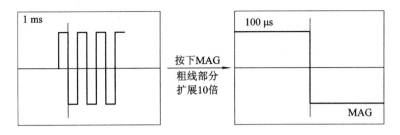

图 C-29 扫描速率扩展 10 倍

5）触发设置

（1）触发源。按 SOURCE 键，选择五种触发源，分别为 CH1、CH2、LINE、EXT、VERT。在屏幕的右上方有显示，如图 C-30 所示。

图 C-30 设置触发源

（2）触发斜率。按 SLOPE 键可选择触发斜率的"＋"或"－"，在屏幕上有显示。触发斜率为"＋"时，波形的扫描起始点在上升沿处；触发斜率为"－"时，波形的扫描起始点在下降沿处，如图 C-31 所示。

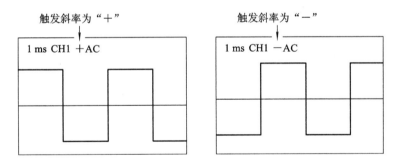

图 C-31 设置触发斜率

（3）触发耦合方式。按下 COUPL 键时，可选择四种（AC、DC、HFRFJ、LFREJ）不同的耦合方式，屏幕上方有显示，如图 C-32 所示。

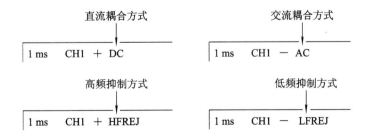

图 C-32 设置触发耦合方式

（4）触发电平。旋转 TRIG LEVEL 旋钮可调节触发电平，触发电平的正、负和大、小在屏幕上方有显示。注意，如果是 AC、EXT 或 VARAIABLE 三种触发，直接读数是不可能的，电平数值右边会显示一个"?"，如图 C-33 所示。

图 C-33　设置触发电平

6）光标测量和计数

按 Δt-ΔV-OFF 键，选择测量时间（频率）或电压。

（1）时间（Δt）和频率（1/Δt）的测量。在列光标情况下可测时间（Δt）和频率（1/Δt），如图 C-34 所示。旋转 FUNCTION 钮，使左列（或右列）光标位置确定。再按 TCK/C2 键，选择移动左列光标，还是移动右列光标。如固定右列，选择移动左列，按动 TCK/C2 使屏幕右上方显示 f：H-C1，且左列光标上有"|"标记，表示它可移动。旋转 FUNCTION 钮使左列光标到达被测位置，这时时间和频率测量的结果在屏幕的左下方有显示。

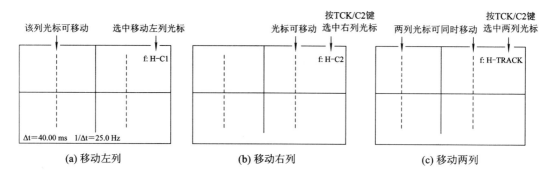

图 C-34　时间（Δt）和频率（1/Δt）的测量

（2）电压的测量。按 Δt-ΔV-OFF 键，使光标呈水平，如图 C-35 所示。按下 TCK/C2 键，选择下光标、上光标还是双光标移动。选中移动下光标时，屏幕右上角显示 f：V-C1，该行光标左端有"−"标记。选中上光标时，屏幕右上角显示 f：V-C2，上行光标左端有"−"标记。选中双光标时，屏幕右上角显示 f：V-TRACK，双行光标左端均有"−"标记。测量结果在屏幕左下角显示。

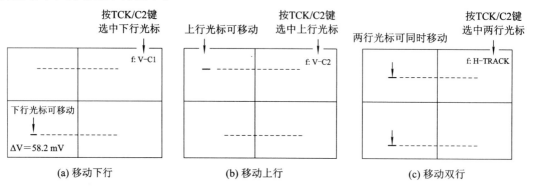

图 C-35　电压 ΔV 的测量

（3）频率计数器设置。测量输入信号的频率，显示在屏幕的右下角。

频率计

在测量输入信号频率时，应选相应的触发源。信号从 CH1 通道输入时，按 SOURCE 键，触发源选 CH1 测频率。信号从 CH2 通道输入时，按 SOURCE 键，触发源选 CH2 测频率。当触发源选为 VERT 时，测得频率数据参阅表 C-9 和表 C-10。

表 C-9 没使用 ADD 功能

显示通道	触发源	测量频率
CH1	CH1	CH1
CH2	CH2	CH2
CH1、CH2	CH1	CH1

表 C-10 使用 ADD 功能

显示通道	触发源	测量频率
ADD	CH1	CH1
CH1、ADD	CH1	CH1
CH2、ADD	CH1	CH1
CH2、ADD	CH2	CH2
CH1、CH2、ADD	CH1	CH1

2. 应用范例

用示波器测量信号发生器输出的幅值为 2 V、频率 f＝500 Hz 的方波信号。将信号从 CH1 通道送入示波器，如图 C-36 所示。打开示波器电源，调节水平扫描线在中间位置；扫描模式选 AUTO；水平显示选 A；CH1 通道选中 AC；CH1 的电压灵敏度 VOLT/DIV 旋钮放置 1 V/格挡；时间灵敏度 TIME/DIV 旋钮放置 1 ms 挡位。屏幕上的波形应如图 C-37 所示。

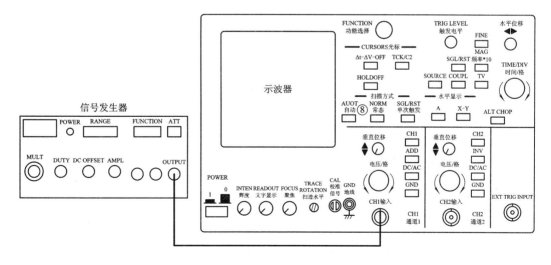

图 C-36 信号发生器与示波器连接示意图

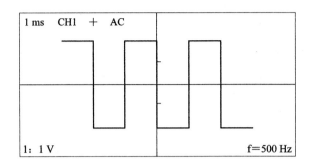

图 C - 37　示波器屏幕上的波形

范例 C - 11　示波器双踪使用示意如图 C - 38 所示，输入信号通过 CH1 通道检测，输出信号通过 CH2 通道检测，触发方式要设置在 CH1 上。示波器会同时显示输入、输出信号，便于比较。

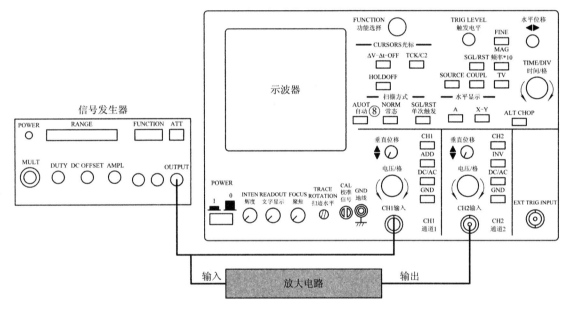

图 C - 38　范例 C - 11 信号发生器、放大电路及示波器连接示意图

四、示波器使用中常见问题的解决方法

1. 信号输入后，屏幕上无任何显示

（1）检查电源是否打开，按下电源 POWER 键。

（2）调整屏幕下方的辉度 INTEN，文字显示 READOUT，聚焦 FOCUS，使屏幕上下方出现文字和水平线。

（3）若屏幕上下方只有文字，没有水平线，要将 CHI 通道的 GND 键按下，旋转垂直位移旋钮，找出水平线。

2. 示波器初值零线调整

（1）将 CH1 或 CH2 的 GND 键按下，使屏幕左下角的 1：数字后（2：数字后）出现"⏚"

符号；

（2）若屏幕上还无水平扫描线，旋转 CH1 或 CH2 的垂直位移旋钮，找出水平线，并将其调到所需位置。

3．屏幕上的波形抖动

（1）查看信号是从 CH1 输入的，还是从 CH2 输入的；若从 CH1 输入，按 SOURCE 键轮流切换，使屏幕左上角 A 数字后的内容显示 CH1；若从 CH2 输入，按 SOURCE 键轮流切换，使屏幕左上角 A 数字后的内容显示 CH2；若 CH1、CH2 通道均有信号，SOURCE 键轮流切换至 CH1。

（2）根据信号的频率设置 COUPL 键。交流信号耦合方式可选择 AC、交直流信号均可选择 DC、低频信号选择 HFREJ、高频信号选择 LFREJ。

（3）调节 LEVEL 键，使其旋钮下面的灯亮。

2.6 电压表与电流表的选用

要完成一项测量任务，首先要根据测量的要求，合理选用仪表和测量方法。电流与电压的测量也不例外。所谓合理选用，指在工作环境、经济核算、技术要求等前提下选择适当的型式、准确度和量程，以及选择正确的测量电路、测量方式、方法，以保证达到要求的测量精度。

一、仪表类型的选择

根据被测电压与被测电流的性质，选择电流表与电压表的类型。

1．被测量电流或电压是交流还是直流

直流量可选用直流电位差计或磁电系仪表，也可以选用电动系或电磁系仪表。直流电位差计测量准确度较高，电磁系仪表测量直流误差较大。交流量则可以选用电动系和电磁系仪表。由于一般情况下直流仪表测量的准确度比交流仪表高，所以测量交流量时也可以先通过变换器将交流量转换成直流量，然后再用直流仪表进行测量。

2．被测量电流或电压是低频交流还是高频交流

对于 50 Hz 工频量，电磁系、电动系、感应系仪表都可以使用。电动系和整流系仪表的测量频率还可以扩大到几 kHz。超过 1000 Hz 的交流量，一般要选用晶体管毫伏表测量。

3．被测量电流或电压的波形是正弦还是非正弦

交流仪表在进行刻度时，大部分是按照正弦波交流有效值进行的，如晶体管毫伏表，万用表的交流电流挡或交流电压挡。还有的仪表与被测波形无关，仅依据被测波形的实际有效值进行刻度，如电动系、电磁系仪表。

当被测电流或电压的波形是正弦波时，上述仪表均可用来直接测量，读取有效值。而当被测电流或电压为非正弦波时，读出的数据是否等于非正弦波的真正有效值，还要视仪表的类型而定。如上所述，如果用电动系、电磁系仪表则可以直接读出真正的有效值。如果是整流系仪表，如万用表，则读出的值不等于被测的非正弦有效值，必须根据波形因数

换算。

可见，测量非正弦电流或电压的有效值，选用电动系、电磁系仪表读数比较方便，但其频率范围有限。

二、仪表准确度的选择

选择电压表或电流表的准确度必须从测量要求出发，根据实际需要选择合适的准确度。既不能选择准确度不足的仪表，也不要盲目提高准确度，因为选用高准确度的仪表，不仅意味着价格高，而且使用它有许多严格的规范，以及复杂的维护保养条件。任意提高仪表的准确度，会增加不必要的负担，且不一定都能收到测量准确的效果。

通常 0.1、0.2 级仪表作为标准表或用于精密测量。0.5、1.0 级仪表用于实验室测量。1.5 级以下的用于一般工程测量。超过 0.1 级的仪表，例如电位差计，常用于精密测量。

配套用的扩大量程的装置，例如分流器、附加电阻、互感器等，它们的准确度选择要求比测量仪器本身高 2～3 级。这样考虑的出发点是因为，测量误差为仪表误差和扩程装置误差两部分之和。

三、仪表量程的选择

电压表和电流表与其他指示仪表一样，只有在合理量限下，仪表准确度才有意义，否则由于量程选择不当、标尺利用不合理，测量误差会很大。例如用量限为 150 V 0.5 级电压表，测量 100 V 电压，测量结果中可能出现的最大相对误差为 ±0.75%；用同一块电压表测量 20 V 电压时可能出现的最大相对误差为 ±3.75%（计算方法见有关仪表准确度与误差理论的文献）。计算结果表明，同一块仪表测量相对误差后者是前者的 5 倍，可以推论，测量误差不仅与仪表准确度有关，而且与量限使用有密切关系，切不可把仪表准确度和测量结果误差混为一谈。

为了充分利用仪表准确度，选择量程时应尽量使用标尺的后 1/4 段，在标尺中间位置的测量误差约比后 1/4 段大 2 倍，应力求避免使用标尺的前 1/4 段。

四、仪表内阻的选择

应根据测量对象在电路中的阻抗的大小，适当选择仪表的内阻，否则会带来不可允许的误差。

内阻的大小，反映仪表本身的功耗。为了不影响被测电路的工作状态，电压表内阻应尽量大些，一般情况下量程越大，内阻越大。电流表内阻应尽量小些，一般情况下量程越大，内阻越小。

范例 C-12 用电磁系 0.5 级、量程为 300 V、内阻 $R_V = 10 \text{ k}\Omega$ 的电压表，测量图 C-39 所示电路中电阻 R_1 上的电压，分析由仪表内阻影响产生的测量误差。

解 U_{R_1} 的实际值为

$$U_{R_1} = 300 \text{ V} \times \frac{R_1}{R_1 + R_2} = 300 \text{ V} \times \frac{10}{10 + 10} = 150 \text{ V}$$

用电压表测量值为

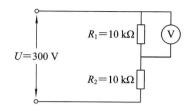

图 C-39　电压表内阻对测量结果的影响

$$U'_{R_1} = 300 \text{ V} \times \frac{R_1 /\!/ R_\text{V}}{R_1 /\!/ R_\text{V} + R_2} = 300 \text{ V} \times \frac{\frac{10 \times 10}{10 + 10}}{\frac{10 \times 10}{10 + 10} + 10} = 100 \text{ V}$$

相对误差为

$$\gamma' = \frac{U'_{R_1} - U_{R_1}}{U_{R_1}} \times 100\% = \frac{-50}{150} \times 100\% = -33\%$$

是仪表基本误差的 66 倍。

若改用 2.5 级、内阻 $R_\text{V} = 2000$ kΩ、量程为 300 V 的万用表，则测量值为

$$U''_{R_1} = 300 \text{ V} \times \frac{\frac{10 \times 2000}{10 + 2000}}{\frac{10 \times 2000}{10 + 2000} + 10} = 149.4 \text{ V}$$

$$\gamma'' = \frac{149.4 - 150}{150} \times 100\% = -0.4\%$$

可见由于电压表内阻大，所以尽管电压表准确度较低，但测量误差反而小。

范例 C-13　如图 C-40 所示电路，用 0.5 级、内阻 $R_1 = 1000$ Ω 的毫安表测量电路的电流。电路电压为 60 V，负载电阻 $R = 400$ Ω，分析仪表内阻影响带来的误差。

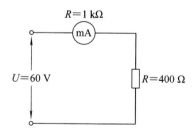

图 C-40　电流表内阻对测量结果的影响

解　电流实际值为

$$I = \frac{60 \text{ V}}{R} = \frac{60}{400} \text{ A} = 150 \text{ mA}$$

用毫安表测量值为

$$I' = \frac{60 \text{ V}}{R + R_1} = \frac{60}{400 + 1000} \text{ A} \approx 43 \text{ mA}$$

相对误差为

$$\gamma' = \frac{I' - I}{I} \times 100\% = \frac{43 - 150}{150} \times 100\% = -71.3\%$$

可见在某种情况下，内阻对测量误差的影响远远超过仪表准确度对测量误差的影响。

为了使电流表和电压表接到电路之后，不至于影响电路的原有状态，要求电流表的内阻 R_I 应比负载电阻 R 小很多，一般应保证 $\dfrac{R_I}{R} \leqslant \dfrac{1}{5}\gamma$，电压表的内阻 R_V 应比负载电阻 R 大很多，一般应保证 $\dfrac{R}{R_V} \leqslant \dfrac{1}{5}\gamma$，其中 γ 为测量允许的相对误差。

五、仪表工作条件的选择

根据使用环境和工作条件（例如是在实验室使用还是安装在开关板上）、周围环境温度、湿度、机械振动、外界电磁场强弱等选用合适的仪表。

选择电压表与电流表必须全面考虑各方面因素，同时应抓住主要矛盾。例如对于高频量的测量，测量时频率误差是主要的，因此要选用晶体管毫伏表等电子系仪表。高精度的测量，准确度是主要的，因此要选用准确度比较高的仪表。如果要测量电压，被测的两点间电阻又比较大，则应选用内阻比较大的电压表。

部分习题参考答案

★习题一

1-2　$p_1 = 300$ W，发出功率；$p_2 = 60$ W，吸收功率；$p_3 = 120$ W，吸收功率；

　　　$p_4 = 80$ W，吸收功率；$p_5 = 40$ W，吸收功率。

1-3　(a) $u = -10^4 i$；(b) $u = -5$ V；(c) $i = 2$ A

1-4　(a) 8 V，2 A，-16 W，$+16$ W；

　　　(b) 20 V，5 A，-100 W，100 W；

　　　(c) -40 W，40 W

1-5　900 kWh

1-6　(a) 50 V，60 V，5 A，50 W，25 W，-300 W；

　　　(b) 10 V，10 A，5 A，-100 W，50 W，50 W；

　　　(c) 10 V，10 V，20 V，0 A，5 A，5 A，0 W，50 W，-50 W，-100 W；

　　　(d) 10 V，10 V，0 V，10 A，5 A，5 A，-100 W，50 W，50 W，0 W

1-7　$U_{HG} = 250$ V，$U_{AB} = 25$ V，$U_{CD} = 200$ V，$U_{EF} = 5$ V

1-8　(a) 电压源吸收功率，0.5 W；电流源发出功率，1 W；电阻消耗功率，0.5 W。

　　　(b) 2 V电压源发出功率，1 W；1 V电压源发出功率，0.5 W；

　　　　 2 Ω电阻消耗功率，0.5 W，1 Ω电阻消耗功率，1 W

1-9　(a) $i_1 \approx 2.222$ A，$u_{ab} \approx 0.899$ V；(b) $u_{cb} = -13$ V

1-10　(1) 7.5 A；(2) 6 A

1-11　5 V，1.5 A，$\dfrac{20}{3}$ Ω

1-12　(1) 5，3，-1

★习题二

2-1　(1) 66.67 V，8.333 mA，8.333 mA；(2) 80 V，10 mA，0 A；(3) 0 V，0 A，50 mA

2-2　(1) $U_o = 0$ V；(2) $U_o = 55$ V；(3) $U_0 = 99$ V

2-3　(1) $U_o = 0$ V；(2) $U_o = 37$ V；(3) $U_o = 83.8$ V，$I = 2.6$ A，不安全

2-4　(1) $R_1 = 302.5$ Ω，$I_1 = 0.364$ A；$R_2 = 806.7$ Ω，$I_2 = 0.136$ A；

　　　(2) $U_1 = 60$ V，$U_2 = 160$ V所以不能串联连接；(3) 都不能达到额定电压

2-5　(a) 4.4 Ω；(b) 3 Ω；(c) 1.5 Ω(S闭合)，1.5 Ω(S断开)；(d) 0.5 Ω，

　　　(e) 1.269 Ω；(f) 100 Ω；(g) 7.4 Ω(S闭合前、后一样)；

　　　(h) 46 Ω；(i) 6.75 kΩ

2-6　(1) 5 V；(2) 150 V

2-7　(a) 8 V，3 Ω；(b) 8 V，3 Ω

2-8　(a) 18 V；(b) 1 A

2-9　0.5 A

2－10　(a) $\dfrac{25}{4}$ V；(b) 10 V

2－11　0.125 A

2－12　$0.75u_s$

2－13　(a) $\dfrac{31}{9}$ Ω；(b) 35 Ω

2－14　(a) $\dfrac{R_1R_2}{R_1+R_2(1+\beta)}$；(b) $\dfrac{R_1R_3}{(1-\mu)R_3+R_1}$

2－15　298.5 kΩ，700 kΩ，2 MΩ

2－16　100 Ω，400 Ω，500 Ω

★习题三

3－1　节点数 $n=5$，支路数 $b=9$

3－2　－0.956 A

3－3　80 V

3－4　276.25 V

3－5　(a) $U_1=20$ V；(b) $U_1=30$ V

3－6　(a) $i_x=3$ A；(b) $u_x=5$ V

3－7　$u_{n1}=21$ V，$u_{n2}=35$ V

3－8　$\dfrac{72}{11}$ V

3－10　$\begin{cases}\left(\dfrac{1}{R_2+R_3}+\dfrac{1}{R_4}\right)u_{n1}-\dfrac{1}{R_4}u_{n2}=i_{s1}-i_{s5}\quad 节点\ 1\ 的节点电压方程 \\[2mm] -\dfrac{1}{R_4}u_{n1}+\left(\dfrac{1}{R_4}+\dfrac{1}{R_6}\right)u_{n2}=\beta i\quad 节点\ 2\ 的节点电压方程\end{cases}$

　　　　控制量方程：$i=\dfrac{u_{n1}}{R_2+R_3}$

3－12　10 V，9.2 V，4.4 V

3－13　3.75 V

3－15　$I_1=3.35$ mA，$I_2=1.4$ mA，$I_3=2$ mA，$I_4=-0.6$ mA，$I_5=1.95$ mA

3－16　$I_1=15$ A，$I_2=-4$ A，$I_3=2$ A，$I_4=11$ A，$I_5=17$ A，$I_6=5$ A

★习题四

4－1　4 A

4－2　$\dfrac{47}{3}$ A

4－3　8 V

4－4　－25 W

4－5　－0.8 V

4－6　0.5 A

4－7　－1 A

4－8　3 A

4－9　8 V

4－10　4 A

4－11　4 W

4 - 12　(a) $u_{oc} = 5$ V, $R_{eq} = 5$ Ω；(b) $u_{oc} = 13.5$ Ω, $R_{eq} = 13.75$ Ω

4 - 13　(1) 12 Ω, 52.83 W；

　　　　(2) 在 a, b 间并接一个理想电源源，其值 $i_s = 3.75$ A，方向指 a 指向 b，这样 R 中的电流将为零

4 - 14　(a) $R_L = 5$ Ω, $p_{max} = 5$ W；(b) $R_L = 8$ Ω, $p_{min} = 2$ W

4 - 15　1.75 V, 0.125 A

4 - 16　(1) 37.5 A；(2) 40 A

4 - 17　-31.5 V

4 - 18　$i_1 = 0.727$ A, $u_{n1} = \dfrac{78}{11}$ A, $u_{n2} = \dfrac{40}{11}$ A, $\dfrac{u_o}{u_s} = 0.364$

4 - 19　2 A

4 - 20　$R_{eq} = 4$ Ω, $u_{oc} = 2.25$ V, $P_{Lmax} = 0.32$ W

★习题五

5 - 1　(1) 25 000 J；

　　　(2) $10\ 000\mathrm{e}^{-\frac{1}{2000}t}$ V, 2.5×10^{-3} A；(3) 3.126 h

5 - 3　(1) $5\mathrm{e}^{-\frac{120.1}{3}t}$ A, $-30\ 000\mathrm{e}^{-\frac{120.1}{3}t}$ V

5 - 4　$6\mathrm{e}^{-\frac{2}{25}t}$ V

5 - 5　$5\mathrm{e}^{-2.4t}$ A

5 - 6　$u_C(t) = 4\mathrm{e}^{-2t}$ V, $i(t) = 0.04\mathrm{e}^{-2t}$ mA

5 - 7　$2\mathrm{e}^{-8t}$ A, $-16\mathrm{e}^{-8t}$ V

5 - 8　16.34 V

5 - 10　$RI_s(1 - \mathrm{e}^{-\frac{t}{2RC}})$, $RI_s^2\left(1 - \dfrac{1}{2}\mathrm{e}^{-\frac{1}{2RC}}\right)$

5 - 11　$10(1 - \mathrm{e}^{-10t})$ V, e^{-10t} mA

5 - 12　$14\mathrm{e}^{-50t}$ V, $-(6 + 14\mathrm{e}^{-50t})$ W

5 - 13　$\dfrac{u_s}{R}(1 - \mathrm{e}^{-\frac{R}{2L}t})$, $\dfrac{u_s^2}{R}\left(1 - \dfrac{1}{2}\mathrm{e}^{-\frac{R}{2L}t}\right)$

5 - 14　$2(1 - \mathrm{e}^{-\frac{10^6}{21}t})$ V

5 - 15　(1) $4(1 - \mathrm{e}^{-20t})\varepsilon(t)$ V, $\dfrac{2}{5}\mathrm{e}^{-20t}\varepsilon(t)$ mA；

　　　(2) $100(1 - \mathrm{e}^{-20t})\varepsilon(t)$ V, $10\mathrm{e}^{-20t}\varepsilon(t)$ mA

5 - 16　$2.5(1 - \mathrm{e}^{-0.3t})\varepsilon(t)$ A

5 - 17　$4\mathrm{e}^{-0.225t}$ V, $0.25\mathrm{e}^{-0.225t}$ A

5 - 18　$-2\mathrm{e}^{-t}$ A, $(-2 + 4\mathrm{e}^{-t})$ V

5 - 19　$i_L(t) = (3 + \mathrm{e}^{-8t})$ A

5 - 20　$i_L(t) = (3 - 2\mathrm{e}^{-20t})$ A

5 - 21　$i_L(t) = [-0.08 + 0.18\mathrm{e}^{-55.6t}]$ A, $i(t) = [-0.16 + 0.06\mathrm{e}^{-55.6t}]$ A

5 - 22　$U_L(t) = -\dfrac{28}{3}\mathrm{e}^{-\frac{40}{9}t}$ V, $i_L(t) = (3 + 7\mathrm{e}^{-\frac{40}{9}t})$ A

5 - 26　$5\mathrm{e}^{-t}\varepsilon(t) + 5\mathrm{e}^{-(t-1)}\varepsilon(t-1) - 10\mathrm{e}^{-(t-2)}\varepsilon(t-2)$

5 - 27　(1) $-3.6\mathrm{e}^{-6t}\varepsilon(t)$ A；

　　　(2) $[2.5\mathrm{e}^{-6(t-1)}\varepsilon(t-1) - 2.5\mathrm{e}^{-6(t-2)}\varepsilon(t-2)]$ A

5-28　$\{15[1-\mathrm{e}^{-10(t-1)}]\varepsilon(t-1)-4[1-\mathrm{e}^{-10(t-2.5)}]\varepsilon(t-2.5)-11[1-\mathrm{e}^{-10(t-3.5)}]\varepsilon(t-3.5)]\varepsilon(t-3.5)\}$ V

5-29　$\{6(1-\mathrm{e}^{-t})[\varepsilon(t)-\varepsilon(t-1)]+(2+1.793\mathrm{e}^{-\frac{t-1}{1.5}})\varepsilon(t-1)\}$ V;

　　　　$\{3\mathrm{e}^{-t}[\varepsilon(t)-\varepsilon(t-1)]-0.5975\mathrm{e}^{-\frac{t-1}{1.5}}\varepsilon(t-1)\}$ A

5-30　$u_0(t)=u_2-\dfrac{\beta R_2 u_1}{R_1}(1-\mathrm{e}^{-\frac{t}{\tau}})$，$\tau=R_2(1+\beta)C$

5-31　$u_C=6\mathrm{e}^{-500t}$ V，$i_2=3\mathrm{e}^{-10^6 t}$ mA

5-32　$i_L=-0.06(1-\mathrm{e}^{-10^3 t})$ A；$u_C=-6\mathrm{e}^{-200t}$ V

5-33　$i_L=(3-2\mathrm{e}^{-20t})$ A，$t>0$

5-34　(1) $u_C=(4.75-0.75\mathrm{e}^{-\frac{2}{3}\times 10^3 t})$ V，$t>0$

5-35　$U_s=3.68$ V

5-36　$u_0(t)=\left(\dfrac{5}{8}-\dfrac{1}{8}\mathrm{e}^{-t}\right)$V，$t>0$

5-37　$U_{ab}=(120+67.5\mathrm{e}^{-\frac{t}{\tau_1}})$ V，$0<t<100$ ms；

　　　　$u_{nb}=(150-38.6\mathrm{e}^{-(t-0.1)/\tau_2})$ V，$t>100$ ms；$\tau_1=4$ ms，$\tau_2=17.5$ ms

5-38　$u_C(t)=[(40+60(1-\mathrm{e}^{-20t})]\varepsilon(t))$ kV

★习题六

6-2　0.02 s，314 rad/s，$\dfrac{11}{12}\pi$，$10\cos(314t-135°)$ A，$150\cos(314t+30°)$V

6-3　(1) $3.54\angle-120°$ A，$707\angle-30°$ A，$2.83\angle 60°$ A；

　　　(2) $-90°$，$-180°$；

　　　(5) 20 ms，50 Hz

6-4　(1) $u_1(t)=50\sqrt{2}\cos(628t+30°)$ V，$u_2(t)=100\sqrt{2}\cos(628t+30;)$ V；(2) u_1 与 u_2 同相

6-5　(1) $U_1=U_2=220$ V，50 Hz，20 ms；(2) $220\angle-120°$ V，$220\angle 30°$ V；(3) $-150°$

6-6　$\psi_u=-\dfrac{5\pi}{6}$，$\psi_i=-\dfrac{\pi}{6}$，$\psi_{ui}=-\dfrac{2}{3}\pi$；$u$ 的初相变为 $\psi_u=-\dfrac{\pi}{2}$；

　　　i 的初相变为 $\psi_i=\dfrac{\pi}{6}$，相位差 φ_{ui} 不变，i 超前

6-9　$10\sqrt{2}\angle 45°$ A，$100\angle 0°$ V

6-10　$\sqrt{2}\angle 45°$ V

6-11　(a) $(1-j2)\Omega$；(b) $(2-j)\Omega$

6-12　(a) 0.025 S；(b) $1.89\angle 81.49°$ S

6-13　(1) $R=5$ Ω，$C=0.0577$ F；

　　　(2) $R=20$ Ω；

　　　(3) 图中，$\beta=3.536$，$L=0.3536$ H；

　　　(4) $L=10$ H；

　　　(5) $C=\dfrac{1}{20}$ F；

题 6-13(3)答案图

　　　(6) $R=4.78$ Ω，$L=14.6$ mH

6-14　50 Hz 时，$\dot{I}=22\angle 36.9°$ A，电路为容性；200 Hz 时，$\dot{I}=22\angle-36.9°$ A，电路为感性。

6-15　$\dot{I}=0.65\angle-69.1°$ A，$\dot{U}_1=65\angle-69.1°$ V，$\dot{U}_2=204.5\angle 17.3°$ V

6-16　$Y=0.21\angle 36.7°$S，$\dot{I}=2.1\angle 36.7°$ A，$\dot{I}_1=0.86\angle-59°$ A，$\dot{I}_2=1.25\angle 0°$ A，$\dot{I}_3=2\angle 90°$ A

6-17　271 mH

6-18　10 Ω，35.75 mH

6-19　$86.6\sqrt{2}\cos(\omega t+90°)$ V

6-20　$100\angle-37°$ V，$4\angle-37°$ A，$2\angle-127°$ A，$5\angle53°$ A

6-21　$10\sqrt{2}\angle45°$ A，$5\sqrt{2}\angle45°$ V(设 $\dot{I}_2=10\angle90°$ A)

6-22　$\dot{I}_1=3.16\angle-18.43°$ A，$\dot{I}_2=1.41\angle45°$ A，$Y_{\text{in}}=0.5\angle0°$ S

6-23　A_1 读数为 2 A，A_2 读数为 0，$Z_{\text{in}}=110$ Ω

6-24　$\beta=-41$

6-25　$\omega CR=\sqrt{3}$

6-26　48 mA

6-29　$i_1(t)=1.24\sqrt{2}\cos(10^3t+29.7°)$ A，$i_2(t)=2.77\sqrt{2}\cos(10^3+56.3°)$ A

6-32　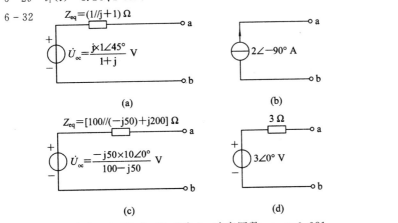

6-33　总电流 $\dot{I}=91.79\angle-11.31°$ A，功率因数 $\cos\varphi=0.981$

6-34　36.36 A，0.5；328.2 μF，20.2 A

6-35　0.1863 A，0.9768

6-38　(1) $\overline{S_1}=(769.13+j1922.82)$ VA，$\overline{S_2}=1115.42-j3346.26$ VA；$\cos\varphi=0.798$；

　　　(2) $Y_{\text{eq}}=\left(\dfrac{1}{10+j25}+\dfrac{1}{5-j15}\right)$ S；(3) 电流源发出的复功率 $\overline{S}=2361.7\angle-37.064°$ VA

6-40　(1) 20 mH，50

6-41　$\omega_0=10^6$ rad/s，$I_0=1$ mA，$Q=500$，$U_C(\omega_0)=10$ V，$U_L(\omega_0)=10$ V，$BW=20$ rad/s

6-45　谐振时端口电流有效值为 5 μA，电容支路电流有效值为 200 μA

6-46　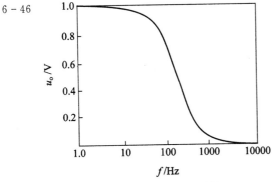

输出电压 u_o 的幅频特性

6-47　4.15 Ω，40.7 mH

6-48　$\omega_0 = \dfrac{1}{RC}$

6-49　$R_3 = 920$ Ω

6-50　$L_1 = 0.07$ H，$C_2 = 144.8$ μF

6-51　(1) $C = 1000$ pF

6-52　(1) 0，100 Ω；

　　　(2) 0.135∠14.9° A，14.63∠2.31° V；

　　　(3) 1.928 W

6-53　0.267∠8.94° A，0.303∠−2.29° A，0.0663∠−53.91° A，0.7070∠−65.3° A，

　　　0.014∠−134.4° A，0.294∠−4.31° A

6-54　4.14∠3.8° A

6-55　$(0.5 + j1)$Ω，$P_{max} = -8$ W

6-56　100 Ω，$\dfrac{2}{3}$ H，$\dfrac{1}{6}$ μF，20

6-57　$u_C(t) = 48.93 \cos(314t - 125.95°)V+ 78.73 e^{-50t}$ V

6-59　0.283∠−98.13°，$(120 + j160)$VA

6-60　(a) $Z_{ab} = (1+j)$Ω，$\dot{U}_{oc} = (4+j2)$V；

　　　(b) $Z_{eq} = (3+j)$μ，$\dot{U}_{oc} = (-5+j5)$V；

　　　(c) $Z_{eq} = (2+j)$μ，$\dot{U}_{oc} = 5\sqrt{2}∠90°$ V

6-61　图(a)各支路电流相量：2.37∠134.73° A，3.47∠168.5° A，1.70∠−169.5° A，0.693∠84.9° A

6-62　40.5 μF

★习题七

7-1　(1) $M = 4$ mH；(2) $K = 0.75$；(3) $M = 8$ mH

7-2　(a) (1，2′)；(b) (1，2′)，(1，3′)，(2，3′)

7-3　(1) (1，2)

7-4　(a) 0.667 H；(b) 0.667 H；(c) 0.667 H；(d) 0.667 H

7-5　(a) $(0.2 + j0.6)$Ω；(b) $-j1$ Ω

7-6　(1) $\dot{I}_1 = 10.85∠-77.47°$ A(S 断开)；

　　　(2) $\dot{I}_1 = 43.85∠-37.88°$ A(闭合)

7-7　(1) 136.4∠−119.7° V，311.1∠22.38° V

7-8　41.52 rad/s

7-9　30∠0° V

7-10　$\dfrac{0.1106}{\sqrt{2}}∠-64.85°$ A，$\dfrac{0.3502}{\sqrt{2}}∠1.033°$ A

7-11　$\dot{U}_2 = 0.9998∠0°$ V

7-12　71 匝

7-13　353.6∠−45° V

7-14　2.236 W

7-15　$n_1^2(R_1 + n_2^2 R_2)$

7-16　$\dot{I} = 2∠0°$ A

7-18　$i_1 = (1.5 - 0.9 e^{-2t})$ A，$t > 0$，$u_2 = 1.8 e^{-2t}$ V，$t > 0$

★习题八

8 - 1　(1) 220 V，44 A；380 V，44 A，17.4 kW；

　　　(2) 380 V；76 A；380 V，131.6 A，51.984 kW

8 - 2　19.96 A，19.96 A

8 - 3　11.52 A，19.96 A

8 - 4　(1) $\dot{I}_U = 22\angle -53.1°$ A；

　　　(2) 8.688 kW

8 - 5　(1) $\dot{I}_U = 38\angle -23.1°$ A，$\dot{I}_U = 65.82\angle -53.1°$ A；

　　　(2) 25.99 kW

8 - 6　(1) 20 A，$18.33\angle -120°$ A，$11\angle 120°$ A，$8.29\angle -49.92°$ A；

　　　(2) $198.22\angle 8.21°$ A，$210.29\angle -129.52°$ A，$256.5\angle 121.44°$ A

8 - 7　$44\angle -6.9°$，$44\angle -126.9°$ A，$44\angle 113.1°$ A

8 - 8　$3\angle -90°$ A，$3\angle 150°$ A，$1.73\angle 60°$ A，$1.73\angle -60°$ A，$1.73\angle 180°$ A

8 - 9　$(30+j21)\Omega$

8 - 11　(2) $45.45\angle 0°$ A，$45.45\angle -120°$ A，$45.45\angle 120°$ A

8 - 12　(1) 负载为三角形连接；

　　　(2) 负载相电流有效值为 20.78 A，电源线电流有效值为 35.99 A

8 - 13　(1) 3190 W；

　　　(2) 9542.5 W，7164.7 var

8 - 16　$\dot{I}_U = 4.57\angle -51.47°$ A，$\dot{I}_V = 4.57\angle -171.47°$ A，$\dot{I}_W = 4.57\angle 68.53°$ A，$P = 1878.8$ W

8 - 17　(1) 0，380 V，380 V，131.6 A，76 A；

　　　(2) 0，190 V，190 V，0.38 A，38 A

8 - 18　(1) W_1 读数为 0，W_2 读数为 3939 W(设 $\dot{U}_{UV} = 380\angle 30°$ V)；

　　　(2) W_1 与 W_2 读数均为 1313 W

★习题九

9 - 1　(1) $R = 10\ \Omega$，$L = 31.86$ mH，$C = 318.34\ \mu F$；(2) $\theta_3 = -99.45°$；(3) 515.4 W

9 - 3　$[12.83\cos(1000t - 3.71°) - 1.396\sin(2000t - 64.3°)]$ A，916 W

9 - 6　1 H，66.67 mH

9 - 7　直流分量为 100 V，二 次谐波的振幅为 3.53 V，四次谐波的振幅为 0.171 V

9 - 8　$u_s = (80\sqrt{3} + 200\cos\omega t)$ V，$i = [20 + 21.65\sqrt{2}\cos(\omega t + 45°)]$ A，$U_s = 197.99$ V，$I = 29.47$ A

9 - 9　$I_1 = 0.15$ A，$I_2 = 0.112$ A

9 - 10　5 A，20 V

9 - 11　10.14 μF

★习题十

10 - 1　(4) $\dfrac{s}{(s+\alpha)^2}$

10 - 4　$\dfrac{C_1 U_s}{C_1 + C_2} e^{-\frac{1}{R(C_1 + C_2)}t}\varepsilon(t)$

10 - 5　$(2 - 2t - 0.5t^2)e^{-3t}$ V，$t \geqslant 0_+$

10－6　$(0.5\mathrm{e}^{-t}-0.5\mathrm{e}^{-3t})\varepsilon(t)$ A，$(1-0.5\mathrm{e}^{-t}-0.5\mathrm{e}^{-3t})\varepsilon(t)$ A

10－7　$(0.05\mathrm{e}^{-0.2t}+0.75\mathrm{e}^{-t})\varepsilon(t)$ A，$(1-0.1\mathrm{e}^{-0.2t}+0.5\mathrm{e}^{-t})\varepsilon(t)$ A

10－8　$0.258\mathrm{e}^{-125t}\cos(484t-14.5°)$ A

10－9　$(900\mathrm{e}^{-200t}-900\mathrm{e}^{-\frac{800}{3}t})$ V

10－10　$(-3\mathrm{e}^{-t}+18\mathrm{e}^{-6t})$ V

10－11　$(2.732\mathrm{e}^{-7.464t}-0.7321\mathrm{e}^{-0.5359t})$ V，$(-1.57\mathrm{e}^{-7.464t}+81.57\mathrm{e}^{-0.5359t}-79\mathrm{e}^{-0.5t})$ V

10－12　$\dfrac{s}{9s+4}$，$97.68\sqrt{2}\sin(314t+60°)$ V

10－13　$\dfrac{4}{6s^2+11s+5}$

10－14　$\dfrac{2s^2+s+1}{2s+1}$

10－15　$(1.2\mathrm{e}^{-t}+6.8\mathrm{e}^{-2t})$ V

10－16　(a) $[Y]=\begin{bmatrix}-\mathrm{j}\dfrac{1}{\omega L} & \mathrm{j}\dfrac{1}{\omega L}\\[2mm] \mathrm{j}\dfrac{1}{\omega L} & \mathrm{j}\left(\omega C-\dfrac{1}{\omega L}\right)\end{bmatrix}$，$[Z]=\begin{bmatrix}\mathrm{j}\left(\omega L-\dfrac{1}{\omega C}\right) & \dfrac{1}{\mathrm{j}\omega C}\\[2mm]\dfrac{1}{\mathrm{j}\omega C} & \dfrac{1}{\mathrm{j}\omega C}\end{bmatrix}$

　　　　(b) $[Y]=\begin{bmatrix}\mathrm{j}\left(\omega C-\dfrac{1}{\omega L}\right) & \mathrm{j}\dfrac{1}{\omega L}\\[2mm] \mathrm{j}\dfrac{1}{\omega L} & \mathrm{j}\left(\omega L-\dfrac{1}{\omega C}\right)\end{bmatrix}$，$[Z]=\begin{bmatrix}\dfrac{1}{\mathrm{j}\omega C} & \dfrac{1}{\mathrm{j}\omega C}\\[2mm]\dfrac{1}{\mathrm{j}\omega C} & \mathrm{j}\left(\omega L-\dfrac{1}{\omega C}\right)\end{bmatrix}$

　　　　(c) $[Y]=\begin{bmatrix}\dfrac{1}{14} & -\dfrac{1}{21}\\[2mm]-\dfrac{1}{21} & \dfrac{1}{7}\end{bmatrix}$，$[Z]=\begin{bmatrix}18 & 6\\ 6 & 9\end{bmatrix}$

　　　　(d) $[Y]=\begin{bmatrix}\dfrac{1}{14} & -\dfrac{1}{21}\\[2mm]-\dfrac{1}{21} & \dfrac{1}{7}\end{bmatrix}$，$[Z]=\begin{bmatrix}18 & 6\\ 6 & 9\end{bmatrix}$

　　　　(e) $[Y]=\begin{bmatrix}\dfrac{3}{4} & -\dfrac{1}{4}\\[2mm]-\dfrac{1}{4} & \dfrac{3}{4}\end{bmatrix}$，$[Z]=\begin{bmatrix}\dfrac{3}{2} & \dfrac{1}{2}\\[2mm]\dfrac{1}{2} & \dfrac{3}{2}\end{bmatrix}$

10－17　(a) $[T]=\begin{bmatrix}1 & \mathrm{j}\omega L\\ 0 & 1\end{bmatrix}$；

　　　　(b) $[T]=\begin{bmatrix}1 & 0\\ \mathrm{j}\omega C & 1\end{bmatrix}$；

　　　　(c) $[T]=\begin{bmatrix}\dfrac{L_1}{M} & \mathrm{j}\omega\dfrac{L_1 L_2-M^2}{M}\\[2mm]-\mathrm{j}\dfrac{1}{\omega M} & \dfrac{L_2}{M}\end{bmatrix}$

10－18　$[H]=\begin{bmatrix}1 & \dfrac{1}{2}\\[2mm]\dfrac{5}{2} & \dfrac{11}{4}\end{bmatrix}$

10－19　$[T]=\begin{bmatrix}A & B\\ AY+C & BY+D\end{bmatrix}$

$$10-20 \quad Y_{11}=Y_{22}=\frac{sC\left(s+\dfrac{1}{RC}\right)}{2\left(s+\dfrac{1}{2RC}\right)}+\frac{s+\dfrac{1}{RC}}{R\left(s+\dfrac{2}{RC}\right)}$$

$$Y_{12}=Y_{21}=-\left[s^2C/2\left(s+\frac{1}{RC}\right)+\frac{1/R^2C}{s+\dfrac{2}{sC}}\right]$$

★习题十一

$11-3 \quad R_1=3.33\ \mathrm{k}\Omega,\ R_2=50\ \mathrm{k}\Omega$

$11-4 \quad \dfrac{-R_2R_4}{R_1R_2+R_2R_3+R_3R_1}$

$11-5 \quad \dfrac{R_2R_4/R_1R_3-R_4/R_6}{1-R_2R_4/R_3R_5}$

$11-6 \quad u_o=\dfrac{R_2}{R_1}(u_{s2}-u_{s1})$

$11-7 \quad R_{in}=-\dfrac{R_1R_2}{R_f}$

$11-8 \quad 6(1-\mathrm{e}^{-50t})\varepsilon(t)\ \mathrm{V}$

$11-9 \quad \dfrac{\dot{U}_2}{\dot{U}_1}=\dfrac{10^5+\mathrm{j}100\omega}{10^5+\mathrm{j}\omega}$

$11-10 \quad H(s)=\dfrac{U_o(s)}{U_{in}(s)}=\dfrac{\dfrac{1}{R_1R_2C_1C_2}}{s^2+s\left(\dfrac{1}{R_1C_1}+\dfrac{1}{R_2C_1}\right)+\dfrac{1}{R_1R_2C_1C_2}}$

参 考 文 献

[1] 王志功，沈永朝. 电路与电子线路基础. 电路部分. 北京：高等教育出版社，2012.

[2] 王源. 电子电路 CAD 软件及其应用. 西安：西安电子科技大学出版社，2001.

[3] 王源. 实用电路基础. 北京：机械工业出版社，2004.

[4] 〔日〕OHM 社. 电子学入门. 北京：科学出版社，2001.

[5] 〔美〕Charles K Alexander, Matthew N O S Sadiku. 电路基础（Fundamentals of Electric Circuits）. 北京：电子工业出版社，2003.

[6] 沈元隆，刘陈. 电路分析. 西安：西安电子科技大学出版社，2001.

[7] 邱关源. 电路. 4 版. 北京：高等教育出版社，1999.

[8] 毕卫红. 电路分析基础. 北京：机械工业出版社，2002.

[9] 田淑华. 电路基础. 北京：机械工业出版社，1993.

[10] 李翰逊. 电路基础. 4 版. 北京：高等教育出版社，2010.

[11] 张文灿，等. 电工基础实例分析. 北京：电子工业出版社，1998.

[12] 催杜武，等. 电路试题精编. 北京：机械工业出版社，1993.

[13] 皇冠斌，等. 电路基础. 2 版. 武汉：华中理工大学出版社，2000.

[14] 涂用均，等. 电路基础. 广州：华南理工大学出版社，2001.

[15] 李翰逊. 简明电路分析基础. 北京：高等教育出版社，2002.

[16] 石生. 电路基本分析. 北京：高等教育出版社，2000.

[17] 周守昌. 电路原理. 北京：高等教育出版社，1999.

[18] 胡翔骏. 电路分析. 北京：高等教育出版社，2001.

[19] 王健生，等. 实用电工技术. 北京：电子工业出版社，2001.

[20] 〔美〕James W Nilsson, Susan A Riedel. 周玉琨，等，译. 电路. 9 版. 北京：电子工业出版社，2012.

[21] 邱关源，罗先觉. 电路. 5 版. 北京：高等教育出版社，2006.